中国环境百科全书

—— 选编本 ——

环境生物学

《环境生物学》编写委员会　编著

主　编　孔繁翔　杨柳燕

中国环境出版集团 · 北京

图书在版编目（CIP）数据

环境生物学/《环境生物学》编写委员会编著. —北京：中国环境出版集团，2019.12
（《中国环境百科全书》选编本）
ISBN 978-7-5111-4230-6

Ⅰ.①环… Ⅱ.①环… Ⅲ.①环境生物学 Ⅳ.①X17

中国版本图书馆 CIP 数据核字（2019）第 292803 号

出版发行 中国环境出版集团
（100062 北京市东城区广渠门内大街 16 号）
网　　址：http://www.cesp.com.cn
电子邮箱：bjgl@cesp.com.cn
联系电话：010-67112765（编辑管理部）
发行热线：010-67125803，010-67113405（传真）
印　　刷 北京盛通印刷股份有限公司
经　　销 各地新华书店
版　　次 2019 年 12 月第 1 版
印　　次 2019 年 12 月第 1 次印刷
开　　本 787×1092 1/16
印　　张 16
字　　数 412 千字
定　　价 162.00 元

编写委员会

主　　编　孔繁翔　杨柳燕

编　　委　（按姓氏汉语拼音排序）

陈良燕　崔益斌　季　荣　蒋丽娟　李　梅
李仁辉　刘国祥　刘红玲　缪爱军　施丽梅
史小丽　宋立荣　王洪铸　吴　兵　武　俊
肖　琳　阳　振　尹　颖　于　洋　俞协治
张慧芬　张　民　张效伟　张徐祥　钟　寰

参编人员　（按姓氏汉语拼音排序）

陈乾坤　陈　伟　崔永德　董　峰　冯伟松
辜建强　郭文博　胡志新　黄　彬　李嘉明
李　丽　刘春生　刘　洁　刘月月　任丽曼
苏冠勇　王松风　王　莹　夏　爽　向芷芊
谢　宇　许　帅　续　绅　杨激莞　尹金宝
张佳欣　张俊江　张　权　张　睿　张羽西
赵雅彤　朱　欢

出版说明

《中国环境百科全书》（以下简称《全书》）是一部大型的专业百科全书，选收条目8 000余条，总字数达1 000多万字，对环境保护的理论知识及相关技术进行了全面、系统的介绍和阐述，可供环境科学研究、教育、管理人员参考和使用，也可供具有高中以上文化程度的广大读者查阅和学习。

《全书》是在生态环境部的领导下，组织近1 000名环境科学、环境工程及相关领域的专家学者共同编写的。在《全书》按条目的汉语拼音字母顺序混编分卷出版以前，我们先按分支和知识门类整理成选编本，不分顺序，先编完的先出，以求早日提供广大读者使用。

《全书》是一项重大环境文化和科学技术基础平台建设工程。其内容横跨自然科学、技术与工程科学、社会科学等众多领域，编纂工作难度是可想而知的，加上我们编辑水平有限，一定会有许多不足之处。此外，各选编本是陆续编辑出版的，有关条目的调整、内容和体例的统一、参见和检索系统的建立，以及《全书》的编写组织和审校等，还有大量工作须在混编成卷时进行，我们诚恳地期望广大读者提出批评和改进意见。

中国环境出版集团

2018年10月

前 言

《中国环境百科全书》是我国第一部大型的环境专业百科全书，环境生物学分支是其中一个重要的组成部分。作为一部工具书，本书通过词条内容和词条体系，对环境生物学的理论知识及相关技术进行了全面、系统的介绍和阐述，为读者正确认识环境生物学提供了工具性支持。

全书涵盖了环境生物学的基本概念、生物类群、环境微生物、生态毒理学、环境毒理学和生物净化与生态修复等内容，涉及大气、水和陆地环境生物学；在具体内容方面，包括生物类群（藻类、细菌、真菌、病毒、浮游动物、地衣、高等植物等）、生物生态类群、生物生理类群、生物代谢、生物工程、基因工程、生态毒理学、生物毒理学、分子毒理学、污染物生物转化、污染物净化和生态环境修复工程等。全书内容丰富，全面反映了环境生物学多年来的研究进展和最新成果。

词条编写工作始于 2011 年 8 月，经过对词条设置原则和词条内容的反复研讨，设计总词条表，计划收录 305 条。总词条表确定后，组织了一个由中青年学者组成的团队从事编写工作。词条初稿形成后，综合考虑词条的内涵和各词条相关关系，将数量由 305 条调减为 255 条。之后经过反复推敲，并根据环境生物学最新研究成果，添加部分新词条，删减部分重复词条，于 2019 年 10 月最终定为 228 条。

本书在编写过程中得到了中国环境出版集团的指导和全力支持，在此表示衷心感谢！在词条辨析汇总的基础上，同行专家认真审阅了词条体系和词条初稿，并提出了宝贵的修改意见。本书的编辑对词条给予了认真、细致和严谨的审读并提出了宝贵的编辑意见，也付出了辛勤的劳动，在此一并深表感谢！本书的编写团队全程参与了全书的词条设计、审改、校正和定稿等工作，借此机会我代表孔繁翔老师对团队所有成员的辛勤工作和大力支持深表敬意。

本书涉及生态环境学、生物学、毒理学、环境监测、生态工程、环境工程技术等多个学科的相关知识，内容广泛，虽然编写人员付出了最大的努力，但是由于知识经验水平有限，难免出现差错，敬请广大读者对本书提出宝贵意见和建议，以便将来不断完善和提高。

杨柳燕

2019 年 12 月

凡　例

1. 本选编本共收条目 228 条。

2. 本选编本条目按条目标题的汉语拼音字母顺序排列。首字同音时，按阴平、阳平、上声、去声的声调顺序排列；同音、同调时，按首字的起笔笔形一（横）、丨（竖）、丿（撇）、丶（点）、フ（折，包括亅乚く等）的顺序排列。首字相同时，按第二字的音、调、起笔笔形的顺序排列，余类推。条目标题以英文字母开头的，例如“BIP 指数”排在拼音字母 B 部。

3. 本选编本附有条目分类索引，以便读者了解本学科的全貌和按知识结构查阅有关条目。

4. 条目标题上方加注汉语拼音，所有条目标题均附有外文名。

5. 条目释文开始一般不重复条目标题，释文力求规范、简明。

6. 较长条目的释文，设置层次标题，并用不同的字体表示不同的层次标题。

7. 一个条目的内容涉及其他条目并需由其他条目的释文补充的，采用“参见”的方式。所参见的条目标题用楷体字排印。一个条目（层次标题）的内容在其他条目中已进行详细阐述，本条（层次标题）不必重述的，采用“见”的方式，例如：“水污染生物评价”条中，在叙述水污染生物评价方法类型时，表示为“**一般描述对比法**　见生物评价。”

8. 在重要的条目释文后附有推荐书目，供读者选读。

9. 本选编本附有全部条目的汉字笔画索引、外文索引。

10. 本选编本中的科学技术名词，以全国科学技术名词审定委员会公布的为准，未经审定和尚未统一的，从习惯。

目 录

条目音序目录

B

BIP zhishu

BIP 指数 （biotic index of pollution） 又称污染生物指数。是水体污染的指标之一，用于判断水体有机污染的程度。BIP 指数是水体中异养型微生物 B 占所有微生物数量（包括自养型微生物 A 和异养型微生物 B）的百分比（$BIP = B/(A + B) \times 100\%$）。有机物污染程度不同的水体 BIP 值分别为：清洁水 0 ~ 8，轻度污染水 8 ~ 20，中度污染水 20 ~ 60，重度污染水 60 ~ 100。由于溶解氧浓度高低与异养型微生物数量有关，昼夜变化幅度与藻类（光能自养型微生物）数量有关，因此溶解氧浓度变化与 BIP 指数有关。溶解氧浓度可以用溶解氧测定仪随时测定并迅速得出结果，而 BIP 指数则需要细菌培养和鉴定，周期长，操作不便，因此实际操作中溶解氧浓度变化幅度比 BIP 指数更为实用。 （施丽梅）

banshu naishou xiandu

半数耐受限度 （median tolerance limit，TLm） 又称半数耐受浓度或半数存活浓度。指在外源性化学物急性毒性试验中，能使受试生物发生严重中毒，在一定时间（如 24 h 或 48 h）内引起其出现一半存活（或死亡）的化学物质的剂量或浓度，用 TLm（单位：mg/kg 体重、mg/m^3 水或 mg/L 空气）表示，其概念与半数致死剂量或浓度基本相同。现在很少使用 TLm 表示化学物质的毒性。 （杨柳燕）

banshu xiaoying jiliang/nongdu

半数效应剂量/浓度 （median effect dose/concentration，ED_{50}/EC_{50}） 外源性化学物在一定时间内，按一定方式或途径与受试生物接触后，采用一定的检测方法或一定的观察指标，观察到的对半数受试生物产生效应的剂量或浓度。ED_{50}/EC_{50}可比较快速地判断被试物质对受试生物可能产生的影响。这里所指的效应包括受试生物的生理生化效应、遗传效应和行为效应等，但通常不包括死亡效应。 （杨柳燕）

banshu zhisi jiliang

半数致死剂量 （median lethal dose，LD_{50}） 某实验总个体中引起半数动物即 50% 个体死亡的剂量，是经过统计处理计算出来的数值。在毒理学中常用以表征某一污染物的急性毒性。

毒物毒性是 LD_{50} 的倒数，即 LD_{50} 值越小，则毒性越高，反之亦然。在毒物的毒性分级中，常根据 LD_{50}的大小将毒性分为剧毒、高毒、中毒、低毒，或实际无毒等。

相关曲线 LD_{50}的理论依据是：将一群动物（如 50 只）等分为五组，每组给予不同剂量的试验毒物，各组有不同的死亡率，以毒物剂量为横坐标，死亡率为纵坐标制成曲线，则得到一个 S 形曲线（见下页图）。

在低剂量或高剂量处，剂量改变对动物的死亡率影响较小，而在曲线中段，即在 50% 死亡率附近，坡度较陡，剂量稍有增减，即能

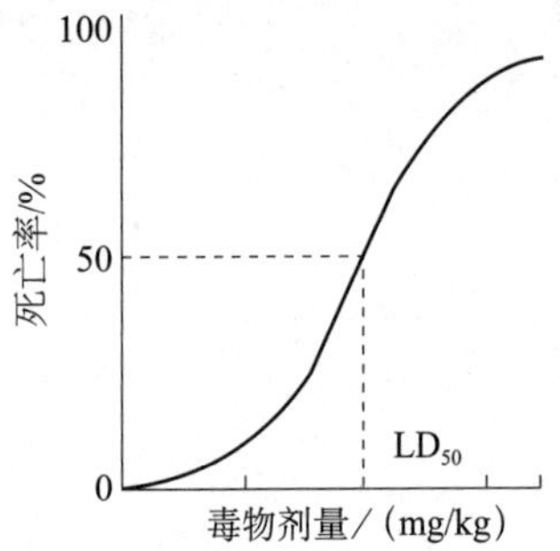

剂量-死亡率关系

引起死亡率的急剧改变。所以，使用 LD_{50} 作为毒物急性毒性作用的指标是最敏感和最有代表性的。若动物吸入毒物，则以毒物在空气中的质量分数表示剂量；若动物通过饮水暴露于毒物，则以毒物在水中的质量浓度代替剂量，亦可称为半数致死浓度（LC_{50}），单位为 mg/L。在表示 LD_{50} 或 LC_{50} 时，必须注明动物种类及染毒途径等实验条件。使用 LC_{50} 时，还需注明吸入或暴露的时间。

试验方法 测定 LD_{50} 对实验设计有一定的要求。需将动物分成若干组，每组动物数最好相等，分别给予不同剂量的试验毒物。两组间的组距应按几何级数依次增加，通常为 1.3 ~ 1.5。例如，第一组（最低组）剂量为 0.2 mg/kg，则第二组应为 $0.2 \times 1.3 = 0.26$ mg/kg，第三组应为 $0.26 \times 1.3 = 0.34$ mg/kg，依次类推。

为了节省动物，应进行预试验以了解该毒物大致的 LD_{50} 范围。预试验的方法很多。一般可先用9只动物，以三种不同剂量处理。剂量间距可大些（如10倍）。如低剂量组为 1 mg/kg，第二组为 10 mg/kg，第三组为 100 mg/kg。若三组动物均无死亡，提高剂量再用 9 只动物试验；若三组动物均死去，则应减少剂量再做试验；若第一组动物未死，第二组、第三组动物死去，即可判定剂量为 1 ~ 10 mg/kg。此后用以下计算方法获得精确的 LD_{50}。

计算方法 包括目测概率法、加权直线回归法（Bliss 法）、图解法、简化寇氏法和序贯法。

目测概率法 又称目测法或概率单位法。该法要求实验设计尽可能不出现死亡率为 0% 及 100% 的情况，因而其原始数据比较可靠。计算时首先列出不同剂量下动物的死亡情况，分别计算其死亡率。再以剂量对数做横坐标，死亡率的概率单位做纵坐标，将各对数值点在方格纸上。然后顺着各点分布趋势，做一直线。最后从概率单位 5.0 处找出相应的剂量对数，进而求得 LD_{50}。

该法比较方便实用。目测的直线须通过卡方检验。如果结果中理论频数与实际频数间有显著差异，则说明所绘直线不当，应另做更适宜的直线，直至检验合适为止。这样求得的 LD_{50} 是比较精确的。

加权直线回归法 在目测概率法的基础上根据正态曲线原理进行加权后，计算直线回归方程以求得 LD_{50}。该法是计算 LD_{50} 最精确的方法。但由于计算过程比较复杂，实际应用中常以此来鉴定和比较其他计算方法的正确性。

图解法 在概率图纸上，直接用实验数据作图，求出 LD_{50}。该法不需要烦琐的计算过程，所用各种图表的数学原理比较严密，故所得结果也比较精确。该法与加权直线回归法为求 LD_{50} 的两个经典方法。

简化寇氏法 该法比较简便，为一般实验室中的常规方法。该法要求：①反应量大致呈正态分布；②剂量必须按等比级数分布；③各组动物数量相等。该法首先计算出各组死亡率，再用公式 $\lg LD_{50} = x_m - n(\sum p - 0.5)$ 计算出 LD_{50} 的对数值。为了避免不必要的误差，要求最大剂量组的死亡率为 80% ~ 100%，最小剂量组为 0% ~ 20%，此时公式改用 $\lg LD_{50} = x_m - 1/2n\sum(p_i + p_{i+1})$。式中，$x_m$ 为最大剂量的对数，n 为相邻剂量的比值的对数，p 为各组死亡率，$(p_i + p_{i+1})$ 为相邻两组死亡率之和。

序贯法 又称上下法。是选择一系列按等比级数排列的剂量，将动物一只一只序贯地进行实验。适用于快速反应试验，方法简便，节省实验动物。操作时先选择预实验中接近 50% 死亡率的剂量，当动物出现阴性反应（存活）时，就将高一级剂量给予下一只动物；反之，当出现阳性反应（死亡）时，就将低一级剂量给予下一只动物。试验所需动物应在试验开始前就确定好。由于把剂量集中使用在50%死亡率上下，故可节省实验动物。但该法不易求得误差，因此对两种不同处理方法所求得的 LD_{50} 值，无法进行显著性测验，无从比较。

局限 尽管 LD_{50} 是一个有用的急性毒性评价指标，但由于其本身的局限性，只具有相对的意义，在实际应用中受到一定的限制。它不涵盖慢性毒性以及未死动物的中毒效应。它是一系列动物实验的统计值，不能反映某些较敏感个体的毒性作用。它的重现性不佳，故在毒物分级时毒性的高低限间相差大，可达10倍。LD_{50} 受各种因素的影响，如动物种属、品系、性别、生长速度，毒物稀释度，是否用无特异性病原体动物以及是否空腹染毒等。同一种毒物通过不同途径进入生物体，其 LD_{50} 有很大差异。例如，丙烯腈小鼠经口 LD_{50} 为 20 ~ 102 mg/kg，而经腹腔注射则为 15 ~ 44 mg/kg。且在求急性 LD_{50} 的过程中，观察时间短促，会漏失对动物双相死亡现象的认识。例如，阿司匹林经口给动物染毒，有一个双相死亡现象，即早期的抽搐性死亡和后期的心血管效应性死亡。这个双相死亡代表毒性作用的两个不同部位和不同机理。急性死亡往往掩盖了某些重要症状，如纳差、无尿、腹泻、便秘、脱髓鞘等，死后尸检也不一定能看到形态学的改变。（刘红玲）

推荐书目

孔繁翔．环境生物学．北京：高等教育出版社，2000.

孔志明．环境毒理学．6版．南京：南京大学出版社，2017.

环境科学大辞典．修订版．北京：中国环境科学出版社，2008.

Curtis D. Klaassen. 毒理学：毒物的基础科学. 黄吉武，周宗灿，译．北京：人民卫生出版社，2005.

banshu zhisi shijian

半数致死时间 （median lethal time，LT_{50}）在进行外源性化学物急性毒性试验时，在某毒物浓度下，引起受试动物死亡一半所需要的平均时间。与半数致死剂量或浓度（LD_{50}/LC_{50}）一样，都是急性毒性试验中用来表示试验结果的指标。

在急性毒性试验中，在测定 LD_{50} 或 LC_{50} 的同时，按动物死亡时间登记资料计算出的 LT_{50}，可反映受试物引起动物死亡的快慢，对了解受试物作用特点和中毒临床救治有一定的参考价值。（李梅）

baolu jiliang

暴露剂量 （exposure dose） 又称接触剂量或染毒剂量或外剂量，指外源性化学物与机体（如人、指示生物或生态系统）的接触量或染毒量（给药量），可以是单次接触或某浓度下一定时间内的持续接触。

暴露剂量在动物毒理实验时指染毒量或给药量，在人体接触外源性化学物时指接触量，常以单位体重质量（单位：mg/kg）或单位体表面积质量（单位：mg/m^2）表示其剂量。接触环境污染物时，根据其在空气、食品或水等环境介质中的浓度乘以进入机体的介质总量估算剂量。对外源性化学物的暴露剂量、接触时间及频数的定量估算，是研究剂量-反应关系的基础。（李梅）

bianmaochong

鞭毛虫 （Flagellate） 一类隶属于肉足鞭毛亚门（Sarcomastigophora）鞭毛总纲（Mastigophora）的原生动物。

形态学和生物学特征 多为单核，具1根或多根鞭毛，以其为运动胞器。许多鞭毛虫具薄而坚韧的表膜或被以一层胶状物（为多糖类物质）。鞭毛虫多数为无性生殖（纵裂），少数为有性生殖。鞭毛虫可分为2个纲，分别为植鞭虫纲（Phytomastigophorea，类似植物）

及动鞭虫纲（Zoomastigophorea，类似动物）。植鞭虫纲含叶绿素，能营光合作用，如眼虫和腰鞭毛虫。植鞭虫纲细胞内最大的细胞器是质体，为绿色，含有进行光合作用的叶绿素。眼点是一类脂物的小球，由于其中含有溶解的色素而呈现红色，因而与其他质体不同。动鞭虫纲的成员为无色，异养生活。例如，共生在白蚁和蟑螂消化道中的动鞭毛虫没有色素体，在取得自身所需营养物的同时能帮助昆虫利用纤维素。动鞭虫纲中的布氏锥虫（*Trypanosoma Brucei*）只有细胞膜，并有成行密集排列的丝状结构连接在鞭毛与细胞之间，利于其在昆虫消化道中运动。鞭毛虫既有单独的或群体的种类［团藻虫属（*Volvox*）］，也有自由生活的种类［眼虫属（*Euglena*）］或寄生的种类［锥虫属（*Trypanosoma*）］。

分布及生活习性 鞭毛虫为世界性广分布种。可以寄生在宿主的肠或血液中，也可以自由生活在海水和淡水中。（王洪铸）

bianxingchong

变形虫（Amoeba） 一类隶属于肉足鞭毛亚门（Sarcomastigophora）肉足总纲（Sarcodina）的原生动物。

形态学和生物学特征 虫体裸露或有外壳或内骨骼；由于虫体没有固定的外形，因此可以任意改变体形。能在全身各处伸出伪足，主要功能为运动和摄食。它们一般是以单细胞藻类、小型单细胞动物作为食物。当碰到食物时，变形虫会伸出伪足进行包围，由细胞质里面的食物泡消化。变形虫细胞质里面本身有伸缩泡及食物泡，伸缩泡的作用是排除变形虫体内的过多水分，而食物泡的功能则是消化食物养分。消化后的食物进入周围的细胞质中；不能消化的物质会通过质膜排出细胞外。繁殖方式简单，通过分裂进行无性生殖。

分布及生活习性 变形虫是世界性广泛分布的类群。主要生活在淡水和海水中，土壤中也存在，也可寄生在其他生物体里。变形虫种类繁多，例如，在海水中生活的有有孔虫（Foraminifera）、夜光虫（Noctiluca）、放射虫（Radiolarian），在淡水中生活的有太阳虫、沙壳虫（Tintinnid），在人体和动物体内寄生的有疟原虫、痢疾内变形虫。痢疾内变形虫寄生在人的大肠里，能溶解肠壁细胞，引起“阿米巴痢疾”，危害人体健康。自由生活的变形虫可出现在清洁的水体中，有的种类也可以生活在污水中。

实用价值和应用 变形虫由于结构简单、易于培养，是生命科学试验的主要材料之一。在环境监测中，变形虫也可作为判定水质污染程度的指示生物。（王洪铸）

bingdu

病毒（virus） 一类个体微小，结构简单，只含单一核酸（DNA 或 RNA），必须在活细胞内寄生并以复制方式增殖的非细胞型生命体。

病毒同所有生物一样，具有遗传、变异、进化的能力。病毒有高度的寄生性，完全依赖宿主细胞的能量和代谢系统来获取生命活动所需的物质和能量。离开宿主细胞，它只是一个大化学分子，为蛋白质结晶，具有生物大分子特征；遇到宿主细胞，它会通过吸附、侵入、复制、装配、释放子代病毒等方式显示出典型的生命体特征。病毒的形态各异，如简单的螺旋型、正二十面体型以及复合型结构。

特点 主要包括：①个体微小，一般都能通过细菌滤器，必须在电子显微镜下才能观察。不同病毒的大小各异，最大的为痘病毒科，大小为（300～450）nm×（170～260）nm（长×宽），最小的为双联病毒科，直径为 18～20 nm。②没有细胞构造，其主要成分仅为核酸和蛋白质两种，故又称“分子生物”。③每一种病毒只含一种核酸（DNA 或 RNA）。④既无产能酶系，也无蛋白质和核酸合成酶系，只能利用宿主活细胞内现成的代谢系统合成自身的核酸和蛋白质成分。⑤以核酸和蛋白质等“元件”的装配实现其大量繁殖。⑥在离体条件下，能以无生命的生物大分子状态存在，并长期保持其侵染活力。⑦对一般抗生素不敏感，但对干扰素敏感。⑧有些病毒的核酸还能整合到宿主的基因组中，并诱发潜伏性感染。

化学组成 基本化学组成是核酸和蛋白质。所有成熟的病毒都是由一种或几种蛋白质和一种核酸组成的，只有少数几种例外，它们仅仅以核酸形式存在，如类病毒。有些病毒还含有一定量的脂类物质及碳水化合物等。一个病毒粒子的髓核是由 DNA 或 RNA 病毒核酸构成的。髓核被衣壳所包围。髓核和衣壳统称为核衣壳。有些病毒的核衣壳外面包被一层囊膜，囊膜由脂质、蛋白质和糖组成。具体组成包括核酸、蛋白质、脂质、碳水化合物等。

核酸 是病毒的遗传物质，携带病毒的全部遗传信息，也是病毒遗传和感染的物质基础。病毒颗粒含有的核酸（DNA 或 RNA）以单链、双链或环状多核苷酸组成。一种病毒只有一种特定类型的核酸（DNA 或 RNA），这与某种特定类型的病毒起源有关。不同种类的病毒其核酸含量有较大的差别，例如，流感病毒的核酸不到病毒颗粒质量的 1%，大肠杆菌噬菌体 T2、T4、T6 的核酸约占病毒颗粒质量的一半或更多。每种病毒颗粒中的核酸含量与其结构有一定的关系，结构复杂的病毒有较多的核酸，结构简单的病毒只需较少的核酸。

蛋白质 是病毒的另一类主要成分，包括非结构蛋白和结构蛋白。非结构蛋白是指由病毒基因组编码的，在病毒复制或基因表达调控过程中具有一定功能，但不与病毒颗粒结合的蛋白质。结构蛋白是指构成一个形态成熟的有感染性的病毒颗粒所必需的蛋白质，包括壳体蛋白、包膜蛋白和毒粒酶等。壳体蛋白是构成病毒壳体结构的蛋白质，由一条或多条多肽链折叠形成的蛋白质亚基是构成壳体蛋白的最小单位。壳体蛋白的主要功能是：构成病毒的壳体，保护病毒的核酸；无包膜病毒的壳体蛋白参与病毒的吸附、侵入，决定病毒的宿主嗜性，同时它们还是病毒的表面抗原。包膜蛋白是构成病毒包膜结构的蛋白质，包括包膜糖蛋白和基质蛋白两类。包膜糖蛋白是病毒的主要表面抗原，它们与细胞受体相互作用启动病毒感染发生，有些还介导病毒的侵入。基质蛋白是构成膜脂双层与核衣壳之间的亚膜结构的蛋白质，具有支撑包膜、维持病毒结构的作用，并在病毒出芽成熟过程中发挥重要作用。毒粒酶根据功能大致分为两类：一类参与病毒侵入、释放等过程，如 T4 噬菌体的溶菌酶；另一类参与病毒的大分子合成，如逆转录病毒的逆转录酶。

脂质 许多病毒的包膜内存在脂类化合物，如磷脂、脂肪酸、甘油三脂和胆固醇等。这些脂类几乎都是由病毒粒子在细胞膜处以出芽方式释放时，直接从宿主细胞膜上得到的。病毒脂类的存在与病毒的吸附和侵入有关。

碳水化合物 有包膜病毒中的碳水化合物以寡糖侧链的形式与蛋白质结合形成包膜糖蛋白。

其他组成 在某些动物病毒、植物病毒中存在多胺类有机阳离子，包括丁二胺、亚精胺、精胺等，它们大都结合于病毒核酸，对核酸的构型有一定影响。在某些病毒中，还发现有其他的小分子量组分［如三磷酸腺苷（ATP）］，对噬菌体尾鞘收缩提供能量。

复制周期 病毒缺乏增殖所需要的酶系统，只能在活的宿主细胞内增殖（自我复制）。绝大多数病毒复制过程可分为吸附、侵入、脱壳、生物合成、装配、释放。从单个病毒吸附开始至所有病毒释放的过程称为感染周期或复制周期。

吸附 是决定感染成功与否的关键环节。病毒吸附于敏感细胞需要病毒表面特异性的吸附蛋白与细胞表面受体的相互作用。病毒吸附蛋白（VAP）一般由壳体蛋白或包膜上的糖蛋白突起充当。细胞表面受体（也称病毒受体）则为有效结合病毒粒子的细胞表面结构，大多数噬菌体的病毒受体为细菌细胞壁上的磷壁酸分子、脂多糖分子以及糖蛋白复合物，有的则位于菌毛、鞭毛或荚膜上。大部分动物病毒的病毒受体为镶嵌在细胞膜脂质双分子层中的糖蛋白，也有的是糖脂或唾液酸寡糖苷。植物病毒迄今尚未发现有特异性细胞表面受体，其进入植物细胞的机制是通过伤口或媒介传播。

病毒的细胞表面受体具有种系和组织特异性，决定了病毒的宿主谱。一方面，不同种属的病毒其细胞表面受体一般不同，甚至同种不同型以及同型不同株的病毒，其细胞表面受体也不相同；另一方面，有些不同种属的病毒却有相同的细胞表面受体，其吸附和感染可对其他病毒的感染产生干扰。

VAP与病毒受体的结合需要一定的温度条件，以促进与酶反应相类似的化学反应。在0～37℃条件下，温度越高，病毒吸附效率也越高。病毒吸附细胞的过程可在几分钟到几十分钟内完成。

侵入 病毒主要通过注射式侵入、细胞内吞、膜融合等侵入方式进入宿主细胞。注射式侵入是有尾噬菌体通常的侵入方式，通过尾部收缩将衣壳内的DNA基因组注入宿主细胞内。细胞内吞是动物病毒的常见侵入方式，经细胞膜内陷形成吞噬泡，使病毒粒子进入细胞质中。膜融合是有包膜病毒侵入过程中，病毒包膜与细胞膜融合的一种侵入方式。

脱壳 是病毒感染性核酸从衣壳内释放出来的过程。有包膜病毒脱壳包括脱包膜和脱衣壳两个步骤，无包膜病毒只需脱衣壳，方式随不同病毒而异。注射式侵入的噬菌体和某些直接侵入的病毒可以直接在细胞膜或细胞壁表面同步完成侵入和脱壳。病毒粒子以内吞方式或直接进入细胞后，经蛋白酶的降解，先后脱去包膜（如有包膜）和衣壳。以膜融合方式侵入的病毒，其包膜在与细胞膜融合时即已脱掉，核衣壳被移至脱壳部位并在酶的作用下进一步脱壳，病毒核酸游离并进至细胞的一定部位进行生物合成。病毒脱壳必须有酶的参与，脱壳酶来自宿主细胞，有的为病毒基因编码。

生物合成 病毒借助宿主细胞提供的原料、能量和场所合成核酸和蛋白质，期间所需的多数酶也来自宿主细胞。在病毒进入宿主细胞后的生物合成阶段，胞浆中无病毒粒子，称为隐蔽期。

装配 病毒的结构成分核酸与蛋白质分别合成后，在细胞核内或细胞质内组装成核衣壳。绝大多数DNA病毒在细胞核内组装，RNA病毒与痘病毒类则在细胞质内组装。无包膜病毒组装成核衣壳即为成熟的病毒体，病毒的早期蛋白即非病毒结构成分不组装入病毒，残留在感染细胞中。

释放 绝大多数无包膜病毒释放时，被感染的细胞崩解，释放出病毒颗粒，宿主细胞膜破坏，细胞迅即死亡。绝大多数有包膜病毒通过细胞内的内质网、空泡、细胞核膜或细胞膜以出芽方式释放而成为成熟病毒，在一段时间内逐个释出，对细胞膜破坏轻，宿主细胞死亡慢。一个感染细胞一般释放的病毒数为100～1 000个。

引起的疾病 可分为与人类相关的疾病、与其他生物体相关的疾病。

与人类相关的疾病 由病毒引起的人类疾病种类繁多，已经确定的有伤风、流感、水痘等一般性疾病，以及天花、艾滋病、重症急性呼吸综合征（SARS）和禽流感等严重疾病。还有一些疾病可能以病毒为致病因子，例如，人疱疹病毒6型可能与一些神经性疾病（如多发性硬化症和慢性疲劳综合征）相关。此外，原本被认为是马的神经系统疾病的致病因子的玻那病病毒（BOV），现在被发现可能引起人类精神疾病。一些病毒能够引起慢性感染，可以在机体内不断复制而不受宿主防御系统的影响。这类病毒包括乙肝病毒和丙肝病毒。

与其他生物体相关的疾病 病毒可以感染所有的物种，少数病毒如拟菌病毒（Mimivirus）甚至也会受到其他特定病毒的感染。病毒感染具有种属特异性，例如，植物病毒不会感染动物。

病毒是家畜重要的致病因子，能够导致的疾病包括口蹄疫、蓝舌病等。犬细小病毒（Canine parvovirus）是一种小DNA病毒，其感染是导致幼犬死亡的重要原因。

植物病毒的种类繁多，能够影响受感染植物的生长和繁殖。植物病毒的传播常常是由被称为“载体”的生物来完成的。这些载体一般为昆虫，也有部分情况下为真菌、线虫以及一些单细胞生物。控制植物的病毒感染通常采用消灭载体生物以及除去其他可能的病毒宿主的办法。对于人类及其他动物来说，植物病毒是无害的，因为它们只能够在活的植物细胞内进行复制。

应用 包括以下两方面。

生命科学与医学 病毒提供了能够用于改造和研究细胞功能的简单系统，对于分子生物学和细胞生物学的研究具有重要意义。研究和利用病毒为细胞生物学的各项研究提供了大量有价值的信息。例如，病毒被用在遗传学研究中来帮助人们了解分子遗传学的基本机制，包括DNA复制、转录，RNA加工、翻译，蛋白质转运等。

其他用途 ①噬菌体可以作为治疗耐药性细菌感染的特效药，例如，烧伤病人在患处涂抹铜绿假单胞菌噬菌体稀释液可以控制抗药性的铜绿假单胞菌感染；②某些病毒在细胞工程中可以作为细胞原生质体融合的促融剂，如仙台病毒（HVJ）；③在基因工程中，病毒可以作为目的基因的载体；④病毒可以作为细胞靶向药物的载体；⑤病毒可以作为特效的专一性杀虫剂；⑥病毒在生物圈的物质循环和能量流动中起到重要作用，如调节生物圈中生物群落组成等；⑦利用灭活病毒制作病毒疫苗。

（蒋丽娟）

bodouchong

波豆虫

（Bodo） 一类隶属于肉足鞭毛亚门（Sarcomastigophora）鞭毛总纲（Mastigophora）动鞭虫纲（Zoomastigophorea）动基体目（Kinetoplastida）的原生动物。

形态学和生物学特征 有两根不等长的鞭毛，长的鞭毛向后拖，为舵鞭毛；短的鞭毛与身体等长，向前，为游泳鞭毛。两者有基粒，由柔细的鞭毛基体与动核连接。伸缩泡1～3个。虫体大小为4～35 μm。自由游泳或有时用舵鞭毛固着生活。以分裂方式繁殖。波豆虫的营养方式为异养，以细菌和有机碎屑为食。

分布 世界性分布。主要生活在多污性到α-中污性水体中。

（王洪铸）

C

chanjiawan zuoyong

产甲烷作用 （methanogenesis） 又称甲烷生成。是微生物合成甲烷的代谢途径。可以产甲烷的微生物称作产甲烷菌，属于原核生物中的古菌。甲烷主要通过二氧化碳和乙酸途径产生：

$$CO_2 + 4H_2 \longrightarrow CH_4 + 2H_2O$$

$$CH_3COOH \longrightarrow CH_4 + CO_2$$

产甲烷菌也可以利用其他含碳小分子有机物（如甲酸、甲醇、二甲硫醚和甲硫醇等）为底物进行产甲烷作用。

产甲烷作用是在厌氧环境中有机物降解的最后一步。当氧气、三价铁、硫酸根、硝酸根等电子受体都被耗尽后，微生物的呼吸作用停止。此时大分子有机物可以通过发酵作用分解为小分子有机物，产氢产乙酸菌利用小分子有机物产生小分子有机酸（如乙酸）和氢等产物。产甲烷菌可以利用氢气、小分子有机酸和二氧化碳通过产甲烷作用生成甲烷，从环境中以气态的形式释放出来。产甲烷作用是地球上碳循环的重要环节。

产甲烷菌严格厌氧，它们常在缺乏氧气的环境中生长，如长期淹水的土壤、瘤胃和沉积物等。通过产甲烷作用，有机废物可以转化成有用的甲烷（沼气）。在人和动物的肠道中由于存在着厌氧环境，也能发生产甲烷作用。

（肖琳）

chanqi jiamoganjun

产气荚膜杆菌 （*Clostridium perfringen*） 又称魏氏梭菌（*C. welchii*）。是属于梭状芽孢杆菌属（*Clostridium*）的菌群。产气荚膜杆菌广泛存在于自然环境中，并见于几乎所有温血动物的消化道内，属于人和动物肠道内正常菌群。该细菌能引起人类气性坏疽及多种动物的肠毒血症和坏死性肠炎，是近年来我国家畜“猝死症”的主要病原。

形态结构 细胞呈梭状，是能产生芽孢的革兰氏阳性粗大杆菌，单独或成对排列，两端钝圆，芽孢大，卵圆形，位于次端，在机体内可形成荚膜。无鞭毛，不能运动。

培养特性 产气荚膜杆菌为非专性厌氧菌，对营养要求不高，在厌氧血琼脂平板上，经35℃下孵育6 h即开始生长，24 h菌落可达2～4 mm，此时菌落特征为灰白色、光滑、圆形、扁平、半透明、边缘整齐，偶尔可见边缘呈锯齿状或放射条纹状的粗糙形菌落。大多数A型菌落有双层溶血环，内层是狭窄的β-溶血环，外层是较宽的半溶血环。在庖肉培养基中培养产气荚膜杆菌，上部肉汤混浊，肉渣呈淡红色，不被消化，产气较多，汹涌发酵，卵磷脂酶呈阳性。

分类 据目前研究发现，产气荚膜杆菌可以产生多种外毒素，目前已经分离到的外毒素有13种。根据产气荚膜杆菌产生四种重要的致病性外毒素（α毒素、β毒素、ε毒素、ι毒素）的能力，将其分为5种类型，即A型、B型、C型、D型、E型。

毒性 产气荚膜杆菌产生的外毒素和有毒

酶类包括溶血毒素、卵磷脂酶、纤维蛋白酶、透明质酸酶、胶原酶和DNA酶等。产气荚膜杆菌产生的外毒素分为12种：α、β、γ、δ、ε、η、θ、ι、κ、λ、μ和ν。它们的毒性作用较肉毒梭菌和破伤风梭菌要弱，且可被70℃、30～60 min热处理所破坏。产气荚膜杆菌的外毒素具有溶血、坏死及致死作用。除上面的12种外毒素外，产气荚膜杆菌还可产生肠毒素，其分子量为33 000～40 000，于芽孢形成时产生。因肠毒素在pH 4.0以下迅速失活，故可经口食、在胃液中被破坏，不能引起食物中毒；但若食用被产气荚膜杆菌污染的食物，产气荚膜杆菌会在小肠内大量繁殖，形成芽孢，产生肠毒素，引起水样腹泻。

家畜和家禽感染 过去一般认为A型、C型主要对人致病，B型引起羔羊痢疾，D型引起绵羊典型肠毒血症。近年来已证实C型也能引起猪、马、牛和羊的严重肠道疾病，但以猪最为常见，从出生到1周龄左右的仔猪最为易感，之后随着日龄的增加，易感性降低。

产气荚膜杆菌感染家禽（如鸡）后，不仅能单独造成坏死性肠炎，而且能恶化鸡球虫感染的症状，出现急性或亚急性坏死性肠炎、菌群失调症（湿便）和胆管肝炎，使鸡生长缓慢，死亡率变高。产气荚膜杆菌在小鸡出壳后就可进入消化道，因此为了控制该菌在鸡体内的生长繁殖，建议在每一批幼鸡进鸡舍前对鸡舍进行彻底消毒。 （武俊）

chanqi jiamoganjun zhi

产气荚膜杆菌值 （*Clostridium perfringen* value） 检测出产气荚膜杆菌的最少土壤质量（单位：g）。通常用来判断土壤是否被粪便污染及其污染程度。 （武俊）

chanqing weishengwu

产氢微生物 （hydrogen-producing microorganisms） 在代谢过程中能够利用底物发酵产氢的光合细菌或产氢发酵细菌。稳定的生态系统应是菌种多样化，而不应是单一菌种。对于产氢体系而言，最佳运行方案是不同产氢菌相混合，充分利用菌种间的协同作用，由此生态系统才能有较高的稳定性，达到最佳产氢效果。

光合细菌的产氢技术 光合细菌主要是通过固氮酶在光照条件下产氢，固氮酶在缺少酶底物 N_2 或产物 NH_4^+ 时能还原质子放出 H_2。因此，固氮酶的抑制因素、电子供体的种类即碳源以及光照强度都会影响光合细菌产氢。不同的光合细菌体内酶系统的差异也会影响其产氢能力。可通过以下四方面的工作提高光合细菌产氢率。

调节控制反应所需要的环境条件 在缺少氨态氮、只存在分子氮的情况下，可以诱导固氮酶基因达到最高的表达水平。另外，也可以利用生理学方法使固氮酶保持充分的活性，如应用12 h光照和12 h黑暗状态的交替系统，并在系统中提供少量（$(NH_4)_2S$）或 N_2，可以使深红红螺菌（*Rhodospirillum rubrum*）菌株中固氮酶的活性维持25天以上。

增加光强度刺激固氮酶的合成 在饱和光照连续培养系统条件下，荚膜红假单胞菌（*Rhodopseudomonas capsulate*）中的固氮酶含量可达到可溶性蛋白总量的25%，能持续产氢10天以上［产氢率为45mL/(L·h)］，在光不足的条件下，光即成为固氮酶活性的限制因素。

进一步研究固氮酶活性和合成的调节机制 培养不受某些外界环境条件抑制的菌株。如深红红螺菌的一株突变株，其固氮酶活性不受氨存在的影响，因此，在氨态氮存在下能继续产氢。

利用基因工程技术构建具有更多固氮酶基因拷贝的菌株 经分离和选育得到的高效产氢的菌株，最大产氢率达到260 mL/(g·h)，比一般沼气发酵的水平要高5倍左右。同时，对有机废水的处理也取得了较理想的结果。

有机污染物的厌氧产氢技术 指直接采用厌氧活性污泥处理高浓度有机废水时充分利用厌氧活性污泥的特性，将污水处理与生物制氢工艺相结合，在降解有机污染物的同时制取氢气。

在厌氧污泥产氢过程中，由于同时发生产甲烷作用，氢气的纯度是最大的问题。因此，可以采用降低 pH 的方法抑制产甲烷菌的生长。产甲烷菌的适宜 pH 为 7.0 左右，调节产氢过程的 pH 至 4.0 ~ 5.0，就可抑制产甲烷菌的活性，提高发酵气体中氢气的纯度。 （肖琳）

chanyichun weishengwu

产乙醇微生物 （ethanol-producing microorganism） 能够降解有机物，通过发酵作用产乙醇的微生物。由于有不同的降解底物和发酵途径，产乙醇微生物具有种类多样性的特点。主要包括以下两种产乙醇途径。

葡萄糖发酵产乙醇 木质纤维原料中的纤维素在纤维素酶的作用下降解成葡萄糖，酵母和少数细菌能够在厌氧条件下发酵葡萄糖生成乙醇。酵母通过糖酵解途径转化葡萄糖生成乙醇，酵母属中的酿酒酵母（*Saccharomyces cerevisiae*）是目前工业上乙醇生产最常用的优良菌株，具有以下优良特性：①在厌氧条件下可以良好地生长发酵；②发酵葡萄糖有较高的乙醇得率；③对一些生长抑制因子如乙酸、糠醛等具有较高的抗性，而这些生长抑制因子往往存在于木质纤维原料的水解物中；④有较高的乙醇耐受性；⑤是被公认的具有生物安全性的微生物。运动发酵单胞菌（*Zymomonas mobilis*）通过 ED 途径（Entner-Doudoroff pathway，恩特纳-杜多罗夫途径，又称 2-酮-3-脱氧-6-磷酸葡萄糖酸裂解途径）代谢葡萄糖生成乙醇，已成为酿酒酵母以外发酵生产乙醇的第二大菌种，具有耐高糖、耐乙醇、生物产量低、乙醇得率高和发酵速度快等优点，是目前乙醇发酵能力最强的细菌。

木糖发酵产乙醇 木糖是木质纤维原料水解产物中含量仅次于葡萄糖的一种单糖，由半纤维素水解生成，含量可达植物纤维水解糖类的 35% 以上。研究表明，充分利用木质纤维原料中的木糖发酵生成乙醇，能使木质纤维原料乙醇的发酵产量在原有基础上增加 25%，因此，木糖的乙醇发酵一直为木质纤维原料生物转化生产乙醇的关键环节。

自然界存在着某些天然利用木糖的微生物，包括真菌和细菌，二者的木糖代谢途径不尽相同。真菌的木糖代谢途径是首先在依赖还原型烟酰胺腺嘌呤二核苷酸磷酸（NADPH）的木糖还原酶作用下还原木糖为木糖醇，随后在依赖氧化型烟酰胺腺嘌呤二核苷酸磷酸（$NADP^+$）的木糖醇脱氢酶作用下氧化成木酮糖，再经木酮糖激酶磷酸化形成 5 - 磷酸木酮糖，由此进入磷酸戊糖途径（pentose phosphate pathway，PPP），PPP 途径的中间产物 6 - 磷酸果糖及 3 - 磷酸甘油醛通过酵解途径形成丙酮酸，再经丙酮酸脱羧酶（PDC）、乙醇脱氢酶（ADH）的作用生成乙醇。细菌的木糖代谢途径是通过木糖异构酶直接转化木糖形成木酮糖，随后同样经木酮糖激酶磷酸化形成 5 - 磷酸木酮糖进入 PPP 途径，但与 PPP 途径偶联的是 ED 途径，通过 ED 途径产生乙醇。

可以代谢木糖产生乙醇的细菌种类较多，但细菌发酵具有副产物多、乙醇得率低、易染杂菌等缺点，难以工业化应用；丝状真菌中发酵木糖产生乙醇的菌种较少，目前主要集中在粗糙脉孢霉（*Neurosporacrassa*）和尖镰孢霉（*Fusariumoxysporum*）的研究上，但丝状真菌的生长及发酵较慢；酵母菌中可发酵木糖产乙醇的种类主要包括毕赤酵母（*Pichiastipitis*）、嗜鞣管囊酵母（*Pachysolen tannophilus*）和休哈塔假丝酵母（*Candida shehatae*），但它们对乙醇的耐受能力较差，发酵速率低，对水解液中抑制物敏感，而且要求限制性供氧，调控难度大，不适合乙醇的工业化生产。而传统的用于乙醇发酵生产的微生物（酿酒酵母和运动发酵单胞菌）均不能代谢木糖。因此，近年来国内外许多研究者致力于构建可以高效代谢五碳糖（主要是木糖）和六碳糖产乙醇的基因重组菌。 （肖琳）

chanyin

颤蚓 （Tubificid） 环节动物门（Annelida）寡毛纲（Oligochaeta）颤蚓类动物的统称，属

于水栖寡毛类，主要为颤蚓亚科的种类。常生活在各种水体的泥沙底质中，头部藏在底质里，尾部露在水中摇动，故名颤蚓。颤蚓是湖泊、池塘、河流等生境中底栖动物的重要组成部分。

形态学和生物学特征 颤蚓个体通常大于1 cm，体细长。口前叶常为三角锥形，无眼，常无吻。颤蚓背腹刚毛始于Ⅱ节，腹刚毛常为钩状刚毛，部分种类部分腹刚毛特化成单尖刚毛，如淡水单孔蚓（*Monopylephorus limosus*）；背刚毛具发状刚毛和（或）钩状刚毛。颤蚓部分种类体表具乳突，如癞颤蚓属（*Spirosperma*）的种类；有的种类尾部具鳃，如苏氏尾鳃蚓（*Branchiura sowerbyi*）。颤蚓生殖器官一般包括环带、生殖腺、雌雄性生殖管和受精囊等，是最重要的分类鉴定特征，通常在X节和XI节。受精囊常在X节，雄性生殖管则位于XI节，一般由精漏斗、输精管、精管膨部、前列腺和阴茎等组成。精管膨部外段常变成细管，称为射精管，例如，水丝蚓属（*Limnodrilus*）种类均具射精管，但有些类群无此结构。阴茎可分为真阴茎和假阴茎。真阴茎的外层可形成角质硬壳，主要由几丁质组成，称为阴茎鞘，例如，霍甫水丝蚓（*Limnodrilus hoffmeisteri*）阴茎鞘为长筒状，顶端口扩张，边缘翻转，不对称，阴茎鞘长为宽的8～14倍。颤蚓最常见的种类有正颤蚓（*Tubifex tubifex*）、苏氏尾鳃蚓和霍甫水丝蚓等。颤蚓为雌雄同体，常行异体受精。

分布及生活习性 颤蚓分布广泛，存在于各类水体中。有些种类能长期适应低氧环境，例如，霍甫水丝蚓在有机质污染比较严重的水体中，如污水沟渠、排污口，甚至在污水处理厂的曝气池填料中，能大量分布，密度高，往往呈块状、片状分布。颤蚓通常在静水水体和流速较慢的河流中较丰富，激流环境中较少。颤蚓通常对杀虫剂和重金属比较敏感，低剂量就有可能致死。颤蚓常为直接收集摄食者，一般对食物没有选择性。颤蚓个体发生为直接发育，生活史变化较大，有的种类为一年生，部分种类可生活多年。温度对颤蚓的繁殖和生长有重要、明显的影响，个体生活史长度会随着温度的升高而减小。 （王洪铸）

chanzao

颤藻 （*Oscillatoria*） 一种无细胞分化、不分枝的丝状蓝藻，属于蓝藻门（Cyanophyta）蓝藻纲（Cyanophyceae）颤藻目（Oscillatoriales）颤藻科（Oscillatoriaceae）颤藻亚科（Oscillatorioideae）。

藻体常肉眼可见，平滑，层状，罕见革质的垫状和单生藻丝；藻丝圆柱形，直或略为波状，有时在末端有类似螺旋曲卷，多数宽为6.8 μm，最宽可达70 μm，横壁无收缢，常无鞘，仅在胁迫条件下出现。能颤动、匍匐式或旋转式运动。细胞短圆盘状，一般长宽比小于2。细胞内含物均质或有时具大的颗粒，无气囊。顶端细胞形态多样，末端增厚或具帽状结构。细胞分裂面垂直于藻丝纵轴，以形成死细胞使藻丝断裂、产生藻殖段进行繁殖。

颤藻是分布最为广泛、生命力极强的藻类。目前在全世界已发现100多种颤藻，在我国有记载的约30种。由于颤藻无气囊结构，且能在污染水体中生长，可利用污水中的氮源和磷源来合成细胞物质，对金属离子也有一定的吸附作用，因此可将其接种到生物膜上进行污水处理。

在蓝藻分类系统中，对颤藻属分类进行了适当的修订，将含有气囊的种类从颤藻属分离出去，以原先的阿氏颤藻（*O. agardhii*）为模式种类［现称为阿氏浮丝藻（*Planktothrix agardhii*）］，形成浮丝藻属（*Planktothrix*），其为含有气囊的丝状蓝藻。 （史小丽）

changqi duxing

长期毒性 （long term toxicity） 低剂量或低浓度的有毒物质在生物大部分或整个生命周期内持续接触、进入机体后对生物体易感部位产生有害作用的能力。

长期毒性的生物效应 具有长期毒性的

有毒物质包括重金属、持久性有机污染物、杀虫剂、抗生素、全氟有机化合物等，环境中此类物质的浓度通常比产生短期毒性污染物的浓度低得多，但由于人体和其他生物在实际情况下持续暴露于这些污染物，甚至贯穿于特定生物的整个生活史，因此该类物质具有蓄积作用（包括物质蓄积和功能蓄积），从而引发长期毒性效应。污染物种类不同，其对生物的长期毒性效应不同。

锰长期毒性效应 锰可通过呼吸系统进入人体，慢性锰中毒综合征的发生需要 2～25 年，调查研究显示 1～5 mg/m^3 锰暴露 20 年后，人体会产生手震颤、记忆力下降、反应时间延长等神经毒性效应。临床病例报告指出，长期摄入被锰污染的井水，可引起帕金森病等慢性神经系统症状。

有机磷农药长期毒性效应 多见于农药厂工人。突出的表现是神经衰弱症候群与胆碱酯酶活性降低。

三聚氰胺长期毒性效应 三聚氰胺可能会造成生殖能力损害、膀胱或肾结石、膀胱癌等。

抗生素长期毒性效应 长期低剂量的抗菌药物暴露可使易感人体出现过敏反应，轻者表现为荨麻疹、发热、关节肿痛等，严重时出现过敏性休克，甚至危害生命。人体长期低剂量地摄入某些抗生素，还可以产生致癌、致畸、致突变作用。长期暴露于抗生素不仅容易诱导耐药菌株的出现，使抗生素失去治疗疾病的价值，而且会导致人体肠道内正常菌群失调和紊乱。长期暴露于低剂量抗生素后，药物会不断在体内蓄积，对人体产生毒性作用。例如，氯霉素可能导致再生障碍性贫血；链霉素、庆大霉素和卡那霉素等氨基糖苷类抗生素，可以损害前庭和耳蜗神经，导致眩晕和听力减退；四环素类药物能够与骨骼中的钙结合，抑制骨骼和牙齿的发育；磺胺类抗生素能够引起肾脏器官损害。抗生素还会影响机体内化合物代谢酶及抗氧化酶活性，改变蛋白质翻译合成、核酸合成、能量代谢以及卵黄蛋白原调节等相关蛋白的表达，并导致能量代谢紊乱。

长期毒性试验 是有毒物质安全性评价的核心内容，它与急性毒性、生殖毒性以及致癌性等环境毒理学研究有着密切的联系。通过长期毒性试验，可确定最大无作用剂量/浓度，为制定人体每日允许摄入量（ADI）和最高容许浓度（MAC）提供毒理学依据。（张徐祥）

chaoleiji zhiwu

超累积植物

超累积植物（hyperaccumulator） 又称超富集植物。指能超量累积一种或同时累积几种重金属元素的植物。

目前已发现的超累积植物至少有 45 个属、400 余种，但大多在国外。中国已发现的超累积植物有：砷超累积植物——蜈蚣草（*Pteris vittata* L.）和大叶井口边草（*Pteris cretica* L.）；锌超累积植物——东南景天（*Sedum alfredii* H.）；锰超累积植物——商陆（*Phytolacca acinosa* Roxb.）；镉超累积植物——宝山堇菜（*Viola baoshanensis*）和龙葵（*Solanum nigrum* L.）等。这些植物的筛选和发现为重金属污染土壤的植物修复技术开辟了应用前景。利用超累积植物在体内超量累积重金属的特点，可将其应用于重金属污染土壤的植物提取修复，其基本做法是种植超累积植物于污染土壤，植物吸收重金属并将其转移到地上部，收获植物，焚烧后回收重金属，从而降低土壤中重金属的含量，实现治理目标。

标准 超累积植物一般应同时具备以下四个标准：①临界含量特征标准，指植物茎或叶中重金属含量要大于一定的临界值，目前广泛采用的参考值是锌、锰为 10 000 mg/kg，铅、铜、镍、钴、砷均为 1 000 mg/kg，镉为 100 mg/kg，金为 1 mg/kg；②转移特征标准，指植物地上部（主要是指茎或叶）重金属含量大于其根部；③耐性特征标准，指植物对重金属具有较强的耐性，即植物的生长没有出现明显的毒害症状；④富集系数特征标准，指植物地上部富集系数大于 1.0（茎、叶、籽实部分的平均数），即当土壤中重金属含量高到与超累积植物应达到的临界含量特征标准相当时，植物地上部富集系数应大于1.0。

修复机理 超累积植物超量吸收和累积重金属是以对重金属的耐性和累积为基础的，除了具有普通植物耐重金属的机理外，还具有普通植物所没有的一些机理，主要包括以下三方面。

根际圈重金属的活化 包括：①根系分泌质子H^+促进对重金属的活化；②根系分泌低分子量有机酸如乙酸和琥珀酸等酸化根际圈环境，促进重金属的溶解，同时有机酸也可以与固相结合的重金属形成螯合物，增强重金属的溶解度；③根系分泌金属螯合分子如植物高铁载体、植物螯合肽等，促进土壤中结合态铁、锌、铜、锰等的溶解；④根细胞膜上某些专一性重金属还原酶能促进高价金属离子还原，从而使重金属溶解度增加。

超累积植物对重金属的吸收与运输 包括：①根系对重金属的选择性吸收。超累积植物通常只对某一种或几种重金属具有超累积能力，对其他重金属则没有超累积特性。②重金属在植物体内的运输。重金属离子从根表进入根系后，可通过质外体或共质体途径运输，但由于重金属离子不能通过内皮层凯氏带，只有转入共质体途径才能进入木质部导管，因此共质体途径是植物将重金属转移到地上部的限制性步骤。进入根中的重金属通过运输体或通道蛋白进入液泡，再通过液泡的区室化作用进行解毒，同时这也限制了重金属向地上部的运输，这可能是普通植物根部重金属含量高于地上部的一个原因。但超累积植物的液泡膜上可能存在一些特殊运输体，可以把液泡中的重金属装载到木质部导管以利于向地上部运输。超累积植物体内大部分重金属离子能与柠檬酸、氨基酸等有机酸结合，从而提高了在木质部导管中的运输速率。

超累积植物对重金属的累积机制 超累积植物对重金属的累积表现出区室化分布和具有较强解毒能力的特点。超累积植物体内重金属在细胞水平上主要分布在液泡及质外体等非生理活性区，在组织水平上主要分布在表皮细胞、亚表皮细胞中，而与有机化合物如金属硫蛋白（MT）、植物络合素（PCs）、组氨酸、柠檬酸的螯合可能是主要的解毒机制。MT和PCs都是重金属胁迫所产生的专一性诱导螯合蛋白。MT是一类由基因编码的低分子量的富含半胱氨酸的多肽，可通过半胱氨酸（Cys）残基上的巯基与重金属离子结合成无毒或低毒的络合物，从而避免重金属以自由离子的形式在细胞内循环，以减少或消除重金属对细胞的毒害。PCs是重金属胁迫下植物体内产生的一类结构与MT相似的酶促合成的低分子量的富含半胱氨酸的多肽物质，通过巯基与金属离子螯合后，能降低细胞内游离的重金属离子含量，防止金属敏感酶失活，从而减轻了重金属对植物的伤害。

（俞协治）

D

dachang ganjun

大肠杆菌（*Escherichia coli*） 学名为大肠埃希氏菌，是埃希氏菌属（*Escherichia*）代表菌，属于*原核生物*。大肠杆菌于 1885 年由 T. 埃舍里希（Theodor Escherich）发现，广泛分布在自然界，大多数是不致病的，主要附生在人或动物的肠道里，为正常菌群；一些特殊血清型的大肠杆菌对人和动物有病原性，侵入人体一些部位时可引起感染。

形态结构 大肠杆菌为革兰氏阴性短杆菌，大小为 0.5 μm（宽）×（1～3） μm（长）。周生鞭毛，能运动，无芽孢。大肠杆菌具有由肽聚糖组成的细胞壁，只含有核糖体等简单的细胞器，没有细胞核，有拟核，细胞质中的质粒常用作*基因工程*中的运载体。大肠杆菌的代谢类型是异养兼性厌氧型，假如其生活在大肠内，则属于消费者，生活在体外则属于分解者，能发酵多种糖类产酸、产气。

致病性 人在感染大肠杆菌后的症状为胃痛、呕吐、腹泻和发热。感染可能是致命性的，尤其是对儿童及老人。根据不同的生物学特性将致病性大肠杆菌分为 5 类：致病性大肠杆菌（EPEC）、肠产毒性大肠杆菌（ETEC）、肠侵袭性大肠杆菌（EIEC）、肠出血性大肠杆菌（EHEC）、肠黏附性大肠杆菌（EAEC）。

大肠杆菌不断随粪便排出体外，污染周围环境和水源、食品等。取样检查时，样品中大肠杆菌越多，表示样品被粪便污染越严重，也表明样品中存在肠道致病菌的可能性越大。某些病原性大肠杆菌可导致多种疾病的发生，这些细菌通过食物、水以及接触等方式传播，常会造成疫情的集中式暴发。大肠杆菌经高温处理即可灭杀，因此预防大肠杆菌致病的有效方式之一就是饮用和食用煮沸或煮熟的水或食物，同时注意个人卫生，严防接触传染。《生活饮用水卫生标准》（GB 5749—2006）规定大肠埃希氏菌为不得检出。

实用价值和应用 大肠杆菌由于遗传背景清楚、载体受体系统完备、生长迅速、培养简单、重组子稳定等优点常被用作*模式生物*进行科学研究，同时其也常被用作外源基因表达的宿主，备受遗传工程专家的重视。目前大肠杆菌是应用最广泛、最成功的表达体系，常做高效表达的首选体系。大肠杆菌主要用于基因工程的原核受体菌、外源 DNA 克隆和扩增、原核基因高效表达、基因文库构建等。出于生物安全考虑，生物工程用的菌株是在不断筛选后被挑选出的菌株。这些菌株由于失去了细胞壁的重要组分，所以在自然条件下已无法生长。甚至普通的清洁剂都可以轻易地杀灭这类菌株。因此，即便由于操作不慎导致活菌从实验室流出，也不易导致生化危机。此外，生物工程用的菌株基因组都被优化过，使之带有不同基因型（如 β-半乳糖苷酶缺陷型），可以更好地用于分子克隆实验。

大肠杆菌适合原核基因的表达，外源基因蛋白表达量与培养液单位体积表达量呈正相关，而单位体积表达量则与细胞浓度和每个细胞的平均蛋白表达量呈正相关。细胞浓度与生长速率、外源基因拷贝数和蛋白表达量之间存在动态平衡的关系，单个细胞的蛋白表达量又与外源基因拷贝数、基因表达效率、表达产物的稳定性和细胞代谢负荷等因素有关。例如，科学家们把人的胰岛素基因整合到大肠杆菌的细胞里，让胰岛素基因和大肠杆菌的遗传物质相结合。人的胰岛素基因在大肠杆菌的细胞里表达人的胰岛素，并随着它的繁殖，胰岛素基因也一代代地传了下去，后代的大肠杆菌也能生产胰岛素。（张民）

daqi huanjing dulixue

大气环境毒理学（atmospheric environment toxicology） 研究大气污染物对生物体，特别是对人体的损伤效应及其规律，并提出防治对策的一门学科。环境污染物进入大气后，可随气流扩散造成区域性甚至全球性的污染。大气污染物不仅可以直接作用于陆生动物、植物并产生危害，也可通过污染物的迁移污染土壤和水体，并对其中生存的各类生物及生态系统造成危害。

沿革 第二次世界大战结束以来，随着世界人口的增加、工业生产和交通运输的发展，以及煤炭、石油等能源利用的增长，各种废气排放量增多，大气受到了严重污染，使人类的健康和物质财富受到了直接或间接的危害。大气污染物主要包括大气颗粒物、二氧化硫、氮氧化物、一氧化碳等，大气环境毒理学从大气污染物的来源、暴露途径、体内代谢和毒作用机理等方面开展了大量研究，明确了单一污染物进入动植物体内的过程和途径、对呼吸系统的危害、对循环系统和神经系统的不利影响，阐明了大气污染物对植物的作用途径、危害特征和毒理机理。现在大气环境毒理学研究内容从单一污染物毒性深入到复合污染物毒性，从大气大颗粒污染物毒性深入到纳米粒径污染物毒性，从单一器官或系统毒理学研究提升到整个生命体系统毒理学过程和代际毒理学研究的高度，全面阐述大气污染物对生命体的复合、长期暴露、多系统的微观毒性作用过程和机制。

研究内容 主要包括大气污染物对生物特别是人体的暴露途径、大气污染物对生物致毒的类型和大气污染物致毒机理三方面。

大气污染物对生物特别是人体的暴露途径 大气污染物侵入动物包括人体的主要途径有呼吸道、皮肤上毛孔及消化道，其中以呼吸道侵入最为重要，侵入植物的主要途径为气孔、表皮细胞等，大气污染物对微生物的暴露途径主要为细胞直接接触。经动物呼吸系统进入体内的污染物可以通过血液循环系统在全身分布并造成全身性健康损害。由于动物呼吸道与大气污染物接触时间长、接触浓度高，且往往是多种污染物同时作用，因此，呼吸器官成为大气污染的主要危害部位。气体污染物通常都是经植物叶背的气孔进入植物体，然后逐渐扩散到海绵组织、栅状组织，破坏叶绿素，使组织脱水坏死；通过干扰酶的作用，阻碍各种代谢机能，抑制植物的生长，因此，叶片是植物大气污染的主要危害部位。

大气污染物对生物致毒的类型 大气污染物对人群造成的急性毒性作用只有在特定情况下才会发生，一般具有明显的体征，比较容易引起人们的注意。急性中毒主要是由于肺部严重的化学灼伤引发炎症，以及因急性闭塞性换气不良造成急性组织缺氧或引起心脏病恶化。但是，一般情况下，大气污染物浓度较低，与机体接触的时间较长，可反复多次接触，甚至持续终生。这种低剂量、长期持续的作用可对人体产生慢性毒害作用。例如，虽然铅、镉、铍、铬、锌、镍、锰、汞、砷、氟、石棉、有机氯杀虫剂等在大气中浓度很低，但能在机体内逐渐蓄积，以致引起慢性中毒。大气污染物同样会对周边的植物、动物产生毒性影响。植物本身有大面积叶片与大气接触，还有众多的气孔与大气交换气体，极易使大气污染物进入植物体内，但进入的污染物转运至全植株的速度较慢，集中累积于吸收部位或邻近部位。大气污染严重时，家畜等动物会因直接吸入大量污染物引起急性中毒，甚至大量死亡。

大气污染物致毒机理 模拟实际环境过程建立大气污染物低剂量吸入暴露模型，结合疾病建模、功能测试、高通量芯片筛查和信号通路扰动等技术，明确机体损伤靶点和子代毒性，解析效应发生的分子机制，如由自由基/线粒体损伤/脂质代谢扰动导致心脏功能紊乱的分子生物学机制。建立模拟复合污染的暴露模型，结合毒性组分甄别、生物功能检测、组学筛查与毒性通路分析等技术，确定关键毒性组分诱发机体损伤新靶点，揭示毒性通路影响相关疾病表型的分子机制，探索大气污染物毒性组分的自由基/炎性经典信号通路和表观遗传/基因作用途径。

研究方法 大气环境毒理学研究方法包括野外调查法、流行病调查法、临床观察等方法，还包括各种毒理学试验方法，如采用体内试验和体外试验方法的急性毒性试验、亚慢性毒性试验、慢性毒性试验、遗传毒性试验、神经毒性试验、生殖毒性试验等。大气环境毒理学研究方法还包括人体健康危险度及生态风险评价，以定量分析大气污染物对动植物的危害。

发展趋势 在人类面临的环境问题越来越严峻的形势下，大气环境毒理学必将在环境与健康领域发挥作用。对大气细颗粒物、超细颗粒物、大气环境致癌物、硫氧化物、臭氧及其他化学污染物（包括各种新型化学品）的毒性作用过程及其机制的研究，将继续是该领域研究的热点之一。在毒性作用机制的研究中，分子生物学新技术的应用将继续受到重视。此外，环境毒理学研究的新技术，可以为大气环境毒理学发展提供技术支持，如探索环境污染物低水平、长期和慢性暴露对健康影响的研究技术，探索大气环境纳米颗粒物的采集与分析的技术等。（张民）

推荐书目

孔志明．环境毒理学．6版．南京：南京大学出版社，2017.

孟紫强．环境毒理学．北京：中国环境科学出版社，2003.

daqi wuran shengwu jinghua

大气污染生物净化 （biological purification of atmospheric pollution） 利用生物的代谢作用（同化作用或异化作用），使大气环境中的污染物或由其转化形成的二次污染物的数量减少、浓度下降、毒性减轻，直至消失的过程。

大气污染生物净化通常通过植物来完成。但是，如果大气污染超过了植物所能忍受和缓冲的限度，它们的生长和繁殖就会受到影响。所以要在减少大气污染的基础上发挥植物的有效功能。

植物净化空气的作用主要包括：①保持大气层中氧和二氧化碳的平衡。随着工业的发展和人口的增加，大气层中二氧化碳浓度有逐渐增加的趋势。绿色植物是氧气的主要制造者和二氧化碳的消耗者，对保持氧和二氧化碳的平衡有重要作用。每1 hm^2 植物一年释放的氧气量：农作物为3～10 t，落叶林为16 t，针叶林为30 t，常绿阔叶林为20～25 t。②降低大气中有害气体的浓度。植物能吸收氟化氢、二氧化硫、氯、二氧化氮、氨、臭氧、汞蒸气、铅蒸气以及过氧乙酰硝酸酯、乙烯、苯、醛、酮等气体。例如，氟化氢通过40 m宽的刺槐（*Robinia pseudoacacia*）林带比通过同距离的空旷地后的浓度降低近50%。绿色植物能阻挡、过滤和吸收有害气体，起到净化空气的作用。③减少空气中的放射性物质。绿色植物能够阻隔放射性物质及其辐射，也能够过滤和吸收放射性物质。例如，一些地区树林背风面叶片上的放射性物质颗粒浓度只有迎风面的1/4。树林背风面的农作物中放射性物质的总放射性强度一般为迎风面的1/20～1/5。不同的植物净化放射性污染物的能力也不相同，如常绿阔叶林的净化能力要比针叶林高得多。④减少空气中的灰尘。绿色植物能够阻挡、过滤和吸附空气中的灰尘。例如，一个位于绿化良好地区的城镇，其降尘量只有缺乏树木的城镇的1/9～1/8。草地能吸附空气中的灰尘，还能固定地面尘土。例如，有草皮的足球场比无草皮的足球场上空的含尘量少 2/3 ~ 5/6。⑤减少空气中的细菌。一方面，由于树木可以减少灰尘，从而减少了附着在灰尘上的细菌；另一方面，一些植物如松、柏、樟能分泌挥发性物质，具有杀菌或抑菌的能力。例如，在一条城市绿化差的街道上每 1 m^3 空气中所含的细菌数目，比同一城市绿化好的街道上高1 ~ 2 倍，比同一城市树木茂盛的植物园中高40 ~ 50 倍。 （崔益斌）

daqi wuran shengwu pingjia

大气污染生物评价 （biological assessment for atmospheric pollution） 根据评价区域内生物特别是植物的生理功能和形态特征受到大气污染影响的程度和类型来进行大气污染评价的方式。由于不同生物对同一污染物可以做出不同的反应，而同一种生物对不同污染物也可以做出不同反应，因此生物特别是植物可以用来评价大气污染的性质和程度。

大气污染生物评价具有以下特点：①能综合地反映大气环境质量状况。工业生产等过程所造成的大气污染一般是复合污染，大气中往往存在着多种污染物，植物生长在多种污染物的协同作用、拮抗作用之下，从而可以用于评价多种污染物的长期、综合效应。理化评价反映不出这种复杂的关系，而生物评价却具有这种特征。②具有连续性。用于监测评价的生物特别是植物能够连续记录污染物生物危害的全过程和植物承受的累积量。③具有多功能性。通过指示生物的不同反应症状，分别评价多种毒性作用效应。例如，植物受二氧化硫（SO_2）、聚丙烯腈（PAN）和氟化物的危害后，叶的组织结构和色泽常会表现出不同的受害症状。④具有高灵敏性。有些生物物种对一些大气污染物很敏感。例如，地衣对大气污染十分敏感，当空气中有 SO_2 以及其他污染物时，会出现受害症状或死亡。据测定，当空气中 SO_2 质量分数为 0.23 ng/kg 时对地衣暴露一个月左右，地衣就会全部死去。 （张民）

daxing diqi wujizhui dongwu

大型底栖无脊椎动物 （benthic macroinvertebrate） 不能通过 500 μm（约 40 目）筛网孔径，体长大于等于 1 mm 的底栖无脊椎动物。

底栖动物是指生活史的全部或大部分时间生活于水体底部淤泥内、石块或砾石表面及其间隙中，以及附着于水生植物上的肉眼可见的水生动物类群。依据筛网孔径的大小，一般可将底栖动物分为三个类型：大型底栖无脊椎动物或大型底栖动物；可以通过 500 μm 但不能通过 42 μm 筛网孔径的称为小型底栖动物；能通过 42 μm 筛网孔径的称为微型底栖动物。通常所说的底栖动物指的是大型底栖无脊椎动物。大型底栖无脊椎动物主要包括水生昆虫、大型甲壳类、软体动物、环节动物、线虫、扁形动物以及其他无脊椎动物。

大型底栖无脊椎动物广泛分布在江、河、湖、水库、海洋和其他各种小水体中。其中有的种类只生活在海洋中，如刺参、海星、毛蚶、缢蛏、牡蛎、沙蚕、对虾等；有的只生活在淡水中，如环棱螺、蜻蜓稚虫、石蝇稚虫、水蚯蚓、河蚌等。湖泊底栖动物主要由三大类群——环节动物、软体动物和节肢动物构成，又以三大类群中的寡毛类、螺类蚌和摇蚊类优势最为显著。而溪流中常见的蜉蝣目（Ephemeroptera）、襀翅目（Plecoptera）、毛翅目（Tricoptera）等类群在湖泊中存在很少。实际上，除摇蚊外，水生昆虫在湖泊底栖动物中所占比例都非常有限。

大型底栖无脊椎动物种类多、数量丰富、生活周期长、活动场所比较固定、易于采集和识别，一般以藻类、有机颗粒物、微生物和植物及植物残体为食，并为鱼类提供食物来源，在湖泊生态系统的物质循环和能量流动中起着重要作用。不同种类的大型底栖无脊椎动物对水质的敏感性差异较大，由此可以预测受外界干扰后群落结构的变化趋势，因此，鉴于大型底栖无脊椎动物群落的种类和结构同周围环境之间的关系特别密切，可将其作为水污染指示生物。例如，蜉蝣目昆虫稚虫存在表示水体清洁，颤蚓出现则表示水体严重污染。

（杨柳燕　任丽曼）

daxingsao

大型溞（*Daphnia magna*）　隶属于真枝角部（Eucladocera）盘肠溞总科（Chydoroidea）溞科（Daphniidae）溞属（*Daphnia*）的小型甲壳动物。

形态学和生物学特征　雌体长 2.20～6.00 mm，雄体长 1.75～2.50 mm。体呈宽卵形，黄色或淡红色，稍透明。壳刺较短，有时几乎完全消失。壳面有菱形花纹。头部宽而低，头顶圆钝，无盔。吻部稍凸出。壳弧发达，在壳弧的背前方，各侧都有两条短的纵行褶纹。后腹部大，在肛门之后的背侧显著凹陷。

分布及生活习性　主要分布于北半球各地，在温带南部以及亚热带地区特别普遍。我国江苏、安徽、山东、河北、河南、辽宁、吉林、黑龙江、内蒙古、山西、陕西、甘肃、青海、西藏和亚洲其他地区、欧洲、北美洲及非洲都有分布。大型溞居于水草繁茂的富营养化水体中，如池塘、水坑、间歇性积水以及小型湖泊等；也可生活在海边低盐度的咸水积水中。该种对酸碱度有较大的适应，碱性水域对其生存特别有利。

实用价值和应用　由于大型溞比较容易培养，常常作为毒理学的实验材料。（王洪铸）

daixiezu duxing

代谢组毒性（metabonome toxicity）　污染物直接或间接影响生命体代谢组表达和功能的毒性效应。

代谢物通常指在生命体内实现代谢过程的小分子有机化合物，是生命体基因、蛋白以及所有新陈代谢过程的产物，是疾病、药物与生命体相互作用的最终结果和表现。机体的代谢物可以分为两级：初级代谢物直接参与细胞的正常生长、发育和增殖；次级代谢物不直接参与这些过程，但是通常具备重要的生态功能，如抗生素和色素。代谢组是一个生命体内所有代谢物的总和，其整体构成了一个代谢反应网络：一个酶化学反应的产物往往是另一个反应的反应物。这些反应系统可以用超循环系统来描述。

研究方法　先进的分析检测技术结合模式识别和专家系统等计算分析方法是代谢组毒性研究的基本方法。核磁共振波谱技术（NMR）和质谱技术（MS）两大分析技术是用于表征代谢物的最主要的手段。

核磁共振波谱技术　是代谢组毒性研究中应用最为广泛的技术。其显著优势是可以一次观测到多种代谢物，并且重现性好、无破坏性、测量时间短。生物样品可用液相核磁（尿液和血液）和固相核磁（组织）来测量。一维氢谱核磁共振用于快速地测量大量生物样品的代谢组谱，二维核磁技术则通常用来进一步地对代谢产物进行定性鉴定。

质谱技术　是一种成熟的分析化学技术，可以用来测量样品或者分子的元素组成、阐明分子的化学结构，如表征多肽以及其他化合物。质谱的基本原理是：首先待测代谢产物被离子化成带电分子或者分子碎片，然后测量这些离子的荷质比，用以关联原始化合物的元素成分和化合物结构。MS 为代谢物提供了高专一性的、与化学结构直接相关的分子质量和/或特征碎片离子等质谱信息，可通过将这些信息与数据库中的标准图谱进行化学结构匹配来确定代谢物，或用于未知代谢物结构的推导。MS 检测代谢物的最大优势在于高灵敏度，可以检测到皮摩尔（$1\ pmol = 10^{-12}\ mol$）级甚至飞摩尔（$1\ fmol = 10^{-15}\ mol$）级的初级代谢物和次级代谢物，能满足微量样品的分析。MS 技术与色谱分离技术如气相色谱（GC）、液相色谱（LC）和毛细管电泳（CE）的联用可实现复杂样品的代谢组毒性分析，从本质上提高了以 MS 技术为基础的代谢组毒性的研究能力并扩展了研究范围。MS 技术早在 20 世纪七八十年代就已用于测量生物体的目标代谢物，而现在基于色谱与质谱联用的分析技术具有代谢物鉴定特异性强、灵敏度高、成本低以及能实现相当广度和深度的代谢组毒性研究等特性，因此已成为代谢组毒性研究的主要技术。

研究内容 包括研究污染物毒性的生物标志物和毒性作用机制，以及进行生态毒理学研究等。

研究意义 任何外源性化学物、病理生理变化或遗传变异的作用都会反映到各种生物学途径上，对内源性代谢物的稳态平衡产生干扰，从而使内源性代谢物中的各种物质的浓度和比例发生变化。细胞中和组织中的代谢物在生物体液中处于动态平衡，因此机体中生物体液成分的变化反映了中毒或代谢损害引起的细胞功能异常。利用代谢组学技术可检测血浆、尿液、胆汁等生物基质中具有特殊意义的微量物质的异常成分，并可以同时对所有代谢物进行定量分析，且几乎不需要样品的前期准备，对所有成分都有相同的灵敏度。代谢组学技术所检测到的生物体液中的内源性代谢物，完全依赖于动物体内的毒素类型。每一种类型的毒物和药物都会在生物体液中产生内源性代谢物浓度和代谢组分的特征性变化，这种特征提供了毒性作用的机理和作用位置的信息，从而为外源性化学物的安全性评价提供了可靠的技术支持与保障。因此，代谢组毒性研究在毒理学的研究中发挥着极其重要的作用。

研究面临的问题 代谢组毒性研究面临如下问题：①没有任何一个分析技术能够同时对代谢组中的所有代谢产物进行分析，只能通过整合这些技术并不断探索新的技术，才能够比较全面和准确地实现代谢调控所涉及的差异性代谢物识别和定量分析的全谱覆盖。②样品之间的差异、仪器动力学范围的局限和分析误差的存在给代谢组毒性分析带来了巨大的挑战。因此，在取样方法、新型分析仪器和分析技术的研发等方面，都需要深入开展进一步的工作。③代谢组毒性分析产生了海量的数据，利用信息学的工具来储存和分析这些数据就显得十分迫切，如建立代谢产物数据的标准和代谢组毒性数据的数据库。 （吴兵）

danxibao danbai

单细胞蛋白

单细胞蛋白 （single-cell protein） 又称微生物蛋白。是人工培养得到的微生物菌体。按产生菌的种类不同，可以分为细菌蛋白、真菌蛋白等。1967 年在第一届国际单细胞蛋白会议上，将微生物蛋白统称为单细胞蛋白。

单细胞蛋白并非纯蛋白质，所含的营养物质非常丰富。其中，蛋白质含量达 40% ~ 80%，且氨基酸种类齐全，含有人体所必需的 8 种氨基酸。单细胞蛋白中还含有多种维生素、碳水化合物、脂类、矿物质，以及丰富的酶类和生物活性物质，如辅酶 A、辅酶 Q、谷胱甘肽、麦角固醇等。

单细胞蛋白具有以下优点：①生产效率高，微生物的生长繁殖迅速，蛋白产率远高于动植物。②生产原料来源广，可以利用食品工业中大量产生的含糖有机废水进行单细胞蛋白的生产。③生产过程简单，便于实现工业化生产，不受地区、季节和气候的限制。单细胞蛋白在生产时，只需要进行培养液配制和灭菌，将菌种接入含培养液的发酵罐后，控制好发酵条件，微生物就会迅速生长繁殖；发酵完毕收集菌体，经过干燥处理，就制成了单细胞蛋白。

目前用于生产单细胞蛋白的微生物种类很多，包括细菌、真菌以及某些原生动物。生产单细胞蛋白的微生物要求包括：①培养条件简单，生长繁殖迅速；②所生产的单细胞蛋白营养物质含量高；③无致病作用，易消化吸收等。

单细胞蛋白作为饲料蛋白，已在世界范围内得到了广泛应用。单细胞蛋白可用于生物活性物质的提取，如辅酶 A、细胞色素 C 和辅酶 I 等，或生产酵母提取物等生物试剂。单细胞蛋白还可以用作食品原料和食品添加剂，用以补充蛋白质、维生素或矿物质等。但单细胞蛋白作为食品原料也会有安全性等问题，例如，单细胞蛋白的核酸含量较高，可能会引发痛风等疾病。 （肖琳）

danbaizhi gongcheng

蛋白质工程 (protein engineering) 在深入了解蛋白质空间结构以及结构与功能的关系，并掌握基因操作技术的基础上，用人工合成生产自然界原来没有的、具有新的结构与功能的、对人类生活有用的蛋白质分子的技术。

在现代生物技术中，蛋白质工程是在20世纪80年代初期出现的。由于蛋白质工程是在基因工程的基础上发展起来的，在技术方面有很多同基因工程技术相似的地方，因此蛋白质工程也被称为第二代基因工程。蛋白质工程为改造蛋白质的结构和功能找到了新途径，而且还预示了人类能设计和创造自然界不存在的优良蛋白质的可能性，从而具有潜在的巨大社会效益和经济效益。

类型 主要有两种：①从头设计，指完全按照人的意志设计合成蛋白质，是蛋白质工程中最有意义也是最困难的操作类型，目前技术尚不成熟，已经合成的蛋白质只是一些很小的短肽。②定位突变与局部修饰，指在已有的蛋白质基础上只进行局部的修饰。这种通过造成一个或几个碱基定位突变，以达到修饰蛋白质分子结构目的的技术，称为基因定位突变技术。

基本程序 先要测定蛋白质中氨基酸的顺序，测定和预测蛋白质的空间结构，建立蛋白质的空间结构模型，然后提出对蛋白质的加工和改造设想，通过基因定位突变和其他方法获得需要的新蛋白质的基因，进而进行蛋白质合成。 （崔益斌）

danbaizhizu duxing

蛋白质组毒性 (proteome toxicity) 污染物直接或间接影响生命体蛋白质组表达和功能的毒性效应。

蛋白质组是一个动态的概念，在同一机体的不同组织和细胞中，在同一机体的不同发育阶段，在不同的生理状态下，乃至在不同的外界环境下都是不同的。这种复杂的蛋白质模式表现了各种复杂的生命活动。每一种生命运动形式，都是特定蛋白质群体在不同时间和空间出现并发挥功能的不同组合的结果，是机体与外部环境相互作用的实时、动态的反映。

研究方法 固相化pH梯度（IPG）技术、基质辅助激光解吸电离飞行时间质谱（MALDI-TOF-MS）和电喷雾质谱（ESI-MS）技术以及蛋白质双向电泳图谱的数字化和分析软件的问世，使得在细胞水平上对蛋白质进行大规模的平行分离和分析成为可能，可同时处理成千上万种蛋白质，具有高通量、高灵敏度、高准确性等特点，并成功地应用于环境毒理学研究。蛋白质组毒性研究方法主要包括双向电泳（2-DE）技术、生物质谱技术、生物信息学方法。

双向电泳技术 是复杂蛋白质组分检测和分析的一种强有力的技术，在生物研究的各个方面得到广泛的应用。双向电泳的基本原理是：基于蛋白质等电点不同在pH梯度胶内等电聚焦（IEF）；同时根据蛋白质分子量大小不同进行SDS-PAEG分离，把复杂蛋白质混合物中的蛋白质在二维平面上分开。双向电泳技术具有高通量、重复性好等优点。

生物质谱技术 是通过将样品分子转化为运动的气态离子，按荷质比大小进行分离并记录其信息的分析方法，根据所得的质谱图可进行多种物质的定性、定量及结构分析。生物质谱技术能清楚地鉴定蛋白质并能准确地测定肽和蛋白质的分子量、氨基酸序列及翻译后的修饰，是目前常用的蛋白质鉴定方法。蛋白质的鉴定包括肽质量指纹图谱鉴定和运用串联质谱分析肽序列。在蛋白质组学研究中的质谱技术主要有MALDI-TOF-MS和ESI-MS。

基质辅助激光解吸电离（MALDI）与飞行时间质谱（TOF-MS）相结合，产生了“软”电离的MALDI-TOF-MS。其基本原理是将分析物分散在基质分子（烟酸及其同系物）中并形成晶体，当用激光（337 nm的氮激光）照射晶体时，基质分子吸收激光能量，样品解吸附，基质和样品之间发生电荷转移使样品分子电离。该方法从固相标本中产生离子，并在飞行管中测定其分子量。MALDI-TOF-MS 一般用于肽质量指纹图谱，非常快速（每次分析只需3～5 min）、灵敏［达到飞摩尔级（1 fmol = 10^{-15} mol）水平］，可以精确测量肽段质量。

ESI-MS 是利用高电场使质谱进样端的毛细管柱流出的液滴带电，在 N_2 气流的作用下，液滴溶剂蒸发，表面积缩小，表面电荷密度不断增加，直至产生的库仑力与液滴表面张力达到极限，液滴爆裂为带电的液滴，这一过程不断重复，使最终的液滴非常细小呈喷雾状，这时液滴表面的电场非常强大，使分析物离子化并以带单电荷或多电荷的离子形式进入质量分析器。ESI-MS 能给出肽片段的精确的氨基酸序列，但是分析时间一般较长。

生物信息学方法 生物信息学在环境蛋白质组学中的应用主要有三个方面：① 蛋白质结构的预测，包括二级结构和三级结构，从方法上分为演绎法和归纳法两种途径。这是生物信息学在蛋白质组学应用中最重要的课题之一。② 蛋白质分子空间结构的比对。发现它们之间的相似性或差异性，从而确定污染物对蛋白质所产生的影响和作用机理。③ 根据生物大分子的结构和功能，为污染物与有机分子的作用方式和程度提供一定的依据。现在，环境生物信息学方法已成为蛋白质组研究中不可或缺的手段，得到越来越广泛的应用。

蛋白质组研究新技术 双向凝胶电泳存在操作烦琐、灵敏度低等缺点。发展可替代或补充双向凝胶电泳的新方法已成为蛋白质组研究技术的重要目标。目前，二维色谱（2D-LC）、二维毛细管电泳（2D-CE）、液相色谱－毛细管电泳（LC-CE）等新型分离技术都有补充和取代双向凝胶电泳之势。而以质谱技术为核心开发的质谱鸟枪法（shot-gun）、毛细管电泳－质谱联用（CE-MS）等新策略可直接鉴定全蛋白质组。此外，蛋白质芯片的发展也十分迅速，并已经在临床诊断中得到应用。

研究意义 利用蛋白质组学的研究方法，不仅可以大量且快速地检测污染物引发的蛋白质表达变化，阐明污染物中毒机理，而且还可以筛选特异性蛋白质作为毒性预警和安全评价的生物标志物，有力地推动了分子毒理学的发展，为环境生物学特别是环境毒理学的发展提供了新的方法和途径，逐渐展现出良好的发展前景。

研究内容 包括两大互相重叠的领域：① 从蛋白质角度研究外源性化学物对生命有机体的毒害机制。例如，环境内分泌干扰物能够引起生物体生殖系统的病变，如雄性个体精子数目减少、雌雄个体比例失调等，利用蛋白质组学可从分子水平了解生殖系统的健康状况和疾病的发生机制。② 筛选特定的蛋白质作为外源性化学物危险性评价的生物标志物。例如，采用蛋白质组学方法研究发现金属铜可使酵母细胞内蛋白羰基化水平明显提高，且主要的靶蛋白为糖酵解相关酶以及热休克蛋白，这种改变能使细胞迅速地应对铜引起的氧化损伤。

蛋白质组毒性研究的两个领域是相互影响和相互统一的，毒害机制研究是生物标志物筛选的基础，生物标志物筛选是毒害机制研究的目的，其共同目标是促进外源性化学物的安全性评价及人类的健康发展。（吴兵）

dongwu dusu

动物毒素（zootoxin）

由动物体产生的能对包括人类在内的生物产生不利影响的化学成分。根据毒素生物效应的不同，动物毒素可分为神经毒素、细胞毒素、心脏毒素、出血毒素、溶血毒素、肌肉毒素和坏死毒素等。动物毒素大多是由有毒动物毒腺分泌的并以毒液形式注入其他动物体内的蛋白类化合物，如蛇毒、蜂毒、蝎毒、蜘蛛毒、蜈蚣毒、蚁毒、河豚毒、章鱼毒、沙蚕毒等，以及由海洋动物产生的扇贝毒素、石房蛤毒素、海兔毒素等。（钟寰）

dongwu xiufu

动物修复 （zooremediation） 动物群在特定的环境中通过直接作用或间接作用对污染物的去除或解毒过程，是修复受污染环境的一种方法。动物修复属于生物修复的范畴，同时区别于生物修复中的植物修复和微生物修复。研究表明一些特定种类的动物（如蚯蚓等）对被重金属、微生物、有机物质污染的环境具有有效的修复作用，尤其是对土壤环境的修复。

许多以土壤有机质为食物源的动物可以耐受污染物的毒性和降解污染物并且能在动物修复过程中产生一定的经济效益，这类动物非常适于成为动物修复的理想物种。例如，蚯蚓是土壤动物的主要生物类群之一，在土壤生态系统中占据着重要的生态位置，它对土壤的物理、化学和生物学性质有重要影响，其行为包括：①通过打洞和排泄活动影响土壤结构；②重新分配土壤有机物在不同深度的量；③通过代谢废物如尿液、粪便增加土壤可利用态碳和氮的量；④通过肠道作用，使土壤中混有肠道有机物质。由于蚯蚓具有生长周期短、在土壤中丰度高、可富集多种污染物等特点，已被应用于污染土壤的强化修复。

动物用于环境修复主要通过以下三个途径：①利用动物吸收环境中的污染物后收获动物产品以达到去除污染物的效果；②利用动物把环境中的污染物固定在一个区域内、阻止污染物的迁移以达到固定污染物的效果；③利用动物对有毒污染物的降解和解毒作用。

寻找合适的修复动物以及对修复动物产品的后续利用是未来动物修复研究的方向。由于在自然环境中动物、植物和微生物是共存的，单纯的动物修复、植物修复或微生物修复都具有一定的局限性，因此动物-植物-微生物联合修复受污染的环境将会成为生态修复领域一个新的研究目标。 （辜建强 季荣）

dulixue anquanxing pingjia

毒理学安全性评价 （toxicological safety evaluation） 通过动物实验和对人群的观察，阐明受试物的毒性及潜在危害，决定该物质能否进入市场或提出人类安全接触的条件，即对人类使用该物质的安全性做出评价的研究过程。目的是在了解某种物质的毒性及危害的基础上，通过全面权衡其利弊和实际应用的可能性，从确保该物质的最大效益、对生态环境和人类健康危害最小的角度，对该物质能否生产和使用做出判断或寻求人类安全接触条件，将其对生态环境和人类健康的危害降到最低。

安全性指化学物在规定的使用方式和用量条件下对人体健康不产生任何损害，即既不引起急性中毒、慢性中毒，也不对接触者及其后代产生潜在危害。安全性评价需按一定的程序进行，通过一系列毒理学实验，获得未观察到有害作用的最大剂量（NOAEL）（参见无作用剂量/浓度）或观察到有害作用的最小剂量（LOAEL）（参见最低可见作用剂量/浓度），然后根据待评价物质的毒性作用性质、特点、剂量-反应关系及实际暴露情况等进行综合分析，以确定其安全性。

概况 20世纪初叶以来，美国、法国、德国等一些国家开始了医疗卫生方面的专向立法工作，陆续制定和颁布了关于有毒化学品的管理法规。美国于1906年颁布了第一部管理化学品危害的联邦法律《食品和药品法》（Food and Drug Act）。在此基础上，于1938年又颁布了《联邦食品、药品和化妆品法》，并在其后进行了多次修订。1972年，美国颁布《杀虫剂、杀菌剂和杀鼠剂法》（Federal Insecticide，Fungicide，and Rodenticide Act，FIFRA）。1979年，美国食品与药物管理局（FDA）通过调研复查全球发表和未发表的关于化学品成分安全性的数据，颁布了《联邦食品、药物和化妆品法案》（Federal Food，Drug and Cosmetic Act，FD & C Act），对各种化学物质的安全性进行管理。经济合作与发展组织（OECD）于1982年颁布了《化学物品管理法》，提出了一整套毒理学实验指南、良好实验室规范（GLP）和化学物投放市场前安全性评价资料的最低要求，对新化学物实行统一的管理办法。

我国和其他国家一样，均要求药品、食品（包括食品添加剂或食品污染物等）、农药、工业化学品、化妆品等人们在日常生活和生产中广泛接触的化学物质必须经过安全性评价，才能被允许投产、进入市场或进出口贸易。随着高科技时代的到来，列入毒理学安全性评价的物质将并不仅限于化学毒物，而是拓宽至各种与人类生活、生产有关的新物质，如基因工程产品、新的生物物质。各类法律法规随着社会的发展将不断得到修订，因此进行毒理学安全性评价必须严格遵照最新的法律法规。我国对化学物的毒性鉴定及毒理学试验开始于20世纪50年代。随着改革开放、国民经济和社会的发展，1982年以来，我国也相继制定了一些种类的化学物质毒性鉴定程序和方法，陆续颁布了相关法律法规，具体如下：

食品 卫生部于1983年公布的《食品安全性毒理学评价程序（试行）》，1985年经修订正式公布为（85）卫防字第78号文件，并在全国范围内实施，1994年卫生部批准通过《食品安全性毒理学评价程序》（GB 15193. 1—1994），并予以实施，2003年第一次修订，并发布GB 15193. 1—2003，同年卫生部出台了《保健食品功能学评价程序和检验方法》。2008年，《食品安全性毒理学评价程序》开始第二次修订。2010年起，卫生部按照《食品安全法》和国务院关于食品安全标准清理工作的要求，再次组织了对GB 15193的修订。2014年12月，国家卫生和计划生育委员会发布了《食品安全国家标准》（GB 15193—2014），代替了GB 15193—2003，包括1项食品安全性毒理学评价程序、1项食品毒理学实验室操作规范、1项健康指导值的制定、1项受试物处理方法、1项“三致”物质处理方法、1项病理学检查技术要求和20项具体的食品毒理学试验方法标准（如急性经口毒性试验、遗传毒性试验、致畸试验、生殖毒性试验、毒物动力学试验、慢性毒性试验、致癌试验等），评价范围涵盖食品及其原料、食品添加剂、新食品原料、辐照食品、食品相关产品以及食品污染物，构成了我国的食品毒理学标准体系。

农药 卫生部和农业部于1991年颁布了新的《农药安全性毒理学评价程序》。该程序是在1982年颁布的《农药毒性试验方法暂行规定（试行）》和《食品安全性毒理学评价程序（试行）》的基础上，充分运用国内原有法规和经验，结合我国国情，引用国外资料制定的，其收集并参考了国内外有关农药和化学物品的管理经验和安全评价资料，较全面地考虑到农药安全性的各个方面，提出了符合农药特点的各项要求，协调了这些程序和国内现有法规的关系。1995年8月农业部发布《农药登记毒理学试验方法》（GB 15670—1995），2017年7月发布修订后的《农药登记毒理学试验方法》（GB/T 15670—2017），后者为包含多个试验项目的综合性标准，以试验项目为单位，分成相对独立的29个部分。

药物 1984年第六届全国人民代表大会常务委员会第七次会议通过了《中华人民共和国药品管理法》。1985年卫生部发布的《新药审批办法》，对药物的毒理学评价做出了具体规定。1987年国务院发布了《兽药管理条例》。1988年卫生部发布了《新药（西药）毒理学研究指导原则》，对毒理研究的技术提出了明确的要求。1989年农业部颁布《新兽药及新制剂管理办法》。1991年农业部颁布了《新兽药一般毒性试验和特殊试验技术要求》。1993年卫生部发布了《新药（西药）临床前研究指导原则》。1995年国家技术监督局发布了《农药登记毒理学实验方法》（GB 15670—1995）。2007年国家食品药品监督管理局发布了《药物非临床依赖性研究技术指导原则》，2010年发布了《药物致癌试验必要性的技术指导原则》。

化妆品 1987年卫生部发布了《化妆品安全性评价程序和方法》（GB 7919—1987）。该标准适用于在我国生产和销售的一切化妆品原料和化妆品产品，具体规定了对化妆品原料和产品的安全性评价程序和有关毒性实验方法。2002年和2007年，卫生部先后发布了第一次、第二次修订后的《化妆品卫生规范》，2015年再次修订，发布了《化妆品安全技术规范》（2015 年版），对化妆品安全评价程序和毒性实验方法进行了大量补充和修改。

化学品 1987 年国务院发布了《化学危险品安全管理条例》，对各种易爆、易燃物质，有毒、有腐蚀性的化学品加强管理，其中规定化学危险物品生产企业应向审批部门提交包括化学物的毒性资料在内的一批文件。1990 年国家环境保护局正式发布了对有毒化学品进行管理的标准技术文件《国家环境保护局化学品测试准则》。该准则由四个部分 81 个测试准则构成，分为物理-化学性质（16 个测试准则）、生物系统效应（10 个测试准则）、降解与蓄积（6 个测试准则）和健康效应（49 个测试准则）四部分。每一测试准则中都包括试验原理、限度、质量控制、试验程序、仪器设备、结果处理、结果解释和评价、试验报告等内容。2003 年国家环境保护总局发布了《新化学物质环境管理办法》。2004 年国家环境保护总局颁布了环境保护行业标准《化学品测试导则》和《新化学物质危害评估导则》。2011 年卫生部发布了《化学品毒理学评价程序和试验方法》（GBZ/T 240—2011），共 44 个标准。

程序 根据化学物的种类和用途，每类化学物的安全性评价大致分为两个时期：一是正式投产前的毒理学评价；二是投产后在使用人群中继续观察毒副作用。不同的评价程序对毒性试验划分的阶段性有不同的要求，有些程序要求进行人体或人群试验。我国对农药、食品、化妆品、消毒产品等健康相关产品的毒理学安全性评价一般要求分阶段进行，各类物质依照的法规不同，因而各阶段的试验名称有所不同。如《食品安全国家标准 食品安全性毒理学评价程序》（GB 15193.1—2014）明确指出毒性试验分四个阶段；《农药登记毒理学试验方法》（GB 15670—2017）根据一般毒性试验和特殊毒性试验划分为四个阶段；《化学品毒理学评价程序和试验方法》（GBZ/T 240—2011）对毒理学试验要求分五个阶段进行，第五阶段为人体试验（激发斑贴、试用试验）。归纳起来，毒理学安全性评价通常可划分为以下四个阶段的实验研究。

第一阶段 指急性毒性试验。主要根据人体可能的暴露途径，选择经口、经皮肤、经呼吸道的染毒途径进行急性毒性试验，获得半数致死剂量（LD_{50}）或半数致死浓度（LC_{50}），了解受试物的毒性强度、性质和可能的靶器官，对化学物的毒性做出初步的估计，为选择进一步进行毒性试验的剂量和毒性判定指标提供依据，并根据 LD_{50} 进行毒性分级。农药等有可能与皮肤或眼接触的化学物需进行皮肤刺激试验、眼刺激试验和皮肤变态反应试验。对呼吸道有刺激作用的化学物还应进行吸入刺激阈/浓度试验。

第二阶段 包括遗传毒性试验、传统致畸试验、短期喂养试验。用于了解多次重复接触化学物对机体健康可能造成的潜在危害，并提供靶器官和蓄积毒性等资料，为亚慢性毒性试验设计提供依据，并且初步评价受试化学物是否存在致突变性或潜在致癌性。

遗传毒性试验一般包括：①原核细胞基因突变试验，如鼠伤害沙门氏菌回复突变试验（Ames 试验）或大肠杆菌试验或枯草杆菌试验。②真核细胞染色体畸变试验，如微核试验或骨髓细胞染色体畸变分析。若实验结果为阳性，可在 DNA 修复合成试验、显性致死试验、果蝇伴性隐性致死试验和体外细胞转化等试验中再选两项进行最后的综合评价。传统致畸试验是通过观察药物对母体子宫内的胚胎或胎儿产生的毒性作用（包括外观、内脏和骨骼畸形），对药物的胚胎毒性进行评价的一种方法。

对只需进行第一阶段、第二阶段毒性试验的受试物，在急性毒性试验的基础上，通过短期（一般为 30 天）喂养试验可进一步了解其毒性作用，并可初步估计最大无作用剂量。

第三阶段 指亚慢性毒性试验。亚慢性毒性试验用于了解较长期反复染毒受试化学物后对动物的毒作用性质和靶器官，评估对人体健康可能引起的潜在危害，估计最大无作用剂量和致癌的可能性，同时为慢性毒性试验和致癌试验的剂量选择提供依据。试验项目包括 90 天喂养试验、繁殖试验、代谢试验，染毒途径尽量模拟人类在环境中实际接触的方式或途径，根据这三项试验中所采用的最敏感指标所得的最大无作用剂量进行评价。代谢试验是一种阐明外源性化学物进入机体后在体内吸收、分布与排泄等生物转运过程和转变为代谢物的生物转化过程的试验，其目的是了解化学物在体内的吸收、分布和排泄特点，有无蓄积性以及毒作用的可能靶器官和组织。对于国际上多数国家已经批准使用和毒性评价资料比较齐全的化学物，可暂不要求进行代谢试验。对于属于人体正常成分的物质可不必进行代谢研究。

第四阶段 指慢性毒性试验和致癌试验。慢性毒性试验的目的在于获得经长期接触受试物后出现的毒性作用以及致癌作用的资料，从而确定化学物的最大无作用剂量，并综合上述三个阶段试验的结果对受试物的安全性做出评价，进而提出人体安全的摄入量水平。试验中常将两年慢性毒性试验和致癌试验结合在一个动物实验中进行。其中，致癌试验用于确定受试物对实验动物的致癌性。如在任何一个剂量发现有致癌作用，且有剂量-效应关系，则需有关专家共同评议以做出评价。

完整的毒理学评价除以上四个阶段的实验研究外，还需要参考人群接触资料。人群接触资料是受试物对人体毒性作用和致癌危险性最直接、可靠的依据，在化学物安全性评价中具有决定性作用。在这些资料的来源中，来自志愿者的皮肤刺激试验的数据、中毒事故的调查与记载可提供人体中毒剂量和效应的材料，此外还有人群流行病学的调查资料。需要注意的是应将因素分析与实验资料综合起来进行评价。

对不同种类的化学物来说，各个试验程序内容基本是一致的，但由于这些化学物与人类接触的方式和程度各异，对安全性的要求也不相同，因此具体试验内容也会有差异，在具体执行时，需严格参照各类物质的有关法规（见下表）。

几类化学物质的毒理学评价阶段与试验项目

	农　药	食　品	化妆品	消毒产品
标准规范	《农药登记毒理学试验方法》（GB/T 15670—2017）	《食品安全国家标准　食品安全性毒理学评价程序》（GB 15193.1—2014）	《化学品毒理学评价程序和试验方法》（GBZ/T 240—2011）	《消毒技术规范》第 1 章：消毒产品检验基本要求
第一阶段	急性毒性试验，皮肤与眼黏膜试验（皮肤刺激、致敏试验、眼刺激试验）	急性毒性试验	急性毒性试验，皮肤、黏膜试验（皮肤刺激、致敏、光毒、眼刺激）	急性毒性试验，皮肤、黏膜试验
第二阶段	蓄积毒性试验，致突变试验	遗传毒性试验，致畸试验，30 天喂养试验	亚慢性毒性试验，致畸试验	亚急性毒性试验，致突变试验
第三阶段	亚慢性毒性试验，繁殖试验，代谢试验	亚慢性毒性试验，繁殖试验，代谢试验	致突变、致癌短期生物筛选试验	亚慢性毒性试验，致畸试验
第四阶段	慢性毒性试验，致癌试验	慢性毒性试验，致癌试验	慢性毒性试验，致癌试验	慢性毒性试验，致癌试验
第五阶段			人体试验（激发斑贴、试用试验）	

注：食品包括添加剂、新资源食品（在中国新研制、新发现、新引进的无食用习惯的，符合食品基本要求的食品）、保健食品、食品包装材料、消毒剂。

实验前的准备工作 包括以下四个方面。

收集受试物有关基本资料 包括：①化学结构，初步评估化学物的毒性大小和致癌活性；②组成成分和纯度；③理化性质，包括外观、相对密度、分子量、沸点、熔点、水溶性、脂溶性、蒸气压、溶解度和储存稳定性等；④受试物及其代谢产物的定量分析方法；⑤受试物的原料和中间体。

了解化学物/受试物的使用情况 包括：①使用方式和数量；②人体接触途径及可能的流行病学资料；③可能的用途及使用范围；④化学物产生的社会效益、经济效益和人群健康效益等。

选择受试物样品的要求 ①受试物应采用实际生产和使用或人类实际接触和应用的工业品或市售商品，而不是纯化学品，以反映人体实际接触的情况；②在整个实验过程中所使用的受试物必须是生产过程（包括原料、配方）已经固定不变、有代表性的样品，其成分规格必须稳定且纯度一致；③当需要确定该化学品的毒性来源于化学物还是所含杂质时，通常应采取纯品和应用品分别试验，将其结果进行比较，如急性毒性试验的受试农药应包括原药和制剂。

选择实验动物的要求 ①动物种类对受试物的代谢方式应尽可能与人类相同或相似；②优先考虑哺乳类的杂食动物，一般多采用大鼠、小鼠、地鼠、豚鼠、家兔，狗或猴也可供使用；③最好采用具有稳定遗传特性，个体差异小，营养需要、生理和应激反应比较稳定的动物进行试验，以减少同种动物不同品系造成的差异，如纯系动物或内部杂交动物和第一代杂交动物。

原则 包括以下两个方面。

根据受试物的种类和用途选择相应的程序进行评价 对不同的化学物选择不同的程序，一般根据化学物的种类和用途来选择国家、相关部委和各级政府发布的法规、规定和行业规范中相应的程序，如农药、食品、化妆品和药物的毒理学安全性评价程序。

采取分阶段进行的原则进行评价 各种毒理学试验按一定顺序进行，明确先进行哪项试验，再进行哪项试验，确保以最短的时间、最经济的办法，取得最可靠的结果。先安排试验周期短、费用低、预测价值高的试验。①一般在投产之前或登记、销售之前，必须进行第一阶段、第二阶段的试验。②我国首创的化学物评价一般要求选择第三阶段甚至第四阶段的某些有关项目进行测试。③对产量较大、使用面积广、接触机会较多或化学结构提示有慢性毒性、遗传毒性或致癌可能者，必须进行全部四个阶段的试验。④对于有一定毒性资料的仿制品，如生产单位能证实其产品的理化性质、纯度、杂质成分及含量均与国外原产品相似，并经一项急性毒性试验和致突变试验进行核对，且试验结果与国外产品或文献资料一致，一般不再进行试验，可参考国外有关资料或规定进行评价；如果产品质量或毒理学试验结果与国外资料或产品不同，则必须完成第一阶段、第二阶段的实验。

需要注意的问题 由于人和动物可能对化学物的一般毒性或特殊毒性存在易感性的差异，在对毒理学安全性评价的结果进行解释时，应尽可能考虑多方面的影响因素，以便得出客观的结论。

实验设计的科学性 化学物安全性评价将毒理学知识应用于卫生科学，是科学性很强的工作，也是一项创造性的劳动，因此不能以模式化对待，必须根据受试化学物的具体情况，充分利用国内外现有的相关资料，讲求实效地进行科学的实验设计。现行有代表性的实验设计与操作规程是良好实验室规范（GLP）与标准操作程序（SOP）。

试验方法和操作技术的标准化 毒理学试验方法和操作技术的标准化是实现国际规范和实验室间数据比较的基础。化学物安全性评价结果是否可靠，取决于毒理学试验的科学性，它决定了对试验数据的科学分析和判断。进行科学的毒理学测试与研究，要求有严格规范的规定与评价标准。这些规范与评价标准必须既符合毒理学的原理，又是良好的毒理学与卫生科学研究实践的总结。因此毒理学评价中各项试验方法应力求标准化、规范化，并应有质量控制。

熟悉毒理学试验方法的特点 对毒理学试验不仅要了解每项试验所能说明的问题，还应该了解试验的局限性或难以说明的问题，以便为安全性评价作出一个比较恰当的结论。

评价结论的高度综合性 在考虑安全性评价结论时，对受试化学物的取舍或是否同意使用，不仅要根据毒理学试验的数据和结果，还应同时进行社会效益和经济效益的分析，并考虑其对环境质量和自然资源的影响，充分权衡利弊，做出合理的评价，提出禁用、限用或安全接触和使用的条件以及预防对策的建议，为政府管理部门的最后决策提供科学依据。

（李梅）

推荐书目

孔志明．环境毒理学．6 版．南京：南京大学出版社，2017.

duwu lianhe zuoyong

毒物联合作用

（joint toxic effect） 两种或两种以上的化学污染物同时或短期内先后作用于机体所产生的综合毒性作用。

作用类型 根据生物学效应的差异，多种化学污染物的联合作用通常分为协同作用、相加作用、独立作用和拮抗作用。

协同作用 指多种化学污染物混合所产生的生物学作用强度远远超过它们单独与机体接触时所产生的生物学作用强度的总和，即其中某种化学物质能够促使机体对其他化学物质的吸收加强、降解受阻、排泄延缓、蓄积增多和产生高毒代谢产物等。例如，马拉硫磷与苯硫磷的协同作用，是苯硫磷对促进肝脏降解马拉硫磷的酯酶有抑制作用所致。

相加作用 指多种化学污染物混合所产生的生物学作用强度等于各化学污染物分别产生的生物学作用强度的总和。在这种类型中，各化学物之间均可按比例相互取代。化学结构相似的污染物、毒性作用靶器官或靶分子相同的污染物以及作用机理类似的污染物同时存在时，往往发生相加作用。例如，一定剂量的污染物 A 和 B 同时作用于机体，若 A 引起 10% 的动物死亡，B 引起 40% 的动物死亡，那么，根据相加作用，在 100 只动物中将死亡 50 只，存活 50 只。

独立作用 指多种化学污染物各自对机体产生毒性作用的机理不同，互不影响。由于各种化学物质对机体的侵入途径、方式、作用的部位各不相同，因而所产生的生物学效应彼此无关联，各种化学物不可按比例相互取代，故独立作用产生的总效应往往低于相加作用，但不低于其中活性最强者。例如，污染物 A 和 B 分别引起 10% 和 40% 的死亡率，那么 100 只活的动物中，经 A 作用，尚存活 90 只，经 B 作用后，死亡动物应为 $90 \times 40\%$，即 36 只，故此时存活动物为 54 只。实验证明，乙醇与氯乙烯联合给予大鼠后，乙醇与氯乙烯之间互不干扰，是一个独立的影响结果。

拮抗作用 指两种或两种以上的化学污染物同时或短期内先后输入机体，其中一种化学污染物可干扰另一种化学污染物原有的生物学作用，使其减弱，或两种化学污染物相互干扰，使混合物的生物作用或毒性作用的强度低于两种化学污染物单独输入机体的强度之和。也就是说，其中某种化学物质能促进机体对其他化学物质的降解加速、排泄加快、吸收减少或产生低毒代谢产物等，从而使毒性降低。研究发现，硒和汞离子混合后会发生络合反应，产生络合物 Hg-Se，汞离子的毒性受到保护，因此汞离子的毒性效应大大降低；钙离子能够降低酸性土壤中铝离子的生物毒性，使得铝离子诱导的过氧化物歧化酶活性显著降低。这些物质之间都存在着拮抗作用。

研究方法 对环境污染物联合作用类型的评定一般先采用急性毒性试验的方法，测定单个污染物和混合物的半数致死剂量（LD_{50}），再用下述方法进行判断。

过筛试验 将联合作用物按相加作用预测

的 LD_{50} 给予试验生物，其死亡率大于或等于 80% 为协同作用，小于或等于 30% 为拮抗作用，在两者之间为相加作用。

等效应线图法 用作图的方法评定 A、B 两种毒物的联合作用。该法只能评定两种物质之间的联合作用。其原理是在实验条件和接触途径相同的情况下分别求出受试的 A、B 两种化学物的 LD_{50} 及 95% 可信限。将化学物 A 的 LD_{50} 及 95% 可信限的上、下限值点绘在纵坐标上，将化学物 B 的 LD_{50} 及 95% 可信限的上、下限值点绘在横坐标上，再将两种化学物的 LD_{50} 及 95% 可信限的上、下限值点相应连接，形成 3 条直线（LD_{50} 线、95% 可信限上限线和下限线，见下图），即等效应线。然后在相同条件下取 A、B 两种化学物的等毒性剂量制成混合物，给动物染毒，求出此混合物的 LD_{50}。将混合物 LD_{50} 值中 A、B 两种化学物各自的实际剂量分别标在坐标图上，过这两个剂量点分别作垂直线，两垂直线延长相交，以相交点的位置来评价联合作用的类型。如相交点落在两种化学物 95% 可信限的上、下限连线之间，表示为相加作用；如交点落在 95% 可信限的下限线以下，表示为协同作用；如交点落在 95% 可信限的上限线以上，表示为拮抗作用。

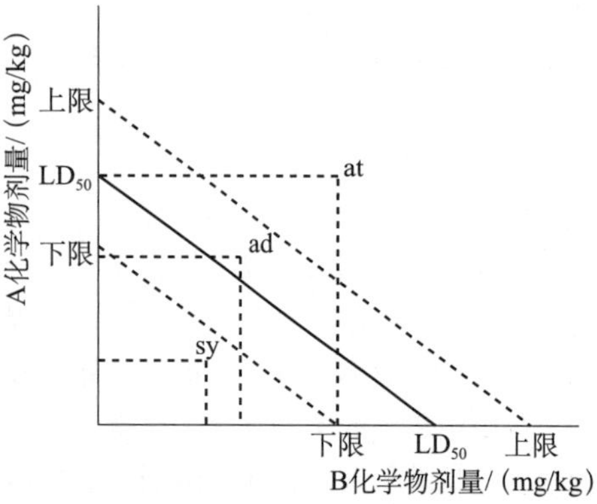

联合作用的等效应曲线

注：ad 为相加作用，at 为拮抗作用，sy 为协同作用；横坐标、纵坐标分别表示 B、A 两种化学物的 LD_{50} 及其 95% 可信上、下限。

资料来源：孔志明. 环境毒理学. 4 版. 南京：南京大学出版社，2008.

联合作用系数法 先通过实验实测各化学物各自的 LD_{50} 值，从各化学物的联合作用是相加作用的假设出发，计算出混合物的预期 LD_{50} 值，再通过实验求出实测混合物的 LD_{50} 值，计算不同化学物的联合作用系数（K）。

混合物的预期 LD_{50} 值的计算公式如下：

$$\frac{1}{\text{混合物的预期 }LD_{50}}=\frac{a}{\text{A 的 }LD_{50}}+\frac{b}{\text{B 的 }LD_{50}}+\cdots+\frac{n}{\text{N 的 }LD_{50}}$$

式中，A, B, …, N 分别表示混合物中的各化学物；$a, b, \cdots, n$ 分别表示各化学物在混合物中的质量分数，$a+b+\cdots+n=1$。

联合作用系数（K）的计算公式为：

K = 混合物的预期 LD_{50}（PLD_{50}）/混合物的实测 LD_{50}（OLD_{50}）

如果混合物中各化学物的联合毒性作用是相加作用，则 K 值应等于 1。但通常测定的 LD_{50} 值有一定的波动范围，所有 K 值也会有一定波动。为此，提出了两种评定联合作用类型的方法。Smyth 法是将 27 种化学物，按等毒性配比，配成 350 种混合物，进行小鼠联合毒性试验，建议计算的 K 值为 0.40 ~ 2.70 时属相加作用。Keplinger 法是用有机磷、有机氯和氨基甲酸酯等 15 种农药，按等毒性配比得到 100 多种混合物，分别求得 PLD_{50}/OLD_{50}，据此提出 K 值为 0.57 ~ 1.75 是相加作用的标准（见下表）。

联合作用系数（K）与联合作用类型

	拮抗作用	相加作用	协同作用
Smyth 法	<0.40	0.40 ~ 2.70	>2.70
Keplinger 法	<0.57	0.57 ~ 1.75	>1.75

（吴兵）

duxing zhibiao

毒性指标 (toxicity index)

在毒理学研究中统一表示各种物质的毒性大小及其对生物体潜在危害程度的指标，也是表示和比较毒物毒性大小的统一标准方法和尺度（参照数值或指标数值)。

常用的毒性指标包括致死剂量/浓度、绝对致死剂量/浓度、半数致死剂量、最小致死剂量/浓度、最大耐受剂量/浓度、半数效应剂量/浓度、最大无作用剂量/浓度、毒作用带和最小有作用剂量/浓度（MED/MEC）。最小有作用剂量/浓度又称中毒阈剂量/浓度或中毒阈值，指外源性化学物按一定方式或途径与机体接触时，在一定时间内，使某项灵敏的观察指标开始出现异常变化或机体开始出现损害作用所需的最低剂量/浓度，略高于最大无作用剂量/浓度。（张徐祥）

duxing zuoyong

毒性作用　(toxic effect)　毒物进入生物体内使机体器官、组织细胞形态结构或其功能受到损害而出现的疾病状态，是毒物对机体所产生损害的总称。毒性是指一种物质能造成机体损害的性质和能力。毒性越强的化学物，导致机体损伤所需的剂量就越小。化学物的毒性大小可以通过其对生物体产生损害的性质和程度表现出来，可用动物试验或其他方法来检测。不同的毒物其毒性强弱不同，生物体对毒物的接触和摄入是环境毒物和生物间相互作用时间的函数。毒物的毒性作用越强，生物体可以接受的暴露浓度就越低。

毒性　按化学物作用时间分为急性毒性、亚慢性毒性和慢性毒性。在评价化学物可能造成的危害时，必须考虑实际接触途径的化学物毒性。评价化学物毒性时，既要注意急性毒性，也要考虑亚慢性毒性和慢性毒性。例如，二甲苯比苯的急性毒性大，但苯的慢性毒性比二甲苯大，苯的慢性毒性可引起白血病，危害远比慢性接触二甲苯严重。在开发新的化合物，如农药、食品添加剂、防腐剂等时，除了分析其急性毒性以外，还要考虑化学物在体内的蓄积毒性和环境中残留的问题。例如，有些有机磷农药虽然毒性略大，但蓄积毒性小，环境中残留时间短，可以推荐使用；而大多数有机氯化学物的毒性虽小，但在体内易蓄积，在环境中不易降解，残留时间长，许多国家已禁用。

常用参数　包括毒性上限指标、毒性下限指标和毒作用带。

毒性上限指标　指引起实验动物急性中毒死亡的剂量（或浓度），是评价药物毒性和危险性的一类重要参数，常用指标有绝对致死剂量/浓度、半数致死剂量或半数致死浓度（LD_{50}/LC_{50}）、最小致死剂量/浓度、最大耐受剂量/浓度、致死剂量/浓度。

一般来说，LD_{50}/LC_{50}受实验动物个体差异影响相对较小，剂量-反应关系较敏锐，重现性较好，因此，一般以LD_{50}/LC_{50}表示毒性上限。

毒性下限指标　又称最小有作用剂量、阈剂量或阈浓度，指药物在动物实验总体的一组实验动物中，只有少数个别动物在某项生理、生化或其他观察指标上出现最轻微效应的剂量或浓度，常用指标有以下四种。

急性阈剂量或阈浓度　指一次接触药物所得的阈剂量或阈浓度。

慢性阈剂量或阈浓度　指长期连续接触药物所得的阈剂量或阈浓度。

最大无作用剂量或浓度　见最大无作用剂量/浓度。

最小有作用剂量（中毒阈剂量）　见毒性指标。

毒作用带　见毒作用带。（尹颖）

du zuoyong dai

毒作用带　(toxic effect zone)　一种根据毒性和毒性作用特点综合评价外源性化学物危险性的指标。毒作用带主要分为急性毒作用带和慢性毒作用带。

急性毒作用带　指半数致死剂量或浓度（LD_{50}/LC_{50}）与急性毒性最小有作用剂量/浓度的比值。该值越大，则急性毒性最小有作用剂量/浓度与可能引起死亡的剂量/浓度的差值就越大，此种外源性化学物引起死亡的危险性就越小；反之，则引起死亡的危险性就越大。

慢性毒作用带　指急性毒性最小有作用剂量/浓度与慢性毒性最小有作用剂量/浓度的

比值。该值越大，表明引起慢性中毒的可能性越大；反之，引起慢性中毒的可能性越小，而引起急性中毒的危险性相对较大。

最小有作用剂量/浓度对机体造成的损害作用有一定的相对性。急性最小有作用剂量/浓度又称急性阈剂量/浓度，即一次染毒后能引起某种毒害作用的最小剂量/浓度。慢性最小有作用剂量/浓度又称慢性阈剂量/浓度，即反复多次染毒后能引起某种毒害作用的最小剂量/浓度。（张徐祥）

duomaolei

多毛类（Polychaete） 一类属于环节动物门（Annelida）多毛纲（Polychaeta）的动物。多毛类在环节动物中是一个大类，其主要特征是：头部显著，以疣足行动。过去分为2个亚纲，分别为游走亚纲（Errantia）和隐居亚纲（Sedentaria）。现在根据口前叶上触须的有无分为2个亚纲，分别为蠕形亚纲（Scolecida）和触须亚纲（Palpata）。蠕形亚纲多毛类口前叶上无触须，体蠕虫形，尾节上有两个或多个触须，具有突出的球形吻，穴居或管栖，为“隐居”的多毛类。触须亚纲多毛类在口前叶上有一对感觉触须。

形态学和生物学特征 多毛类的身体由许多体节组成，其节数随种类而异。一般可分为头部、躯干部和尾部三部分。

头部 包括身体前端的口前叶和围口节。口前叶由1～3个体节组成。前缘有1对短的前触手，腹侧有1对粗大的触须。在口前叶背面有1～2对黑色眼点。围口节也由1～3节组成，构成口的侧腹面。尽管它们是代表最前端的躯干体节，但由于常变形，而被认为是头部的一部分。左右两侧各有触手2对，即口缘触手。

躯干部 位于围口节之后，包括许多彼此相似的体节。每节各具1对疣足。疣足是运动器官，兼有感觉和呼吸作用。典型的疣足是体壁的肉质突出，呈侧扁的双叶型，即具有上部的背叶和下部的腹叶。各个叶的内部有1个或多个几丁质针刺（或称“足刺”）所支持，有些疣足的针刺内端附有肌肉。各叶的远端向内凹陷，形成刚毛囊，具有许多突出的几丁质刚毛，每个刚毛是由刚毛囊基部的一个细胞分泌的。刚毛具有许多不同的形状，是鉴定多毛类的重要根据。背叶的背面有背须，常呈现为不同形状（丝状、羽状、树枝状等）；腹叶的腹面基部有腹须。背叶和腹叶的形态随多毛类种类不同而变化。

尾部 是身体的最末节，肛门开口在这一节的腹面，具有1～2对细长的肛须。

生殖方式 包括无性生殖和有性生殖。大多数种类进行有性生殖。有性生殖的多毛类为雌雄异体。但在裂虫、石灰虫等科的个别种中，也有雌雄同体者。多毛类没有永久性的生殖腺，只是在生殖期间才在体腔内出现生殖细胞，而这些生殖细胞是由体腔膜细胞分化而成的。生殖细胞常在体腔内成熟并充满体腔。原则上多数体节都可产生生殖细胞，但对于胸腹部明显可分的多毛类，生殖腺常限于腹部。当卵子成熟后，由退化的体腔管临时开口排出体外；而成熟的精子则由肾管排出体外。受精作用通常在海水中进行。此外，生殖态是以多毛类沙蚕科（Nereididae）、裂虫科（Syllidae）和矶沙蚕科（Eunicidae）为代表的一种特有的生殖现象，是由无性个体或非生殖个体向浮游的有性个体或生殖个体转变的过程。一个浮游的生殖个体，通常有很好的光接收器（眼常变大，出现晶体），体中后部体节变宽，疣足叶变大长出附加的扁叶和不同类型的刚毛；在内部部分肌肉分解，部分肌肉强化以供游泳，肠自解以容纳聚积的配子或利于配子的排放。性成熟生殖个体的多毛类，当排放精卵时，能大量游向水面，这种同步的习性称为群浮。群浮可在一个比较短的时间内使分散穴居于海底的虫体为生殖而集合起来，以增加受精的可能性。

有一些种类进行无性生殖。主要包括断裂生殖、出芽生殖、再生。当与有性生殖有关时，断裂部分或出芽的芽体可发育成不同于亲体的有性子个体。断裂生殖包括自发断裂和规则断裂，如裂虫（*Syllis*）和自裂虫（*Autolytus*）。

分布及生活习性 多毛类是典型的海产动物，大多数种类的成体营底栖生活（包括钻洞穴居），幼体则过浮游生活，主要分布于沿岸低盐水域。有些底栖种类到了繁殖期，大量集群于海水表层营暂时性浮游生活。此外，也有少数种类是终生浮游的，但在形态上发生了一些明显的改变。在地理分布上，多毛类几乎遍及世界各海域，以热带、亚热带海域且分布于大洋上层的种类较多，比底栖种类分布更广。少数种类可栖息于上千米的深海中，例如，方瘤蚕（*Travisiopsis levinseni*）为世界分布种，但在温带海域则为深水种。

实用价值和应用 底栖多毛类和人类的关系比较密切。有些种类可供食用或作鱼虾类饵料；另一些种类对渔业（包括贝、藻类养殖）危害较大。此外，有些种类是耐污染物种，可以在污染的环境中生长、繁殖，因而成为污染的良好指示生物，这在海洋环境保护中具有重要意义。虽然浮游多毛类的种类较少，但有时也有一定数量，是经济鱼虾类的天然饵料。由于浮游多毛类大多是捕食者，因此是生态系统食物网中的重要一环，在物质循环和能量流动中也发挥着一定作用。

（杨柳燕　任丽曼）

F

fajiao gongcheng

发酵工程 （fermentation engineering） 又称微生物工程，指采用现代生物工程技术手段，利用微生物的某些特定功能，为人类生产有用的产品，或直接把微生物应用于工业生产过程的技术。

发酵是微生物特有的作用，几千年前就已被人类认识并且用来制造酒、面包等食品。人类进入工业社会后，发酵得到了更广泛的应用。20世纪20年代以酒精发酵、甘油发酵和丙醇发酵等为主。20世纪40年代中期美国通过微生物发酵大规模生产青霉素以及日本对谷氨酸盐（味精）发酵的成功，大大推动了发酵工业的发展。20世纪70年代，随着基因重组技术、细胞融合等生物工程技术的飞速发展，发酵工业进入现代发酵工程阶段。不但生产酒精类饮料、醋酸和面包，而且生产胰岛素、干扰素、生长激素、抗生素和疫苗等多种医疗保健药物，以及天然杀虫剂、细菌肥料和微生物除草剂等农用生产资料，还在化学工业上生产氨基酸、香料、生物高分子、酶、维生素和单细胞蛋白等。

发酵工程由上游工程、发酵过程和下游工程组成。其中，上游工程包括优良种株的选育，最适发酵条件（pH、温度、溶解氧浓度和营养组成）的确定，营养物的准备等。发酵过程主要指在最适发酵条件下，发酵罐中大量培养细胞和生产代谢产物的过程。下游工程指从发酵液中分离和纯化产品。

发酵工程的步骤一般包括：①菌种的选育；②培养基的制备和灭菌；③扩大培养和接种；④发酵；⑤分离提纯。

发酵工程在医药工业、食品工业、农业、冶金工业、环境保护等许多领域得到广泛应用。

（崔益斌）

fangxianjun

放线菌 （Actinomycete） 一类呈菌丝状生长、主要以孢子繁殖且陆生性较强的细菌。放线菌在自然界中分布很广，大多数有发达的菌丝。放线菌与人类的生产和生活关系极为密切，目前广泛应用的抗生素约70%是各种放线菌所产生。一些种类的放线菌还能产生各种酶制剂（蛋白酶、淀粉酶和纤维素酶等）、维生素和有机酸等。

形态结构 大部分放线菌菌体由菌丝构成，菌丝属单细胞，革兰氏染色阳性，菌丝纤细，宽度近于杆状细菌。根据菌丝的着生部位、形态和功能的不同，放线菌菌丝可以分为基内菌丝、气生菌丝和孢子丝三种。

基内菌丝 又称初级菌丝或营养菌丝，直径为0.2～0.8 μm，主要功能是吸收营养物质和排泄代谢产物，可产生水溶性色素或脂溶性色素，使菌落呈现不同的颜色。放线菌中多数种类的基内菌丝无隔膜，不断裂；但有些放线菌，如诺卡氏菌（*Nocardia*）的基内菌丝生长一定时间后形成横膈膜，继而断裂成球状或杆状小体。

气生菌丝 又称二级菌丝，是基内菌丝长出培养基外并在空间生长的菌丝。一般气生菌丝直径为1.0～1.4 μm，比基内菌丝粗，长度相差悬殊，形状直伸或弯曲，可产生色素，多为脂溶性色素。

孢子丝 又称繁殖菌丝，是当气生菌丝发育到一定阶段，其顶端分化出的可形成孢子的菌丝。孢子丝的形态及其在气生菌丝上的排列方式随菌种而异，孢子丝形态以直形、波曲、钩状、螺旋状较为常见，着生方式有对生、互生、丛生与轮生（一级轮生和二级轮生）等多种，是放线菌分类的重要依据。

孢子丝发育到一定阶段便分化为孢子。放线菌孢子虽有圆形、椭圆形、杆状、圆柱状、瓜子状、梭状和半月状等形状，但同一孢子丝分化形成的孢子形状也不尽相同，因而不能作为分类的依据。孢子表面的纹饰因种而异，比较稳定，有光滑、褶皱状、疣状、刺状、毛发状或鳞片状等，刺又有粗细、大小、长短和疏密之分，是菌种分类的重要依据。

生殖方式 放线菌可以无性方式生殖，主要是形成孢子；也可通过菌丝断片生殖。有些放线菌可在菌丝上形成孢囊，在孢囊内形成孢囊孢子。孢囊成熟后释放出大量孢子。在液体培养中，放线菌主要靠菌丝断裂片段进行繁殖。

菌落特征 放线菌的菌落由菌丝体组成，因种类不同可分为两类。一类是由产生大量基内菌丝和气生菌丝的菌种所形成的菌落，链霉菌的菌落是该类型的代表。链霉菌菌落质地致密，表面呈较紧密的绒状或坚实、干燥、多皱，菌落较小而不蔓延；菌落与培养基结合较紧，不易挑起或挑起后不易破碎；有些种类的孢子含有色素，使菌落正面和背面呈现不同颜色。另一类菌落由不产生大量菌丝的种类形成，如诺卡氏菌的菌落，黏着力差，结构呈粉状，用针挑起则粉碎。在液体培养基中静置培养时，放线菌常浮于液面或沉降于瓶底形成菌落，培养基不混浊；震荡培养时常形成球状颗粒。

生长代谢 放线菌能利用不同的碳水化合物，包括糖、淀粉、有机酸、纤维素、半纤维素等作为能源；也能利用芳香化合物、石蜡、橡胶、纤维素、木质等复杂化合物和一些含氰的有毒有机物作为碳源。放线菌能高效利用有机氮，如蛋白质、尿素以及某些氨基酸等，也可以利用无机氮进行生长。和其他生物一样，放线菌的生长一般都需要磷、钾、镁、铁、铜和钙等大量元素。

大多数放线菌属于好氧菌，因此，在培养放线菌生产抗生素时必须保证足够的通气量；放线菌的生长温度范围较宽，大多数的最适生长温度为23～37℃，高温放线菌的生长温度范围为50～65℃，也有许多菌种在20～23℃仍生长良好；放线菌菌丝体抗干燥能力强，很多菌种能够在干燥条件下长期存活。（武俊）

feixibaoxing weishengwu

非细胞型微生物 （acellular microbe） 结构最简单和最小的微生物。非细胞型微生物通常由核酸（DNA或RNA）构成核心，外披蛋白质衣壳，有的甚至仅有核酸而不含蛋白质，或仅含蛋白质而没有核酸，如病毒、亚病毒、朊病毒。非细胞型微生物没有细胞结构，能通过细菌滤器，只能寄生在宿主细胞内生长增殖。

（蒋丽娟）

fenzi shengtai dulixue

分子生态毒理学 （molecular ecotoxicology） 在生态毒理学的基础上，采用现代分子生物学方法与技术，研究污染物及代谢产物与细胞内大分子（包括蛋白质、核酸、酶）的相互作用，并揭示其作用机理的学科。分子生态毒理学能对化学物质在个体、种群、群落或者生态系统水平上的影响做出预测，研究结果对于确定和预测生态毒性、建立生态毒性阈值及标准、推动化学物质安全性评价有重要作用。

研究内容 主要包括：①有毒物质在生态物种中的致毒分子机制研究；②有毒物质的生态物种敏感性分子机制研究；③化学物质的生

态毒性预测。

研究方法 根据所研究的有毒物质的作用方式和靶位所在的分子生物学水平，分子生态毒理学研究方法包括以下四种。

以基因水平的变化来反映环境污染物的负面效应 一些环境污染物能够直接或者间接影响生物体基因水平的变化，从而导致生物体基因水平的负面效应。从作用机理和检测技术上负面效应主要包括形成DNA加合物、DNA单链断裂、DNA突变及多态和基因多态。

DNA加合物 是外界化学污染物进入生物体后，通过与生物系统内代谢酶的作用，转化形成的亲电活性中间产物与DNA链上的特异位点相结合形成的共价化合物，是DNA损伤最重要和最普遍的形式。含有DNA加合物的DNA分子若未能被修复或在修复前被错误地复制，将会导致一系列基因特异位点的突变而产生遗传毒性。DNA加合物既可以作为一种接触标志物反映毒物在靶位的效应剂量，又可以作为一种效应标志物反映DNA受到化学物质污染的损伤程度。定量测定DNA加合物即可初步判定样品的*遗传毒性*。目前对DNA加合物进行检测的主要方法有免疫化学检测法、荧光和磷光光谱法、气相色谱-质谱法、核磁共振法、^{32}P后标记等。

DNA单链断裂 是一种重要类型的DNA损伤。许多外界的化学或物理污染因素均能够引起生物体细胞内的DNA单链断裂。DNA单链损伤程度已经被广泛用作反映污染物毒性效应的指标，通常以碱解旋分析法和单细胞凝胶电泳（俗称彗星实验）两种方法来进行测定。

DNA突变及多态 是生物体经有毒化学物质处理后导致DNA突变的损伤，形式有碱基改变、错配和缺失、片段插入或缺失、嘧啶联合、甲基化损伤、DNA链内和链间交联等。DNA突变及多态检测方法较多，如采用聚合酶链式反应-限制性片段长度多态性（PCR-RFLP）法研究基因的限制性片段长度多态性，采用等位基因特异性寡核苷酸探针法诊断是否有突变及突变是纯合子还是杂合子等。

基因多态 在毒理学研究中，不同的毒物或者不同剂量的同一毒物暴露会导致组织细胞损伤，并引发损伤后的修复，这种病理生理过程在分子水平上表现为一些基因的开放、关闭或表达量的改变，阐明这些差异表达的基因的结构与功能对研究毒物对机体的损伤机制及防治有重要意义。各种化学毒物和环境危害因素引起的基因改变或新基因的出现大多是未知的，未知新基因的探查、分离和克隆是一项非常重要和具有创造性的工作，常用方法有差异显示法、差减杂交法和基因芯片技术。

以蛋白水平的变化来反映环境污染物的负面效应 与基因不同的是，蛋白质会对外界不断变化的信号产生持续的动态变化。每个细胞中蛋白质要经过合成、加工、分泌和降解等过程，mRNA与蛋白质在结构上和动力学上都是高度非线性的，所以mRNA表达分析不能有效地预测有毒污染物与蛋白质的相互作用。蛋白质作为与有毒物质接触的第一媒介，无论在分子水平还是细胞水平上都发挥了巨大的作用。常用的研究环境污染物与蛋白质相互作用的方法主要包括直接相互作用和间接相互作用的研究方法。

直接相互作用的研究方法 一些化学物质进入生物体后，能够在空间上与一些蛋白质的结构相匹配，进而改变其空间构象和功能，从而改变生物学作用，引起生物体的负面效应，如环境污染物与人血清白蛋白的相互作用。常用的研究方法包括：①紫外可见光谱法。一些环境化学物质与相应蛋白质结合后，其分子构象发生了一定的变化，相应出现了吸收峰位移或谱峰宽度的变化，据此可研究环境污染物与蛋白质的结合强弱和结合机理。②荧光光谱法。蛋白质中色氨酸、酪氨酸和苯丙氨酸在紫外光照射下会发射荧光，通过定量分析环境污染物对蛋白质内源荧光的淬灭或加强程度来研究环境污染物和生物体内相应蛋白质相互作用的机理和结合强度。③荧光偏振技术。环境污染物

与生物体内蛋白质结合后，可改变蛋白质的荧光分子的转动速度和荧光偏振程度，根据这两个指标，可以研究环境污染物暴露后蛋白质的变性程度、环境污染物与蛋白质的结合反应程度和蛋白质的旋转速率等。④同步荧光技术。通过同时扫描激发和发射波长绘制荧光光谱图，从而推断荧光功能团附近微环境的变化。氨基酸残基的最大荧光波长与其所处环境的疏水性有关，如果氨基酸所处环境的疏水性降低，则其最大发射波长偏移，通过此原理判断环境污染物与蛋白质分子二级结构（构象）的相互作用。

间接相互作用的研究方法 一些环境污染物能够通过间接作用改变生物体内某种或某些蛋白质的浓度，从而影响生物体的生理功能或者健康。目前，蛋白质浓度的测量方法包括：①蛋白质印迹。是最常用的一种蛋白质分析实验方法。其基本原理是通过特异性抗体对凝胶电泳处理过的细胞或生物组织样品进行着色。通过分析着色的位置和着色深度获得特异蛋白质在所分析的细胞或组织中的表达情况的信息。这个方法被广泛用于对环境污染物暴露后的生物体中某种蛋白质含量变化的检测，如雌激素受体（ER）蛋白和卵黄蛋白原（VTG）蛋白等。②酶联免疫（ELISA）。是常用的蛋白质含量测定方法，由瑞典科学家 Engvall 和 Perlmann 在 1971 年建立。具体是将已知的抗原或者抗体吸附在固相载体表面，使酶标记的抗原抗体反应在载体表面进行，通过显色方法测定某一蛋白的浓度。常见的方法包括双抗体夹心法、双位点一步法、间接法、竞争法和捕获法等。

以酶活力的变化来反映环境污染物的负面效应 污染物进入机体后，一方面在酶的催化下，进行代谢转化；另一方面也导致体内酶活性的改变，许多污染物的*毒性作用*就是基于与酶的相互作用。污染物可以影响酶的数量和活性，从而导致生物机体体内一系列的生物化学变化。在分子生态毒理学研究中，研究较多的酶包括抗氧化酶（Antioxidative emzymes）、细胞色素 P-450 亚酶系统（CYP450s）和芳香化酶（Aromatase）。

抗氧化酶 是一系列负责清除生物体内过多氧化自由基酶的总称，维持有机体的稳定的氧化还原环境。很多环境污染物都能够影响这类酶系统，如多氯联苯（PCB）、多环芳烃（PAHs）、多溴联苯醚（PBDEs）和全氟有机化合物（PFCs）等。抗氧化酶主要包括超氧化物歧化酶（SOD）、过氧化氢酶（CAT）、谷胱甘肽过氧化物酶（GPX）、谷胱甘肽（GSH）。

细胞色素 P-450 亚酶系统 主要包括基因 CYP1A1 编码的脱乙基酶（EROD），CYP1A2 编码的脱甲基酶（MROD）和 CYP2B 编码的吡喃糖氧化酶（PROD），这三个基因的表达都是通过芳烃受体（AhR）介导。环境污染物（如类二噁英物质）能够与细胞内的 AhR 结合，改变其空间构象，进而结合到细胞色素 P-450 三个亚酶的启动子上，启动表达。在分子生态毒理学研究中，这三个酶已经作为类二噁英物质的生物标志物。添加酶底物，通过测量生成产物的荧光值推断酶的活力是主要的研究手段。

芳香化酶 是以雄激素为底物催化合成雌激素的一种酶，广泛存在于生物体的卵巢和精巢内。很多环境污染物能够直接或者间接影响芳香化酶的活性，从而改变生物体内的性激素浓度，最终影响生殖系统。通过测量 ^{3}H 标记的雄激素的减少量推断芳香化酶的活力是主要的研究手段。

以生物化学参数的改变来反映环境污染物的负面效应 生物化学参数主要指环境污染物作用后的毒性终点指标，包括生物体的各种代谢产物、甲状腺激素和性腺激素等，其改变可以反映环境污染物的负面效应。

发展趋势 近年来分子生态毒理学的发展出现了一些新的研究热点，包括系统生物学尤其是基因组学在生态毒理学研究中的应用、新型污染物质研究和环境污染的生物标志物研究等。在生物组学方面，代谢组学在分子生态毒理学研究中得到了越来越多的应用，其通过对暴露生物体的尿液、血液和体液等的分析，研究一些环境污染物的毒性效应及机制，从而为保护生态系统服务。 （刘春生　张效伟）

fuyou dongwu

浮游动物 (zooplankton) 生活史中永久或阶段性在水中呈浮游状态的异养型无脊椎动物和脊索动物幼体的总称，身体一般很小，有的种类需借助显微镜才能观察到。浮游动物有一个共同的特征，即缺乏发达的行动器官，以随波逐流为主。例如，原生动物中的鞭毛虫有1根或多根鞭毛作为运动器官；纤毛虫以纤毛抖动而行；高等甲壳类的对虾等，以游泳肢、尾扇作为活动器官。尽管它们有一定的游泳能力，但游动能力很弱。

浮游动物捕食能力也较弱，其摄食方式主要是形成水流来滤食食物。例如，镖水蚤以触角的摆动产生水流摄取小型生物；糠虾通过胸肢摆动和鳃肌的节奏性收缩，产生水流进入鳃腔滤食食料。浮游动物也可以借助伪足或触手，对附近的其他小型生物进行捕食。

分类 浮游动物的种类极多，从低等微小的原生动物、腔肠动物、栉水母、轮虫、甲壳动物、腹足动物等，到高等的尾索动物，几乎每一类都有浮游动物的种类。此外，也包括阶段性浮游动物，如底栖动物的浮游幼虫和游泳动物（如鱼类）的幼仔和稚鱼等。

分布 浮游动物在水层中分布较广。无论是在淡水，还是在海水的浅层和深层都有分布，有的浮游动物也存在于污水好氧处理系统中。（王洪铸）

fuyou zhiwu

浮游植物 (phytoplankton) 一类在水中以浮游状态生活的微小植物，通常指浮游藻类，包括蓝藻门（Cyanophyta）、绿藻门（Chlorophyta）、硅藻门（Bacillariophyta）、金藻门（Chrysophyta）、黄藻门（Xanthophyta）、甲藻门（Pyrrophyta）、隐藻门（Cryptophyta）和裸藻门（Euglenophyta）八个门类。已知全世界藻类植物约有40 000种，其中淡水藻类有25 000种左右，而中国已发现的（包括已报道的和已鉴定但未报道的）淡水藻类约9 000种。浮游植物是自养生物，含有叶绿素或其他色素体，能吸收太阳光能，并利用太阳光能和水中、空气中的二氧化碳进行光合作用，自己制造有机物，主要产物是碳水化合物和氧气。因此，它们是水域生态系统中的主要生产者，为其他生物提供了饵料、食物和必需的能量。浮游植物广泛存在于海洋、湖泊、河流和一些污水处理设施中。（杨柳燕）

fuyingyanghua zhibiao

富营养化指标 (trophic state index, TSI) 能准确及时地对湖泊、水库的富营养化状况进行评价、预测的指标，利用TSI能判断水体所处的营养状态并对其发展趋势进行预测，可以为富营养化的防治提供科学依据。氮、磷和其他生物所需的营养物质是水的TSI的主要决定因素。营养物质，如氮、磷往往是水生植物生长的限制因子，因此，增加氮、磷浓度往往会加快水生植物生长速率。

卡尔森指数（Carlson’s trophic index）是一种常用的营养指数，被美国环境保护局（US EPA）所采用。三个独立变量——叶绿素a、总磷和透明度可以用于计算卡尔森指数。其中，叶绿素a是预测生物量最准确的因子。二者的关系见下式：

$$\mathrm{TSI(CHLa)} = 10\left(6 - \frac{2.04 - 0.68\ \ln \mathrm{CHLa}}{\ln 2}\right)$$

式中，TSI为卡尔森指数；CHLa为叶绿素a含量，μg/L。

营养状态分类 湖泊按营养状态通常划分为三类：贫营养、中营养或富营养。有的湖泊还被划分为超富营养。下表显示了划分水体不同营养状态的各个变量的范围。

湖泊富营养等级划分标准

TSI	CHLa/(μg/L)	P/(μg/L)	SD/m	营养等级
<30~<40	0~2.6	0~12	>8~4	贫营养
40~50	2.6~20	12~24	4~2	中营养
<50~70	20~56	24~96	2~0.5	富营养
>70	56~>155	96~>384	0.5~<0.25	超富营养

注：P为磷含量；SD为透明度。

每个营养类型的水体往往有不同类型的鱼类和其他生物存在。如果水体的藻类生物量过高，其富营养化指数就高（如 TSI > 80），会造成水体缺氧，导致鱼类大量死亡。

贫营养 贫营养型湖泊养分含量低，初级生产力低下。这类湖泊藻类密度低，因此，水体清澈，可以直接饮用。由于湖泊底部有充足的氧气，因此，贫营养湖泊生长的鱼类种类多，如湖鳟等。在寒冷地区贫营养湖泊较常见，湖底通常是花岗岩基岩。

中营养 中营养型湖泊的初级生产力处于中间水平，大于贫营养型湖泊，但小于富营养型湖泊。这些湖泊通常水体较清，有沉水植物生长。

富营养 富营养型水体通常是指一个具有较高的初级生产力的湖泊或池塘。由于含有过多的氮、磷营养物质，这类水体中水生植物的生物量巨大。如果以大型水生植物为优势植物，则水体趋于清澈；以藻类为优势植物，则水体较为浑浊。藻类过度生长，最终导致水体缺氧、鱼类死亡。水体富营养化过程可以自然发生，也可能受人类活动的影响而发生。

超富营养 超富营养型湖泊的营养水平极高，频繁暴发严重的蓝藻水华，透明度低，常常小于 91 cm，叶绿素 a 含量大于 40 μg/L，磷质量浓度大于 100 μg/L。

影响因素 自然和人为因素都可能会影响水体的 TSI。位于氮、磷营养本底值高的地区，具有较高初级生产力的水体是天然富营养型水体。而人类活动造成的非点源污染（如农田排水）和点源污染（如生活污水、工业废水）排放会使水体的营养盐浓度增加，导致藻类生物量增加，使一个贫营养型湖泊转变成为超富营养型湖泊，这种水体的富营养化是由人为因素造成的，为人为富营养型水体。（史小丽）

G

gangmaozao

刚毛藻 （*Cladophora*） 分类上归属于绿藻门（Chlorophyta）石莼纲（Ulvophyceae）刚毛藻目（Cladophorales）刚毛藻科（Cladophoraceae）的绿藻。在我国最常见的是团集刚毛藻（*Cladophora glomerata*），分布广泛。

形态学和生物学特征 刚毛藻具顶端和基部的分化，以基部一根状细胞着生在基质上。植物体分枝丰富，分枝为互生型、对生型、双叉型和三叉型等；分枝宽度小于主枝，或至少其顶端略细小。藻丝由直长细胞构成，细胞圆柱形或膨大，多数种类壁厚、分层；刚毛藻主枝长为宽的 1～6 倍；分枝细胞长为宽的 3～10 倍。具多个周生、盘状或网状的色素体，蛋白核多个；植物体生活史具世代交替。刚毛藻植物体多丛生，着生在多种基质表面，也有部分种的幼体着生，长成后漂浮。

生殖方式 包括营养生殖、无性生殖和有性生殖三种。

营养生殖 依靠藻丝断裂进行繁殖。

无性生殖 产生动孢子进行繁殖，动孢子具 2 根或 4 根鞭毛。

有性生殖 为同配生殖，依靠不同植物体的同形配子结合形成合子，减数分裂一般在动孢子形成时进行。

分布及生活习性 刚毛藻为世界广布藻类，在淡水、海水，或流水、静水等各种水体中均有分布；适宜生长于低温、偏碱性水体中。

实用价值和应用 作为典型的周丛藻类，刚毛藻能够有效吸收和降解水体中无机或有机污染物，对维持水生态系统的结构和功能有其特有的作用。刚毛藻能够吸附水体中多种营养盐和重金属如铅、铜等，因此，在富营养化控制和污染水体治理中起着重要作用。刚毛藻也可食用，在我国云南地区是一种常见食材。

（刘国祥　朱欢）

ge weishengwu zhuanhua

铬微生物转化 （microbial transformation of chromium） 通过微生物作用进行铬（Cr）的氧化和还原的过程。自然界中铬化合物主要以三价和六价存在，环境中存在多种还原铬酸盐和重铬酸盐的微生物，如产碱菌属（*Alcaligenes*）、芽孢杆菌属（*Bacillus*）、棒杆菌属（*Corynebacterium*）、假单胞菌属（*Pseudomonas*）和微球菌属（*Micrococcus*）等，这些菌能将高毒性的 Cr(Ⅵ)还原为低毒性的 Cr(Ⅴ)。

有氧条件下微生物的 Cr(Ⅵ)还原 有氧条件下微生物的 Cr(Ⅵ)还原通常是在细胞质中的可溶性 Cr(Ⅵ)还原酶的催化作用下完成的。恶臭假单胞菌（*Pseudomonas putida*）的 ChrR 蛋白是目前研究得比较透彻的可溶性 Cr(Ⅵ)还原酶。ChrR 是一种黄素单核苷酸结合蛋白，大小为 50 kDa，具有 NADH 依赖型的还原酶活性。在 Cr(Ⅵ)还原的过程中，ChrR 将大于 25% 的 NADH 的电子转移至过氧化物的阴离子中并且生成中间代谢产物Cr(Ⅴ)，同时伴有大量活性氧（ROS）的产生，作为中间代谢产物的Cr(Ⅴ)通过其他途径被还原成最终产物Cr(Ⅲ)；同时ChrR能还原醌类物质（维生素K和辅酶Q）以清除细胞内的活性氧。

厌氧条件下微生物的Cr(Ⅵ)还原 在厌氧条件下微生物可溶性蛋白酶和膜蛋白酶参与铬（Ⅵ）还原的电子传递过程。乳酸盐、醋酸盐、柠檬酸盐等碳源或微生物代谢产物作为电子供体被氧化，与此同时Cr(Ⅵ)在电子传递链中作为最终的电子受体被还原，通常细胞色素b或c也参与这个氧化还原过程。例如，阴沟肠杆菌（*Enterobacter cloacae* HO1）具有铬（Ⅵ）还原活性的膜蛋白酶能够通过NADH依赖型的细胞色素将电子传递给六价铬离子，进而将其还原。

硫酸盐还原菌（SRB）是一类能利用硫酸盐或其他氧化态的硫化物作为电子受体来异化有机质的严格厌氧菌，在Cr(Ⅵ)还原过程中发挥了很重要的作用。SRB通过自身的代谢活动还原SO_4^{2-}生成的H_2S能与Cr(Ⅵ)发生反应，从而引起Cr(Ⅵ)的还原。此外，SRB自身的酶蛋白如细胞色素C3和氢化酶等能将其降解有机物过程中释放的电子传递给Cr(Ⅵ)，从而将Cr(Ⅵ)还原成Cr(Ⅲ)。

铁还原微生物可以通过其厌氧代谢的最终产物Fe(Ⅱ)来间接还原Cr(Ⅵ)，是一系列生物-非生物还原反应共同作用的结果。在Fe(Ⅲ)的呼吸作用中Fe(Ⅱ)催化Cr(Ⅵ)还原成Cr(Ⅲ)，随后Fe(Ⅱ)被重新氧化成Fe(Ⅲ)，因此系统中可能存在一个Cr(Ⅲ)—Fe(Ⅲ)氢氧化物的混合物，铁还原微生物有可能利用这个Cr(Ⅲ)—Fe(Ⅲ)氢氧化物作为进一步的代谢底物，来再生“还原剂”Fe(Ⅱ)。

微生物的Cr(Ⅵ)间接还原 微生物的铬还原也可以借助自身的代谢产物如氨基酸、谷胱甘肽、糖类、维生素和有机酸类物质等进行。例如，抗坏血酸自身能够还原Cr(Ⅵ)，而核黄素衍生物如黄素腺嘌呤二核苷酸（FAD）和黄素单核苷酸（FMN）是铬还原黄素酶在还原Cr(Ⅵ)时所必需的辅酶。

（蒋丽娟）

gong weishengwu zhuanhua

汞微生物转化（microbial transformation of mercury） 通过微生物作用进行汞的氧化、还原、甲基化和反甲基化的过程。

汞的氧化和还原 环境中的无机汞以下列三种形式存在：元素汞（Hg^0）、亚汞离子（Hg_2^{2+}）和汞离子（Hg^{2+}），在有氧条件下，某些细菌，如柠檬酸杆菌（*Citrobacter*）、枯草芽孢杆菌（*B. subtilis*）、巨大芽孢杆菌（*B. megaterium*）使元素汞氧化成为Hg^{2+}。另外有些细菌，如铜绿假单胞菌（*P. aeruginosa*）、大肠埃希氏菌（*E. coli*）、变形杆菌属（*Proteus*），使无机或有机汞化物中的二价汞离子还原为元素汞。酵母菌也有这种还原作用，在含汞培养基上的酵母菌菌落表面会呈现汞的银色金属光泽。

汞的甲基化和反甲基化 又称生物甲基化作用，金属汞和二价离子汞等无机汞在微生物的作用下会转化成甲基汞和二甲基汞。这种转化的逆过程称为生物反甲基化作用，也就是甲基汞在微生物的作用下去甲基，生成无机汞。生物甲基化和反甲基化作用构成了微生物的汞循环。

无论在好氧还是在厌氧条件下，都可能存在能使汞甲基化的微生物。据报道，能形成甲基汞的细菌有产甲烷菌、梭菌（*Clostridium*）、荧光假单胞菌（*P. fluorescens*）、草分枝杆菌（*Mycobacterium phlei*）、大肠埃希氏菌、产气肠杆菌（*Enterobacter aerogenes*）、巨大芽孢杆菌（*Bacillus megaterium*）等，真菌有粗糙链孢霉（*Neuros poracrassa*）、黑曲霉（*Aspergillus niger*）、短柄帚霉（*Scopulariopsis brevicaulis*）以及酿酒酵母（*Saccharomyces cerevisiae*）等。

汞的生物甲基化往往与甲基钴氨素有关。甲基钴氨素是钴氨素的衍生物，钴氨素即维生素B_{12}，是许多微生物细胞都含有的一种辅酶。甲基钴氨素中的甲基是活性基团，易被亲电子的汞离子夺取而形成甲基汞。一般认为微生物细胞内甲基化过程分为两步：甲基四氢叶酸上的一个甲基转移到钴胺素上，甲基钴胺素上的甲基转移到 Hg^{2+} 上。甲基钴氨素（或其他产甲基的媒介物）把甲基转移给汞等重金属离子后，本身成为还原态。

鱼体表面黏液中有许多含甲基钴氨素的微生物，把无机汞加入这种黏液，可检测到无机汞被甲基化。大鼠肠道里的微生物也含有甲基钴氨素，把大鼠盲肠的内容物与 $HgCl_2$ 混合，结果表明 $HgCl_2$ 转变成了氯化甲基汞（CH_3HgCl）。

在淡水和河口缺氧沉积物中，硫酸盐还原菌（SRB）是导致汞甲基化的最重要的微生物，汞在 SRB 菌株中的甲基化是发生在细胞质内乙酰辅酶 A 代谢过程中的副反应。沉积物中汞的甲基化速率与其中的硫酸盐还原菌数量密切相关，最大的汞甲基化率通常发生在硫酸盐还原菌最活跃的氧化还原界面。水体沉积物中硫酸盐浓度的升高会促进硫酸盐还原菌对汞的甲基化作用，进而促进沉积物中甲基汞的生物积累效应。（蒋丽娟）

gongdaixie

共代谢（co-metabolism） 有些有机化合物单独存在时不能被微生物所降解，但当同时有其他易生物降解物质作为碳源和能源，或由其他化合物诱导某种必需的降解酶时，可被降解的现象。

共代谢过程有以下几个特点：微生物首先利用易于摄取的生长基质作为一级基质，维持自身细胞的生长，同时降解二级基质；一级基质和二级基质之间对发挥降解作用的关键酶存在竞争现象，即在降解二级基质的酶的形成过程中，一级基质和二级基质共同起诱导作用，缺一不可；二级基质的代谢产物不能用于微生物的生长，有些代谢产物甚至对微生物有毒害作用；耗氧共代谢和厌氧共代谢作用于不同的难降解物质；二级基质共代谢的中间产物不能作为营养被同化成细胞质，有些会抑制关键酶的活性，甚至对微生物有毒害作用；共代谢是需能的，需一级基质代谢提供碳源和能源，当一级基质被完全消耗时，能量来源与细胞自身储存的能量物质消耗完后，共代谢过程也将终止。从共代谢过程的机理和特点可以看出，关键酶的诱导及其活性的维持、生长基质与目标化合物之间的竞争抑制、目标化合物及其中间降解产物对微生物的毒性作用是影响共代谢过程的关键性因素。

共代谢是最具潜力的处理难降解污染物的方法。目前通过共代谢来转化或降解卤代烯烃、卤代炔烃、卤代脂肪烃等难降解物质已经得到了广泛的应用。（史小丽）

gujun

古菌（archaea） 最古老的单细胞原核微生物，构成生物分类的一个域。古菌是地球上最早出现的生物，它们在形态结构上与细菌有很多相似之处，都没有成形的细胞核与有膜细胞器。

20 世纪 70 年代，美国生物学家卡尔·乌斯（Carl Woese）及其同事通过核糖核蛋白体 RNA 序列分析发现，产甲烷菌的核糖核蛋白体 RNA 序列与真细菌差异很大，后来又陆续发现一些核糖核蛋白体 RNA 序列和产甲烷菌相似的微生物，这些微生物常生长在极端环境中，如高盐、厌氧或接近沸腾的温泉中，这样的极端环境与早期的地球环境有类似之处。例如，早期地球大气中没有氧气，而含有大量氨气和甲烷，可能还非常热。在早期地球环境下，植物和动物无法生存，只有这些微生物可以存活、进化并占统治地位，这些微生物很可能就是地球上最古老的生命。因此，乌斯博士把这类微生物定名为古菌，成为和细菌域、真核生物域并驾齐驱的三大类生物之一。

形态结构 包括以下四方面：①古菌是原核生物，像真细菌一样，没有核膜，基因组 DNA 为环状，但它们的 tRNA 分子（转运 RNA）的结构更近似真核生物。古菌的核糖核蛋白体的许多特征也更类似真核生物，具有核小体结构。②古菌的细胞形态有球形、杆状、螺旋形、耳垂形、盘状、叶片状、块状，有些呈三角形或不规则形状等。一般个体微小，直径为0.1～15 μm，有些丝状体能够生长至200 μm长。③古菌细胞有细胞质、细胞膜和细胞壁。古菌的细胞膜所含脂质与细菌的甘油脂肪酸酯不同，是非皂化性甘油二醚的磷脂和糖脂的衍生物。革兰氏阳性古菌的细胞壁含有各种复杂的多聚体，例如，产甲烷菌的细胞壁含假肽聚糖，甲烷八叠球菌和盐球菌的细胞壁不含假肽聚糖，而含复杂聚多糖。④古菌中有些有鞭毛，具有运动功能。例如，詹氏甲烷球菌（*Methanococcus jannaschii*）在细胞一端有多条鞭毛，可以通过鞭毛进行运动。

成分特点 古菌与其他生物最显著的化学成分差异体现在细胞膜上，基本差别有以下四点。

甘油的立体构型 用来构建古菌磷脂的甘油是细菌和真核生物细胞膜上甘油的异构体。细菌和真核生物的细胞膜中是D型甘油，而古菌的是L型甘油。

醚键 当侧链加到甘油分子上时，大多数生物是通过酯键来结合的，即加上两个氧原子而连接到甘油的一端。其中一个氧原子用来与甘油形成化学键，另一个氧原子则在发生结合后伸出来。相反，古菌的侧链是通过醚键来连接的，没有伸出来的氧原子。因此，古菌的磷脂的化学性质不同于其他生物的磷脂。

类异戊二烯链 细菌和真核生物细胞膜上的磷脂的侧链通常是链长16～18个碳原子的脂肪酸，古菌膜上磷脂的侧链则不是脂肪酸，而是由类异戊二烯构成、20个碳原子形成。类异戊二烯是烯萜类化合物中最简单的成员。

侧链 古菌细胞膜脂肪酸的侧链由不同的化合物构成，细菌和真核生物的脂肪酸没有这些侧链。侧链能够形成碳原子环，这种环可以稳定膜上的结构，有助于古菌生活在高温中。

生长环境 古菌的生长环境常常是极端环境，即普通生物很难生存的高温、强酸、强碱或盐浓度很高的环境，如温度超过100℃的深海地表的裂缝处、温泉以及极端酸性或碱性的水中。它们还存在于牛、白蚁和海洋生物的厌氧消化道中并且在那里产生甲烷。有些生长在没有氧气的海底沉积物中，甚至生长在沉积在地下的石油中。某些古菌能在晒盐场上的盐结晶里生存。 （肖琳）

gudinghuamei

固定化酶 （immobilized enzyme）

通过物理或化学方法固定在载体上的酶。固定化酶因为有载体保护，一般能明显地提高酶对热和酸碱度的稳定性，在连续反应过程中酶不会流失，可以较长时间持续催化反应，反应后易于实现和产物的分离，并可减少酶蛋白在产物中的残留，可使生产连续化，节约能耗，降低成本，简化环保措施。

酶活性损失 在大多数情况下，通过化学方法进行酶固定化会造成部分酶活性损失。但通过物理包埋法进行固定化对酶活性的影响较小。一般认为，酶活性的损失是酶蛋白通过几种氨基酸残基附着在固定化载体上造成的。这些氨基酸残基主要有赖氨酸的ε-氨基和*N*-末端氨基、半胱氨酸的巯基、天门冬氨酸和谷氨酸的羧基、酪氨酸的苯甲基以及组氨酸的咪唑基。由于酶蛋白多点附着在载体上，这引起了固定化酶蛋白结构变形的增加。通过包埋法获得的固定化酶可能会因为酶底物在包埋材料中的传质阻力，影响与酶蛋白分子的结合而对酶活性造成影响。研究者在探索酶蛋白的固定化技术方面，已经寻找到几条不同途径，使酶蛋白能够以有序方式附着在载体的表面，实现酶的定向固定化，从而使酶活性的损失降低到最小。

酶定向固定化技术 包括：①借助化学方法的位点专一性固定化；②磷蛋白的位点专一性固定化；③糖蛋白的位点专一性固定化；④抗体（免疫球蛋白）的位点专一性固定化；⑤利用基因工程的位点专一性固定化。

应用 在环境污染物降解中，为了提高处理效率和酶分子对环境的抗性，可将降解酶固定化，例如，用海藻酸钙凝胶对产碱杆菌（*Alcaligenes* sp. YF11）所产生的菊酯降解酶进行固定化，固定后酶对 pH 的稳定性得到提高；游离酶和固定化酶降解杀灭菊酯的最适 pH 均为 8.0，但游离酶在 pH 5.0 和 pH 10.5 时失活，而固定化酶在 pH 4.0 和 pH 12.0 时才失活。

（肖琳）

gudinghua xibao

固定化细胞 （immobilized cell） 固定在水不溶性载体上，在一定的空间范围进行生长代谢的细胞。细胞被固定化后不易流失，并能维持正常的生长代谢功能。

制备方式 任何一种能将细胞生长限定在固定区域的技术，都可以用于制备固定化细胞。一般来说，大致可以分成以下四大类。

吸附法 可分为物理吸附法和离子吸附法两种。前者使用具有高度吸附能力的硅胶、活性炭、多孔玻璃、石英砂和纤维素等吸附剂将细胞吸附到表面上并使之固定化。这种方法操作简单、反应条件温和，载体可以反复利用，但结合不牢固，细胞易脱落。后者指细胞在游离状态下可因静电引力（离子键合作用 ）而固着于带有相异电荷的离子交换剂上，如 DEAE（二乙氨乙基）-纤维素、DEAE-sephadex（葡聚糖凝胶）、CM（羧甲基）-纤维素等。

共价结合法 细胞表面上的官能团（如 α-氨基、ε-氨基，α-羧基、β-羧基或 γ-羧基，巯基或羟基，咪唑基，酚基等）和固相支持物表面的反应基团之间形成化学共价键连接，从而成为固定化细胞。使用该法细胞与载体之间的连接键很牢固，使用过程中不会发生脱落，稳定性良好，但反应条件激烈、操作复杂、控制条件苛刻。

交联法 采用戊二醛或双偶联苯胺等带有两个以上官能团的交联剂将固定介质与细胞进行交联，可形成固定化细胞。通过化学结合的方法使细胞固定化，反应条件比较激烈，对细胞活性影响大。

包埋法 细胞固定化最常用的方法。按照包埋剂的结构可分为凝胶包埋法和微胶囊法，即将细胞包裹于凝胶的微小格子内或半透膜聚合物的超滤膜内。该法操作简单，对细胞活性影响较小，制作的固定化细胞球的强度较高，目前已被广泛地应用于废水处理。

载体 理想的固定化细胞载体应该具备以下特性：对细胞无毒性；传质性能好；性质稳定，不易被生物分解；强度高；寿命长；价格低廉等。常用载体有无机载体如多孔玻璃、氧化铝、多孔陶瓷等；多糖类如纤维素、交联葡萄糖、DEAE-纤维素、几丁质、鹿角菜胶和琼脂等；蛋白质类如胶原-纤维蛋白、角蛋白和明胶等；水凝胶如聚丙烯酰胺；空心纤维如醋酸纤维素、聚氯乙烯和聚丙烯腈共聚物等。

应用 固定化细胞应用范围极广，目前已遍及工业、医学、制药、化学分析、环境保护、能源开发等多个领域。在工业方面，包括利用产葡萄糖异构酶的固定化细胞生产果葡糖浆；将糖化酶与含 α-淀粉酶的细菌、霉菌或酵母菌细胞共固定，可以直接将淀粉转化成葡萄糖；利用藻酸钙或卡拉胶包埋酵母菌，通过序批式或连续发酵方式生产啤酒；利用固定化酵母细胞生产酒精或葡萄酒；此外，还可利用固定化细胞大量生产氨基酸、有机酸、抗生素、生化药物和甾体激素等发酵产品。在医学方面，可将固定化的胰岛细胞制成微囊，用于治疗糖尿病；用固定化细胞制成的生物传感器可用于医疗诊断。在化学分析方面，可制成各种固定化细胞传感器，用于测定醋酸、乙醇、谷氨酸、氨和生化需氧量（BOD）等。在环境保护方面，细胞固定化技术能充分发挥高效菌种或遗传工程菌对难降解有机物的降解潜力，同时防止其进入环境而引起生态问题。（肖琳）

guanghe xijun

光合细菌 （photosynthetic bacteria，PSB）一类以光作为能源并能在厌氧光照或好氧黑暗条件下利用自然界中的有机物、硫化物、氨等作为供氢体兼碳源进行光合作用的微生物，是在厌氧条件下进行不放氧光合作用的细菌的总称。光合细菌是地球上出现最早、自然界中普遍存在、具有原始光能合成体系的原核生物。

光合细菌是一类没有形成芽孢能力的革兰氏阴性菌，具有多种不同的功能（固氮、脱氮、固碳、硫化物氧化），在自然界碳、氮、硫循环中起着重要作用。

自然界的光合细菌分别属于红螺菌科（Rhodospirillaceae）、着色菌科（Chromatiaceae）、绿菌科（Chlorahiaceae）和绿屈挠菌科（Chloroflexaceae），共23个属80余种菌株。

光合作用 光合细菌有叶绿素等光合色素，但无叶绿体。光合细菌在有光照缺氧的环境中利用光能同化二氧化碳或其他有机物，与绿色植物不同的是，它们的光合作用是不产氧的。光合细菌细胞内只有一个光系统，光合作用的原始供氢体不是水而是硫化氢（或一些有机物），结果是分解有机物并产生氢气，同时还能固定空气中的分子氮。光合细菌在自身的同化代谢过程中，又完成了产氢、固氮、分解有机物三个化学过程。

产氢是光合细菌特有的性能，在光照厌氧条件下，光合细菌通过自身复合体上的细菌叶绿素和类胡萝卜素捕获高能光子，并将能量传递到光合反应中心，使高能光子发生电荷分离产生高能电子。高能电子经过环式磷酸化将光能转化成三磷酸腺苷（ATP），为产氢过程提供能量。产氢过程中所需要的还原力来自有机物的氧化代谢，由细胞内还原性的铁氧蛋白水平所决定。固氮酶是光合细菌光合产氢的关键酶，在细胞提供足够的ATP和还原力的前提下，固氮酶可以将氮气转化成氨气，同时质子化生成氢气。产氢是光合细菌调节其机体内剩余能量和还原力的一种方式，对其生命活动非常重要。

分布及生活习性 广泛分布于自然界的土壤、水田、沼泽、湖泊、江海等处，主要分布于水生环境中光线能透射到的缺氧区。光合细菌一般生长在富营养化水体中。分层湖泊是最适宜光合细菌生长的湖泊，在这种湖泊深层水体中常年有硫化氢存在的滞留层，有利于光合细菌的生长繁殖。光合细菌也在池塘、沼泽、硫黄泉、海岸和咸水湖的厌氧水层等自然环境中存在，另外，氧化塘、活性污泥池、下水道、水田或灌水的土壤等人为环境中也生长着各种各样的光合细菌。

一般来说，绿色硫细菌是靠氧化硫黄和固定二氧化碳、以自养型营养方式生长；红色非硫细菌主要靠氧化有机化合物获得碳源；红色硫细菌既能氧化硫化物，也能氧化有机化合物。光合细菌能利用低级脂肪酸、糖、醇类、氨基酸、芳香族化合物生长，还能发酵有机物。具有运动能力的光合细菌都有趋光性。光合细菌生长适宜的水温为15～40℃，最适水温为28～36℃。

实用价值和应用 包括以下六方面：①净化有机污水。光合细菌在好氧和厌氧状态下都能生长，降解有机物的速率比甲烷发酵快两倍左右，与常规的活性污泥法相比，可节约基建投资40%，化学需氧量（COD）去除率大于90%，总氮去除率在70%左右。②菌体蛋白利用。光合细菌的细胞干物质中蛋白质含量高达60%以上，其蛋白质氨基酸组成比较齐全，细胞中还含有多种维生素，尤其是B族维生素如维生素B_2、叶酸、泛酸和生物素含量丰富，同时还含有大量的类胡萝卜素、辅酶Q等生理活性物质，因此，光合细菌具有很高的营养价值，在水产养殖中可作为培水饵料及饲料添加成分。③农业应用。光合细菌能够促进稻田土壤中的放线菌、固氮菌等微生物生长，提高土壤肥力。在水稻生长前期维持较高的氨氮含量，可促进水稻根系发育。④光合细菌中的红色色素既可作为食品添加剂，也可作为化妆品的材料。⑤处理重金属废水。光合细菌细胞壁含有羧基、磷酰基、羟基、氨基等基团，可以与重金属离子配位络合，因此，光合细菌可以通过对水体中重金属离子的富集，降低废水中重金属离子浓度，重金属离子最高去除率大于90%。⑥光合细菌因为具有光合成、有氧呼吸、发酵等多种获得能量的系统及固氮、固碳、放氢等生理功能，一直作为研究光合机理、能量转换系统及固氮、放氢等机理的极好实验材料。

（张民）

guizaomen

硅藻门 （Bacillariophyta） 一类具有高度硅质化细胞壁的藻类。

壳体形态 硅藻的细胞壁除含果胶质外，还含有大量的硅质，成为坚固透明的壳体。壳体的不同形态是硅藻门分类的重要依据。壳体由上下两个半壳套合而成。套在外面较大的称为“上壳”，套在里面较小的称为“下壳”。两个半壳都有盖板和缘板。上壳的盖板叫“盖板”，下壳的盖板叫“底板”；缘板部分称为“壳环”。当从垂直方向观察盖板或底板时，称为“壳面观”；从水平方向观察细胞壳环时，称为“带面”。

硅藻细胞的壳面具有多种细致的花纹。最常见的是由许多小孔排列成的线纹。有些线纹呈放射状排列，有些则呈两侧对称排列。有些种类在壳面内壁的两侧有狭长横列的粗花纹，称为“肋纹”。有些种类在壳的边缘具有纵排列的凸起，称为“龙骨”。壳面中部或偏于一侧具有1条纵向的无纹平滑区，称为“中轴区”。中轴区的中部由于壳内壁增厚而形成“中央节”，如无增厚，仅具圆形或椭圆形或矩形的无纹区，称为“假中央节”。中央节两侧，沿中轴区中部有1条纵向的裂缝，称为“壳缝”。壳缝两端的壳内壁各有一个增厚的部分，称为“极节”。有些种类无壳缝，仅有较窄的中轴区，称为“假壳缝”。壳缝与硅藻的运动有关。

硅藻细胞的带面多为长方形，少数为鼓形、圆鼓形或长圆柱形。壳面的形态很多，但有两种基本类型。第一种壳面为辐射对称，多数为圆形，少数为三角形、多角形、椭圆形或卵形；第二种壳面为两侧对称，有线形、披针形、菱形、舟形、新月形、弓形、棒形等。壳面两端的形态也很多样，有渐尖、突尖、喙状、头状、楔形、钝圆或斜圆等。

色素体 硅藻的色素体为黄绿色或黄褐色。色素体位置可变，一般贴近壳面，当壳面相互连接成群体时，色素体转移到带面。色素体的形状和数目因种类不同而异。色素体可呈小盘状、片状或星状。主要光合色素有叶绿素a、叶绿素c、胡萝卜素、岩藻黄素和硅甲藻黄素等。同化产物主要为脂肪。

生殖方式 包括细胞分裂、复大孢子生殖、小孢子生殖和休眠孢子生殖。

细胞分裂 是硅藻的主要繁殖方式。细胞核先分裂为两个，然后在两个半壳内部形成两个新的半壳，从而形成新个体。新壳形成初期，壳壁薄，后逐渐加厚，直至与母壳厚度相等为止，新个体比原来小。

复大孢子生殖 硅藻经过数次细胞分裂后，体积变小，可通过有性或无性生殖方式产生复大孢子恢复原来体积。无性生殖方式即由营养细胞直接膨大而成。有性生殖方式可以由2个母细胞各自产生2个配子，结合形成2个复大孢子；或是在不同的细胞产生生殖细胞（精子或卵），结合形成1个或2个复大孢子。复大孢子萌发形成新的硅藻细胞。

小孢子生殖 硅藻细胞内产生许多（多数为2的倍数）有或无鞭毛的小孢子，具色素体，可萌发形成新的硅藻细胞。

休眠孢子生殖 在环境不利于生长的情况下，母细胞内可形成厚壁的休眠孢子，等到环境适宜时再萌发成新个体。

分类 在我国硅藻门一般分为中心纲（Centricae）和羽纹纲（Pennatae）。

中心纲 单细胞或由壳面互相连接成链状，多为浮游种类，少数分泌胶质附着在基质上。壳面多为圆形、椭圆形、多角形或不规则形，线纹辐射对称，无壳缝或假壳缝，不能运动。细胞壁常具有凸起或棘。多数种类具有较多小盘状色素体。此纲分为3个目：圆筛藻目（Coscinodiscales）、根管藻目（Rhizoleniales）和盒形藻目（Biddulphiales）。

羽纹纲 壳面为线形、披针形、椭圆形、卵形、菱形、舟形、新月形、弓形或棒形。具壳缝或假壳缝，其两侧有横线纹或肋纹。带面多为长方形。色素体盘状或片状。我国学者一般将此纲分为5个目：无壳缝目（Araphidiales）、单壳缝目（Monoraphidionales）、短壳缝目（Raphidionales）、双壳缝目（Biraphidinales）、管壳缝目（Aulonoraphidinales）。

分布 硅藻的种类繁多，分布极广。在陆地上，潮湿的土壤、墙壁、岩石、树皮上都能生长。淡水种类多生长在硬水中，在春秋两季大量生殖。

实用价值和应用 硅藻是鱼类、贝类和其他水生动物的主要饵料之一。因此，常在养殖上被用作天然饵料。硅藻死后，其坚固多孔的壳不会分解，而会沉于水底，经过亿万年的积累和地质变迁成为硅藻土。硅藻土是用途很广的工业原料，可制造工业用的过滤剂、隔热及隔音材料等。另外，硅藻作为指示生物，广泛应用于水体环境质量评价中。

（夏爽　刘国祥）

H

handan wuranwu weishengwu zhuanhua

含氮污染物微生物转化　（microbial transformation of nitrogen-containing pollutants）又称含氮污染物微生物代谢。是含氮污染物在微生物机体内经多种酶催化作用产生化学变化，生成其他含氮化合物或氮气的过程。

含氮污染物　氮素广泛存在于自然界中，不同形态的氮具有不同的环境生态效应，由于各种形态氮的可转化性，人类开发利用氮素的活动对氮素在自然界中各圈层的循环造成了干扰。含氮污染物的表现形式是多种多样的，且均可对人类及其生存环境造成不良影响（见下表），其中以氨氮、硝氮和亚硝氮的危害最为严重。另外，气态的 N_2O 和 NO 对大气臭氧层有破坏作用，对全球气候变暖也有促进作用。N_2O、CO_2 和 CH_4 被认为是最重要的导致气候变化的气体，N_2O 所引发的温室效应是 CO_2 的 298 倍。各种水溶解态氮对生态系统的污染和危害相当严重，防治较为困难，水体中氮的超标引起的水体富营养化，无论是在内陆湖还是沿海都极为严重，对水生生态系统的干扰和危害尤其令人关注。

含氮污染物的有害效应

含氮污染物	有害效应
氨（NH_3）	毒害水生生物，消耗溶解氧；诱发富营养化，影响饮用水卤化消毒
羟氨（NH_2OH）	对生物产生剧毒，产生亚硝酸盐
硝酸盐（NO_3^-）	诱发富营养化
亚硝酸盐（NO_2^-）	致癌，与红细胞结合产生窒息；消耗溶解氧，诱发富营养化
一氧化氮（NO）	引起酸沉降，破坏臭氧层
氧化亚氮（N_2O）	引起酸沉降，破坏臭氧层

微生物对含氮污染物的转化　含氮污染物主要有硝酸盐、氨和亚硝酸盐三种形式，也包括含氮的农药、染料等，此外还有 NO_2 等气态形式。含氮污染物在转移过程中，在微生物的催化作用下发生氨化、硝化、反硝化以及厌氧氨氧化等过程，使氮发生各种形态的转化。

氨化作用　是含氮有机物在微生物的分解作用下释放出氨的过程。含氮有机物包括蛋白质、核酸、尿素、尿酸和几丁质等，它们广泛存在于污水、有机废物、堆肥和卫生填埋系统中，都可以被各种细菌和真菌所分解，并释放出氨。有很强氨化能力的氨化菌主要包括芽孢杆菌、梭菌、色杆菌、变形杆菌、假单胞菌、放线菌以及曲霉、青霉、根霉、毛霉等。产生的氨有的释放到大气中，有的存在于原来的环境中被其他生物所利用。

硝化作用 是把氨或铵离子氧化成硝酸盐的过程，在污水脱氮过程中发挥着重要作用。硝化作用分为两个阶段，第一阶段是氨变成亚硝酸，第二阶段是亚硝酸变成硝酸，分别由亚硝化细菌［如亚硝化单胞菌（*Nitrosomonas*）］和硝化细菌［如硝化杆菌（*Nitrobacter*）］来完成。亚硝化细菌和硝化细菌都是化能自养菌，专性好氧，它们分别从氧化 NH_3 和 NO_2^- 的过程中获得能量，以 CO_2 为唯一碳源进行生长繁殖。硝化作用要求在中性或弱碱性的环境（pH 6.5 ~ 8.0）中进行，pH < 6.0 时，硝化作用强度明显降低。

除了自养型硝化细菌能使氨转化为硝酸盐以外，好氧的异养细菌和真菌，如节杆菌、芽孢杆菌（*Bacillus* sp.）、铜绿假单胞菌（*P. aeruginosa*）、姆拉克汉逊酵母（*Hansenula mrakii*）、黄曲霉（*Aspergillus flavus*）、青霉等，也能将 NH_4^+ 氧化为 NO_2^- 和 NO_3^-，但它们并不依靠这个氧化过程作为能量来源，在硝化作用中所占的比例比较低。

反硝化作用 是在厌氧条件下，微生物还原硝酸盐为 HNO_2、HNO、NH_4^+、N_2 等的过程，在污水处理系统和人工湿地脱氮过程中发挥着重要作用。反硝化作用包括同化硝酸盐还原作用和异化硝酸盐还原作用。同化硝酸盐还原作用是指 NO_3^- 用作微生物氮源时，它被还原成 NH_4^+，然后合成有机氮。在污水处理过程中，同化反硝化作用不仅可去除污水中的氮素，而且生成大量剩余污泥。

异化硝酸盐还原作用常被称为脱氮作用或狭义的反硝化作用，其主要过程如下：

$$HNO_3 \longrightarrow HNO_2 \longrightarrow HNO \longrightarrow N_2O \longrightarrow N_2$$

同时，小部分的硝酸盐利用异化反硝化生成氨。进行反硝化作用的微生物有异养型、自养型和兼性化能自养型三类，它们都以硝酸盐作为电子受体进行生长繁殖，同时实现污水的脱氮。

异养型反硝化菌 包括脱氮假单胞菌（*P. denitrificans*）、铜绿假单胞菌、荧光假单胞菌（*P. fluorescens*）等，其在厌氧条件下利用 NO_3^- 中的氧氧化有机质，获得能量：

$$C_6H_{12}O_6 + 4NO_3^- \longrightarrow 6H_2O + 6CO_2 + 2N_2 + \text{能量}$$

进行异化反硝化生成氨的细菌包括厌氧菌如梭菌（*Clostridium*）、兼性厌氧菌如肠杆菌（*Enterobacter*）和好氧菌如芽孢杆菌。

自养型反硝化菌 脱氮硫杆菌（*T. denitrificans*）在缺氧环境中利用 NO_3^- 中的氧将硫或硫代硫酸盐氧化成硫酸盐，从中获得能量来同化 CO_2。

兼性化能自养型反硝化菌 脱氮副球菌（*Paracoccus denitrificans*）能利用氢作为能源，以 NO_3^- 作为电子受体，使 NO_3^- 被还原成 N_2O 和 N_2。

利用异化硝酸盐还原作用产生分子态氮是污水脱氮的主要途径，可使水体中的硝酸盐转化为分子态的氮，减轻水体的氮污染，防止水体的富营养化。

厌氧氨氧化 是在厌氧条件下，微生物以亚硝酸盐为电子受体，以氨为电子供体进行的氨的氧化过程。其反应式如下：

$$NH_4^+ + 1.146NO_2^- + 0.07HCO_3^- + 0.057H^+ \longrightarrow 0.986N_2 + 0.161NO_3^- + 0.071CH_{1.74}O_{0.31}N_{0.20} + 2.002H_2O$$

厌氧氨氧化可能是人工湿地中氮素转化去除的另一条途径。在废水脱氮过程中，利用厌氧氨氧化可以不需要有机碳源就能使结合态的氮转化为分子态的氮，为生物脱氮提供了一种新的方法。 （肖琳）

hanliuwuranwu weishengwu zhuanhua

含硫污染物微生物转化

（microbial transformation of sulfur-containing pollutants） 又称含硫污染物微生物代谢。是自然或人工环境中的含硫污染物在微生物机体内经多种酶催化作用发生化学变化，产生另外一种含硫物质的过程。

含硫污染物主要为无机硫化物和有机硫化物。水体、土壤和大气中都含有大量含硫污染物。含硫污染物可以进行许多复杂的氧化还原反应，这些反应大多有微生物的参与。含硫污染物的微生物转化主要包括以下三方面。

有机硫化物的分解作用 又称矿化作用，指动物、植物和微生物残体或人工合成的有机硫农药中的有机硫化物被微生物分解为无机硫的过程。在污水处理系统、堆肥、人工湿地中都存在着有机硫污染物的分解作用。异养微生物在降解有机硫化物时，往往同时使有机硫转化为无机硫，因此，这一过程并不具有专一性，很多微生物都能分解有机硫化物。由于含硫有机物中大多同时含氮，所以脱巯基作用与脱氨基作用往往同时进行。

硫化作用 是还原态无机硫化物如 H_2S 和 FeS_2 在微生物作用下进行氧化，最后生成硫酸、硫及其盐类的过程。进行硫化作用的微生物主要是硫细菌，可分为无色硫细菌和有色硫细菌。

无色硫细菌 包括严格的化能自养菌和兼性化能自养菌。污水处理过程中最重要的化能自养硫化细菌是硫杆菌属（*Thiobacillus*），它们能够氧化 H_2S、S 和黄铁矿等形成硫酸，从氧化过程中获取能量，最适生长温度为 28 ~ 30℃。有的硫杆菌能忍耐酸性环境，甚至嗜酸。常见的种类有氧化硫硫杆菌（*T. thiooxidans*）、氧化亚铁硫杆菌（*T. ferrooxidans*）和排硫硫杆菌（*T. thioparus*）等。生存于含硫水体中的贝氏硫菌属（*Beggiatoa*）和发硫菌属（*Thiothrix*）的丝状硫黄细菌能将 H_2S 氧化为单质硫。此外，细胞内含有硫粒的硫化叶菌属（*Sulfolobus*）等细菌也能氧化元素硫。

有色硫细菌 主要指含有光合色素、能利用光能的硫细菌，它们从光中获得能量，依靠体内特殊的光合色素进行光合作用同化 CO_2。主要有光能自养型和光能异养型两大类。光能自养型有色硫细菌能以单质硫和还原态无机硫化物作为同化 CO_2 的电子供体，光能异养型有色硫细菌主要以简单的脂肪酸、醇等作为碳源或电子供体，也可以硫化物或硫代硫酸盐（但不能以元素硫）作为电子供体，使硫发生硫化作用。

反硫化作用 是硫酸盐还原为还原态硫（包括 S、H_2S 和有机硫）的过程，包括同化反硫化作用和异化反硫化作用。在污水厌氧处理过程中，会发生硫酸盐的反硫化作用，生成 H_2S 等含硫污染物；在潜流式人工湿地和重污染河流中也存在强烈的反硫化作用。反硫化作用有利于人工湿地对重金属的去除，但也会导致重污染河流发生黑臭。

同化反硫化作用 是生物利用 SO_4^{2-} 或 H_2S 组成自身细胞物质的过程。在污水处理系统中，大多数微生物都能像植物一样利用硫酸盐作为唯一硫源，在细胞内把正六价氧化态硫转变为负二价还原态硫，然后再把它转变为含巯基的蛋白质等有机物。

异化反硫化作用 是在厌氧条件下微生物将硫酸盐还原为 S 和 H_2S 的过程，参与这一过程的微生物称为硫酸盐还原菌，主要包括脱硫弧菌属（*Desulfovibrio*），如脱硫弧菌（*D. desulfuricans*）。另外，脱硫单胞菌（*Desulfuromonas*）、嗜热古菌和蓝细菌也能进行异化反硫化作用。在厌氧环境中产生的 H_2S 与 Fe^{2+} 形成 FeS，这是环境中一种降低 H_2S 毒性的机制，也是很多沉积物发黑的原因。

在海水中，硫酸盐浓度较高，所以由硫酸盐经细菌作用还原为 H_2S，是海水中 H_2S 的主要来源，严重时，会在一些沿海地区引起 H_2S 污染问题。而在淡水中硫酸盐浓度低，反硫化不占重要地位，水中 H_2S 主要来源于体系内含硫有机物质的厌氧降解。（肖琳）

haoyangjun

好氧菌（aerobic bacteria） 在有氧的情况下生长的微生物。微生物对氧的需求或耐受能力有很大不同。部分微生物能忍受高浓度的氧（高压氧）；而微好氧菌只有在氧气较稀薄的空气中才利用氧，这通常是因为它们吸收氧的能力有限及它们含有一些对氧敏感的分子，如对氧敏感的酶。

好氧菌氧化有机物或无机物的产能代谢过程有完整的呼吸链，以分子氧为最终电子受体，进行有氧呼吸。好氧菌含超氧化物歧化酶（SOD）和过氧化氢酶。大多数细菌、几乎所有的放线菌、蓝细菌均属于好氧菌。

必须在有氧条件下才能生长的好氧菌，称为专性需氧菌，如醋杆菌属（*Acetobacter*）和固氮菌属（*Azotobacter*）等；在有氧环境中生活得更好、在无氧条件下也能生活的好氧菌，称为兼性厌氧菌，如大肠杆菌（*Escherichia coli*）和产气肠杆菌（*Enterobacter aerogenes*）等。（史小丽）

haoyang shengwu

好氧生物（aerobe） 一种只能在有氧的环境中生存及生长的生物，它们利用氧来分解糖及脂肪等有机物，以获得能量。好氧生物分布非常广泛，只要有氧气存在的地方，就有好氧生物的存在。大气、土壤、陆地、江河、海洋中都有好氧生物。所有的植物以及绝大部分动物和大部分真菌都属于好氧生物。

动物 是生物界中的一大类，只能以有机物（植物、动物或微生物）为食料，具有与植物不同的形态结构和生理功能，以进行摄食、消化、吸收、呼吸、循环、排泄、感觉、运动和繁殖等生命活动。根据自然界动物的形态、身体内部构造、胚胎发育特点、生理习性、生活的地理环境等特征，将特征相同或相似的动物归为同一类。例如，根据身体中有无脊柱分成脊椎动物和无脊椎动物两大类。除少量的无脊椎动物，所有的脊椎动物和绝大部分无脊椎动物都进行有氧呼吸，分解有机物获得能量。

植物 一般有叶绿素，没有神经和感觉。植物分为藻类植物、苔藓植物、蕨类植物和种子植物，种子植物又分为裸子植物和被子植物。世界上已知有30多万种植物。植物可以通过光合作用分解水产生氧气，然后利用产生的氧气进行有氧呼吸，在黑夜条件下植物利用大气中的氧气或水体中的溶解氧进行呼吸，维持生命活动。

好氧微生物 是微生物中需要氧气才能生存的部分，包括原核生物中一部分细菌、放线菌、螺旋体、支原体、立克次氏体、衣原体，真核生物中绝大部分真菌以及一部分非细胞类的病毒和亚病毒。它们也通过好氧呼吸合成ATP，维持新陈代谢。（阳振）

hekou shengtai dulixue

河口生态毒理学（ecotoxicology of estuary） 以河口为研究对象，研究污染物在分子、细胞、个体、种群、群落和生态系统各个层次上所产生的不利影响，污染物在河口环境中的行为及其与环境因素的相互作用的学科。河口区污染物最直接的来源为点源污染，即管道排泄物或废弃物，可直接进入水体。而非点源污染主要为市区和农业径流，是河口的主要污染源。

河口即河流的终段，是河流和受水体的结合地段。受水体可能是海洋、湖泊、水库和河流等，因而河口可分为入海河口、入湖河口、入库河口和支流河口等。就入海河口而言，它是一个半封闭的海岸水体，与海洋自由沟通，海水在其中被陆域来水所冲淡。

河口生态系统由生物和非生物两大部分组成。生物部分可以划分为生产者、消费者和分解者。其中生产者主要是海草类植物、藻类以及挺水植物等，消费者和分解者包括各类动物和某些腐生及寄生菌类。非生物部分是生态系统的物质和能量来源，包括无机物质、有机化合物、气候因素和河口独特的环境因素（如水温、盐度、径流、潮汐、不同沉积物类型等）。基于河口入海物质的动力学过程的变化与海岸带水环境质量的变化，对河口及其周边近岸带水体中涉及生境水质退化的主要有害物质如氮磷类营养盐、有害元素、持久性有机和有毒污染物（POPs和PTs）、石油烃或农药类、藻类毒素等的生态毒理学过程机制的研究，丰富了河口生态毒理学内容。

有毒有机污染物在参与河口生态系统的物质循环和能量流动过程中发生复杂的形态变

化，通过生物代谢可能转变为毒性更强的物质；许多有机物在低浓度时无明显效应，但是在生态系统中经各种生物和非生物因素作用后改变了其性质、数量和分布，在有些生物器官组织中会产生明显的危害效应，如河口一些贝类对重金属的富集可能对其产生危害。（钟寰）

housheng dongwu

后生动物 （metazoa） 又称多细胞动物。指原生动物以外的多细胞动物，在分类学上属于动物界。因为有些后生动物体型微小，要借助光学显微镜方可看清楚，故叫微型后生动物。水中常见的后生动物包括轮虫（Rotifer）、寡毛类动物、浮游甲壳动物等。后生动物在天然水体、潮湿土壤、水体底泥和污水生物处理构筑物中均有存在。

轮虫 是一类体型很小的多细胞动物，属于轮虫动物门轮虫纲（Rotifera）。它们大多生活在淡水中。大多数轮虫以细菌、霉菌、藻类、原生动物及有机颗粒为食，为杂食性生物；而猪吻轮虫为肉食性生物，在污水生物处理中若其大量出现，活性污泥将会被蚕食。轮虫生活需要较高的溶解氧量，因此，轮虫是水体寡污带和污水生物处理效果好的指示生物。

寡毛类动物 属于环节动物门（Annelida）的寡毛纲（Oligochaeta）。有陆生生活的（如蚯蚓），也有营水生生活的（如颤体虫、颤蚓、水丝蚓等），另外还有一些为半水生或两栖生活的种类。颤体虫、颤蚓、水丝蚓为水栖寡毛类，体积较小，通常为1～30 mm，身体为蠕虫形或圆柱形，柔软细长并分节，全身可分头部和躯干两部分，头部仅有一节，身体每节的两侧有刚毛，靠刚毛爬行活动。在污水生物处理中出现的多为红斑颤体虫。它的前叶腹面有纤毛，是捕食器官。此虫为杂食性，主要食物为污泥中的有机碎屑和细菌，适宜在夏秋两季的水体中生长。颤蚓和水丝蚓中有些是厌氧生活的，多生活在河流、湖泊等淡水中，尤其适宜生活在被有机物严重污染的小河沟、小水潭、池塘或小河边缘等地方，所以颤蚓和水丝蚓为河流、湖泊底泥污染的指示生物。

浮游甲壳动物 属于节肢动物门（Arthropoda）的甲壳纲（Grustacea），都是水生生物，营浮游生活。在浮游生物中占重要地位，数量大，种类多，是鱼类的基本饵料，因此，甲壳动物的数量对鱼类影响很大。它们广泛分布于河流、湖泊和水塘等淡水水体和海洋中，以淡水中为最多。浮游甲壳动物中的水溞血液中含有血红素，血红素含量随环境中溶解氧浓度的高低而变化，水体中溶解氧浓度高，水溞的血红素含量低，颜色变浅；当水中溶解氧缺乏时，水溞的血红素含量增高，颜色加深。如果水溞多而密集，则水也呈红色。由于污水中含氧量低，清水中含氧量高，因此可以利用水溞来指示水体的清洁程度。（杨柳燕　任丽曼）

huaxuepin anquanxing pingjia

化学品安全性评价 （chemical safety evaluation） 通过规定的毒理学试验程序和方法以及对人群效应的观察，评价某种化学物的毒性及其潜在危害，进而提出未观察到有害作用剂量或有毒阈剂量，评价在通常的暴露条件下该物质对人体健康是否安全及提出安全接触限量的过程。化学品安全性评价的目的是确保该化学物在生产和使用中产生最大效益，同时将其对生态环境和人类健康的危害降至最低。

20 世纪以来，随着工业科技特别是化学工业的迅速发展，世界上已投入生产和销售使用的化学物质日益增加，截至 2017 年年底美国化学文摘社（Chemical Abstracts Service，CAS）登记的化学品数量已达 1. 37 亿种之多，每年新增超过 1 000 万种，其中能商业化应用的已超过 4 000 万种。这些化学物质在影响生态环境的同时，对人类的健康也造成了严重的威胁。化学品特别是新合成的化学品在使用之前必须进行安全性评价。

相关法规 参见毒理学安全性评价中的概况。

评价指标 包括化学品的理化性质、在环境中的行为特征、毒理学特点、流行病学特点和人群接触资料等。

化学品的理化性质 ①物态。是一般物质在一定的温度和压强条件下所处的相对稳定状态，通常是指固态、液态和气态。在常温下某物质的状态以及熔点、冰点、蒸发、升华的特点都会影响其暴露方式和健康风险。例如，汞在常温下可挥发成汞蒸气，人吸入可中毒。②相对密度。固体和液体的相对密度是该物质（完全密实状态）的密度与在标准大气压、3.98℃下纯 H_2O 的密度（999.972 kg/m^3）的比值。例如，印度博帕尔毒气泄漏事件发生时，异氰酸甲酯的相对密度大于空气，因此越是在底层污染越严重。③溶解性。物质在形成溶液时的一种物理性质。例如，SO_2 易溶于水，所以容易与上呼吸道黏膜的水分作用生成硫酸，损害上呼吸道；NO_2 不易溶于水，所以容易进入下呼吸道而造成下呼吸道的损伤；有机氯污染物易溶于脂肪，所以在脂肪组织、脑、乳汁中含量多；有机溶剂是脂溶性的，易损害脑和造血系统。④稳定性。指某一物质稳定的性质、状态或程度，或对理化条件改变或破坏的稳定程度或抵抗程度。例如，有机氯农药和重金属污染物化学结构稳定，在环境中和生物体内不易分解，因而容易蓄积。⑤化学品毒性。例如，As^{3+} 的毒性大于 As^{5+}，Cr^{6+} 的毒性大于 Cr^{3+}。⑥重要的化学反应。例如，饮用水加氯消毒可产生氯仿、氯胺等，对健康不利。

化学品在环境中的行为特征 ①进入环境的方式。从污染源排放的污染物有气体、液体或固体，直接造成空气、水体或土壤的污染。其中空气中的污染物又可沉降到水体和土壤，造成水体和土壤的污染。另外，有些初次污染物在环境中能通过理化或生物作用，生成新的污染物（二次污染物）。②环境浓度。通过环境监测掌握污染物在各种环境介质中的浓度，特别要与对照地区或本底值进行比较，以便发现问题。③环境污染。污染物浓度超过一定限值，并超过环境的自净能力，对人群健康或生态系统造成不良影响，称为环境污染。通过环境监测、与卫生标准和环境标准进行比较分析，做出环境预测预报。④分布规律。分析污染物在时间、地区上的分布规律，例如，掌握大气污染物中颗粒物与有毒气体的分布规律，可以帮助采取措施控制污染；了解废水排放对地下水的污染规律，是限制排放和设立防护带的科学依据。⑤环境自净作用、污染物的转归以及影响因素。

化学品的毒理学特点 ①进入途径、分布、代谢及排泄。②毒性特点。包括在急性毒性、慢性毒性、系统毒性、免疫毒性、遗传毒性等各个方面的特点，以及是否存在剂量-效应关系。

化学品的流行病学特点 ①暴露。包括在外暴露、内暴露、靶器官的暴露、局部的暴露等方面的特点。②健康影响。指急性和慢性影响的临床或亚临床表现，包括对生理生化、免疫、遗传的影响，对发病率及其分布规律的影响，是否有剂量-反应关系等。

化学品的人群接触资料 参见毒理学安全性评价中的人群接触资料。

评价方法 利用所有毒理学和流行病学资料进行综合分析、判断。在毒理学资料中，接触化学品的剂量、在体内的代谢、短期致突变试验、长期致癌试验和外推人群的数学模型等均是致癌风险性评定中互相联系、不可分割的部分。毒理学动物试验所用剂量经常高于人群接触的实际剂量，试验资料需借助数学模型外推于人。数学模型的可信程度取决于对各种化学污染物毒性作用机理的了解。为了试验方法的安全性应采用安全系数。各种用于安全性评价的数学模型均有待实践的检验。对化学品污染危害的综合评价需要组织多学科综合性研究。在流行病学研究方面，化学品生物学效应的多项终点（指标），尚难以充分应用于大规模流行病学调查研究，而我国人群居住相对稳定，应发挥现场工作方面的优势。将环境监测和生物监测结合研究可以获得评价人群接触更实际的资料，是以后人群研究的方向。

评价程序和试验方法 主要参照《化学

品毒理学评价程序和试验方法》（GBZ/T240—2011），共44个标准，分为以下五个阶段分别进行。

第一阶段（急性毒性试验、眼刺激试验和皮肤刺激试验） 主要是对急性毒性参数的测定和了解受试样品对皮肤、黏膜的刺激性以及致敏性，为毒性分级和标签管理提供依据。同时，可了解受试样品对机体造成急性损害的可能性和严重程度，并为第二阶段各项试验的剂量设计提供依据。在测定LD_{50}时，一般要求用两种动物，染毒途径应包括所有人体可能的接触途径。主要试验有：①急性经口毒性试验；②急性经皮毒性试验；③急性吸入毒性试验；④急性眼刺激性/腐蚀性试验；⑤急性皮肤刺激性/腐蚀性试验；⑥皮肤致敏试验。

第二阶段（亚急性毒性试验和致突变试验） 主要是了解受试样品的亚急性毒性和遗传毒性，为第三阶段各项试验的剂量设计和观察指标的选择提供依据，并对受试样品的致癌性进行预测。具体试验有：①鼠伤寒沙门氏菌回复突变试验（Ames试验）；②体外哺乳动物细胞染色体畸变试验；③体外哺乳动物细胞基因突变试验；④体内哺乳动物骨髓嗜多染红细胞微核试验；⑤体内哺乳动物骨髓细胞染色体畸变试验；⑥哺乳动物精原细胞/初级精母细胞染色体畸变试验；⑦啮齿类动物显性致死试验；⑧亚急性经口毒性试验；⑨亚急性经皮毒性试验；⑩ 亚急性吸入毒性试验。

第三阶段（亚慢性毒性试验、致畸试验、繁殖试验、迟发性神经毒性试验） 通过亚慢性毒性试验进一步确定多次重复染毒的毒性作用性质和靶器官，初步确定未观察到有害作用的最大剂量（NOAEL）或观察到有害作用的最小剂量（LOAEL），为第四阶段各项试验的剂量设计和观察指标的选择提供依据。通过致畸试验判断受试样品的胚胎毒性及其是否有致畸性。通过繁殖试验，可判断受试样品对生殖过程的损害作用。通过迟发性神经毒性试验，可判断受试样品是否具有迟发性神经毒性作用。主要试验有：①亚慢性经口毒性试验；②亚慢性经皮毒性试验；③亚慢性吸入毒性试验；④致畸试验；⑤两代繁殖毒性试验；⑥迟发性神经毒性试验。

第四阶段（慢性毒性试验、致癌试验、代谢动力学试验） 通过慢性毒性试验可确定受试样品的NOAEL和LOAEL，为推算受试样品的安全接触限值提供依据。通过致癌试验可以确定受试样品对受试实验动物的致癌性。通过代谢动力学试验可以了解受试样品的吸收、分布、代谢和排泄特点，了解蓄积毒性作用及其可能的靶器官和毒性作用机理。主要试验有：①慢性经口毒性试验；②慢性经皮毒性试验；③慢性吸入毒性试验；④致癌试验；⑤慢性毒性/致癌性联合试验；⑥毒物代谢动力学试验。

第五阶段（神经、免疫、生长繁殖毒性试验和其他致癌试验） 在以上四个阶段试验后，开展神经、免疫和生长繁殖方面的毒性试验，并补齐其他的致癌试验，全面验证化学品的安全性。主要试验有：①皮肤变态反应试验-局部淋巴结法；②大肠杆菌回复突变试验；③酵母菌基因突变试验；④果蝇伴性隐性致死试验；⑤枯草杆菌基因重组试验；⑥体外哺乳动物细胞程序外DNA合成（UDs）试验；⑦体内哺乳动物外周血细胞微核试验；⑧体外哺乳动物细胞姊妹染色单体交换试验；⑨体内哺乳动物骨髓细胞姊妹染色体交换试验；⑩精子畸形试验；⑪繁殖/生长发育毒性筛选试验；⑫亚急性毒性合并繁殖/发育毒性筛选试验；⑬一代繁殖试验；⑭神经毒性筛选组合试验；⑮免疫毒性试验。

（李梅）

huanjing shengwuxue

环境生物学 （environmental biology） 研究生物与受人类干预的环境之间相互作用的规律及其调控机理的学科。环境生物学是环境科学的一个重要分支学科，同时也是一门具有交叉性、边缘性以及综合性的年轻学科。环境生物学不是一门单一学科，而是一个多学科体系，由许多不同学科组成，以生态学的基本原理作为其理论基础。

生物系统与人为逆境的相互关系有两方面的含义。一方面，各种逆境因子对生物系统产生不利或有害的影响（或效应），如大气中的污染物 SO_2 对动植物生长发育的抑制、电离射线对细胞中 DNA 分子的损伤、过度砍伐使森林衰退等。另一方面，生物系统同时也对逆境因子的行为（或归宿）产生影响，如有机磷农药在生物体内的代谢降解、电离辐射通过有机体时被吸收而衰减、绿色植物吸收大气中过量的 CO_2 并放出氧气等。根据具体情况，这种相互关系又因发生在生物系统各级组构水平与各种逆境因子的不同组合之间，而形成相应的相互作用模式。

沿革 环境生物学的形成和发展与环境问题的产生和演变密切相关。一般认为，环境生物学源于19世纪中叶工业革命后，部分较发达国家因排放污水引起河流和湖泊污染，有些生物学家由此开始研究水污染对水生生物的影响，随后又开展了对水污染的生物监测和生物处理的研究。1902年，柯克维茨（Kolkwitz）和麦尔松（Marsson）对水中的微型生物进行了分类，并提出了“污水生物系统”的概念。20世纪50年代至60年代，由于工农业生产发展迅速，环境污染更加严重，许多生态学家着力于研究污染物在生态系统中的迁移、转化和归趋规律，污染生态学应运而生。到了70年代，生物学各分支学科运用各自的理论和方法对有毒污染物的毒性效应和毒性机理进行了研究，形成了生态毒理学。1970年联合国教科文组织（UN ESCO）建立了“人和生物圈”（MAB）研究计划，力求探寻合理利用和保存生物圈资源的科学基础，以改善人与环境的关系，为环境生物学增添了新的研究内容。

自80年代以来，随着全球气候变暖、生物多样性锐减、生态系统退化等新的环境问题不断产生，环境生物学面临着更加严峻的挑战。对此，美国环境保护局（US EPA）提出了环境保护生态学研究战略，确定了六个新的方向：环境监测与评价（危险鉴别）、生态暴露评价、生态效应（剂量-效应关系）、生态风险特征、生态系统的恢复与管理和风险。这六个新方向在很大程度上说明了环境生物学的发展方向，即环境生物学向宏观和微观两极深入发展的趋势。目前环境生物学工作者在水、气污染的生物监测和生物净化，遗传毒理学和生态毒理学，土壤污染和土地处理系统以及自然保护等领域开展了大量科学研究工作。

研究对象 包括异常环境条件和各种生物。异常环境条件包括环境要素数量和质量以及结构等方面的变化，导致这些变化的因素包括自然影响因素和人为影响因素。

研究内容 主要包括环境污染的生物效应、环境污染的生物净化和保护生态学。

环境污染的生物效应 主要研究污染物在环境中的迁移、转化和积累的生物学规律以及对生物的影响和危害，这种效应包括从分子水平、细胞水平、组织水平、器官水平、个体水平、种群水平到生态系统等各级生物层次，探索污染效应的机理，在此基础上，研究环境污染的生物监测与生物评价的理论和方法。

环境污染的生物净化 主要研究生物对环境污染净化与去除的基本原理、方法以及影响因素，通过生物学或生态学的技术与方法进一步强化生物在环境污染净化中的作用，包括具有高效净化能力的生物种类及菌株的筛选以及基因工程菌的构建、降解和去除污染物的机理及其降解动力学反应模型等；生态净化工程中生物群落的结构与演替；不同类型物种间的相互关系及其对环境污染净化的机理等。

保护生态学 包括自然保护生物学和恢复生态学。自然保护生物学主要研究生物多样性的保护、自然保护技术和自然保护区的建设，探索保护、增殖和合理利用自然资源的规律，协调人类与自然环境的关系，使自然资源尤其是生物资源能够得到持续利用；恢复生态学主要研究生态系统的退化机理、物种进入和生长及群落聚集过程的限制因素、群落结构和生态系统的结构与功能之间的关系，制定退化生态系统的恢复方案，发展受损环境修复的生物学或生态学技术。

研究方法 主要包括野外调查和试验、实验室试验和模拟研究。

野外调查和试验 是环境生物学最主要、最常用的研究方法。通过科学详尽的野外调查和试验，研究人员可以确定环境污染因子的类型、数量和强度等基本资料情况；开展对受损生物种类和数量以及生物群落结构的现场调查，分析现场生物指数、污染指数和生物种的多样性指数等评价项目；开展宏观研究环境中的污染物和人为干预对各种生物或生态系统产生影响的基本规律研究。

实验室试验 是在实验室内通过各种实验手段，模拟控制各种实验条件，从微观上研究污染物和人为干预对生物产生的毒害作用及其机理的研究方法，具有较好的稳定性和可重复性。例如，在实验室内，控制介质在一定pH和温度下，观察某种化合物在不同浓度下对生物体内的大分子、细胞、器官以及生物个体、种群和生态系统的结构与功能的影响，就能够确定该化合物在一定环境条件下对生物的生长与繁殖的影响程度，为制定其环境排放标准提供科学依据。

现在，许多实验室发展了在自然条件下进行试验的研究方法。这种方法结合了野外研究和实验室研究的优点，但需要的投入较大，对试验条件控制的技术要求更高。

模拟研究 是在系统分析原理的基础上，利用计算机和近代数学的方法，在输入有关生物与环境相互关系规律的作用参数后，根据一些经验公式或模型进行运算，得到抽象的结果。研究者根据具体的专业知识，对其发展趋势进行预测，以达到进一步优化和控制的目的。环境生物学研究中常常应用数学模型来预测环境因素与生物的相互作用规律或环境变化对生物作用的后果。模拟研究的基础是野外调查和实验室研究，因为参数的选择和数据的采用只能来源于野外调查或生态毒理学的实验室研究结果。将模型运行所得到的结果与野外调查和实验室结果进行拟合，并根据拟合程度，适当修改模型，再进行模拟试验，使模型逐步逼近现实和试验。用这种方法所获得的模型，对环境质量演变的规律研究具有很重要的价值。

发展趋势 主要表现在两个方面：①在由污染控制和治理转向污染防治、污染最小化方面，充分利用生物的巨大能力，配合其他技术途径，对传统的工业生产工艺进行改造，以“清洁生产”逐步取代当前占主要地位的“末端治理”。例如，在一些反应过程中采用高效、无污染的生物酶制剂代替化学催化剂，提高反应效率，减少副产品对环境的压力等。②向宏观和微观两极方向深入发展。在宏观研究领域，主要研究对象已由个体、种群或群落转移到生态系统和景观生态；由过去根据室内单一污染物对单物种的影响，向在生态系统水平上评价生态效应的方法和模型发展，以客观地评价污染的整体效应和生态风险。在微观研究领域，采用分子生物学、细胞学、遗传学、生理学等生物学方法与技术，研究污染物及其代谢产物与生物大分子及细胞的相互作用，以及与生物遗传和代谢的关系，揭示其作用机理，从而对个体、种群或群落、生态系统水平上的影响做出预测。 （杨柳燕）

推荐书目

孔繁翔．环境生物学．北京：高等教育出版社，2000.

huanjing weishengwu

环境微生物 （environmental microbe） 存在于不同环境中的微生物。这些不同的环境包括高山、平原、江河湖海、动植物体内外，乃至一般生物无法生存的臭氧层、海洋底部和岩芯。有的微生物是生产者，如光合细菌、蓝细菌、嗜盐菌和单细胞藻类；有的是消费者，如原生动物；但最主要的还是分解者，如所有的真菌和大部分的细菌等。

微生物个体微小，所处的环境也微小，一般称为微环境。每一微环境只适宜于某种或某些微生物生长繁殖，从而形成复杂的微生物区系。环境中的营养物常吸附于物体表面，使其表面的营养水平较高，微生物也在物体表面不断集结和生长繁殖，最后形成生物膜。一旦污染物进入土壤或水体，可引起微生物数量、群落结构和功能发生变化。

水体中的微生物 由于雨水冲刷和人类的活动，土壤中的无机物、有机物以及动植物的残体进入水体，使水体含有微生物所需的各种营养物质，从而成为微生物生长的天然生境。水体中有的微生物是固有的，有的是外来的，它们可能来自土壤、人类排出的生产和生活废水，或者来自空气。由外界进入水体的微生物，由于环境条件不适应而逐渐死亡，也有一小部分较长期地生存下来。从水环境中分离到的细菌大多是革兰氏阴性杆菌。有鞘和附属物的细菌大多是水生的。

淡水微生物 微生物在水体中的数量和分布受水体类型与层次、污染情况、季节等各种因素影响。淡水中的微生物分为清水型微生物和腐生型微生物两种。在洁净的湖泊和水库中，有机物含量低，因此微生物数量很少，主要是化能自养型和光能自养型的清水型微生物。它们能在低浓度营养条件下生长，对氧的要求也低，倍增时间较长，一般属于土著微生物，如硫细菌、铁细菌和球衣菌等，以及含有光合色素的蓝细菌、绿色硫细菌和紫色硫细菌等。在湖泊生态系统中化能自养型和光能自养型的微生物在碳、氮、硫、磷和铁的循环中发挥着重要的作用。贫营养湖中也有部分腐生型细菌，如色杆菌属等在营养物浓度低的清水中生长，属于贫营养细菌。霉菌也有一些腐生型的种类，例如，水霉属和绵霉属的一些种类可生长于腐烂的外来有机残体上。单细胞和丝状的藻类也能在清洁的水体中生长，它们是水体生态系统中的光能自养型生物，在大而深的湖泊中，它们是有机碳的主要生产者，为异养生物提供碳源。藻类的种类和数量随湖泊的类型、地理位置和营养水平会发生很大的变化，绿藻、硅藻和裸藻是常见的种类。湖泊中还有原生动物，它们以浮游植物和细菌为食，常见的有鞭毛虫类和纤毛虫类等。

当生活污水或各种面源污染物进入湖泊等水体后，由于有机物和营养盐的浓度大大增加，水中腐生型细菌和原生动物大量繁殖，如变形杆菌门、拟杆菌门、厚壁菌门和原生动物中的纤毛虫类、鞭毛虫类和根足虫类。营养盐的增加同时使湖水中的蓝细菌和藻类大量繁殖，有的蓝细菌还能固定分子态的氮、进一步提高水体中氮素的含量，从而使水体中的有机物的数量急剧上升，腐生型细菌也随之大量增加。因此，湖泊中异养细菌的数量随着湖泊营养水平的增加或受有机物和无机物营养盐污染程度的上升而增加。

在远离岸边的湖泊中心表层，细菌数量随季节的变化和浮游生物的消长而变动，细菌数量的垂直分布也随季节而变动。在夏季停滞期，表层和变温层菌数多，下层菌数少，而底泥中细菌数量最多，在春季、秋季的湖水循环期，细菌数量各层均一。夏季表层菌数多的主要原因是浮游植物的光合作用所产生的有机质及其代谢产物羟基乙酸分泌到水体中，给细菌提供了大量的碳源，导致细菌大量增殖。在变温层附近，积聚着浮游生物的遗体及其分解过程中的残留物质，因此，刺激了变温层附近异养细菌的大量增殖，形成了又一个数量高峰。

在水体与空气的交界面和水体与底泥的交界面，由于环境条件的不同生活着不同类型和数量的微生物。湖泊底泥中和水体中的微生物有很大的不同。在浅水湖泊中，光合细菌常常生长在底泥的表面，从而使水体呈现一定的颜色，同时也有真菌如丝状真菌生长在底泥的表面。在底泥中，数量最多的是厌氧微生物，包括反硝化细菌、反硫化细菌和产甲烷细菌等。

如果有机物的含量不是很高，大气的复氧条件较好，或光合作用的微生物产氧量较高，使水体中溶解氧保持较高的水平，则水体中的微生物主要为好氧和兼性厌氧的细菌，也含有部分真菌。如果好氧微生物的耗氧能力大于水体的复氧能力，使水体长时间处于厌氧状态，则水体中的微生物以厌氧微生物和兼性厌氧微生物为主，这时水体质量下降，大型生物消亡。

海洋微生物 海洋分为近海和远海。在近海带，特别是在海湾，由于沿海人类活动，大量工农业废水和生活污水进入海洋，使海洋中含有大量的有机物和无机盐，细菌的含量可达到每毫升 10^5 个。同时，无机营养盐引起单细胞藻类大量繁殖，在夏秋季很容易发生赤潮。在远海，受人类活动的影响小，含菌数低。海水中微生物的数量分布还受到气候、雨量和潮汐等影响。

距海面 0 ~ 10 m 以内，因阳光的照射，细菌数量较少，浮游藻类的数量较多，如绿藻、硅藻和甲藻，它们是海洋的生产者，为浮游动物和鱼类提供饵料。距海面 10 ~ 50 m，微生物数量较多，而且随海水深度增加而增加，50 m 以下微生物的数量随深度的增加而减少。在海洋深处，由于水温低和含盐量较高，存在着嗜冷、嗜盐菌，有的深海微生物还能耐受很高的静水压或嗜压。另外，在海洋动物的体内外，栖息着大量发光细菌。在洋流的交界处，细菌的数量也较多。海洋细菌以革兰氏阴性和运动型为主，通常是好氧或兼性厌氧的，常见的海洋细菌有假单胞菌、弧菌属、黄色杆菌属、无色杆菌属以及 G^+ 芽孢杆菌属等，按栖息地可分为底栖细菌、浮游细菌和附着细菌。海洋中原生动物也是浮游动物的重要组成部分，包括纤毛虫类、鞭毛虫类和根足类，它们以细菌和浮游植物为食，然后又被其他高级消费者所食，成为海洋食物链中的一个环节。

土壤中的微生物 自然界中，土壤是微生物生活最适宜的环境。土壤具有微生物进行生长繁殖和生命活动所需的各种条件。土壤中动植物代谢活动的分泌物以及它们的残体为微生物生长提供了丰富的有机营养。土壤矿质成分中，有微生物生长必需的硫、磷、钾、铁、镁、钙等大量元素，还有硼、钼、锌、锰等微量元素。同时，土壤中还含有微生物生活所需的水分，土壤渗透压也适合微生物需求或能为微生物适应。在土壤团粒间充满空气，适合需氧微生物生活；团粒内部氧化还原电位比较低，有利于微需氧或厌氧微生物生活；渍水的土壤中则有利于厌氧和兼性厌氧微生物的生活。一般土壤的 pH 在中性左右，并具有较强的缓冲能力，适合大多数微生物生长。在酸性或碱性土壤中，也有与之适应的微生物生长繁殖。土壤温度随季节和纬度的不同而变化，日变动幅度相对较小，适宜于多种微生物生长繁殖。

土壤中微生物的数量随季节、土壤类型、土层深度与层次等不同而变化。一般来说，夏秋季土壤中微生物数量较高。在土壤表面，由于日光照射及干燥等因素，微生物不易生存，离地表 10 ~ 30 cm 的土层中菌数最多，随土层加深，菌数减少。土壤微生物以细菌数量最多，为每克干土 10^6 ~ 10^8 个，有各种生理类群，营养类型多属异养型。在干的土壤中，以革兰氏阳性细菌为主。土壤细菌可分为发酵型细菌和土壤固有型细菌两大类。发酵型细菌能利用落叶、动物的排泄物及残体等易分解的有机物，其活性高，生长迅速，数量变动剧烈，不能利用腐殖质，如芽孢杆菌、假单胞菌等。土壤固有型细菌又称土著菌群，革兰氏阴性，能利用腐殖质，生长缓慢，数量变动小，相对稳定地存在于土壤中，如节杆菌属。在潮湿的土壤表面还有光能自养型细菌，它们能固氮和合成有机物，土壤中的根瘤菌和植物共生也能固氮，土壤中一些化能自养的微生物如硝化细菌能促进营养元素的循环。

虽然每克干土中放线菌只有 10^4 ~ 10^6 个，但因为菌丝体积较大，其生物量不比细菌低。土壤中放线菌最多的是链霉菌属，在放线菌培养基平板上占菌落的 70% ~ 90%；其次为诺卡氏菌属，占土壤放线菌的 10% ~ 30%。

土壤中真菌含量为每克干土 10^3 ~ 10^5 个，其生物量常比细菌的大。酸性土壤中真菌较多。真菌在土壤中有的自由生活，也有的以菌根菌的形式存在。土壤中的真菌大多数是形成大量孢子的菌类，特别是毛霉、根霉、青霉、曲霉和镰刀霉等。一般来说，土壤深度在 10 cm 左右，以真菌数量为多，超过 30 cm，真菌数量少。不同土壤中，真菌的生物量有明显的差异：旱地每克干土菌丝体长度为 10 ~ 600 m，草地为

40~2 000 m，森林无机质土层 100~1 000 m，森林有机质层可高达600~10 000 m。土壤中的真菌对纤维素的分解起着非常重要的作用。

藻类在土壤中的数量不到微生物总数的1%，生长在潮湿土壤的表层。某些藻类在较深的土壤中能进行异养生活。

原生动物在富含有机质的土壤中较多，有的地方每克干土可达 10^8 个，分布在表面到15 cm处，其中以表面为最多，主要是鞭毛虫类、纤毛虫类和根足虫类的原生动物，它们以捕食有机碎屑、细菌和藻类为生。

空气中的微生物 空气并不是微生物良好的生活场所，大部分大气圈的理化因子均不适合微生物生长，但由于大气的循环，空气中还是存在着各种微生物。空气中的微生物会对人类和环境产生有害或有益的影响。

来源 空气中的微生物主要来自土壤（尘埃）、水和动植物上附着的微生物，也来自一些微生物向空气中释放的孢子，因为有的微生物特别是真菌能利用空气的流动使其孢子散布到远方。

特点 包括数量分布特点和种群组成特点。

数量分布特点 采用不同的测定方法，得到的空气中的微生物数量有很大的差别。由于空气中的微生物以附着在尘埃上为主，所以尘埃越多的空气，微生物数量也越多。有的微生物直接以孢子形式存在于空气中，因此，在一些有大量真菌等微生物生长的地方，其空气中孢子数量也较多。大气中微生物数量随季节发生变化，真菌通常在夏季最高，而细菌在春、秋季最高。空气中微生物通过各种途径离开空气，重力沉降、下雨和植被绿化能使空气中微生物含量大大减少（因减少了微生物所依附的尘埃以及植物分泌抑菌物质）。

种群组成特点 空气中的微生物不仅有细菌，还有真菌、原生动物、藻类和病毒等。空气中细菌以能形成芽孢、产生色素的为多，其机理分别为耐不良环境和防止紫外线损伤，有些没有芽孢和色素的细菌附着在尘埃上以抵御不良环境和减轻紫外线对它的损伤。在空气中真菌主要以孢子形式存在，如子囊菌的子囊孢子。病毒在体外以无生命的有机体形式存在，也能在空气中暂时停留。室内和室外空气中微生物的种类和数量常常有很大区别，其主要原因是微生物的来源不同，室内空气中微生物主要来自人类的活动。

极端环境中的微生物 大多属于古菌，如嗜盐菌、嗜热菌等，它们为了适应生存，逐步形成了独特的结构、机能和遗传因子，以应答相应的强烈胁迫因子。异常环境所具备的生态条件，实际上正是这种环境中的优势微生物所需求的。主要包括以下九种。

嗜热微生物和超嗜热微生物 嗜热微生物的最适生长温度高于45℃，超嗜热微生物的最适生长温度高于80℃。这些微生物在高温下生长速度快，对数生长期持续时间短，代谢快，代时短，酶促反应温度高，对热有良好的稳定性。超嗜热微生物又分两类，一类最适生长温度为85℃左右，如嗜热球菌属（*Thermococcus celer*）；另一类最适生长温度为105℃左右，如布氏热网菌（*Pyrodictium brockii*）。嗜热菌的细胞膜富含饱和脂肪酸，从而使膜能在高温下保持稳定并具有功能；核酸中的GC（鸟嘌呤、胞嘧啶）含量高，有助于DNA的抗热性；酶和蛋白质在亚结构位点上的不同使它们具有较高的热稳定性，在高温下生物活性高，如聚合酶链式反应（PCR）中采用的聚合酶，核糖体抗热性高，即蛋白质合成系统具有热稳定性。嗜热微生物一般分为化能异养型和化能自养型，以有机物、氢、硫或硫化亚铁为能量的来源，主要分布于火山口（陆地和海底）、温泉、盐田、盐湖、煤堆和有机物堆等。主要包括栖热菌属（*Thermus*）、嗜热脂肪芽孢杆菌（*Bacillus stearothermophilus*）、热解糖梭菌（*Clostridium thermosaccharolyticum*）和热网菌（*Pyrodictium*）。

栖热菌属 水生热生境的常见菌，革兰氏阴性菌，不运动，无鞭毛，不形成芽孢，杆状或丝状。最适生长温度为70~72℃，最高79℃，最低40℃，通常产黄到鲜橘色的色素，在一些70℃以上的排水道中，栖热菌属的丝状

体缠绕成鲜橘色菌簇，肉眼即可见。

嗜热脂肪芽孢杆菌　革兰氏阳性菌，栖居于土壤中，孢子遍布于各个气候带，能在65℃生长，在发热的堆积物中迅速繁殖。当食物适当升高温度时，其营养体生长很快，冷到室温，营养体即失去活性。在食品罐头中生长，造成“平酸”（产酸不产气）的环境。

热解糖梭菌　嗜热并发酵糖，最适生长温度为55℃，45℃以下不生长，发现于土壤，为直或微弯的革兰氏阳性菌，以周生鞭毛运动。

热网菌　海底火山口的超嗜热微生物，生长温度为82～113℃，最适生长温度为105℃，在含有硫晶体的培养基上生长，细胞之间通过大量的蛋白纤维连接成一个群体，并使群体附着在固体表面。热网菌是严格的厌氧菌，以氢为电子供体，单质硫为电子受体。DNA中GC占比达到62%。

嗜冷微生物　能在0℃或更低温度下生长，最适生长温度为15℃或更低，最高生长温度不超过20℃，细胞壁厚，细胞膜含有较多的不饱和脂肪酸，因此，在低温下，细胞膜保持着半流动性，酶活性在低温下较高。嗜冷微生物主要分布在高山、海洋和冰箱中。从南极分离到的细菌有芽孢杆菌属（*Bacillus*）、分枝杆菌属（*Mycobacterium*）、微球菌属（*Micrococcus*）等，放线菌有链霉菌属和诺卡氏菌属，还有酵母菌。

冷育微生物　指在5℃或更低温度下有生长能力的微生物，不考虑其最适和最高生长温度，比嗜冷微生物分布广泛。冷育微生物可以在冰箱内长期保存的豆制品、猪肉、蔬菜等食品中生长，这些微生物能产生不良气味，有的还能致病。

嗜酸微生物　也称嗜酸菌，是只能在pH为1.0～5.0的环境中生长，在pH 5.5以上则不能生长的一类微生物。主要分布于酸性矿水、酸性热泉和酸性土壤中。专性嗜酸菌能在pH小于2的环境中生长，例如，氧化硫硫杆菌（*Thiobacillus thiooxidans*）和氧化亚铁硫杆菌（*T. ferrooxidans*）能氧化硫为硫酸，从中获取能量，同时使环境pH下降到1～1.5；但是菌体内的pH呈中性或近于中性，体内酶并不嗜酸，例如，氧化亚铁硫杆菌最适pH为2～3，但其体内pH为6～6.5，其ATP酶的最适pH为7.5～7.8。专性嗜酸菌不能在中性pH条件下生长，其可能的原因是pH上升使细胞膜发生溶解，从而导致细胞破坏，因此，高浓度氢离子对维持嗜酸菌细胞膜的稳定是很重要的。

在煤堆和酸性温泉中分布有嗜酸嗜热菌。用嗜热嗜酸的硫化叶菌（*Sulfolobus*）脱除煤中硫化物，不仅无机硫化物去除率高，还可去除有机硫化物。氧化亚铁硫杆菌能氧化硫化氢和金属硫化物，还能把亚铁氧化成三价铁，从中获得能量。因此，嗜酸菌被广泛应用于铜等金属的细菌冶金中。但嗜酸菌的活动有时也会造成严重的环境污染，如硫杆菌能使矿区产生大量的酸性矿水，从而破坏原来的生态系统。

嗜碱微生物　适于在高碱性条件下生长，专性嗜碱菌的最适生长pH>10，pH<8.5时不能生长；一些嗜碱菌也是嗜盐菌。嗜碱菌体内也是中性的，胞内酶既不嗜碱也不耐碱，但它们的体外酶具耐碱和嗜碱性。例如，一般菌的淀粉酶最适pH为7左右，而得自嗜碱菌的淀粉酶在pH为7时失活，pH为9～11时具活性，最适pH为10～10.5；来自一般细菌的脂肪酶和果胶酶的最适pH均为酸性，而来自嗜碱菌的脂肪酶和果胶酶最适pH均为碱性。

嗜碱菌常出现在天然或人为的高碱环境中（碱湖、水泥厂等）。已分离到的嗜碱菌中，大多数为好氧菌，分类上多属于芽孢杆菌属。它们具有把自身周围环境变成碱性的能力。利用嗜碱菌处理碱性废液不仅经济、简便，而且可变废为宝。

嗜盐微生物　在2%以上的NaCl溶液中才能很好地生长。非嗜盐菌在盐质量分数<2%时生长，弱嗜盐菌在盐质量分数为2%～5%时生长，中等嗜盐菌在盐质量分数为5%～15%时生长，极端嗜盐菌在盐质量分数>15%甚至接近饱和时才生长。嗜盐微生物主要分布于海洋、盐湖以及用盐保藏的食物中。

除少数利用光能的嗜盐菌以外，大多数嗜盐菌是专性好氧的古菌，进行化能异养生长，能利用氨基酸或有机酸作为能量来源，同时需要生长因子（主要为维生素）才能生长，极少数嗜盐菌还能利用碳氢化合物。大多数嗜盐菌不运动，少数靠鞭毛运动。现在研究最多的是嗜盐杆菌（*Halobacterium salinarium*），它能通过光能合成 ATP，靠鞭毛保持在适宜的水层中，既满足一定的光强度，又不受紫外线的损伤。嗜盐菌可用于生产胞外多糖、聚羟基丁酸（PHB）、食用蛋白、调味剂、酶保护剂，还可用于海水淡化、盐碱地开发利用以及能源开发等。

嗜压微生物 在深海高压下存在嗜压菌，深海是高压、低温环境（<5℃），所以存在于深海的细菌嗜压并嗜冷。根据微生物对压力要求的不同分为适度嗜压菌和极端嗜压菌，前者是指在 5 000 m 水深以上能生长的细菌；后者却只能在超过 5 000 m 水深的条件下生长。已知的嗜压细菌还有微球菌属、芽孢杆菌属、弧菌属、螺菌属等。此外，还发现嗜压的酵母菌。耐高温和厌氧生长的嗜压菌可用于油田的开采，以提高采油率。

贫营养微生物 是一类在营养物质浓度很低条件下生长的微生物，不属于古菌。根据对营养物质的要求不同分为专性贫营养微生物和兼性贫营养微生物，前者只能在很低浓度的碳源上生长，在高浓度的碳源上不生长；后者可以在低或高浓度的碳源上生长。不同的学者对贫营养有不同的定义，从 1 mg C/L 到 15 mg C/L 不等。在天然水体中溶解性有机碳的质量浓度通常都比较低，例如，在公海海水中有机碳的质量浓度很少超过 1 mg/L。贫营养微生物常见种类有假单胞菌、黄杆菌、芽孢杆菌等，它们个体一般比较小，生长相当缓慢，生物量低，对维持生存所需的营养要求也很低。另外，蒸馏水中的无机盐类含量很低，但是在长期放置的有光照的蒸馏水中也有藻类生长，这些藻类属于无机贫营养的微生物。研究贫营养微生物对了解生态系统的物质循环和利用贫营养微生物处理微污染水体有着重要的意义。

抗辐射微生物 抗辐射微生物对辐射这种不良环境仅有抗性或耐受性，而不是“嗜好”。X 射线对各种微生物的致死剂量要比脊椎动物高出 10 倍到数十倍。抗辐射微生物中的一种——耐辐射微球菌的抗辐射机理可能为：利用色素和酶等物质保护 DNA 不受损伤；通过 DNA 的修复系统使损伤的 DNA 复原，或者通过菌体内 DNA 代谢调控系统使损伤的 DNA 不复制，以便 DNA 链的修复。（蒋丽娟）

huanjing weishengwuxue

环境微生物学 (environmental microbiology)

研究人类生存环境与微生物之间相互关系与作用规律的一门新型交叉学科，是环境科学中的一个重要分支。环境微生物学主要以微生物学的理论与技术为基础，研究有关环境现象及环境问题，与土壤微生物学、水及污水处理微生物学、环境化学、环境地学和环境工程学等学科互相影响，互相渗透，互为补充。环境微生物学在生物修复、资源利用、固体废物和水处理等方面发挥着重要作用

20 世纪 50 年代末至 60 年代初，由于人口的膨胀和工业的迅速发展，粮食、能源危机和环境污染日趋严重，利用微生物解决上述问题引起许多科学家对环境微生物学的浓厚兴趣，并使其得到了迅速发展。例如，共生固氮微生物和非共生固氮微生物在解决氮肥短缺和化肥流失的问题上日益得到重视。日趋严重的能源短缺促进了通过微生物转化废弃物生产生物质燃料的研究。同时，微生物降解污染物、修复环境的能力逐渐得到认识。而现代分析手段和技术方法的不断改进以及分子生物学技术的迅速发展，对环境微生物学的研究和发展起到了非常大的促进作用。例如，应用高通量测序方法对环境微生物及功能基因进行筛选的技术极大推动了环境微生物的研究。

研究内容与任务 包括以下四个方面。

自然环境中的微生物生态学研究 环境微生物学研究自然环境中的微生物群落、结构、

功能与动态；研究不同环境中微生物对物质循环和能量流动的作用与机理，进而探索其对环境质量的影响。

污染环境中的微生物生态学研究 也称污染微生物学，主要研究污染环境与微生物群落之间的相互关系，包括污染物对微生物的影响和微生物对污染物质的降解、转化的影响等。

污染物生物处理中的微生物学原理和方法研究 包括污染物生物处理过程的微生物群落组成、结构和功能研究；污染物降解转化的机理研究；高效降解菌种的分离筛选和各种处理新技术的基础研究。

环境监测与评价的微生物学方法和原理研究 包括常规的污染水体微生物学监测方法，以微生物为生物材料检测污染物毒性和环境质量状况等。

研究目的 研究微生物与污染环境的相互关系，特别是如何利用微生物有效降解环境污染物，并实现污染物的资源化。

研究方法 包括传统环境微生物分析方法和现代环境微生物分析方法。

传统环境微生物分析方法 包括环境微生物的分离、纯化与培养；环境微生物计数和生物量的测定。

现代环境微生物分析方法 是基于分子生物学技术的环境微生物分析方法，主要包括定量聚合酶链式反应（qPCR）、高通量测序、蛋白质组分析、代谢组分析等技术；磷脂脂肪酸（PLFA）分析；BIOLOG（表型分析系统）方法；荧光原位杂交（FISH）技术。

应用 运用环境微生物手段既可以修复受污染水体，尤其是富营养化水体，也可以修复有机污染物和重金属污染土壤，尤其是农药残留污染的农田土壤和油田开采过程中被原油污染的土壤。给水体投加脱氮菌株，正成为一项消除水体富营养化的可行技术措施。给土壤添加除油（矿物油）菌株，已成为一项成熟的修复油污土壤的技术措施。

与其他学科的关系 环境微生物学与微生物学、微生物生态学和环境医学都有密切的关系。

与微生物学的关系 是微生物学的一个重要分支。

与微生物生态学的关系 微生物生态学是研究微生物与其周围生物和非生物环境之间相互关系的一门学科。环境微生物学与微生物生态学在研究重点和范围方面有区别，微生物生态学侧重于研究非污染环境中的微生物，环境微生物学侧重于研究受污染环境中的微生物。微生物生态学的理论和研究方法可以用于环境微生物学的研究，同时环境微生物学的研究又扩展了对微生物生态学的认识。

与环境医学的关系 环境医学研究内容包括环境污染物及其代谢产物在环境中的产生、转化、迁移与积累过程，所引发疾病的发生和流行规律，以及污染物的致病规律。环境微生物学中一部分内容是环境医学不可缺少的基础理论与知识，如自然界生态系统中微生物的作用和地位、微生物对污染物的降解与转化等；另一部分内容则是环境医学所应具备的专业知识与技能，例如，由于微生物会污染环境、危及人群健康，微生物是环境医学监测工作中的重要指标。

研究意义 环境微生物学主要深入研究并阐明微生物、污染物与环境三者间的相互关系与作用规律，为保护环境、造福人类服务。

①微生物个体微小，有很大的细胞比表面积，生理生化功能多样，代谢能力强，易适应新环境，遗传功能易于改造，繁殖速度快，能彻底净化环境污染物，不会造成二次污染，其在处理污染物时只需在常温、常压下进行，不需特殊的设备，在处理污染物过程中还会产生许多有用的产物，所以利用有关的混合微生物群体净化环境污染物有重要的经济意义。近年来，生物工程技术的不断发展和基因工程技术的广泛使用，使构建新的具有降解多种污染物功能的微生物菌株成为可能，为更有效地净化日趋严重的环境污染带来了新的希望。

②许多环境污染物或微生物转化某些污染

物产生的一些中间产物对人体和生态平衡危害极大，有些污染物或它们的代谢中间产物甚至可以导致人体细胞癌变，所以开展对污染环境中微生物降解污染物的途径、降解程度和降解速率的研究，可以给环境医学和环境保护对策提供理论依据。

③自然界中有许多微生物是人、动物和植物的病原菌，有些微生物在自然界生长和代谢过程中会产生一些毒物或改变局部的自然条件，控制它们的生长和扩散可以避免或减轻对其他生物的生长和生存造成的危害。

④由于科学技术的发展和人们生活和工作的需要，人工合成化合物越来越多。对人工合成化合物进行微生物可降解性的研究，可以判断该化合物将对环境产生的影响，以指导绿色化学合成和生产。

发展趋势 环境微生物学的发展主要集中在以下七个方面：

①微生物对元素生物地球化学循环和全球气候变化的影响；

②微生物驱动物质转化的新过程和新机制研究；

③对环境中微生物多样性形成、变化规律和驱动力的研究；

④对微生物群落组成、结构对污染物环境胁迫的动态响应规律及其生态功能的研究；

⑤基因水平转移规律研究；

⑥微生物/植物共生协同进化规律研究；

⑦特异性功能基因的获得及多样性分布、表达调控规律研究。 （肖琳）

huanjing weishengwu ziyuanhua

环境微生物资源化 （resource reuse by environmental microbes） 通过环境中微生物的作用对废物进行再生利用，开发新的微生物产品以及能源的过程。

目前对废物的微生物资源化途径主要包括以下五种。

堆肥化 是依靠自然界广泛分布的细菌、放线菌、真菌等微生物，有控制地促进可被微生物降解的有机物向稳定的腐殖质转化的生物化学过程。堆肥化的产物称为堆肥。堆肥是一种深褐色、质地松散、有泥土味的物质。这种物质的养料价值不高，但却是一种极好的土壤调节剂和改良剂，其主要成分是腐殖质，氮、磷和钾的含量一般分别为 0.4% ~ 1.6%、0.1% ~0.4%和0.2% ~0.6%。

有机废物的发酵产甲烷技术 各种有机物可在一定温度、湿度、酸碱度和隔绝空气的条件下，经过微生物的发酵作用，发生分解而产生沼气，其主要成分为甲烷和二氧化碳。沼气是一种高热值燃气能源，既可作为生活用燃气，也可作为工业用燃气。沼气燃烧后的产物是二氧化碳和水，不增加空气中其他有害的污染物，在解决能源短缺、维持生态平衡等方面具有现实意义。沼气发酵的原料极为丰富，包括农作物秸秆、人畜粪便、树叶杂草、水生生物物质、城镇生活垃圾与污水，屠宰场、造纸厂、糖厂、酒厂、食品厂、酿造厂、皮革厂排放的有机废水、废物等。

有机废物产乙醇技术 微生物厌氧代谢有机物时，可产生乙醇等可燃性醇类，它们是可以完全燃烧的、高效的燃料。

有机废物乙醇发酵工程利用微生物降解转化废物，降低废水中的 COD_{Cr} 和 BOD_5，同时生产乙醇，与常规乙醇发酵工程相比，以废物为底物是最大的区别。由于有机废物来源具有多样性，其中可能含有对微生物有害的物质，如亚硫酸盐纸浆废液中过量的亚硫酸、醋酸、甲酸等，均须去除。有的固体废物，如纤维素类，需加以粉碎、蒸煮，水解成单糖，以便微生物发酵利用。因此，一般要增加对废物的预处理，使之能被微生物发酵，尽可能提高废物利用率和净化效果。经预处理后的废物如果缺乏营养盐，要适当补加。由于微生物生长对环境酸碱度有一定要求，因此还要调节 pH。由于废物的来源、组成差别较大，因此不同类型废物的乙醇发酵工艺有所差异。在生物反应器中，微生物将废物转化成为本身的细胞结构物质，同时生产出乙醇。不同的菌种所在的生物反应器和发酵工艺有所不同，发酵类型相应有别，对微生物代谢规律的控制和应用因此而异。对发酵液采用絮凝离心等技术可分离菌体蛋白，采用膜分离技术、精馏技术等可回收乙醇。必要时将一部分菌种回流到生物反应器中，以保持其中较高的生物量，继续发酵处理。乙醇回收后的废液中COD_{Cr}、BOD_5极高，可通过生产饲料酵母、厌氧甲烷发酵等得到再处理、再利用，最后经好氧处理后排放废水，其中菌体固形物回收后可作饲料或饵料。

生物质产氢技术 采用聚丙烯酰胺凝胶包埋丁酸芽孢杆菌属（*Tridiumbutyricum*），利用葡萄糖为供氢体，37℃条件下可连续产氢20天，最大产氢能力为1.8～3.2 L/(L·d)。该技术可以克服常规制氢方法成本高的弱点，在一定程度上促进了制氢技术的进一步推广及使用。但存在的问题是固定化细胞产氢系统复杂，试验仅为试管内分批培养试验，周期短，氢气产量低。

生物质产氢所用的原料是城市污水、生活垃圾、动物粪便等有机废物，在获得氢气的同时净化了水质，达到保护环境的目的。因此无论从环境保护，还是从新能源开发的角度来看，生物质产氢都具有很大的发展前途。

纤维素微生物分解的资源化 从全球的角度估算，纤维素是自然界最丰富的一种多糖，主要存在于植物细胞壁中，与半纤维素、木质素结合在一起，占木材和成熟植物组织的40%～60%，占作物秸秆重的15%～45%，占幼嫩牧草及豆秸重量的15%。真菌和藻的细胞壁中也含有纤维素。目前这部分资源还远未得到充分的开发利用，有些还会造成严重的环境污染，如秸秆就地焚烧、农产品加工业排放废物、城市丢弃有机垃圾等。

有氧中温是纤维素分解最适宜的条件，在这种条件下分解纤维素的真菌较多，其中有多种食用菌，如猴头菌等。可以采用纤维素种植食用菌，将纤维素转化为食用菌菌体可利用的资源。在无氧中温条件下具有纤维素分解能力的产纤维二糖梭菌（*Clostridium cellobioparum*）、无芽孢厌氧降解菌、球菌及某些放线菌都能发酵纤维素。在无氧条件下，纤维素分解产物不同于在有氧条件下，不仅产生大量乙醇、乙酸、甲酸、乳酸、丁酸等，还有二氧化碳和氢气。解纤维素醋酸弧菌（*Acetivibrio cellolyticus*）可降解天然纤维素为小分子糖。

在60～70℃的高温无氧条件下，热纤梭菌（*Clostridium thermocellum*）可以转化纤维素生产乙醇。热纤梭菌是绝对厌氧细菌，可以发酵纤维素产生乙醇、乙酸、乳酸、氢气和二氧化碳的混合物。利用热纤梭菌与产乙醇嗜热厌氧菌进行混合培养，后者可以利用前者产生的单糖，刺激前者更快地分解纤维素。采用这种方法生产工业乙醇，设备简单，产物的抑制作用小，但目前的水平还较低，需要进一步地提高菌种的产乙醇能力。

纤维素分解和纤维素酶的研究越来越受重视，其原因不仅是它在碳素循环中占重要地位，而且在于在粮食和能源紧张的情况下，人们希望能利用生物技术等手段，将纤维素废物转化为食物，或开辟新的能源，如将纤维素发酵生产酒精，转化为饲料、化工原料等并有效利用起来，便有可能对解决资源不足、环境污染等难题做出巨大贡献。 （肖琳）

J

jiyin gongcheng

基因工程 （genetic engineering） 在基因水平上，按照人类的需要进行设计，然后按设计方案创建出具有某种新的性状的生物新品系，并能使之稳定地遗传给后代的生物技术。基因工程是一种有预期目的的创造性工作，采用与工程设计类似的方法，既具有理学的特点，同时也具有工程学的特点。

基因工程常用的技术包括凝胶电泳技术、细菌转化和转染技术、核酸分子杂交技术、定点突变技术、DNA 重组技术等，其中，DNA 重组技术是基因工程的核心技术，即利用供体生物的遗传物质或人工合成的基因，经过体外切割后与适当的载体连接起来，形成重组 DNA 分子，然后将重组 DNA 分子导入受体细胞或受体生物构建转基因生物，该种生物就可以按人类事先设计好的蓝图表现出另外一种生物的某种性状。1973 年，美国斯坦福大学教授 Stanley N. Cohen 首次成功进行了基因重组实验，把两种质粒上不同的抗药基因“裁剪”下来，“拼接”在同一个质粒中。当这种杂合质粒进入大肠杆菌后，这种大肠杆菌就能抵抗两种药物，且其后代都具有双重抗菌性。

DNA 重组技术的物质基础 包括目的基因、载体、质粒、噬菌体和工具酶。

目的基因 是指通过人工方法获得的符合设计者要求的 DNA 片段。目的基因是基因工程的原料。在适当条件下，目的基因将会以蛋白质的形式表达，从而实现设计者改造生物性状的目标。

载体 是能将分离或合成的基因导入细胞的 DNA 分子。目的基因一般都不能直接进入另一种生物细胞，它需要与特定的载体结合，才能安全地进入受体细胞中。目前常用的载体有质粒、噬菌体等。

质粒 是在大多数细菌和某些真核生物的细胞中发现的一种环状 DNA 分子，它位于细胞质中。许多质粒含有在某种环境下可能是必不可少的基因。

噬菌体 是专门感染细菌的一类病毒，由蛋白质外壳和中心的核酸组成。在感染细菌时，噬菌体把 DNA 注入细菌里，以此 DNA 为模板，复制 DNA 分子，并合成蛋白质，最后组装成新的噬菌体。当细菌死亡破裂后，大量的噬菌体被释放出来，去感染下一个目标。

质粒和噬菌体都能把自己的 DNA 分子注入宿主细胞中并保持 DNA 分子的完整，因而，它们成为运载目的基因的合适载体。

工具酶 是基因工程中将目的基因与载体连接起来的工具，以便从生物体中分离目的基因，然后选择适合的载体。DNA 分子很小，其直径只有 20 Å（$1\ Å = 10^{-10}$ m），因此基因工程中对 DNA 的切割、缝合与转运必须有特殊的工具。工具酶包括限制性内切酶和 DNA 连接酶。限制性内切酶最大的特点是专一性强，能够在 DNA 上识别特定的核苷酸序列，并在特定切点上切割 DNA 分子，从而使 DNA 分子长链切割易于进行。DNA 连接酶则是“黏合”

基因的“分子黏合剂”

DNA 重组技术的一般操作步骤 包括以下五个步骤。

目的基因的获取 目前，主要有以下三种方法。

反向转录法 是利用 mRNA 反转录获得目的基因的方法。目前用这种方法已先后合成了家兔、鸭和人的珠蛋白基因、羽毛角蛋白基因等。

从细胞基因组中直接分离法 常用“鸟枪法”，因为这种方法犹如用散弹打鸟，所以又称“散弹枪法”。用“鸟枪法”分离目的基因，具有简单、方便和经济等优点。许多病毒和原核生物、一些真核生物的基因，都用这种方法成功获得了分离。

化学合成 是 20 世纪 70 年代以来发展起来的一项新技术。应用化学合成法，可在短时间内合成目的基因。科学家已相继合成了人的生长激素释放抑制素、胰岛素、干扰素等蛋白质的编码基因。

DNA 分子的体外重组 把载体与目的基因进行连接。例如，以质粒作为载体时，首先要选择出合适的限制性内切酶，对目的基因和载体进行切割，再以 DNA 连接酶使切口两端的脱氧核苷酸连接，于是目的基因被镶嵌进质粒 DNA，重组形成了一个新的环状 DNA 分子（杂种 DNA 分子）。

DNA 重组体的导入 把目的基因装在载体上后，就需要把它导入受体细胞中。导入的方式有多种，主要包括转化、转导、显微注射、微粒轰击和电击穿孔等。转化和转导主要适用于细菌一类的原核生物细胞和酵母等低等真核生物细胞，其他方式主要应用于高等动植物的细胞。

受体细胞的筛选 由于 DNA 重组体的转化成功率不是太高，因而需要在众多的细胞中把成功转入 DNA 重组体的细胞挑选出来。应事先找到特定的标志，证明导入是否成功。例如，常用抗生素来证明导入的成功。

基因表达 目的基因在成功导入受体细胞后，它所携带的遗传信息必须要通过合成新的蛋白质才能表达出来，从而改变受体细胞的遗传性状。目的基因在受体细胞中要表达，需要满足一些条件。例如，目的基因是利用受体细胞的核糖体来合成蛋白质的，因此目的基因上必须含有能启动受体细胞核糖体工作的功能片段。

争论 人们掌握基因工程技术的时间并不长，但已经获得了许多具有实际应用价值的成果，基因工程作为现代生物技术的核心，在社会生产和实践中发挥着越来越重要的作用。但是基因工程的成果也会引起伦理道德的争论。据不完全统计，目前至少有 24 种人体基因已经引入到各种生物体内。实际上，目前的技术进展几乎可以做到将包括抗体在内的各种来源的基因转移到任何其他一种生物体中去，这引起了伦理学上的激烈争论。人们在这个问题上的共识是为防治疾病而改变人类的基因是合理的（但操作过程的合规性和合法性、有效性和结果的可靠性等需要严谨的分析和论证），而以其他理由改变人类基因的天然组成，目前争议较大。（崔益斌）

jiyin gongchengjun

基因工程菌 （genetically engineered bacteria） 将目的基因通过体外 DNA 重组技术，导入细菌体内使其表达，产生所需要的代谢产物、蛋白或酶的细菌。构建基因工程菌株通常是指通过基因工程的技术，对目的基因片段在体外进行重组操作，通过载体质粒的构建、转化等手段将外源 DNA 导入受体菌，使受体菌的遗传物质发生改变，从而定向改变受体菌的某些遗传特性。基因工程菌构建是全世界范围内生物学研究的热点，并广泛应用于发酵工业和抗生素生产，在环境工程的基因工程菌的育种方面也已进行了较深入的研究。（肖琳）

jiyinzu duxing

基因组毒性 （genome toxicity） 污染物直接或间接损伤生物体的整个基因组遗传物质或基因组中局部遗传物质或局部位点的毒性效

应。基因组指单倍体细胞中包括编码序列和非编码序列在内的全部 DNA 分子。

研究内容 环境中存在的能够损伤生物基因组的因素包括化学因素（各种化学物质）、物理因素（如电离辐射、高温、低温等）和生物因素（如病毒感染），其中化学因素是环境中引起基因组毒性最重要的因素。基因组毒性研究就是在基因组水平上研究机体如何对环境因子和毒物进行应答反应，它与信使 RNA（mRNA）表达谱和蛋白质表达谱等生物信息相结合可以更好地认识疾病发生中的环境-基因交互作用。

基因组毒性研究内容包括以下四个方面：①研究基因组、RNA 和蛋白质表达与环境相关疾病的关系；②探讨环境因子产生的生物学反应途径以及细胞调控网络与基因和接触剂量的关系；③建立环境因子与生物学反应的相关数据库，收集环境接触与疾病相关的信息，将毒理学、病理学与基因表达谱、蛋白质组学及单核苷酸多态性分析结合起来；④发展生物标志物，提高疾病预防水平。

基因组毒性研究分三个阶段来完成：第一阶段建立统一的技术标准、操作规范和质量控制体系，保证数据的精确性；第二阶段建立微阵列表达数据库，主要应用已知毒物对不同种系动物的毒性作用的实验结果；第三阶段扩大数据库，增加化学物的种类，包括一些未知的化学物对生物体作用的基因毒性数据，并补充不同时间和剂量参数下基因对外源性化学物反应得到的基因谱。

研究方法 主要包括基因芯片和第二代测序技术。

基因芯片 又称 DNA 微阵列，是一种微量分析技术，其通过原位合成法或者点样法将特定的已知序列的核酸片段（DNA 探针）固定到固定的支持物上，随后与荧光标记的待测样品进行分子杂交，通过检测杂交信号的强弱判断样品中靶分子的数量。

基因芯片集成了探针固相原位合成技术、照相平版印刷技术、高分子合成技术、精密控制技术和激光共聚焦显微技术，使得合成、固定高密度的数以万计的探针分子以及对杂交信号进行实时、灵敏、准确的检测分析变得切实可行。其优点在于芯片上可以包含非常多的信息，能够集成几千种探针，通量较高。

第二代测序技术 又称深度测序技术、高通量测序技术，以能一次并行对几十万到几百万条 DNA 分子进行序列测定和相对第一代测序技术普遍读长较短（如 Sanger 法）等为标志，其使得对一个物种的基因组进行细致全貌的分析成为可能。该技术不仅能提供高输出量与高解析度的遗传学信息，而且大大减少了测序费用和时间，进而使得高通量测序的产业化成为现实。高通量测序平台商业化初期主要有罗氏公司（Roche）的 454 测序仪（Roche GS FLX sequencer）、Illumina 公司的 Solexa 基因组分析平台（Solexa genome analyzer platform）和 ABI 公司的 SOLiD 测序仪（ABI SOLiD sequencer）。

454 测序仪的核心技术是焦磷酸技术，其主要原理是依靠酶促级联化学发光反应进行 DNA 分析。Solexa 基因组分析平台和 SOLiD 测序仪的原理与 454 测序仪类似，都是利用边合成边测序的理论，不同在于发生碱基配对反应时，454 测序仪通过酶促级联催化 dNTP 与碱基配对时释放焦磷酸发生反应，最终激发出荧光，而 Solexa 基因组分析平台和 SOLiD 测序仪则是在反应体系中加入被荧光特异性标记过的 dNTP 或简并性引物，再连接配对，形成互补链时释放出荧光信号。最终都将通过传感器检测到该种光信号，并转化为一个峰值测序信号，从而获得互补链序列信息。 （吴兵）

jiduan shisuanjun

极端嗜酸菌

极端嗜酸菌 （extreme acidophilic bacteria）一类生长在 pH 上限为 3.0、最适生长 pH 为 1.0～2.5 的细菌。嗜酸菌主要生长在酸性环境、硫矿和金属硫化矿的酸性矿水、煤矿排出水、含硫的酸性土壤以及人为酸性环境中，极端嗜酸菌是生长在 pH 较低环境中的一类嗜酸菌。

分类 根据利用碳源的不同，可分为化能自养嗜酸菌和化能异养嗜酸菌。

化能自养嗜酸菌 以 CO_2 为碳源，通过氧化亚铁、元素硫及还原硫化合物获得能量。化能自养嗜酸菌是在无阳光照射的酸性生态系统中初级生产力的主要来源。化能自养嗜酸菌是嗜酸微生物学研究的重点，如氧化亚铁硫杆菌（*Acidithiobacillus ferrooxidans*）和氧化硫硫杆菌（*Acidithiobacillus thiooxidans*），它们与生产应用关系最为密切，如对酸性矿水的控制和生物冶金效率的提高都是源于对化能自养嗜酸菌的研究。

化能异养嗜酸菌 广泛分布于自然界中。许多化能异养嗜酸菌和化能自养嗜酸菌伴生，以化能自养嗜酸菌的细胞代谢产物和死亡的菌体作为碳源和能源进行代谢。还有一些化能异养嗜酸菌可以通过氧化还原态铁来获得能量，例如，铁氧化细菌（*Ferromicrobium acidophilus*）可以通过氧化亚铁获取能力支持生长，嗜酸菌属（*Acidiphilium*）的许多菌株则可以 Fe^{3+} 作为电子受体。许多嗜酸古菌是专性异养菌，如常见的硫化叶菌（*Sulfolobus acidocaldarius*）和嗜酸菌属（*Picrophilus*）已确认的 2 个种，后者最适 pH 为 0.7，是目前已经报道的最适生长 pH 最低的嗜酸菌。

耐酸机理 虽然极端嗜酸菌生长的外部环境呈酸性，但通过一定的机制其细胞内部的 pH 接近中性，细胞内部的酶系和代谢过程与中性菌颇为相似。细胞膜是可以抵御外界 H^+ 的物理屏障，所以细胞膜对 H^+ 的低渗透性可能是其保持细胞内部 pH 的主要途径。细胞膜上的脂类物质在这方面发挥着重要的作用。极端嗜酸菌不但很好地适应了酸性环境，而且还需要酸性环境来保证其细胞膜的稳定性和细胞的完整性。

应用 极端嗜酸菌（尤其是化能自养嗜酸菌）在低品位矿生物沥滤回收贵重金属方面有巨大应用价值。例如，1986 年在南非建成了一座日处理能力 10 t 的利用嗜酸菌进行氧化预处理的细菌氧化冶金厂，首次实现了低品位金矿的细菌冶金的工业化生产，细菌冶金也随之迅速发展起来。（肖琳）

jiduan shiyanjun

极端嗜盐菌

极端嗜盐菌（extreme halophile） 对质量分数为 15% 以上的 NaCl 有特殊适应能力的一类微生物，是极端环境微生物的重要成员，也是极端环境微生物资源开发的重要领域。

极端嗜盐菌为古菌类，属于盐杆菌目（Halobacteriales），细胞呈杆状或球状，并出现了许多退化的类型，从圆盘形到三角形都有。不运动或靠丛生极端鞭毛运动。革兰氏染色阴性或阳性（在 2% 乙酸固定后），好氧或兼性厌氧。极端嗜盐菌普遍分布在高盐浓度的自然界，如盐湖、盐碱湖和盐场，也常见于晒制的粗盐和用晒盐腌制的蛋白制品（如咸鱼和皮革）中。

极端嗜盐菌的细胞壁由富含酸性氨基酸的糖蛋白组成，这种细胞壁结构的完整由离子键维持，高 Na^+ 浓度对于其细胞壁蛋白质亚单位之间的结合、保持细胞结构的完整性是必需的。当从高盐环境转到低盐环境后，一方面，细胞壁蛋白解聚为蛋白质单体，使细胞壁失去完整性；另一方面，细胞内外离子浓度平衡打破，细胞吸水膨胀，最终引起细胞壁破裂，菌体完全自溶。

极端嗜盐菌的生长需要高盐浓度。例如，盐杆菌（*Halobacterium*）生活在盐湖、盐田及海水中，它们可污染海盐并引起咸鱼及腌制食品的腐败。由于嗜盐菌细胞含类胡萝卜素，大多数菌落呈红、粉红或橘红色。类胡萝卜素有利于保护它们抵御环境中强烈的阳光照射。有时极端嗜盐菌与某些藻类造成的污染能将海水变成红色。

大多数极端嗜盐菌是异养型的，经好氧途径利用有机物产生三磷酸腺苷（ATP）。当氧含量低时，有些菌株可利用阳光进行光合作用，在它们的细胞膜上形成特殊的斑片状的紫膜（细菌视紫红质）。紫膜具有质子泵的作用，也

起排盐作用。目前正设法利用这种机制来制造生物能电池和海水淡化装置。（肖琳）

jixing zhongdu

急性中毒 （acute intoxication） 高剂量的毒物在短时间内（多指24h内）经皮肤、黏膜、呼吸道、消化道等途径进入人体，使机体受损并发生功能障碍的过程。

引起急性中毒的毒物主要有：①工业性毒物，包括化学溶剂、油漆、重金属、氯气、氰化物、甲醇、硫化氢等；②农业性毒物，包括有机磷农药、化学除草剂、灭鼠药、化肥等；③动物性毒物，包括毒蛇、蜈蚣、蜂类、蝎、蜘蛛、河豚、新鲜海蜇等；④食物性毒物，包括过期或霉变食品、腐败变质食物和有毒食品添加剂；⑤植物性毒物，包括乌头、白果等；⑥其他，如强酸、强碱、一氧化碳、化妆品、洗涤剂和灭虫药等。（钟寰）

jiliang

剂量 （dose） 外源性化学物（包括药物、毒物、生物制品等）因被给予生物体而能发挥一定作用的量或生物体接触的外源性化学物的量，可以是一次给予的量（一次剂量），也可以是在某一规定期间内给予的量（累积剂量）。剂量通常以单位体重接触的外源性化学物的质量（单位：mg/kg体重）或机体生存环境中外源性化学物的质量浓度（单位：mg/m^3 空气，mg/L水）表示。剂量是决定外源性化学物对生物体造成损害的最主要因素。同一种化学物质，剂量不同，对生物体作用的性质和程度也不同，除化学物质外，物理因素如放射性、电磁辐射的作用强度也用剂量表示。

分类 根据机体接触的量、给予机体的量、吸收进入机体的量或靶器官中的含量或浓度等的不同，可以将剂量分为暴露剂量、给予剂量、应用剂量、内剂量和生物有效剂量等。

暴露剂量 指在接触相阶段，人们通过空气、水、食品和皮肤途径摄入的外源性化学物的量。通过毒物动力学研究，可以由暴露剂量推导受试物在体内的动力学过程。机体的暴露剂量并不等于进入体内的量，但由于外源性化学物被吸收进入体内的量，或在体内组织中的量不易准确测定，而在一般情况下，机体被给予或接触的外源性化学物的量越大，吸收进入体内或在靶器官中的量越大，毒性效应也越强，因此，实际中以暴露剂量来衡量剂量与毒性效应的关系。

给予剂量 以一定方式（如饮食、注射、呼吸或水暴露等）给予机体的量。

应用剂量 指生物体吸收污染物的量。影响因素包括生物本身的体积与表面积的比例、生命活动、环境条件（包括水的pH、硬度、温度以及污染物在环境中的存在状态和浓度）、时间（在一般情况下，吸附量随接触时间的增长而增加）和生物种群的密度（种群密度越大，吸附量越少）。

内剂量 指在毒效相阶段，借助于物理和生物过程，化学物通过各种屏障到达特定部位的量。外源性化学物对生物体损害作用的性质和强度取决于内剂量。

生物有效剂量 指最终生物体中发挥毒效作用的剂量，可能既包括母体内的化学物的量，也包括其代谢物的量。但测定生物有效剂量较为复杂，涉及分析化学领域中的样品前处理、仪器分析、数据处理等很多过程，误差来源也很多，所以常围绕内剂量进行测定。由于大气污染物经呼吸道吸收的剂量不易确定，通常主要考虑半数致死浓度（LC_{50}）。

毒理学应用 毒理学中常用的几个剂量概念包括致死剂量（LD）、半数效应剂量（ED_{50}）、最大无作用剂量（MNEL）、最小有作用剂量（MEL）和阈剂量。

致死剂量 是以生物体死亡为观察指标而确定的外源性化学物的剂量，即一次染毒后引起受试动物死亡的剂量。按照可引起机体死亡率的不同分为以下几种致死剂量：

绝对致死剂量（LD_{100}） 见绝对致死剂量/浓度。

半数致死剂量（LD_{50}） 见半数致死剂量。

最小致死剂量（MLD） 见最小致死剂量/浓度。

最大耐受剂量（MTD） 见最大耐受剂量/浓度。

半数效应剂量 见半数效应剂量/浓度。

最大无作用剂量 见最大无作用剂量/浓度。

最小有作用剂量 又称中毒阈剂量或中毒阈值，指外源性化学物按一定方式或途径与机体接触时，在一定时间内，使某项灵敏的观察指标开始出现异常变化或机体开始出现损害作用所需的最低剂量。

阈剂量（threshold dose） 是化学物引起生物体某种非致死性毒效应（包括生理、生化、病理、临床征象的改变）的最低剂量，包括急性阈剂量和慢性阈剂量。 （李梅）

jiliang-fanying guanxi

剂量-反应关系（dose-response relationship）

不同剂量的污染物与其引起的某一群体中生物个体存活、生长、繁殖，生物酶学活性、组织生化、病理学或行为等变化的发生率之间的关系，即随着外源污染物的剂量增加，出现某种反应的个体在群体中所占比率的变化情况。

剂量-反应关系是毒理学的重要概念，如果某种毒物能够对机体造成某种损害作用，则一般存在明确的剂量-反应关系。值得注意的是，机体的过敏性反应虽然是外源性化学物所引起的损害作用，但由于涉及机体的免疫系统，它与一般中毒反应不同；小剂量便可引起剧烈的甚至致死性的全身症状反应，往往不存在明显的剂量-反应关系。

剂量 见剂量。

反应 生物学反应常以“阳性”、“阴性”、“阳性率”等表示，或用“有”或“无”来表示，如死亡或存活、患病或未患病等，一般以百分率或比值表示，如死亡率、发病率、反应率、肿瘤发生率等。例如，将一定量的化学物给予一组实验动物，引起50%的动物死亡，则死亡率为该化学物在此剂量下引起的反应。

剂量-反应关系曲线 剂量-反应关系可用曲线表示，即以引起反应的百分率或比值为纵坐标、以剂量为横坐标，绘制散点图所得的曲线。不同毒物在不同具体条件下引起的反应类型是不同的，这主要是由于剂量与反应的相关关系不同，因此，在用曲线进行描述时可呈现不同类型的曲线。其中最主要的有直线型、S型、抛物线型和指数型曲线等（图1）。

直线型 反应强度与剂量呈直线关系，即随着剂量的增加，反应的强度也随之增强，并成正比例关系。此种类型在实际情形中少见，仅在某些简单的离体实验中，在一定的剂量范围内可出现此种线性关系。

S型曲线 此种曲线两端平直，中间陡峭，呈S形。当曲线中部的反应强度为50%时，斜率最大。大多数外源性化学物的剂量-反应关系属于此种类型，它的特点是在低剂量范围内，随着剂量增加，反应强度缓慢增高，当剂量增高至一定程度时，反应强度也随之急速增加，而后随着剂量继续增加，反应强度的增高又趋于缓慢。S型曲线可分为对称和非对称两种。非对称S型曲线两端不对称，一端较长，另一端较短。如将纵坐标的反应强度换成概率单位，则成一直线。

抛物线型曲线 剂量与反应呈非线性关系，即随着剂量的增加，反应强度也增加，且最初增加较快，随后变得缓慢，以致曲线先陡后平，而呈抛物线型。此类型又称对数关系类型，是因为若将剂量取对数，则曲线呈一直线。将剂量-反应关系曲线换算成直线，便于在低剂量与高剂量之间进行互相推算。

指数型曲线 此种曲线的剂量-反应关系表现为剂量越大，反应强度随之增高得越快。若将剂量或反应强度两者之一变换为对数值，则指数曲线即可直线化。

U型曲线 某些机体生理功能需要的外源性化学物，如多种维生素和微量元素等，其接触或给予剂量与机体反应强度之间的关系曲线呈“U”形。在小剂量区段，机体有害效应的强度最高，且随着剂量的增加，机体有害效应

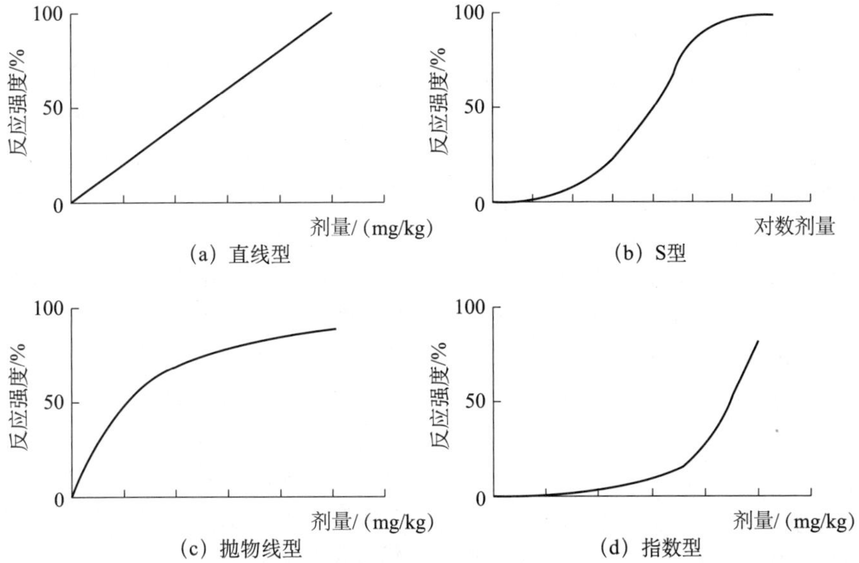

图1　常见的剂量-反应关系曲线

的程度逐渐减轻。对机体必需营养物质而言，这一区段常被称为营养缺乏有害效应，即因营养缺乏而引起的机体有害效应。当剂量增加到一定程度时，营养缺乏有害效应不再存在，机体呈自稳状态。如果剂量进一步加大，超过了机体生理需要量，机体就可能出现另一种有害效应。像大多数外源性化学物一样，这种有害效应的程度随着剂量的增加而增强（图2）。例如，大剂量接触维生素A、硒、雌激素等机体必需物质，可分别造成肝损伤、出生缺陷和脑组织损害或使患乳腺癌的危险度明显增加。

受干扰的曲线　有时由于毒物的致死作用或对细胞生长的抑制作用等各种原因，曲线受干扰，曲线形态在中途改变甚至中断。在某些毒性试验中，可见到一种剂量-反应关系的现象，即仅在一个狭窄的剂量范围内才能观察到效应出现，而且是坡度极陡的线性剂量-反应关系。产生这种情况的原因应当依据具体情况做出解释。

剂量-反应与剂量-效应之间的关系　反应是质化反应，只能以“阴性”或“阳性”、“有”或“无”来表示，剂量-反应关系表示的是化学毒物的剂量与某一群体中质化反应的发生率之间的关系（反应以百分率或比值来表示

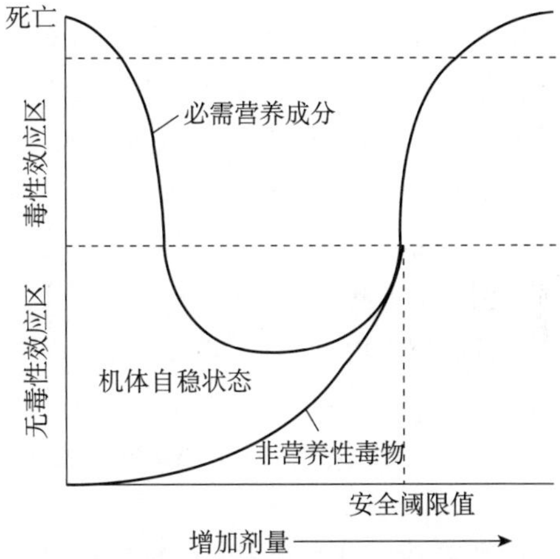

图2　生物体接触必需营养成分或非营养性毒物的剂量-反应关系曲线

反应强度）。而效应包含量化效应和质化效应。前者可以定量，例如，某种有机磷化合物可使血液中胆碱酯酶的活性降低若干单位；后者是指效应不能用某种测定的定量数值来表示，只能以“有或无”、“阴性或阳性”表示。通过统计学方法的处理，量化效应和质化效应可以相互诠释。有时，剂量-效应强度改变超过一定程度时可认为异常，则将量化效应诠释为质化效应。效应可用一定的计量单位来表示其强

度，是计量资料（效应强度）。计数资料（反应强度）和计量资料（效应强度）可从同一整体的试验对象中获得，有些效应无强度差别，如死亡等。

剂量-反应和剂量-效应是毒理学中的重要主题。在毒理学研究中，剂量-效应关系和剂量-反应关系的存在被视为受试物与机体损伤之间具有因果关系的重要证据。外源性化学物毒性作用的评定、最大容许浓度或无作用剂量的判定、卫生标准和环境标准的制定等，都以剂量-效应关系和剂量-反应关系为基础。

（刘红玲）

jiliang-xiaoying guanxi

剂量-效应关系（dose-effect relationship）生物体接触某一化学物的剂量与生物体呈现某种生物学反应之间的关系，其反应强度可被定量地测定，用计量单位表示。剂量-效应关系的特征是在给定的剂量范围内，测定的效应为连续性的变量值。与毒物接触后，效应是否发生，取决于化学物的理化特征、接触情况、体内代谢方式、生物体系或者机体的整体敏感性。

剂量 见剂量。

效应 即生物学效应，指机体在接触一定剂量的化学物后引起的生物学改变。效应在叙述群体发生改变的强度时，往往用测定值的均数来表示。

毒性效应 化学物引起生物体损害的总称，包括无损伤效应和损害效应/负效应。无损伤效应指不引起机体形态、生长发育和寿命的改变，不引起机体功能降低和对额外应激状态代偿能力的损害，所引起的生物学变化一般为可逆的，不会使机体对其他环境因素产生的不利影响的易感性增强；损害效应/负效应指生物体接触外源性化学物期间或停止接触后，机体维持体内稳态的能力下降且不可逆，对某些环境因素造成的不利影响的易感性增强，代谢速度降低以及酶系的相对活力发生异常改变。

剂量-效应关系曲线 同剂量-反应关系一样，剂量-效应关系也可用曲线表示，即以表示效应强度的值为纵坐标、以剂量为横坐标，绘制散点图所得的曲线。曲线类型也与剂量-反应关系类似，剂量-效应关系曲线主要有线性和非线性两种，其中非线性剂量-效应曲线又有单调非线性、阈值非线性、渐近型非线性、U型和倒U型剂量-效应曲线等。

线性剂量-效应曲线 效应强度与剂量呈直线关系，即随着剂量的增加，效应的强度也增强，成正比例关系。适用于化学品剂量与其引发的生物响应呈正相关的情况，此种类型在实际情形中少见，仅在某些简单的离体实验中并在一定的剂量范围内出现，如四氯二苯并-*p*-二噁英（TCDD）对CYP1A1型和P-450药物代谢酶的诱导。

非线性剂量-效应曲线 分为以下几种。

单调非线性 化学品剂量与其引发的生物效应呈单调递增或单调递减的关系。

阈值非线性 化学品剂量与其引发的生物效应存在阈值效应，即存在一个剂量，当化学品暴露剂量低于该阈值时，观察不到任何生物响应。

渐进型非线性 随着化学品剂量的增高，其引发的生物效应渐近于某一定值，之后剂量的增加不会导致响应的增强，即存在最大生物效应。

U型 化学品在低剂量下引发生物效应呈非单调递减，剂量增加到某一值时，生物效应达到最小值。之后，随着剂量的增加，引发的生物效应呈非单调递增。例如，TCDD的促癌作用呈U型剂量-效应曲线：促癌剂苯巴比妥和TCDD在低剂量时可抑制亚硝胺诱发的大鼠肝脏癌前病变的发生，在高剂量时则促进亚硝胺诱发癌变。

倒U型 化学品在低剂量下引发生物效应呈非单调递增，当剂量增加到某一值时，生物效应达到最大值。之后，随着剂量的增加，引发的生物效应呈非单调递减。例如，环境激素对生物体的效应呈倒U型，低剂量下呈促进效应，高剂量下呈抑制效应。

其他　众多内分泌干扰物的剂量-效应曲线均不同于以上任何模型，它属于特殊的一类非单调剂量-效应关系，即在其剂量-效应曲线的某些区域，化学品剂量与其引发的生物效应呈单调递增；而在另外一些区域，化学品剂量与其引发的生物效应呈单调递减的关系，整个曲线一阶导数符号会发生变化。　（刘红玲）

jiazaomen

甲藻门（Dinophyta）　海洋和淡水中重要的浮游生物类群，是能够形成赤潮和水华的主要藻类之一。

形态学和生物学特征　甲藻通常具有一条横沟和一条纵沟。横沟将其主要由纤维素组成的厚细胞壁壳分隔为上壳和下壳；纵沟垂直于横沟。纵向和横向鞭毛从横沟和纵沟交会区伸出。有的甲藻细胞外覆盖有纤维素或其他多糖构成的外壳，称为有壳类群。甲藻板片表面通常具有不同的纹饰、角、翅、翼或刺等。叶绿体中存在叶绿素 a 和叶绿素 c2，主要的类胡萝卜素是多甲藻黄素和新多甲藻黄素。细胞核中染色体始终保持浓缩状态，这种细胞核称为甲藻细胞核或间核。许多海洋和淡水甲藻在它们的生活史中的某些阶段能够形成临时孢囊或休眠孢囊。在极端条件下孢囊在维持甲藻短期和长期存活、水华的发生、物种扩散、生殖和遗传稳定性方面发挥着作用。

分类　最初，单细胞类型的甲藻因为可以营异养生活而被认为是一类属于鞭毛虫的原生动物。在发现其具有类似于藻类的丝状体和动孢子等特征后，被认为属于植物类群。甲藻门仅 1 个纲，即甲藻纲（Dinophyceae 或 Pyrrophyceae）。根据板片的数量和排列，划分成 6 个目，即裸甲藻目（Gymnodiniales）、多甲藻目（Peridiniales）、膝沟藻目（Gonyaulacales）、鳍藻目（Dinophysiales）、原甲藻目（Prorocentrales）和苏斯藻目（Suessiales）。

分布及生活习性　现存的甲藻物种约有 2 000 种，其中约有 90% 生活在海洋生境中，10% 生活在淡水生境中。甲藻是全球分布的，仅有少数类群分布于特定的地理位置。甲藻是高度多样的鞭毛类类群，具有光合自养、异养和兼养营养方式，既能自由生活，也能营寄生生活。

甲藻经常白天在水表层聚集，夜晚在水体亚表层聚集或随机分布，即有昼夜垂直迁移现象。甲藻的垂直迁移为其提供了更有利的生存条件，在白天光照充足时，它停留在水体表层或近表层的真光层中，便于吸收光能进行光合作用；而在黑夜，则进入营养盐含量较高的深层水体，对氮、磷营养元素进行暗吸收，为第二天的光合作用进行物质准备，同时在水体深层进行分裂也可减少摄食压力。

危害　甲藻暴发性繁殖可以形成赤潮或水华。海洋甲藻赤潮通常发生于富含营养的温暖水域，如受内陆农业活动影响的沿海地带。随着海洋环境的持续恶化，甲藻赤潮频繁暴发已经成为一个严重的环境问题。甲藻中有 120 多种能形成赤潮，近 60 种为有毒种类，它们能分泌各种毒素。据统计，海洋藻毒素种类中的 73% ~75% 由甲藻类产生。甲藻毒素不但能使其他海洋生物中毒，而且能引起海洋养殖鱼类大量死亡，甚至危害人类健康。赤潮甲藻可以产生不同类型的毒素，如腹泻性贝毒素、麻痹性贝毒素、神经性贝毒素和西加毒素。目前发现的淡水产毒甲藻种类稀少，但淡水甲藻的暴发性繁殖会消耗水体中大量的营养物质，使水体缺氧，从而会间接地造成其他水生生物（如鱼类）的窒息死亡，对生态系统造成危害。

（夏爽　刘国祥）

jianyang shengwu

兼氧生物（facultative anaerobic organism）　在氧气存在下，通常利用有氧呼吸合成 ATP，而在没有氧气时，通过发酵的形式获得能量的生物，大部分是细菌。代表性的兼氧生物包括常见的革兰氏阳性菌——葡萄球菌（*Staphylococcus*）和革兰氏阴性菌——大肠杆菌（*Esch-*

erichia coli)，还有某些真核生物（如酵母）和水生无脊椎动物（如沙蚕）等。

兼性厌氧生物是通过发酵还是通过有氧呼吸获得能量，取决于环境中溶解氧浓度高低。例如，在有氧的条件下，啤酒酵母将糖类物质分解成二氧化碳和水；而在无氧条件下，通过发酵将糖类物质分解为二氧化碳和酒精。

（阳振）

jiangjiexing zhili

降解性质粒 （degrading plasmid） 带有污染物降解基因的质粒。20 世纪 70 年代首先发现恶臭假单胞菌 R1 菌株中降解水杨酸的酶由质粒基因控制。此后又相继发现许多脂肪烃、芳香烃、多环芳烃以及它们的氧化产物、萜烯、生物碱、氯代芳烃和多氯联苯的降解都受质粒携带的基因控制。到目前为止，从自然界分离的菌株中发现的天然降解性质粒共有几十种。降解性质粒大都来自假单胞菌属，且都能自身转移。假单胞菌因含有能编码降解复杂有机物的酶的质粒而拥有众多类型的代谢途径，可以降解多种复杂有机物，这可能是该菌在自然界广泛分布和对有机污染物有强降解力的一个原因。

微生物降解有毒污染物的能力从遗传控制上来说，可能来自质粒 DNA 的遗传信息，也可能受染色体 DNA 的调控，有三种类型：①大多数质粒不能编码整个降解系统的酶，剩余部分由染色体 DNA 控制；②质粒和染色体分别编码某些化合物不同降解途径的酶，两者互相补充；③某些菌株中一些特殊物质的降解酶由质粒编码，而在另外一些菌株中，同样降解途径的酶则由染色体编码。

由于大量研究表明微生物降解有机污染物的基因通常与质粒有关，因此，主要研究某些有代表性、难降解化合物的降解性质粒，尤其是在质粒的分离方法、基因的组织和基因调控方面。迄今为止已发现和研究的部分降解性质粒见下表。

已发现和研究的部分降解性质粒

质粒名称	质粒大小/kb	降解的化合物
pAC25	108	3,5-二氯苯甲酸酯
pAC31	102	3-氯苯甲酸酯
pCAM	225	樟脑
pJP1,2,3	87,54,78	2,4-二氯苯氧乙酸(2,4-D)
pNAH	69	萘
pSAL	60~83	水杨酸盐
pTOL	113	二甲苯和甲苯
pXYL	15	二甲苯
pWWO	176	二甲苯和甲苯

从上表可以看出，这些质粒的分子大多为 30~120 kb，含有几个乃至上百个基因，分别决定自主复制、接合转移、不相容性和物质降解等功能。在自然界中，降解性质粒的转移作用不仅可以使降解基因在细菌群中广泛扩散，促进有机污染物的降解，而且有可能使降解基因通过体内重组和突变得到进化，从而获得新的降解能力。

（蒋丽娟）

jiaomujun

酵母菌 （yeast） 一种细胞形状呈圆形、椭圆形或柱形的无性繁殖的单细胞真菌。广泛生活于潮湿且富含糖分的物体表层，如植物表面、土壤、果皮表层，甚至空气中也有分布。此外，有研究发现酵母菌还能寄生于人类身上与一些昆虫的肠道内。酵母菌细胞明显比大多数细菌大，细胞大小为（2~5）μm×（5~30）μm（短轴×长轴）。实际上，每种酵母都具有自己特有的形态模式，且会随着菌龄与环境不断变化。一般平板培养基上的酵母菌落呈白色粒状凸起，常带有酒香味。

特征 酵母菌属于真核微生物，具有细胞壁、细胞膜、细胞核，以及线粒体、核糖体、液泡等细胞器。细胞壁厚度为 0.1~0.3 μm，主要成分为葡聚糖、甘露聚糖等。酵母菌细胞壁呈“三明治”形：内层葡聚糖、外层甘露聚糖以及中间蛋白层。葡聚糖是维持细胞壁内壁强度最主要的物质。细胞膜为磷脂双分子层膜，中间镶嵌着蛋白质。此外，酵母菌细胞膜中还含有甾醇，其中以麦角甾醇最为常见。酵母菌具有成形的细胞核，不同种的酵母菌染色体个数不同，且细胞核的形态会随着细胞分裂周期的不同而发生变化。线粒体为酵母菌细胞能量的主要提供场所，酵母菌线粒体要比高等动物的小，其大小为（0.3～1）μm ×（0.5～3）μm。一般在厌氧或高糖（葡萄糖含量为5%～10%）条件下，酵母菌的线粒体发育较差，不具有氧化、磷酸化的能力，此时酵母菌主要依靠发酵产生能量供菌体生长。与真核生物一样，酵母菌核糖体为80S型。大多数酵母菌都具有液泡，其主要用于储藏一些营养物质或者水解酶前体物，另外还有调节渗透压的作用。

酵母菌属于化能异养微生物，能够直接吸收利用多种单糖分子，如葡萄糖、果糖等。一些酵母菌还能代谢利用五碳糖、乙醇或者有机酸。一部分双糖，如蔗糖能在胞外酶作用下水解为单糖被酵母菌吸收利用。酵母菌不能直接利用淀粉等多糖类物质，因此在啤酒酿制过程中，原料小麦必须经过糖化生成单糖才能被酿酒酵母进一步利用。

许多酵母菌营专性或兼性好氧的生活方式，目前尚未发现专性厌氧的酵母菌。在有氧条件下，酵母菌将葡萄糖经有氧呼吸（糖酵解→三羧酸循环）代谢生成二氧化碳和水。在缺乏氧气时，酵母菌会进行发酵作用，通过糖酵解作用将葡萄糖转化成丙酮酸，其后丙酮酸经脱碳作用脱去碳原子，形成乙醛，同时释出二氧化碳，乙醛接收糖酵解作用产生的 $NADH_2$ 被还原成乙醇。在酿酒过程中，乙醇被保留下来；在烤面包或蒸馒头的过程中，二氧化碳将面团发起，而酒精则挥发。酵母菌的最适生长温度各异，在自然 pH 或弱酸环境中生长活力最高。

生殖方式 酵母菌可以通过出芽或分裂方式进行无性生殖，但以出芽生殖为主。出芽生殖即在环境条件适合时，从母细胞上长出一个芽，逐渐长到成熟大小后与母体分离。仅有少数种属的酵母菌能进行分裂生殖，如八孢裂殖酵母（*Schizosaccharomyces octosporus*）。在营养状况不好时，一些可进行有性生殖的酵母菌会形成子囊孢子，在条件适合时再萌发。一些酵母菌，如假丝酵母（*Candida*）不能进行有性生殖。

应用 酵母菌广泛应用于工业生产、环保以及科学研究领域。酿造酒精与面包烘焙是酵母菌最常见、最古老的利用方式。此外，许多酵母菌还能用于生产各类饲料以及工业营养物，如单细胞蛋白、酵母菌提取物等。某些酵母菌耐酸、耐高渗透、能分解吸收有毒物质，因此被广泛应用于污水处理领域。在科学研究上，酿酒酵母作为模式生物被使用；另外一些酵母菌已经在异源蛋白表达系统中使用，即利用基因技术在酵母菌细胞内表达外源蛋白质。

危害 有些酵母菌是条件性致病菌，特别容易感染免疫力低下的人群。酵母菌感染属于真菌感染中的一种形式。例如，白念珠菌（*Candida albicans*）能够引起鹅口疮以及尿道炎等感染疾病。白色念珠菌在人身上主要生长在口腔、肠道、尿道等部位的黏膜上，小部分生活在皮肤表面。正常情况下，白色念珠菌以酵母细胞型存在，没有致病性；在一些条件下，如人体免疫力缺陷、过量使用抗生素等，白色念珠菌在患者黏膜系统上会大量转化为菌丝生长型，并大量繁殖，引起人体炎症而发病。

（史小丽）

jiechu-fanying guanxi

接触-反应关系（exposure-response relationship） 群体接触到的某一定量危害因素与由此在群体中产生某种程度的效应的关系。只有当毒物或者其代谢降解产物到达特定的身体部位，且其浓度和持续时间足以造成中毒表现时，化学物才能在生物体中产生毒性作用。许多化学物虽是低毒的，但在生物体内经酶反应作用，转化成中间产物后，可以干扰细胞的正常生化、生理过程。因此，中毒反应是否发生取决于化学物的理化特征、接触情况、体内代谢方式、生物体系或者机体的整体敏感性。其中与接触有关的毒性影响因素主要是接触途径与部位、接触持续时间与频率。

接触途径与部位 毒物进入人体的主要途径是胃肠道（摄食）、肺（吸入）和皮肤（局部渗入）以及其他的胃肠外途径。一般来说，当毒物直接进入血液时（静脉注射途径），反应出现最快，效应也最强烈。给药途径按照效应大小顺序排列依次是吸入 > 腹腔内 > 皮下 > 肌肉 > 口服 > 表皮接触。溶媒或者其他配方成分可能显著改变摄食、吸入或者局部接触后的吸收过程。

毒物的职业性接触多见于吸入污染的空气（吸入）和（或）皮肤长期接触化学物质（皮肤接触），而事故性中毒或者服毒自杀的则多经口摄入。比较同一物质不同接触途径的致死剂量，可以得知其在不同接触途径下被生物体吸收的程度。例如，某药物经口或者经皮的致死剂量与静脉内给药的剂量相当，则可推断该药物经口与经皮吸收快速且完全；相反，若经口致死剂量较经皮致死剂量低几个数量级，则表明皮肤对毒物的侵入起到了有效的屏障作用。不论哪种接触途径，毒效应还受到毒物在溶媒中的浓度、溶媒总体积、生物体系所接触溶媒的特性以及接触速率的影响。

接触持续时间与频率 动物毒性试验按毒性作用时间分为三类：急性、亚慢性、慢性。急性染毒时间一般不超过 24 h，通常接触途径为腹腔、静脉和皮下注射，或者灌胃和皮肤涂敷。急性染毒通常单次给药，但某些微毒或者实际无毒物质可以在 24 h 内多次给药。急性吸入染毒是一般不超过 24 h 的连续接触，而大多数情况下为 4 h。

就人类接触情况而言，接触持续时间和频率都不像动物实验那样有明确的划分，但仍使用相同的术语笼统地描述接触情况。为此，职业或环境接触可划分为急性接触（如单次事故性接触）、亚慢性接触（数周或者数月的反复接触）或者慢性接触（数月或者数年的反复接触）。

有许多物质，单次接触所引起的中毒效应，可能跟多次接触所引起的完全不同。例如，苯的原发性急性中毒表现为对中枢神经系统的抑制，而重复性接触则引起骨髓毒性或者使白血病患病率增加。急性接触易被吸收的物质，不仅可能产生即时中毒效应，还可能引起迟发性中毒，两者也不一定相同。慢性接触一种毒物则可具有长期的、低效的慢性中毒效应，此外在每次接触后，还可能产生某些即时中毒效应。描述评价一种化学物的毒性，显然不仅需要单次和长期的中毒效应数据，还需要时间长短居中的某些接触的中毒效应数据。

一种化学物质单次给药会引起严重的中毒效应，但如果以相同的剂量并以一定间隔分多次给药，可能就不会发生任何中毒效应。当化学物的消除时间远大于给药间隔时，可能会很快出现中毒效应；但如果二者相当，则中毒效应会在一段时间之后才出现；而消除时间远小于给药间隔时，不论给药多少次，都不会出现中毒效应。即使化学物不发生蓄积，给药后也可能对细胞或者组织造成一定的损伤，因此，重要的是给药间隔期内能否允许损伤组织有充分的时间进行修复。不论何种重复染毒，中毒效应的产生都受接触频率的影响，而不仅仅是接触时间。因此，如果化学物在生物体内发生蓄积（吸收速率超过生物转化和排泄速率），而且引起的中毒效应是不可逆的，或者是多次接触的间隔期不能保证生物体的损伤有充分的时间得到恢复，就会出现慢性中毒。（刘红玲）

jingkou duxing

经口毒性（oral toxicity） 化学物质经口接触人和动物后对易感部位产生有害作用的能力。

经口毒性物质的来源 包括饮食中残留、饮食中添加和饮食加工过程中生成。

饮食中残留 包括农作物的农药残留，肉制品、乳制品中药物和激素残留以及饮用水中污染物质残留。

农作物的农药残留 农药残留有两种形

式：一种是附着在蔬菜、水果的表面；另一种是植物在生长过程中，农药直接进入蔬菜、水果的植物体内。低浓度的农药残留在人体中能慢慢蓄积，积累到一定程度将会损害人体神经系统，它能阻断神经递质的传递，引起肌肉麻痹造成中毒。农药对人体的危害不仅表现在干扰人体化学信息的传递，破坏身体的酶，而且还表现在阻碍器官发挥正常的生理功能，导致神经系统功能失调。虽然少量的农药残留不会对人体造成立即的、直接的毒害，但是农药的分子结构比较稳定，绝大多数在生物体内很难被代谢分解、排泄。农药污染能够引发癌症、不孕症、内分泌紊乱等疾病。农药残留超标，会直接危及人体的神经系统和肝、肾等重要器官。例如，敌百虫、乐果对实验动物有致突变作用；内吸磷、二嗪农、西维因有致畸作用；杀虫脒、羟乙基肼与灭草隆有致癌性；马拉硫磷等还能损害精子，使受孕能力降低；有些农药对多种三磷酸腺苷酶具有抑制作用，可导致性周期失调、胚胎发育障碍、子代发育不良或死亡。

肉制品、乳制品中药物和激素残留　动物组织中药物和激素残留水平通常都很低，绝大多数药物和激素残留会产生慢性、蓄积毒性及致癌、致突变、致畸作用等。具体表现为：①耐药性。如养殖业长期使用亚治疗量抗菌剂，则对耐药菌株的产生、扩散和维持具有促进作用。抗菌剂对人类医疗有两个方面的影响。一是易诱导耐药菌株，特别是携带多抗性质粒的菌株产生。这些耐药菌株的耐药基因能通过食物链在动物、人和生态系统的细菌中相互传递，可导致致病菌对抗菌剂耐药，引起人类和动物细菌感染性疾病治疗的失败。二是人食用含抗菌剂残留的动物性食品后，抗菌剂可能干扰人肠道内正常菌群和直接诱导产生耐药菌株。②激素样作用。食用动物的肝、肾和注射或埋植部位常有大量外源同化激素残留，被人食用后可产生一系列激素样作用，如潜在致癌性、发育毒性（儿童早熟）及女性男性化或男性女性化现象。③过敏反应。少数抗菌剂能导致易感个体发生过敏反应，如青霉素类、磺胺类、四环素类和某些氨基糖甙类药物，其中以青霉素及其代谢产物引起的过敏反应最为常见和严重。轻则引起皮肤瘙痒、皮炎和荨麻疹，重则引起急性血管性水肿、休克甚至死亡。

饮用水中污染物质残留　水源水中都会有一定量的污染物质，如水体受到的重金属、化工原料、农药等的污染，但在饮用水的处理过程中并未完全去除。这些污染物虽然浓度低，但有些具有蓄积性，在长期的暴露中可能会产生慢性毒性。饮用水经氯化消毒后仍存在安全性问题，尤其是*饮用水消毒副产物*（DBPs）［如氯化消毒副产物（CDBPs）］对人体健康的影响。目前已检测到的CDBPs多达数百种，包括三卤甲烷（THMs）、卤乙酸（HAAs）、卤氧化物、卤代乙腈、卤代呋喃酮［其代表为3-氯-4-二氯甲基-5-羟基-2（5氢）-呋喃酮（MX）］等，其中THMs和HAAs两者可占全部CDBPs的80%以上。THMs具有致癌效应，主要是通过非遗传毒性作用诱导动物产生肿瘤。饮用水中THMs的浓度与膀胱癌、结肠癌、直肠癌、乳腺癌有关。

饮食中添加　食品添加剂主要包括防腐剂、漂白剂、着色剂、甜味剂、香精香料等。

食品添加剂的安全性毒理学评价　包括以下四个阶段。

第一阶段：急性毒性试验，包括经口急性毒性试验和联合急性毒性试验。

第二阶段：遗传毒性试验，包括传统致畸试验和短期喂养试验。

第三阶段：亚慢性毒性试验，包括90天喂养试验、繁殖试验、代谢试验。

第四阶段：慢性毒性试验，包括致癌试验。

在不同条件下，可有选择地进行某些阶段或进行全部四个阶段的试验。国际上公认的添加剂安全性的主要指标是每日允许摄入量（ADI）和半数致死剂量（LD_{50}）。

食品添加剂造成危害的方式　包括以下五

种：①使用未经国家批准或禁用的添加剂品种，例如，我国禁止使用的有毒添加剂吊白块、甲醛或次硫酸氢钠被一些米粉加工作坊用于米粉的漂白等。②食品添加剂使用超出规定用量，例如，广泛用于肉制品中的护色剂亚硝酸钠，具有使肉制品有良好的感官性状和抑菌的作用，但其属于有毒物质，如果超量食用，轻者出现恶心、呕吐、皮肤青紫，重者会昏迷、抽搐、呼吸衰竭甚至死亡。③使用过期的食品添加剂。添加剂在一定的保质期限内才具有特定功效。如果超过保质期限，它的功效不仅会大打折扣，而且长期存放可能会发生化学反应，产生有毒有害物质，影响添加食品的安全性。④使用劣质添加剂，劣质添加剂不仅产品不纯，且含有汞、铅等重金属有害物质，添加到食品中，会严重影响产品质量。⑤使用工业级代替食品级的食品添加剂，如使用工业亚硝酸钠加工肉制品、使用双氧水浸泡水产品和海产品等。

饮食加工过程中生成 食品加工过程中的毒物来源主要有：①原料。既包括外源性污染物质，如激素、抗生素、重金属、环境污染物、霉变物质等，也包括原料本身所具备的毒害物质，如蘑菇中的毒性成分、河豚中的河豚毒素等，上述物质往往会随着材料的制备、处理、加工等累加于食品半成品或成品中。②加工过程本身造成的衍生毒物。是食品在制造、加工（如烟熏、煎炸、烘烤、焙炒、盐腌、高温杀菌、辐照杀菌、冷冻和罐装等）或贮放过程中因发生化学反应或酶反应而形成的（或潜在的）有毒物质，衍生毒物可分为热解有机毒物、非热解有机毒物、油脂氧化物、污染物反应产生的毒物。③加工过程中的污染。包括真菌毒素、细胞毒素、细菌毒素、加工机械和接触材料的有害迁移物质等。

生成的毒物主要包括丙烯酰胺、氯丙醇类化合物、亚硝胺类物质、多环芳烃化合物和杂环胺类化合物。

丙烯酰胺 主要在高碳水化合物、低蛋白质的植物性食物加热（120℃以上）烹调过程中形成，140～180℃为生成的最佳温度。丙烯酰胺的主要前体物为游离天门冬氨酸与还原糖，二者发生的梅拉德反应（Maillard Reaction）是氨基化合物与还原糖之间发生的非酶催化的褐变反应，反应经过复杂的历程，最终生成丙烯酰胺，同时生成棕色甚至是黑色的大分子物质类黑精或称拟黑素。食品中形成的丙烯酰胺比较稳定，但咖啡除外，随着储存时间延长，咖啡中丙烯酰胺含量会降低。

丙烯酰胺属于中等毒性物质，具有神经毒性、生殖发育毒性、致突变性、致癌性等。丙烯酰胺的代谢产物环氧丙酰胺是其主要致突变活性物质。国际癌症研究机构（IARC）1994年将丙烯酰胺列为2类致癌物（2A）。

氯丙醇类化合物 ①形成。水解蛋白质用浓盐酸在109℃下回流酸解，为了提高氨基酸得率，加入过量盐酸，若原料中还留存油脂，则其中的甘油同时水解成丙三醇，并进一步与盐酸中的氯离子发生反应，生成一系列氯丙醇类化合物。②毒性。包括致癌性、生殖毒性、遗传毒性和神经毒性。

亚硝胺类物质 ①形成和来源。自然界中的闪电、火灾、化石燃料燃烧产生 NO_x，在土壤微生物的硝化作用下，硝酸盐被还原为亚硝酸盐，亚硝酸盐是亚硝胺类化合物的前体物质。在自然界，亚硝酸盐极易和胺反应，生成亚硝胺。大量使用氨肥造成部分地区土壤中亚硝酸盐、亚硝胺严重超标，形成区域性癌症高发区。啤酒和腌制品（腌制鱼、肉等）含有亚硝胺。烟草烘烤产生的 NO_x，与烘烤过程中产生的游离烟碱发生反应后，产生亚硝胺。②毒性。急性中毒主要表现在肝脏伤损及破坏血小板两个方面。慢性中毒以肝硬化为主，具有致癌作用、致畸作用和致突变作用。亚硝胺为间接致癌物，其致癌机理是：亚硝胺在体内肝脏微粒体细胞色素P-450作用下代谢为烷基偶氮羟基化物R—N═N—OH，进而致癌。亚硝胺类化合物也可水解生成烷基偶氮羟基化物，对接触部位直接致癌。内源性亚硝胺来源见下页图。

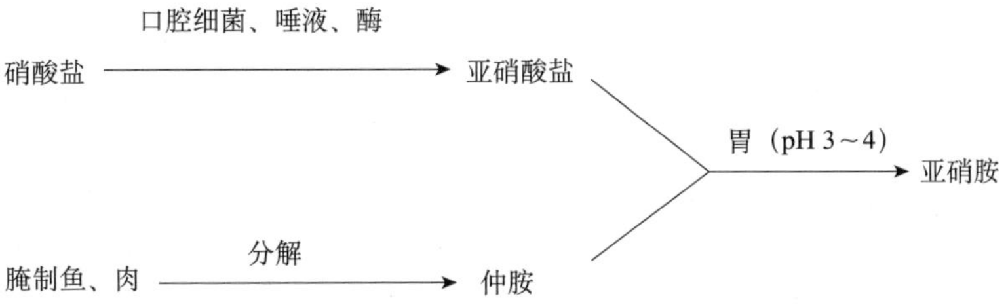

内源性亚硝胺来源

多环芳烃化合物　食品中的多环芳烃化合物（PAHs）来源包括（煤）烟尘的污染、工业“三废”的污染、有机物不完全燃烧。废气中的 PAHs 随灰尘降落到农作物或土壤中，农作物吸收进入食物链造成污染。食品烹调过程（熏制、烘烤、油炸）、脂肪热解或热聚、植物和微生物等都会产生微量 PAHs，并通过口进入人体。PAHs 毒性包括致癌作用、致突变作用、致畸作用。

杂环胺类化合物　①形成。食物蛋白质或某些氨基酸成分在高温下合成杂环胺（HCAs），是膳食中 HCAs 的主要来源。烹调时间和温度是 HCAs 形成的关键因素。2-氨基-*N*-甲基-5-苯基咪唑并吡啶（PhIP）在烹调的肉类食品中普遍存在，且含量最高。②毒性。HCAs 是间接致癌物，其致癌机理是 *N*-羟基化活化后的 HCAs 带正电荷与 DNA 形成加合物，诱导癌症的发生。HCAs 具有强烈的致突变作用，比 PAHs 的致突变作用强，具有间接致突变性，即代谢活化后才有致突变性。

环境毒理学中的经口毒性　包括急性经口毒性、亚慢性经口毒性和慢性经口毒性。

急性经口毒性　指经口腔给药摄入体内而使动物中毒至死亡的反应、症状。通常以半数致死剂量（LD_{50}）来表示。急性经口毒性试验是评估化妆品原料等化学品毒性特性的第一步，通过短时间经口染毒可提供对健康危害的信息。试验结果可作为化妆品原料毒性分级和标签标识以及确定亚慢性毒性试验和其他毒理学试验剂量的依据。

亚慢性经口毒性　指在实验动物部分生存期内，每日反复经口接触受试物后所引起的不良反应。在估计和评价化妆品原料的毒性时，在获得受试物急性经口毒性资料后，还需进行亚慢性经口毒性试验。通过亚慢性经口毒性试验不仅可获得一定时期内反复接触受试物后引起的健康效应、受试物作用靶器官和受试物体内蓄积能力资料，还可估计接触的无可见有害作用水平，后者可用于选择和确定慢性试验的接触水平和初步计算人群接触的安全性水平。

慢性经口毒性　指在实验动物大部分乃至全部生存期内，每日反复经口接触受试物后所引起的不良反应。慢性经口毒性试验的目的是确定外源性化学物的毒性下限，即长期接触该物质可以引起机体危害的阈剂量和无作用剂量，为进行该物质的危险性评价与制定该物质的人体接触安全限量标准提供毒理学依据，如最高容许浓度和每日允许摄入量等。（张徐祥）

jingpi duxing

经皮毒性（dermal toxicity）

化学物质通过接触人和动物的皮肤对易感部位产生有害作用的能力。

毒物经皮吸收的机制　包括经表皮吸收、经皮肤附属器官吸收和经受损皮肤吸收。

经表皮吸收　是最重要的毒物经皮吸收途径。表皮上的脂质膜对不溶于脂质的物质起着“屏障”作用，脂质膜的厚度约为 100 Å（10^{-10} m），并在其上有直径为 4～40 Å 的小孔。气体和脂溶性物质易从脂质膜弥散，而水溶性及小分子物质可经小孔弥散，后者弥散过程较前者慢，因此具有脂溶性且中等水溶性的毒物经表皮吸收最快。透过角质层的机制可能为两种，一种机制为跨细胞的途径，也称极性途径，与角质细胞内的角蛋白有关，是水溶性化学物质经皮吸收的重要方式；另一种机制是细胞间的途径，称非极性途径，与细胞间的脂质含量有关，此途径面积虽小，但与死细胞相比阻力低，是小分子脂溶性物质经皮吸收的主要途径。

经皮肤附属器官吸收 毒物除经表皮吸收外，还可绕过脂质膜“屏障”直接经皮肤附属器官进入真皮，此途径对所有毒物均畅通，高温、高湿、出汗等会加速液体、气体经皮肤附属器官的吸收。由于汗腺占全身表面积比例小，化学物质逆腺液扩散的作用不大，因此汗腺在化学物质经皮吸收中所起的作用不大。应用放射自显影技术研究化学物质经毛囊附属器的吸收发现，一些经皮吸收很慢的物质，如在早期吸收过程中的大分子物质主要通过毛囊吸收。

经受损皮肤吸收 当发生机械损伤（擦破、外伤）、热损伤（灼伤）、化学损伤（腐蚀、化学性灼伤、浸软）或发生皮肤疾患时，受损的皮肤会加速经皮吸收。当皮肤受损时，角质层和脂质膜内的蛋白质和脂蛋白即丧失，从而增加水、微生物及毒物的渗透性。

影响经皮吸收的因素 毒物经皮吸收量受许多因素影响。其中主要影响因素包括理化性质、皮肤性状和外部环境。

理化性质 包括分子量、溶解度、吸附性和代谢率等。其中影响最大的因素是溶解度。非电解质水溶液的皮肤透过能力相当于油-水分配系数接近1的物质。但是，角质层-溶剂中分配系数大的溶质具有较大的皮肤透过能力。分子量有显著差别时，低分子量物质的皮肤透过能力大。在醇类中，随着分子量增大，脂溶性增加，致使透过速度增大。在角质层内易被吸附的物质、在皮肤内受到代谢影响发生性质改变的物质以及有扩张或收缩末梢血管的药理作用的物质，在经皮吸收时速度均随之发生变化。

皮肤性状 影响因素包括动物种类、年龄、部位和皮肤损伤情况等。就动物种类而言，按兔、鼠、豚鼠、猪和人的顺序，经皮吸收能力依次变小。就年龄而言，鼠的皮肤透过能力从胚胎末期开始到出生后数日内急速减小，此后几乎没有变化。由于角质层的厚度和毛囊密度差别，不同部位的吸收速度不同。当皮肤损伤时，由于最外层的角质层受到损伤，因此经皮吸收量猛增数百倍。

外部环境 包括温度、湿度和溶剂等。温度的上升使经皮吸收速度增快，湿度的上升使角质层的水合作用增强，增大了吸收量。溶质对于溶剂的亲合性、溶质对角质层-溶剂的分配系数、溶剂的皮肤损伤作用等，都是影响经皮吸收的主要因素。

经皮吸收的有机物类型 在毒性较强的化学物质中，有机磷农药类、氨基化合物、硝基化合物、有机金属化合物、少数溶剂等经皮吸收具有中毒危险性。另外，有些溶剂类物质毒性比较弱，但通过经皮吸收可增大总进入量，包括芳香烃类、醇类、酮类、酯类、醚类、溶纤剂、卤代烃类，以及二硫化碳、二甲基甲酰胺和环氧氯丙烷等。

活体经皮吸收研究方法 活体经皮吸收是通过测定尿或血中化学物质的量来确定经皮吸收量或速度的一种方法，主要包括测定尿或血中的放射性、表面回收和测定生理或毒理效应等方面。

测定尿或血中的放射性 将标记的化学物质（^{14}C 或 ^{3}H）涂在皮肤上，一段时间后测定尿和粪的总放射性，储留在体内或经其他途径（呼出气和汗液）分泌的放射性用经静注给药途径校正。吸收率用透皮吸收的百分率表示，即皮肤给药后总放射性/静注给药后总放射性。测定给药后血浆中的放射性，分别得到经皮和静注给药后的血浆浓度-时间曲线下面积（AUskin 和 AUCiv）。用 AUskin/AUCiv 比值表示经皮吸收程度。测定尿和血中总的放射性都未考虑皮肤代谢的影响，因为测到的放射性是母体化学物质与代谢物的总和。

表面回收 根据经皮吸收量 = 给药量 − 剩余量，从理论上可通过测定经皮吸收后皮肤表面的剩余量而获得吸收量。然而在实际操作中，用棉球洗刷等方法很难 100% 地回收软膏或溶液中未被吸收的物质。可以采用给药区局部皮肤剥离方法测定剩余物质的量，此法简便，回收率高；由于残留在表皮内的浓度较高，可用非放射性方法测定。

测定生理或毒理效应 化学物质经皮吸收后，一部分物质可产生局部或全身的生理或毒理效应，而效应的强弱与吸收量有关，因而可用于衡量经皮吸收量。缺点是仅适用于能产生效应的少部分物质且属半定量的定性方法，但随着激光多普勒测速仪等技术的应用，定量化的程度越来越高。此法具有非损伤性、直观的优点，可应用于化学物质经人皮吸收的研究。采用粘贴剥离角质层的方法研究角质层的“库存”作用后发现，给药后 30min，角质层内物质的浓度与经皮吸收量呈直线相关，其相关性不受种属（人体和大鼠）、化学物质的理化性质、剂量、给药时间和所用溶剂的影响，因此可采用 30min 角质层内的浓度预测活体经皮吸收量。由于角质层内的浓度较高，适用于非放射性分析法，且连续粘贴角质层属非损伤性方法，因此此法可应用于人体研究。

其他 研究经皮吸收的数学模型是近年来皮肤毒理学的新发展，随着计算机的普及，已提出了众多的皮肤吸收动力学模型，是化学物质经皮吸收危险度评估的重要科学依据。

环境毒理学中的经皮毒性 包括急性经皮毒性、亚慢性经皮毒性和慢性经皮毒性。

急性经皮毒性 受试样品一次或 24 h 内多次经皮肤染毒所产生的健康损害效应。通常以半数致死剂量（LD_{50}）来表示。急性经皮毒性试验可确定受试物能否经皮肤吸收和短期作用所产生的毒性反应，可为化学物的毒性分级和标签标识、确定亚慢性经皮毒性试验和其他毒理学试验剂量提供依据。

亚慢性经皮毒性 在试验动物寿命的一部分期间内（不超过所用动物寿命的 10% 期间）每天经皮肤反复接触受试物所引起的有害反应。在估计和评价化妆品原料的毒性时，获得受试物急性经皮毒性资料后，还需进行亚慢性经皮毒性试验。通过该试验不仅可获得在一定时期内反复接触受试物后可能引起的健康影响资料，而且可为评价受试物经皮渗透性、作用靶器官和慢性经皮毒性试验剂量选择提供依据。

慢性经皮毒性 在试验动物大部分乃至全部生存期内，每日反复经皮接触受试物所引起的有害反应。慢性经皮毒性试验用于确定受试化学物质的毒性下限，即长期接触该化学物可以引起机体危害的阈剂量和无作用剂量，为进行该化学物质的危险性评价与制定人体接触该化学物质的安全限量标准（如最高容许浓度和每日允许摄入量等）提供毒理学依据。

（张徐祥）

juedui zhisi jiliang/nongdu

绝对致死剂量/浓度 （absolute lethal dose/concentration，LD_{100}/LC_{100}） 化学物能够引起所观察个体全部死亡的最低剂量/浓度，或在实验中可引起实验动物全部死亡的最低剂量/浓度，单位以 mg/kg 体重或 mg/m^3 水、mg/L 空气表示。若在此基础上降低剂量，就有存活者。

由于动物对毒物的敏感性有个体差异，受试群体中总是有少数高耐受性或高敏感性的个体，故 LD_{100}/LC_{100} 常有很大的波动性，因此，实际上较难准确地获得使 100% 动物死亡的最小剂量。总体上一组受试动物的数量视不同实验设计而定，少则 10 个，多则 50 ~ 100 个。

由于绝对致死剂量/浓度可随实验动物品种、敏感性和动物数量不同而发生变化，故难以在实验中得到重复的结果。因此，一般不把 LD_{100}/LC_{100} 作为评价化学物毒性大小或比较不同化学物毒性的参数。 （刘红玲）

K

kangshengsu kangxing jiyin

抗生素抗性基因（antibiotic resistance genes，ARGs） 微生物携带的、能够导致微生物对靶标抗生素产生抗性的遗传元件。环境中ARGs不仅能够通过细菌增殖的方式进行垂直传播，还可以通过水平基因转移（HGT）的方式打破物种间遗传方式的传播界限，从而在不同微生物中蔓延，使更多的微生物具有抗性。因此，ARGs也被认为是一种新型、持久性的污染物。ARGs在环境中的传播风险，是人类健康和生态环境所面临的安全问题之一，尤其是传播过程中诱导产生的具有抗性的致病菌，更是严重威胁到生态安全及人类健康。

环境中ARGs的种类 目前，已经发现微生物对257种抗生素具有抗性现象。其主要的ARGs类群有四环素类、喹诺酮类、万古霉素类、β-内酰胺类和氨基糖苷类等。

ARGs的来源 包括微生物的内在抗性和外源输入。

微生物的内在抗性 环境中细菌的内在抗性是环境中抗性基因的重要来源。内在抗性是指存在于细菌的基因组上的抗性基因的原型、准抗性基因或平时没有表达的抗性基因，细菌可通过随机突变或表达潜在抗性基因而获得抗性。多数抗生素来源于土壤微生物，某些种类的ARGs并不是现代医疗应用导致产生的，而是在自然界中就已广泛存在。通常在自然环境中的抗生素浓度低于临床使用的浓度。环境中这些低浓度抗生素均可作为微生物种群间或种群内的信号分子，使微生物群落中的各微生物种群产生表型和基因型上的适应性反应，因此这些微生物种群普遍存在内在抗性基因。

外源输入 抗生素的使用导致人类与抗生素相关的细菌耐药性普遍发生。大量医源性细菌已具有较高水平的耐药性。抗生素最初被用于治疗和预防人类疾病，人类服用抗生素后，抗生素在人体内会诱导出抗性细菌，这些抗性菌株随粪便排出体外，进入城市废水中，流入不同的生态环境中。进入环境中的抗性细菌携带的ARGs，再经过水平基因转移的方式传递到各种环境土著细菌中。此外，在禽畜养殖业中，集约化的养殖极大地促进了ARGs的蔓延。动物的肠道微生物中含有丰富的抗性细菌ARGs。动物粪便经堆肥后直接施用在农田土壤中，也增加了土壤中ARGs的丰度。

ARGs的传播途径 包括ARGs的垂直基因传播和ARGs的水平基因转移。

ARGs的垂直基因传播 携带ARGs的细菌在增殖过程中将ARGs传递给子代细菌，从而提高ARGs在环境中的含量。自然界中存在某些微生物，本身具有ARGs序列，天然地对抗生素表现出抗性性状。一部分位于基因组上的ARGs来自那些能够产生抗生素的菌株所产生的保护机制，这些ARGs可以通过繁殖将抗性基因序列垂直地传播给下一代，从而实现抗性基因的增殖。而另一部分位于质粒上的抗性基因的垂直增殖与质粒特性有关。这些携带抗性基因的微生物，在环境中的适应性会受到环境中选择压力的制约，抗性基因逐代选择进化的同时，ARGs 在群落中的频率会相应地升高。

ARGs 的水平基因转移 基因组中整合子、转座子及质粒等可移动遗传因子（MGE）通过 HGT 机制在环境中传播 ARGs。HGT 机制包含基因的接合、转化和转导三种方式。HGT 机制是将 ARGs 从一种微生物转移到另一种微生物中，从而使后者获得抗生素抗性的一种分子机制。ARGs 的水平基因转移是微生物在抗生素药物的选择压力下长期进化的结果，是微生物适应抗生素的主要分子机制之一。（缪爱军）

kuanghua zuoyong

矿化作用（mineralization） 从有机物质转化为无机物质的过程。在地理学中，指的是有经济价值的金属热液沉积形成矿产的过程。在土壤学中，指的是通过有氧或无氧的分解作用使无机营养元素从有机物中释放的过程。在环境领域，一般指的是通过微生物的分解，一种元素从有机态转变成无机态的过程，又称无机化作用。

矿化作用发生于含有异养型微生物的介质当中。一些环境异生物质如氯苯、硝基苯酚、多氯联苯等可以通过专门的降解菌而矿化。土壤、天然水和海洋等自然环境中的有机物质或死亡的浮游生物，在微生物和其他自然条件的作用下，可通过生物化学的分解和氧化等过程，最终形成简单的无机化合物，如二氧化碳、硝酸盐、磷酸盐和硫酸盐等。微生物在通过矿化作用降解有机物的同时，可以从中获取所需的能源、碳源、氮源、磷源和硫源等。矿化作用过程包括氧化、还原、水解、脱水、脱氨基、脱羧基、脱卤和裂解等生化反应，这些都在微生物的代谢过程中有所体现。通常有机物质通过矿化作用后，才能将所含的营养要素释放出来重新被自养生物利用，因而矿化作用是自然界有机物质循环的一个基本过程。

矿化作用在自然界的碳、氮、磷和硫等元素的生物循环中十分重要。例如，复杂含氮有机物质在微生物的作用下，经氨基化作用逐步分解为简单有机态的氨基化合物，再经氨化作用转化成氨和其他较简单的中间产物。氨化作用释出的氨大部分与有机或无机酸结合成铵盐，或被自养生物吸收，或在微生物作用下氧化成硝酸盐。

矿化作用的强度和快慢不仅与介质的理化性质有关，还受被矿化的有机化合物中有关元素含量的影响，以及有机物质本身的结构性质（如组织老化程度、碳氮比）和温度、水分含量、pH 与无机养分等环境条件的控制。一般来说，在自然环境下，温度越高，分解越快；而水分是微生物生长所需的，但水分太多通常会造成土壤内环境通气不良，直接影响好氧微生物分解有机物，因此需要有适当的水分；除了有机碳源外，微生物生长也需要其他无机养分，因此土壤中无机养分含量高也会加快分解速率，其中又以氮素最为重要。（施丽梅）

L

lanzaomen

蓝藻门 (Cyanophyta) 又称蓝细菌 (Cyanobacteria) 或蓝绿藻 (Blue-green algae), 是原核生物界的一门, 具有叶绿素 a 及藻胆素等色素, 能进行光合放氧。蓝藻出现在距今约 30 亿年前, 是地球上最早的自养生物类群, 也是地球上最古老的光合产氧者, 在地球生物圈形成和发展的过程中起着关键性作用。

形态学和生物学特征 蓝藻形态高度多样, 包括单细胞、群体、分化的多细胞形式和分枝个体形式。蓝藻的细胞没有真正的细胞核和色素体等细胞器, 环状、丝状的 DNA 聚集在细胞中央形成核区, 无核膜及核仁。核区周围的原生质体中含有叶绿素 a 等主要色素, 类囊体膜的外表面上还附着有大量颗粒状的藻胆体。蓝藻的藻胆蛋白有四种色素: 藻蓝素、别藻蓝素、藻红素及藻红蓝素。所有的蓝藻都含有前两种色素, 而后两种只在某些类群中存在。蓝藻的储存物质为蓝藻淀粉。细胞壁由氨基糖和氨基酸组成。单细胞类群由 3 层组成, 丝状类群由 4 层组成。有些种类的细胞或群体表面常具胶被, 其化学成分很复杂, 主要成分为肽聚糖。有些丝状蓝藻的细胞壁外具有胶鞘, 分层或不分层, 无色或具有黄、褐等颜色。

生殖方式 通常为细胞分裂。单细胞类群有的只有一个分裂面, 有的具有两个或三个分裂面, 单细胞类群的细胞分裂方式决定藻体形态, 是科、属分类的重要特征之一。丝状类群除了细胞分裂外, 还能形成藻殖段。藻殖段是藻丝的短断片, 在藻丝一端或两端细胞壁增厚形成分离盘或产生死细胞过程中生成, 藻殖段藻丝滑动离开后发育成新的藻丝。

分布及生活习性 蓝藻的适应能力非常强, 几乎所有生境都有分布。蓝藻在淡水、海水、咸水、半咸水、冰水及热泉中均有发现, 还能生长在潮湿土壤、岩石、树皮及树叶上, 不少种类也可以在干旱的环境中繁殖, 甚至有少数种类还能在某些特定环境下生长, 如盐碱地、荒漠、酸性环境等。

分类 根据不同的形态特征, 蓝藻被分为四个目, 分别为单细胞蓝藻组成的色球藻目 (Chroococcales), 由不分化的多细胞单列丝状蓝藻组成的颤藻目 (Oscillatoriales), 由具有分化异形胞的丝状蓝藻组成的念珠藻目 (Nostocales), 以及由具有真分枝、多细胞、单列或多列的丝状蓝藻组成的真枝藻目 (Stigonematales)。

实用价值和应用 含有异形胞的蓝藻能够固定环境中的无机氮成为有机氮, 合成蛋白质, 在自然界氮素平衡中起重要作用, 可以作为水稻田肥源改良土壤结构和提高土壤保肥保水能力。蓝藻含有较高的蛋白质 (一般为 20% ~25%)、较完备的氨基酸和多种维生素, 因此具有食用价值, 如中国传统食品发菜、葛仙米、地木耳等。螺旋藻等蛋白质含量可高达 70%, 可作为保健食品。

危害 许多种类的蓝藻在一定条件下会聚集在水体表面形成蓝藻水华。（史小丽）

lixing simochong

梨形四膜虫（*Tetrahymena priformis*） 属于纤毛门（Ciliophora）寡膜纲（Oilgohymenophorea）膜口目（Hymenostomatida）四膜亚目（Tetrahymenina）四膜科（Tetrahymenidae）四膜虫属（*Tetrahymena*）的原生动物。

形态学和生物学特征 身体较小，呈梨形，前端或多或少尖削，后端浑圆；长度和宽度比约为2∶1，最宽阔处一般在身体中部；背腹面不大会压缩。胞口位于腹面接近前端，并呈两侧对称的梨形，长度只有体长的1/9左右；胞口的纵轴和体轴相并行；胞口左侧下面有一由外质表膜所形成的隆起的脊，但不太显著。沿着胞口右侧有一相当宽的波动膜，左侧有3片很小的波状小膜。分布在全身的纤毛很均匀，成行排列，共有17～23行，其中2行位于后端。内质往往含有较多的食物泡和贮藏粒体。大核圆形，通常位于身体中部；有一个小核，附着在大核上；也有不具小核的个体。

分布 世界性分布种类，主要生活于淡水中。

实用价值和应用 以梨形四膜虫为材料可以进行细胞生物、生化、生理、毒理、遗传、分子生物、分子遗传等方面的研究。（王洪铸）

likecishiti

立克次氏体（Rickettsia） 一类专性寄生于真核细胞内的革兰氏阴性原核生物，以美国病理学家 H. T. Ricketts 的姓氏命名。立克次氏体通常在蜱、螨、蚤、虱的体内生存，可通过这些昆虫的叮咬传播给人，引发的疾病主要包括斑疹伤寒、斑点热等。立克次氏体对热、光照、干燥及化学药剂抵抗力差，60℃作用30 min即可杀死，100℃很快死亡，对一般消毒剂、磺胺及四环素、氯霉素、红霉素、青霉素等抗生素敏感。

形态结构 立克次氏体同时具有 DNA 和 RNA 两种核酸，但是没有核仁及核膜。既有细菌的特点又具病毒特征，特点之一是多形性，可以是球杆状或杆状，有时还出现长丝状体。长0.3～0.8 μm，宽0.3～0.5 μm，丝状体长可达2 μm，一般可在光学显微镜下观察到。体内酶系不完全，一些必需的养料需从宿主细胞获得。

立克次氏体的细胞膜是可透性膜，比一般细菌的膜疏松，这使它们容易从宿主细胞获得大分子物质，但也决定了它们一旦离开宿主细胞则易死亡。

生殖方式 一般以二分分裂方式进行生殖。

引起人类感染的立克次氏体 分为普氏立克次氏体（*Rickettsia prowazekii*）、莫氏立克次氏体（*Rickettsia mooseri*）、立克次氏立克次氏体（*Rickettsia rickettsia*）和恙虫病立克次氏体（*Rickettsia tsutsuganushi*）。

普氏立克次氏体 是人的流行性斑疹伤寒的病原体。短杆状，呈单细胞或短链状排列。个体大小一般为（0.8～2）μm×（0.3～0.6）μm，有的可长达4 μm。普氏立克次氏体主要借人虱在人群中传染，侵入人体后，在血管内皮细胞、单核吞噬细胞中繁殖，引起血管破裂与坏死，血栓形成，并可引起肝、脾、肾、脑、心等细胞肿胀、增生、代谢障碍、坏死及间质性炎症，引致相应症状。感染后的病人平均死亡率为20%，严重时可达70%。

莫氏立克次氏体 是地方性斑疹伤寒（也称鼠型斑疹伤寒）的病原体。它的自然宿主是鼠，主要通过鼠虱在鼠中传播。鼠虱叮吸人血后会造成人的感染。

立克次氏立克次氏体 是落基山斑疹伤寒的病原体。它的自然宿主是蜱和蜱所寄居的动物体，人被蜱叮咬后会造成人的感染。被感染病人的死亡率可高达90%。

恙虫病立克次氏体 是丛林斑疹伤寒（恙虫病）的病原体。最早于1810年在日本发现，感染后病人的死亡率约有60%。恙虫病立克次氏体为短杆状，平均长度 1.2 μm，常成对排列。传播途径是由恙螨叮咬后感染人体，在血管内皮细胞中生长，引发病症。恙虫病立克次氏体寄生于鼠耳壳部的恙螨中，并借螨传播。恙虫病可引起高热、发疹等症状，并造成神经系统、循环系统以及肝、肺、脾的损害。

（武俊）

lianhe xiufu

联合修复 （combined remediation） 协同两种或两种以上修复技术联合共用，或者以一种修复技术为主，辅以其他手段共同修复环境污染的技术。联合修复不仅可以提高单一污染的修复速率与效率，而且可以克服单项修复技术的局限性，实现对多种污染物的复合污染的修复。

土壤中污染物种类多，复合污染普遍，污染组合类型复杂，污染程度与厚度差异较大。一些场地修复后再利用方式的空间规划要求也不同。单项修复技术往往很难达到修复目标，发展协同联合的综合修复模式就成为场地和农田土壤污染修复的研究方向，如不同修复植物联合修复、降解菌-超累积植物联合修复、真菌-修复植物联合修复、土壤动物-植物-微生物联合修复、络合增溶强化植物修复、化学氧化-生物降解联合修复、电动修复-生物修复联合、生物强化-蒸汽浸提联合修复、光催化-纳米材料联合修复等。常用的联合修复技术有物理-化学联合修复、化学/物化-生物联合修复技术和微生物/动物-植物联合修复技术。

物理-化学联合修复 传统的物理、化学修复存在修复费用高昂、易产生二次污染、破坏土壤及微生物结构等缺点，制约了从实验室向大规模应用的转化。对一些物理和化学修复方法的联合使用，能有效地克服某些修复方法存在的问题，提高修复的效率，降低修复成本。例如，溶剂萃取-光降解联合修复技术是利用有机溶剂或表面活性剂提取有机污染物后进行光降解的一项新的物理-化学联合修复技术，可以利用环己烷和乙醇将污染土壤中的多环芳烃提取出来后进行光催化降解。此外，还可以利用 Pd/Rh 支持的催化-热脱附联合技术或微波热解-活性炭吸附技术修复多氯联苯污染土壤；以及利用 TiO_2 光催化修复农药污染土壤。

化学/物化-生物联合修复技术 发挥化学或物理化学修复快速的优势，结合非破坏性的生物修复特点，发展基于化学/物化-生物的修复技术是在污染土壤修复方面最具应用潜力的方法之一。例如，化学淋洗-生物联合修复技术是基于化学淋溶剂的作用，通过增加污染物的生物可利用性提高生物修复效率；利用有机络合物溶出土壤中重金属的特性，增加土壤溶液中的重金属浓度，提高重金属的植物可利用性，从而实现强化诱导的植物重金属修复；化学预氧化-生物降解和臭氧氧化-生物降解等联合修复技术已经应用于污染土壤中多环芳烃的修复；电动力学-微生物联合修复技术可以克服单独的电动力学技术或生物修复技术的缺点，在不破坏土壤质量的前提下，加快土壤修复进程；应用光降解-生物联合修复技术可以提高石油中多环芳烃污染物的去除效率。

微生物/动物-植物联合修复技术 微生物（细菌、真菌）-植物、动物（蚯蚓）-植物联合修复是土壤生物修复技术研究的新内容。筛选有较强降解能力的菌根真菌和适宜的共生植物是菌根生物修复的关键。根瘤菌和菌根真菌双接种能强化紫花苜蓿对多氯联苯的修复作用。利用能促进植物生长的根际细菌或真菌，发展植物-降解菌群联合修复及其根际强化技术，促进有机污染物的吸收、代谢和降解是生物修复技术新的研究方向。筛选土壤动物，利用动物肠道微生物的降解转化作用，结合植物提供碳源，实现动物-植物联合修复，是土壤有机物污染修复的重要研究内容。 （俞协治）

lianqiujun

链球菌 （*Streptococcus*） 芽孢杆菌纲、乳杆菌目、链球菌科细菌。广泛存在于自然界、人及动物粪便和健康人的鼻咽部，可引起各种化脓性炎症。革兰氏染色阳性，但培养时间较长时或在脓液标本中常呈阴性，分为致病性和非致病性两大类。

类型 根据对红细胞的溶血能力可分为三种不同类型：①甲型溶血型链球菌。菌落周围有1～2 mm宽的草绿溶血环，称甲型溶血或α溶血。这类链球菌又称草绿色链球菌。此类链球菌为条件致病菌。②乙型溶血型链球菌。菌落周围形成一个2～4 mm宽，界限分明、完全透明的溶血环，完全溶血，称为乙型溶血或β溶血。这类细菌又称溶血性链球菌，致病力强，可引起多种疾病。③丙型链球菌。不产生溶血素，菌落周围无溶血环，故又称不溶血性链球菌，一般不致病。

按C抗原不同可分为A、B、C、D、E、F、G、H、K、L、M、N、O、P、Q、R、S、T、U、V等20个群。对人致病的大多属于A群。A群又称化脓性链球菌。根据对氧的需求分类，可分为需氧、兼性厌氧和厌氧三大类链球菌。

形态学和生物学特征 细胞呈球形或卵圆形，直径0.6～1.0 μm。细胞沿一个平面分裂，多数呈链状排列。链的长短与菌种及生长环境有关，在液体培养基中形成的链状排列比在固体培养基中形成的链更长。需氧或兼性厌氧，有些为厌氧菌。需要在加有血液、血清、葡萄糖等的培养基中生长。最适生长温度37℃，最适pH 7.4～7.6，血琼脂平板上形成灰白色、有乳光、表面光滑、边缘整齐、直径0.5～0.75 mm的小菌落，不同菌株的溶血现象不同。链球菌能发酵简单的糖类，产酸不产气。一般不分解菊糖，不被胆汁或1%去氧胆酸钠所溶解，这两种特性常用来鉴定甲型溶血型链球菌和肺炎球菌。链球菌不产生过氧化氢酶，60℃作用3 min可杀死大部分链球菌，对一般消毒剂敏感，在干燥尘埃中可存活数日，对青霉素、红霉素、氯霉素、四环素等均敏感，耐药性低。

致病性 A群链球菌有较强的侵袭力，可产生多种酶和外毒素，主要包括以下七种：

M蛋白 是链球菌细胞壁中的蛋白质组分，具有抗吞噬细胞的作用。M蛋白能使血小板、白细胞凝集，溶解多形核细胞，并抑制毛细血管中的血细胞的移动。M蛋白还具有抗原性，能刺激机体产生特异性抗体，引起免疫性的变态反应疾病。

脂磷壁酸（LTA） 大多数LTA位于细胞膜和肽聚糖之间，通过肽聚糖孔伸展至细菌细胞表面，与细菌黏附于宿主细胞表面有关。人类口腔黏膜和皮肤上皮细胞、血细胞等细胞膜上均有LTA的结合位点，LTA与这些结合位点结合后，可促进细胞通过胞吞或胞饮作用将链球菌摄入细胞，造成感染。

透明质酸酶（hyaluronidaes） 又称扩散因子，能分解细胞间质的透明质酸，便于链球菌在动物组织中扩散。

链激酶 又称链球菌溶纤维蛋白酶（Streptococcal fibrinolysin），能激活血液中的血浆蛋白酶原，使其成为血浆蛋白酶，可溶解血块或阻止血浆凝固，有利于细菌在组织中的扩散。链激酶耐热，100℃、50 min加热仍保持活性。

链道酶（streptodonase） 又称链球菌DNA酶，主要由A、C、G群链球菌产生。此酶能分解脓液中的DNA，利于脓汁的扩散和细菌的移动。

链球菌溶血素（streptolysin） 有溶解红细胞、杀死白细胞及毒害心脏的作用，主要有O和S两种。

致热外毒素（pyrogenic exotoxin） 是蛋白质，具有抗原性，对热稳定。是人类猩红热的主要致病物质，是红疹发病的主要原因。

免疫性 A群链球菌感染后，宿主可产生特异免疫，主要是M蛋白的抗体（IgG）。但由于链球菌血清型别多，无交叉免疫性。

微生物学检查法 根据疾病不同，可采取脓汁、咽拭子、血液等标本送检。主要包括直接涂片镜检、分离培养和血清学试验。

直接涂片镜检 取脓汁进行涂片，镜检，如发现大量革兰氏阳性、呈链状排列的球菌，就可以初步诊断为链球菌感染。

分离培养 将脓汁或咽拭子直接划线接种

在血琼脂平板上，培养后观察有无链球菌菌落。

血清学试验 指抗链球菌溶血素O试验(anti-streptolysin O test，ASO test)，简称抗O试验。常用于风湿热的辅助诊断。患者血清中的抗O大多在250单位左右。

防治原则 链球菌主要通过飞沫传染，应对病人和带菌者及时治疗，以减少传染源。对空气、器械、敷料等注意消毒。链球菌对抗生素的敏感不尽相同，临床应用最好作药物敏感试验。 （武俊）

luchong

卤虫 (brine shrimp) 又称盐水丰年虫，中国民间也称盐虫子或丰年虾，是一种广温、广盐、广分布的小型低等甲壳动物，属于节肢动物门(Arthropoda)甲壳纲亚门(Crustacea)鳃足纲(Branchiopoda)无甲目(Anostraca)盐水丰年虫科(Branchlectidae)卤虫属(*Artemia*)。

形态学和生物学特征 卤虫以胸肢呼吸，身体分节，成体身体细长，全长为1.2~1.5 cm，明显地分为头、胸、腹3部分。头部具有5对附肢，即2对触角、1对大颚、2对小颚；胸部有8对附肢，前3对为颚足，辅助摄食，后5对为步足，用于游泳；低等的种类腹部无附肢。卤虫体色随着生活的水体环境不同而变化。一般情况下，水体中盐度适中，体色呈浅色，以灰白色较为常见；如果水域呈高盐浓度，则体色变红，且个体变小；如果在盐度较小、藻类繁多的水域生长，则体色呈藻类颜色，常为黄绿色。有时雌性个体在最末对躯干肢的后方腹面有卵囊，为大而长的椭球形囊状体，其内充满粒状卵。休眠卵具有比较厚的外壳，圆形，浅红褐色，直径为200~280 mm。

主要生活习性 卤虫具有很强的适应性，繁殖生长快，卵可以长期保存，便于传播。

盐度 卤虫对盐度适应性很强，一般要求盐度在70‰以上。

温度 卤虫成体的适应温度范围为15~35℃，最适温度为25~30℃，当温度低于15℃时，发育缓慢。孵化时适应温度范围为15~40℃，最适宜范围为25~30℃。

溶解氧和pH 卤虫的耐低氧能力很强，可生活于溶解氧含量为1 mg/L的水中，也能生活于饱和溶解氧或过饱和溶解氧的环境中。卤虫成虫适宜的pH为8~9，pH低于8时会降低孵化率。

食性 卤虫是典型的滤食性生物，只能滤食50 μm以下的颗粒，对5~16 μm的颗粒有较高的摄食率。在天然环境中主要以细菌、微藻和有机碎屑等为食。

运动及趋性 卤虫喜逆水游动。成虫不喜强光，而幼体有强趋光性。

产卵习性 卤虫为雌雄异体，但在春季、夏季行孤雌生殖，平常所见者为雌体，雄体较少见到。从6月下旬到11月下旬都为卤虫的繁殖期，在春、夏季雌体产生卵（非需精卵），成熟后不需要受精便可孵化为无节幼体，发育成雌虫。秋季环境条件改变时，则行有性生殖，此时雄体出现，雌雄交尾产生休眠卵（又称冬卵）。秋冬季节，温度下降、盐度降低、溶解氧含量降至2 mg/L等环境因子的变化，均可导致卤虫产生休眠卵，休眠卵漂浮于水面或悬浮于水中，能在水底淤泥中度过严寒、在干燥或其他恶劣环境中生存，故可长期保存。

敌害 卤虫生活的高盐环境使其能逃避大多数可能的捕食者，但不能逃避水鸟的危害。某些昆虫或其幼虫（如半翅类、甲虫等）也能捕食卤虫。

分布 卤虫分布甚广，除两极地区外，世界各地的盐湖和沿海高盐水域都有分布，全世界已报道的卤虫产地有500多处。我国卤虫分布在北自黑龙江、河北、天津、山东等省(市)，南至台湾、海南南部沿海的盐田以及其他高盐水域，如新疆、青海、西藏、内蒙古和山西等省（区）的内陆盐湖中，但主要产地在长江以北沿海各地。天津长芦盐场是最著名的卤虫产地。 （杨柳燕 任丽曼）

ludi shengtai dulixue

陆地生态毒理学 （ecotoxicology of land） 研究环境污染物对陆生生物及其环境影响的学科。主要包括三个要素：污染来源、污染受体和暴露途径。其中污染来源主要包括污染物在陆地上直接施用、扩散和长距离转运三方面；污染受体主要包括土壤中的微生物、植物、无脊椎动物、两栖类动物、爬行动物、鸟类和哺乳动物；暴露途径主要包括体表接触、呼吸、摄食等。生物积累和生物放大是影响污染物在陆地生物食物网中迁移、转运和累积过程的重要因素。

陆地生物对污染物的毒性响应可以通过标准的室内毒理学方法进行评估，目前除爬行动物尚无标准的评价方法外，其他类群均已建立了标准的评价方法，但是由于陆地生态系统涉及的物种众多，大多数物种的毒性响应并未进行直接的评估，因此，其现有的毒性响应多来源于已有测试结果的外推。在个体水平上，对于某些特定的化合物，其在动植物组织中的含量可以被用于评估其对目标生物的影响，也可以通过野外的正交试验确定这些化合物在现实环境中对生物的影响。在种群水平上，可以通过种群模型预测种群在特定污染物影响下的变化过程以及其随时间变化的种群维持能力。在群落水平上，可以通过动植物群落结构对污染物的响应变化来反映污染物的影响。另外，无论是动物还是植物，其在不同水平上对污染物的响应均会随时间的变化而产生适应性或抗性，因此，在进行陆地生态毒理学研究中需关注长期暴露生物对污染的适应性。 （张民）

lüdai

绿带 （green belt） 环绕城市的开敞用地，主要包括农田、林地、村镇居民点用地和国家公园等。

绿带建造的目的为：①为城市居民提供接近开放乡村的机会；②为附近的城市居民提供户外运动和娱乐活动的场所；③在居民居住区，保持并改善具有吸引力的景观；④改善城镇周围的遗弃地和被破坏的土地；⑤维护自然保护区；⑥保证农业与林业等相关用地。

发展历程 绿带政策起源于英国。1935年“大伦敦区域规划委员会”首先以官方名义提出了这一政策，旨在为公共空间和娱乐休闲提供储备用地，围绕城市建立环形绿带。1955年绿带政策正式实施。自此，虽然绿带的范围不断调整，但是绿带的目的和功能变化很小。该政策被认为是英国城乡规划政策的核心元素之一，在城乡规划中占有重要的位置。著名的伦敦环城绿带建于1938年，宽13～14 km、面积达5 780 km^2，形状为片状、环状，包括林地、牧场、乡村、公园、果园、农田、室外娱乐用地、教育科研用地等。其既可以作为伦敦的农业与游憩地区，保持原有小城镇的乡野风光特色，又可以抑制城市过分扩张。绿带圈中不准建筑房屋、不设新的居民点，并对原有的居民点控制发展。20世纪50年代，我国个别城市就提出了建设环城绿带的理念。1958年，北京在市中心地区与边缘卫星城区之间以及各卫星城区之间设置了绿化隔离带，以形成“分散集团式”的布局。广东省在2003年制定并颁布了环城绿带和区域绿地指引，开了国内的先河。

绿带在控制城市增长、保护乡村景观和塑造城乡土地格局方面起着非常重要的作用。目前，绿带政策受到许多国家的重视，对城市空间布局产生了深远的影响。

形式 主要包括环形绿带、楔形绿带、环城卫星绿地、缓冲绿带、中心绿地和廊道绿带。

环形绿带 绿带围绕建成区呈环形分布，其典型代表是伦敦环城绿带。

楔形绿带 森林或湿地、草地等绿地布局在城市周围，以围绕建成区的绿地为骨架，工业区、居民区与卫星城市呈放射状分布其间。

环城卫星绿地 成片大面积森林或湿地、草地等绿地布局在城市周围，但这些绿地互相分离。

缓冲绿带 森林与其他类型的绿地分布在城市群的各个城市之间，绿地成为隔离城市的缓冲带。

中心绿地 大面积绿地位于城市中心。

廊道绿带 绿带呈带网状分布，城市周围的绿带与城区的绿地通过绿色廊道连接成完整的绿地体系。

作用 对一些相对发达的大城市而言，执行绿带政策对保证城市居民的娱乐用地、塑造合理的城市空间布局和提升城市的品质及形象等都具有非常重要的作用。绿带是重要的景观生态廊道，对城市生物流、物质流、能量流均具有重要的影响。绿带是有效控制城市过度扩展，将城市与自然生态有机结合，体现生态文明，促进可持续发展的重要手段，具体表现在以下七个方面。

净化空气 绿色植物具有很强的吸收CO_2、SO_2、NO_x与降尘的能力，对改善城市环境具有重要的作用。

改善小气候 有助于城市的能量辐射平衡，提高局部环境的湿度，减轻城市热岛效应。

环境质量监测 绿带中部分植物对特定的污染物敏感性较强，因而可以用来指示环境中存在的污染物。

阻滞粉尘 灌木密集的枝干和乔木宽大的叶片有利于阻挡空气中粉尘的扩散。

减弱噪声 公路绿带通过树冠吸收声能，有较好的噪声衰减效应。

防火减灾 具有宽厚木栓层、富有水分的树木防火作用较好，可以减少灾害损失。

为野生生物提供栖息地 城市绿带可以保护、提供野生动植物的生境与栖息地，最大限度地维持或提高城市生物多样性。

（杨柳燕　张权）

推荐书目

Marco Amati. Urban green belts in the twenty first century. Farnham：Ashgate，2008.

高润清．园林树木学．北京：气象出版社，2001.

lühua kangwu

绿化抗污 （depollution by virescence） 通过种植植物等绿化手段消除、减少污染的方法。植物中有很多种类对污染物质有抵抗性。利用这一特点，在进行植树造林绿化时，选择一些抗性强的植物，既能绿化环境，又能避免大气污染。这种做法对于工矿企业来说尤为重要。研究表明，尽管植物对环境污染有一定的抵抗和净化作用，但不同种类的植物对有害气体的抗性是存在差异的，对不同种类、浓度的污染物，各类植物的抵抗、净化作用也相差极大。如果不能有针对性地合理绿化，不仅不能净化、美化环境，而且还会使绿化植物生长不良，甚至死亡。植物的生长有一定的地域性，只有选择适宜当地生长的抗污、吸污的种类，才能使它们最大限度地起到净化、美化环境的作用。

（崔益斌）

lüzaomen

绿藻门 （Chlorophyta） 含有叶绿素 a 和叶绿素 b，且将光合作用生成的淀粉存在其色素体内的藻类。

形态学和生物学特征 绿藻门藻类光合色素组成包括叶绿素 a 和叶绿素 b，这与高等有胚植物相同；少数种类含有叶绿素 c，辅助色素为叶黄素、胡萝卜素、玉米黄素和紫黄素等。光合作用产物为多糖。绝大多数绿藻呈绿色、草绿色；但在一些绿藻中，由于色素体被其外面的血色素所掩盖，因此整个藻体都呈现红色，如雪衣藻、橘色藻等。

按形态分为以下五种：①单细胞鞭毛藻类及其衍生的群体鞭毛类，这部分藻类多是营浮游性生活。在内陆水体中常见的主要是葱绿藻类中的塔胞藻、绿枝藻纲中的四爿藻目和绿藻纲中的团藻目类群（如四鞭藻、衣藻、红球藻、实球藻和团藻等）。②单细胞（不具鞭毛）藻类及其衍生的集结体类群，内陆水体中常见的浮游性种类较多集中在绿藻纲的环藻目（如蹄形藻、纤维藻、四角藻、链带藻、栅藻、空星藻和盘星藻等）、共球藻纲的小球藻目（如胶网藻、集星藻、卵囊藻、牧野藻、多芒藻和拟新月藻等）和双星藻纲中的鼓藻类（如鼓藻目和中带鼓藻目中的种类等)。着生性的藻类多集中在绿藻纲、团藻目的四孢藻类和部分鼓藻类,它们的典型特征是能够形成较厚的胶被。③丝状藻类及其衍生的叶状体类群,这部分藻类多为固着藻类,浮游性的较少,常见报道的浮游性藻类为游丝藻和暗丝藻等。而内陆水体中着生藻多为胶毛藻目(胶毛藻和毛枝藻)、鞘藻目(如鞘藻、枝鞘藻)、丝藻目(如丝藻)、石莼目(如石莼和浒苔)和刚毛藻目(如刚毛藻、基枝藻)中的种类。④丝状体营结合生殖的藻类,又称双星藻类,通过不同藻丝之间相邻细胞的结合进行有性生殖。这部分藻类浮游性和着生性的均有,且均为双星藻纲中的丝状藻类。常见的为水绵、转板藻和双星藻等。⑤轮藻类,一类植株形态与高等植物狸藻等相似的大型藻类。常见的主要是轮藻(*Chara*)和丽藻(*Nitella*),这部分藻类均通过假根固着生长。

绿藻门具有典型的高等植物细胞特点:①绝大多数具细胞壁,细胞壁成分多为果胶和纤维素,与高等植物相同;部分藻类细胞壁不具纤维素,例如,团藻目和四爿藻目为糖蛋白、蕨藻和石莼为木聚糖或甘露聚糖。②原生质体中间常具1个液泡。③ 绝大多数具有1至数个色素体,色素体内通常形成蛋白核,贮存物质多为淀粉,多聚集在蛋白核周边或分散在色素体的基质中。色素体形状多为杯状、片状、盘状、星状、网状和带状等。④ 具细胞核,除少数种类多核外,绝大多数种类细胞单核。⑤具鞭毛和眼点,鞭毛藻类、动孢子、配子等多具有1至数根鞭毛及1个橘红色眼点。

生殖方式 分为植物性生殖、孢子生殖和有性生殖。

植物性生殖 植物体不通过形成生殖细胞,而是通过营养细胞分裂的方式形成新个体。

孢子生殖 又称无性生殖,植物体形成的生殖细胞(孢子)不经过结合直接萌发成为新的植物体。绿藻门中孢子细胞根据其形态和性质通常分为五类:① 动孢子,由孢子囊内原生质体收缩或分裂形成,无细胞壁,通常具1个眼点、2根或4根鞭毛,依靠鞭毛游动。②静孢子,具细胞壁,但其不具鞭毛,故不能运动。③似亲孢子,与静孢子相似,但其形态与母细胞完全相同。④休眠孢子,环境不良时由母细胞脱去鞭毛,壁外产生胶被所形成,环境适宜时原生质体分裂发育成新的植物体。⑤厚壁孢子,环境不良时由细胞壁增厚,胞内积累大量营养物质及色素所形成,环境适宜时萌发形成新个体。

有性生殖 产生有性生殖细胞,通过有性生殖细胞结合形成合子,合子萌发成为新的植物体。

分布 已知的绿藻门植物近万种,主要分布在淡水生境中,淡水种类多世界性分布;只有大约1/10的种类生活在海洋或咸水、半咸水中;还有部分为气生或亚气生种类;另外有一些种类能够同真菌共生形成地衣。许多淡水种类具有明显的分布范围,特别是在热带地区;海洋或咸水种类也表现出有特征性的地理分布,这是由水的温度所决定的;气生或亚气生的藻类多生长在土壤、墙壁、树干、叶片、冰雪等较为潮湿的地方。

演化和分类 细胞超微结构和分子系统发育方面的研究表明,绿色植物在进化上分为两大支系,即绿藻门和链型植物门(Streptophyta)。绿藻门和链型植物门拥有最近的共同祖先,二者均起源于异养真核细胞(heterotrophic eukaryoticcell)与蓝细菌(cyanobacterium)的内共生。现行的分类系统将绿藻门分为四大支系,即绿藻纲(Chlorophyceae)、共球藻纲(Trebouxiophyceae)、石莼纲(Ulvophyceae)和真绿藻纲(Prasinophyceae)。超微结构和分子系统发育研究的结果显示真绿藻纲是多系起源的,而不是一个自然类群,因此其系统分类地位一直存有争议。绝大多数藻类学家认为绿藻门应分为三大支系,即绿藻纲、石莼纲、共球藻纲。依据超微结构及分子系统发育方面的研究,传统分类中绿藻纲中的链丝藻目(Klebsormidiales)、鞘毛藻目(Coleochaetales)、隐毛藻目(Aphanochaetales)及绿藻门中的轮藻纲（Charophyceae）和双星藻纲（Zygnemaphyceae）归入链型植物门。因此，现行的绿藻门分类中主要包括共球藻纲中的小球藻目（Chlorellales）、共球藻目（Trebouxiales）、溪菜目（Prasiolales）等，石莼纲中的石莼目（Ulvales）、丝藻目（Ulotrichales）、刚毛藻目（Cladophorales）、绒枝藻目（Dascladales）、羽藻目（Bryopsidales）、橘色藻目（Trentepohliales）等，绿藻纲中的衣藻目（Chlamydomonadales）、鞘藻目（Oedogoniales）、绿球藻目（Chlorococcales）、胶毛藻目（Chaetophorales）等。

实用价值和应用 绿藻作为初级生产者能够为许多滤食性鱼类和底栖动物所摄食，从而在水产养殖中起到重要作用。有些绿藻如刚毛藻可以食用。有研究表明小球藻含有大量的复合蛋白、维生素和微量元素，能够增强人体免疫力、排毒和缓解关节疼痛等，因此可以作为保健食品。在能源方面，绿藻被认为是一种未来的绿色清洁能源，例如，小球藻和杜氏藻等可用于高产油研究。在环境治理方面，绝大多数绿藻能够作为水质的指示生物；此外，很多绿藻能够吸附水体中的重金属，例如，许多丝状绿藻如刚毛藻和大型绿藻如石莼能够在污染水体中生长，吸附其中的铅等重金属，从而起到净化水质的作用。

危害 很多绿藻如浒苔能够引起水华。有些绿藻还是人和家畜部分疾病的病原体，例如，引起人体皮肤病的无绿藻就是绿藻门小球藻科中的一类寄生藻类。一些绿藻如橘色藻科藻类等能够寄生在一些经济作物（如茶和柑橘）的叶片或果实表面，从而造成经济损失。

（刘国祥　朱欢）

lunchong

轮虫（Rotifer）　最小的多细胞动物，其分类地位存在比较大的争议。有的分类学家将其列为线形动物门（Nemathelminthes）的一个纲，即轮虫纲（Rotifera），有的分类学家把这类假体腔动物称为原腔动物门（Aschelminthes），现在很多分类学家将其单列为轮虫动物门（Rotifera）。

形态学和生物学特征 主要包括：①头部前端扩大成盘状，其上方有一由纤毛组成的轮盘，称头冠，是运动和摄食的器官，身体其他部分没有纤毛；②消化道的咽部特别膨大，形成肌肉很发达的咀嚼囊，内藏咀嚼器；③体腔两旁有一对原肾管，其末端有焰茎球。

分布及生活习性 世界性分布类群。广泛分布于各类淡水水体中。在海洋、内陆咸水中也有其踪迹，但种类稀少。部分具一定耐盐性的种类可在河口、内陆咸水以及浅海沿岸带的混盐水水体中生活，甚至大量繁殖。

实用价值和应用 轮虫不仅分布广泛，而且数量多，通常是其他水生生物的饵料，几乎所有鱼类的幼体阶段都摄食轮虫，是鱼苗最适口的活饵料。轮虫也是很好的环境质量优劣的指示生物。

（王洪铸）

luoxuanti

螺旋体（spirochaeta）　细长、柔软、弯曲呈螺旋状的运动活泼的单细胞原核生物，广泛分布在自然界和动物体内。

螺旋体是介于细菌与原生动物之间的单细胞原核生物。全长 3～500 μm，有细菌的基本结构如细胞壁、细胞膜、细胞质及核区。核区和细胞质构成圆柱形的原生质体。在细胞壁和细胞膜之间有轴索，轴索由轴丝组成，每个细胞有 2～100 条轴丝。轴丝的一端固定，另一端游离，两端的轴丝在细胞中部重叠。轴丝的结构和化学组成与细菌鞭毛类似。轴索与原生质圆柱体都有外膜包围。螺旋体通过轴索扭曲而运动。革兰氏染色阴性，内含物在染色的制片上显示有横条纹。以横断分裂方式生殖。好氧、兼性厌氧或厌氧。化能异养，腐生或寄生。腐生型常存在于污泥或垃圾中。

（蒋丽娟）

luoxuanzao

螺旋藻（*Spirulina*）　一种多细胞单列丝状蓝藻，属于蓝藻门（Cyanophyta）蓝藻纲（Cyanophyceae）颤藻目（Oscillatoriales）颤藻科（Oscillatoriaceae）。

形态学和生物学特征 藻体单细胞或多细胞，圆柱形，无鞘；或松或紧地卷曲成规则的螺旋状；藻丝顶端通常不渐尖，顶端细胞钝圆，无帽状结构；藻丝细胞无分化，横壁不明显，不收缢，或是并不存在横壁而全体只是一个细胞。

生活习性 螺旋藻是一种喜高温的藻类，适宜的生长温度为25～35℃。当温度低于20℃时，生长缓慢。螺旋藻适于在碱性环境中生长，对碱性环境有较强的适应能力，适宜pH为8.3～10.3。

生殖方式 以细胞二分裂和藻殖段生殖为主。

分类 螺旋藻的种类较多，常用于大量培养的螺旋藻有钝顶螺旋藻、极大螺旋藻和盐泽螺旋藻（*S. subsalsa*）。钝顶螺旋藻及极大螺旋藻最早被分入螺旋藻属，后被分入节旋藻属（*Arthrospira*），分别为钝顶节旋藻（*Arthrospira platensis*）和极大节旋藻（*Arthrospira maxima*），但习惯上仍被称作“螺旋藻”。

实用价值和应用 螺旋藻蛋白质含量高达60%～70%，β-胡萝卜素的含量也十分丰富，为胡萝卜的15倍；同时还含有丰富的B族维生素和人体必需的多种微量元素，并且含有很高的γ-亚麻酸，有促进钙吸收、提高免疫力、防止代谢紊乱和抗衰老的功能。螺旋藻的细胞壁很薄，极易被降解，消化吸收率达95%。由于含有丰富的营养，螺旋藻可作为保健食品开发利用。

（史小丽）

luozaomen

裸藻门（Euglenophyta） 绝大多数种类无细胞壁，有1～3根鞭毛，能自由游动的单细胞植物。

形态学和生物学特征 细胞表面没有纤维素质的细胞壁，细胞质外层特化为表质。有的表质较硬，细胞可以保持一定的形态；有的较软，细胞可以变形。表质常具有点纹或线纹。有些种类具有黄色、橙色或褐色的胶质囊壳，囊壳与细胞不相连。细胞前端具有囊状食道，由胞口与外界相通，其颈部狭窄为胞咽，下方膨大为贮蓄泡，贮蓄泡周围有1到数个伸缩泡。常具有1或2根鞭毛，罕见3根，着生于贮蓄泡基部的生毛体。有些种类的鞭毛近基部具有颗粒体，分叉或不分叉。鞭毛的构造是裸藻门分类的重要依据。有些种类的细胞前端有一个橘红色眼点。具有多个盘状、片状或星状色素体，有或无蛋白核。光合色素有叶绿素a、叶绿素b、叶黄素、胡萝卜素和藻红素等。同化产物主要为副淀粉和脂肪。在具色素体的种类中，其营养方式以光合自养为主；无色种类营腐生或动物性摄食生活。极少数种类营寄生生活。

生殖方式 通常为细胞纵分裂；环境不适宜时，可形成休眠孢囊。

分类 只有1个纲1个目，分为裸藻科（Euglenaceae）、柄裸藻科（Colaciaceae）、变胞藻科（Astasiaceae）和袋鞭藻科（Peranemaceae）。

裸藻科 多数种类具1根鞭毛，少数具2根或3根，在每根鞭毛的近基部，具有1个颗粒体。表质形态多样，一些种类具有囊壳。绝大多数种类具有色素体，眼点明显。营养方式以自养为主。分为6个属：双鞭藻属（*Eutreptia* Perty）、扁裸藻属（*phacus* Dujardini）、裸藻属（*Euglena* Bütschli）、鳞孔藻属（*Lepocinclis* Perty）、囊裸藻属（*Trachelomonas* Ehrenberg）、陀螺藻属（*Strombomonas* Deflandrea）。

柄裸藻科 细胞前端具有一胶柄，附生于其他浮游动物体上，单细胞或连成不定型群体或树状群体。仅1个属：柄裸藻属（*Colacium* Ehrenberg）。

变胞藻科 细胞具1根或2根鞭毛，基部不具颗粒体，无分叉。无色素体。多数种类无眼点。腐生或动物性摄食。分为5个属：多形藻属（*Distigma* Ehrenburg）、变胞藻属（*Astasia* Dujardin）、弦月藻属（*Menoidium* Perty）、杆胞藻属（*Rhabdomonas* Fresenius）、螺肋藻属

(*Gyropaigne* Skua)。

袋鞭藻科 细胞具1根或2根鞭毛，基部不具颗粒体，鞭毛分为向前的游泳鞭毛和向后的拖曳鞭毛两种。无色素体和眼点。腐生或动物性摄食。分为6个属：瓣胞藻属（*Petalomonas* Stein）、壶藻属（*Urceolus* Mereschkowsky）、袋鞭藻属（*Peranema* Dujardini）、异丝藻属（*Heteronema* Dujardini）、异鞭藻属（*Anisonema* Dujardini）、内管藻属（*Entosiphon* Stein）。

分布及生活习性 裸藻分布广泛，多生长在有机质丰富的小型静水中。在阳光充足的温暖季节，大量繁殖，在水面会形成膜状水华。裸藻在河流、湖泊、沼泽或潮湿的土壤表面也有生长。（夏爽 刘国祥）

M

manxing zhongdu

慢性中毒 (chronic intoxication) 低浓度/剂量环境污染物长时间（一般指数周到数年）、反复对生物机体暴露所产生的危害。慢性毒性是毒物本身在生物体内的蓄积（物质蓄积）或毒物对机体微小毒害的逐渐累积（机能蓄积）所致。（钟寰）

mei gongcheng

酶工程 (enzyme engineering) 利用酶、细胞或细胞器等具有的特异催化功能，借助生物反应装置和通过一定的工艺手段生产出人类所需要的产品的技术。它是酶学理论与化工技术相结合而形成的一种新技术。酶工程可以分为生产酶和应用酶两部分。

酶的生产大致经历了四个发展阶段：最初从动物内脏中提取酶；随着酶工程的进展，人们利用大量培养微生物来获取酶；基因工程诞生后，可以通过基因重组来改造产酶的微生物；近些年来，酶工程又开始人工合成新酶，也就是人工酶。

酶在使用中也存在着一些缺点。例如，遇到高温、强酸、强碱时就会失去活性，成本高，价格贵，实际应用中酶只能使用一次等。利用酶的固定化可以解决这些问题。20 世纪 60 年代初，科学家发现，许多酶经过固定化以后，活性丝毫未减，稳定性反而有了提高。这一发现是酶的推广应用的转折点，也是酶工程发展的转折点。酶固定的方法有四大类：吸附法、共价键合法、交联法和包埋法。多种不同功能的酶可以同时被固定，从而能催化一系列的反应。

与自然酶相比，固定化酶具有明显的优点：①可以做成各种形状，如颗粒状、管状、膜状，装在反应槽中，便于取出，且可以连续、反复使用。②稳定性提高，不易失去活性，使用寿命延长。③便于自动化操作，实现用电脑控制的连续生产。

现在采用固定化酶进行工业生产的产品包括酒精、啤酒、各种氨基酸、各种有机酸以及药品等。酶工程也可以制备酶制剂，用于污水处理、废气净化等。（崔益斌）

meijun

霉菌 (mold) 一些丝状真菌的通称，意即“会引起物品霉变的真菌”，并不是一个生物分类学的名称，通常指那些菌丝体比较发达而又不产生大型子实体的真菌。

霉菌的菌丝呈长管、分枝状，有的无横膈膜，具多个细胞核，并汇聚成菌丝体。霉菌的颜色多为其孢子的颜色，有棕色、棕黑色、灰黑色、黑色、浅白、浅灰、褐色和暗灰色等。

霉菌的繁殖包括有性生殖和无性生殖。无性生殖时，气生菌丝向上分枝为繁殖菌丝，繁殖菌丝可产生孢子进行繁殖。有性生殖时，正、负交配型的匍匐菌丝互相靠近，彼此各长出短侧枝，经接合成为合子。合子成熟萌发时，经减数分裂产生孢子囊，孢子囊破裂释出孢子，再萌发为菌丝。

霉菌分布极其广泛，存在有机物的地方就有霉菌的存在。霉菌在自然界中扮演着最重要的有机物分解者的角色：通过把其他生物难以分解利用的数量巨大的复杂有机物如纤维素和木质素等彻底分解转化，使其成为绿色植物可以重新利用的养料，促进了整个地球上生物圈的繁荣发展。

霉菌与工农业生产、医疗实践、环境保护和生物学基本理论研究等方面都有密切的关系。在工业应用方面，包括柠檬酸、葡萄糖酸等多种有机酸，淀粉酶、蛋白酶和纤维素酶等多种酶制剂，青霉素、头孢霉素等抗生素，核黄素等维生素，麦角碱等生物碱，真菌多糖、酿造食品以及植物生长刺激素等的生产；在传统食品生产方面，包括酿制酱、酱油、干酪等；在生物学基本理论研究方面，霉菌应用广泛，最著名的例子是粗糙脉孢菌（*Neurospora crassa*）等在建立生化遗传学中的作用。另外，霉菌也有一些负面的作用，例如，会引起植物、动物的病变，同时食品、纺织品、皮革、木材、纸张等都易被霉菌所霉坏而发生变质。

（史小丽）

minganzhong

敏感种（sensitive species） 对环境条件变化反应敏感的物种。这类生物对环境因素的适应范围比较窄，环境条件稍有变化即不能忍受而死亡。例如，大型水生无脊椎动物中的石蝇［襀翅目（Plecoptera）昆虫的统称］稚虫、石蚕蛾（*Caddisfly announcement*）幼虫和蜉蝣稚虫都喜在清洁的水体中生活，一旦水体受到污染、溶解氧不足时就不能生存。因此凡有这类生物出现的水体一般都属于清洁水体。

地衣被认为是对大气污染生态监测最好的植物之一。地衣不仅能积累重金属，并且对二氧化硫、氟化物等污染物很敏感，所以通过分析地衣体内的硫含量，可了解工厂和交通工具所排放的烟雾污染大气环境的情况。另外，地衣的化学组分如硫化物含量和地衣的生理指标如叶绿素含量，也可以作为反映大气污染的重要指标，甚至可以反映其与污染源的距离等。

（张民）

moshi shengwu

模式生物（model organism） 在人们研究生命现象过程中长期、反复作为研究材料的物种。生物学家通过模式生物进行科学研究，揭示某种具有普遍规律的生命现象。模式生物通常具有个体较小、容易培养、操作简单和生长繁殖快的特点。

原理 由于进化的原因，许多生命活动的基本方式在地球上的各种生物物种中是保守的，细胞生命在发育的基本模式方面具有相当大的同一性，因此，利用位于生物复杂性阶梯较低级位置上的物种来研究发育共通规律是可能的，尤其是当在有不同发育特点的生物中发现共同形态形成和变化特征时，发育的普遍原理就可以建立。

19世纪末20世纪初，人们发现如果把关注的焦点集中在相对简单的生物上则发育现象的难题可以得到部分解答，因为这些生物更容易被观察和实验操作，因此，除了在遗传学研究中大量应用模式生物外，在发育生物学研究中模式生物也得到了非常广泛的应用。

理想的研究系统往往是试验成功的关键所在，现代生物科学的研究进展大多数依赖于选择合适的生物材料，如大肠杆菌与乳糖操纵子学说的建立及现代分子生物学的发展、豌豆和果蝇与遗传学定律的发现、小鼠与哺乳动物功能基因组学的研究等。由于基因在进化上的保守性以及遗传密码的通用性，从一种实验生物得到的有关基因性质或功能方面的信息往往也适用于其他生物，因此，可以选择更适合于回答某一细胞生物学问题的模式生物进行深入研究。

种类 细胞生物学乃至整个生命科学的研究中常用的模式生物有以下几种。

病毒 是一种非细胞生命形态，由一个核酸长链和蛋白质外壳构成。病毒没有自己的代谢机构，也没有酶系统，因此病毒的基因组很小，故很适合遗传操作，其主要用于基因的表达调控、生物大分子之间的相互作用、生命物质自组装、肿瘤的发生和防治等方面的研究。此外，病毒还可以作为外源基因的载体，转染真核细胞以研究基因的功能。

细菌 大肠杆菌作为细菌的代表已经被广泛应用于分子生物学的研究。大肠杆菌取材广泛，分裂增殖能力强，发育周期短以及结构简单，是理想的分子遗传学研究模式生物。有关蛋白质表达基因调控的最早研究就来源于对大肠杆菌乳糖代谢的研究。

酵母 作为单细胞真核生物的代表，用于生物学研究的酵母主要有两种：芽殖酵母和裂殖酵母。酵母具有细胞核和各种细胞器，但却是一个非常简单的单细胞生物，生长迅速并且易于遗传操作。有关细胞周期调控的知识最初来源于对酵母的研究。

线虫 在实验中常用的是秀丽隐杆线虫（*Caenorhabditis elegans*），它的全部基因组序列已经完成测定，全长 9.7×10^5 kb，大约编码 19 000 个基因，其中 40% 的基因与人类的相似。线虫只有少数的细胞且个体细胞恒定，在显微镜下通体透明，体内每一个细胞的形成都可以被追踪。线虫已经成为现代发育生物学、遗传学、衰老和基因组学研究的重要模式生物。

果蝇 在实验室常用的是黑腹果蝇。果蝇作为经典遗传学的模式生物已经有 100 多年的历史，其对遗传学的发展发挥了巨大作用；其基因组全长 1.8×10^5 kb，大约编码 13 600 个基因。果蝇在遗传学的研究、发育的基因调控研究、各类神经疾病的研究、帕金森病、阿尔茨海默病、药物成瘾和酒精中毒、衰老与长寿、学习记忆与某些认知行为的研究等方面应用广泛。同时它也带动了其他模式生物（线虫、斑马鱼、小鼠和拟南芥等）的研究，且成果非常多。

斑马鱼 属于小型脊椎动物，因全身分布有褐色斑马线而得名。斑马鱼（*Danio rerio*）的基因数目大约为 30 000 个，与人类的相近。由于斑马鱼具有繁殖能力强、体外受精和发育、胚胎透明、性成熟周期短、个体小、易养殖等诸多特点，特别是可以进行大规模的正向基因饱和突变与筛选，其成为功能基因组时代生命科学研究中重要的模式脊椎动物之一。

小鼠 作为小型哺乳动物，小鼠在进化方面是最接近人类的。早在 17 世纪就有人用小鼠做实验，现已成为使用量最大、研究最详尽的哺乳类实验材料。对小鼠长期的研究，奠定和推动了哺乳动物遗传学、发育生物学、胚胎学等经典学科的建立和发展。随着精确的定点遗传操作技术的建立，小鼠已经成为解析人类基因功能最重要的模式生物。

拟南芥 是一种十字花科的被子植物，广泛用于植物遗传学、发育生物学和分子生物学的研究。拟南芥的个体小，高度只有 30 cm 左右，生长周期快，从播种到收获种子一般只需 6 周左右，种子多，生活力强。拟南芥的基因组是目前已知植物基因组中最小的，被用于大规模的功能基因组分析，几乎可发现植物中存在的各种功能基因，故被誉为“植物界的果蝇”。

其他 除了以上模式生物外，其他生物如四膜虫、黏菌、海胆、蛙和鸡等在细胞生物学和发育生物学研究中也都发挥了重要作用。

（张民）

Monuote fangcheng

莫诺特方程 （Monod Equation） 在微生物生长曲线的对数期和稳定期，表达细胞的比生长速率与限制性底物质量浓度的关系的经验方程式，于 1942 年由雅克·莫诺（Jacques Monod）提出，具体见下式：

$$\mu = \mu_{max} \frac{\rho_S}{K_S + \rho_S}$$

式中，μ 为某一微生物的比生长速率，1/h；μ_{max} 为微生物的最大比生长速率，1/h；ρ_S 为培养基中限制性底物的质量浓度，g/L；K_S 为系统常数，g/L，也称饱和常数，其值为某微生物达到最大比生长速率值半数（$\mu = 1/2\mu_{max}$）

时的底物质量浓度。

基本假设 莫诺特方程是微生物均衡生长动力学模型，其建立基于以下 3 个基本假设：

①细胞在生长过程中是均衡生长，因此细胞浓度是描述细胞生长的唯一变量；②培养基中只有一种底物是生长限制性底物，而其他底物浓度均为过量，不限制细胞的生长；③细胞的生长是单一反应，细胞生长速率为一个常数。

意义 莫诺特方程表示的是底物浓度与生长速率的关系，可以反映某一微生物在限制性底物质量浓度变化时比生长速率的变化规律。莫诺特方程和米氏方程（Michaelis-Menten Equation）在形式上一致，不同的是莫诺特方程是通过在试验过程中得出的数据，统计其规律而得出的经验公式；而米氏方程是由数学理论推导出来的公式。

影响 利用莫诺特方程可以计算微生物的比生长速率，其取决于 K_S 和 ρ_S 的大小。当限制性底物过量存在时，$\rho_S \gg K_S$，K_S 可以忽略不计，此时微生物的比生长速率与底物质量浓度无关，呈现零级反应。当限制性底物质量浓度较小时，$K_S \gg \rho_S$，微生物的比生长速率与底物浓度成正比，呈一级反应。

修正 在实际的废水处理系统中，活性污泥处理系统的微生物是多种微生物组成的复杂群体，废水中的有机底物也是多种类的。在废水处理系统中当限制性底物过量时，即 $\rho_S \gg K_S$ 时，$\mu_{max} = \mu$，菌体的比生长速率为零级反应；当 $\rho_S \ll K_S$ 时，由于底物的限制，菌体的比生长速率为一级反应，与菌体浓度无关。在废水处理过程中，并非所有的微生物都处于对数期，总有部分微生物处于内源代谢过程，内源代谢速率一般与微生物浓度成正比。莫诺特方程仅考虑了微生物的生长，没考虑自然死亡，所以在进行废水处理过程设计时，采用内源衰减速率常数对莫诺特方程进行修正。

$$\mu = \mu_{max} \frac{\rho_S}{K_S + \rho_S} - K_d$$

式中，K_d 为内源衰减速率常数，1/h。

（肖琳）

N

nami cailiao duxing

纳米材料毒性 (nanomaterial toxicity) 纳米材料通过各种途径被生物吸收或者累积在生物体内而对生物体产生的危害或者潜在威胁。纳米材料是指在三维空间中至少有一维处于纳米尺寸（1～100 nm）或由其作为基本单元构成的材料。

纳米材料的特性 纳米材料的四大效应为量子尺寸效应（纳米尺寸下电子能级向分离能级转变）、小尺寸效应（尺寸变小引起的宏观物理性质的突变）、表面效应（材料粒径降到纳米级别时，粒子的表面原子数与总原子数之比急剧增大引起的性质上的变化）和宏观量子隧道效应（纳米尺寸粒子贯穿势垒的能力），由此纳米材料表现出优越的导电性、传导性、光敏性、反应活性和磁性。纳米材料由于尺寸小、比表面积大，在理化性质上与常规材料差异巨大。此外，纳米材料还有一些其他效应，如介电限域效应、表面缺陷效应、体积效应等。纳米材料由于具有上述特性，在医药、催化、电子、化工等领域应用广泛。

纳米材料的毒性效应 包括遗传毒性、细胞毒性、组织和器官毒性、个体毒性和生态毒性五方面。

遗传毒性 一些纳米材料能够与核苷酸稳定结合或者引起细胞氧化应激进而损伤 DNA，因而具有遗传毒性，例如，C_{60}能够破坏人类淋巴细胞的 DNA，氧化铜纳米颗粒可以引起细菌、藻类、酵母、老鼠及人体细胞的氧化应激及 DNA 损伤。

细胞毒性 一些纳米材料通过吞噬或者破坏细胞膜途径进入细胞，纳米颗粒进入细胞并与之发生作用，主要通过对跨膜过程和细胞分裂、增殖、凋亡等基本生命过程的影响和相关信号传导通路的调控，在细胞水平上产生生物效应。另外，一些纳米材料的结构如片状结构，会切割细胞从而损伤细胞的物理结构；一些纳米材料能够吸附在细胞表面进而影响细胞的生长，例如，纳米铜吸附在藻细胞的细胞壁上从而影响细胞与外界的物质交换，抑制藻细胞生长。

组织和器官毒性 纳米材料对生物体组织和器官的毒性表现为暴露于纳米材料的生物体组织或者器官会出现炎症反应。例如，纳米材料暴露在实验鼠肝脏中能引起显著的炎症反应及炎症相关基因表达的改变。美国宇航局（NASA）发现将单壁碳纳米管滴入大鼠的气管内能够诱发大鼠肺组织肉芽肿和肺间质炎症，同时病变还可能向肺泡间隔延伸，导致呼吸道机械性阻塞和肺功能下降等。

个体毒性 纳米材料对个体产生的毒性表现为暴露于纳米材料对个体的生长、发育和繁殖会造成不利影响。有研究表明暴露于纳米氧化硅会抑制斑马鱼生长发育，且这种抑制有明显的浓度依赖效应关系。此外，纳米材料可以穿过胎盘屏障、血乳屏障等对子代的生长发育带来影响。

生态毒性 纳米材料进入生态系统后，难降解的纳米颗粒会随食物链传递，进入下一营养级，最终可能通过食物链传递进入人体，危害人体健康。一些纳米材料可能通过直接作用于生态系统的生物，造成生物群落的改变。例如，研究发现纳米氧化锌可能影响生物群落的生长，但对不同微生物的影响不同。

纳米材料在环境中的迁移转化 纳米材料在生产、使用和废弃过程中会以多种方式进入环境，并与环境相互作用，在大气、土壤及水体中进行积累、迁移和转化。

纳米颗粒一般通过工业废气、机动车尾气排放等途径进入大气。进入大气的纳米颗粒在大气中的停留时间一般长于较大颗粒物，输送距离更远。也因其颗粒小、比表面积大、表面活性高，容易吸附大气中的二氧化硫、一氧化氮、芳烃、重金属等多种污染物，从而增加了这些污染物在大气中的停留时间。土壤常作为汇接收来自废物填埋以及纳米材料应用（如生物污泥、纳米肥料、纳米农药、土壤修复等）和大气颗粒物沉降等的纳米材料。人工纳米材料进入土壤后会与土壤产生相互作用，土壤可能改变纳米材料本身的物理化学性质，同时，纳米材料也可能改变土壤固有的稳定体系。纳米材料在土壤中的迁移是一个复杂的过程，会受到离子强度和有机质等多种因素影响。这种相互作用会影响到土壤中其他物质尤其是其他污染物（如有机农药和重金属等）的归趋。水体是纳米材料的重要归趋，纳米材料可以通过纳米材料的应用（如水体修复、饮用水净化）、废水排放、大气沉降等途径进入水体。水体的化学活性远高于大气和土壤，一般会与进入的纳米颗粒产生相互作用（物理团聚和化学解离等）。水体的物理化学性质（pH、离子强度等）和纳米颗粒自身的物理化学性质（化学组成、粒径、比表面积、表面电荷等）都会影响纳米颗粒在水体的赋存形式和迁移转化。一般来说，纳米颗粒进入水体会发生不同程度的团聚，造成纳米颗粒变大、比表面积减小、生物化学活性降低，导致其环境行为发生改变（如迁移能力和生物毒性效应的降低）。

纳米材料的毒性作用机理 一般认为活性氧簇（ROS）的产生是纳米材料致毒的主要机制。部分纳米材料直接作用于生物体产生ROS，导致抗氧化作用失衡产生氧化应激，对于本身不能诱导ROS产生的惰性纳米材料来说，可以作用于细胞线粒体，使细胞线粒体产生的ROS增加，造成细胞损伤。过量的ROS可引起膜蛋白失活、蛋白质变性、破坏细胞膜、抑制呼吸链、破坏线粒体等损伤。其他机制包括纳米材料进入细胞后与细胞内的脂质、蛋白和核酸等生物大分子相互作用，改变生物大分子的构型和构象，从而改变生物大分子的相应功能。金属和金属氧化物纳米材料（含金、镉、铜、银等的纳米材料）可以直接释放金属离子，作用于生物体产生毒性。

影响纳米材料毒性的因素 纳米材料的毒性效应与其自身的物理化学性质（包括化学组成、尺寸、形状、表面电荷、表面修饰等）紧密相关。纳米材料的化学组成对其生物毒性有本质的影响，不同化学组成的纳米材料进入生物细胞的能力、诱导细胞产生活性氧的能力不同，对生物产生的毒性也不同。纳米材料的尺寸决定了其比表面积的大小，进而影响其对生物体的毒性。一般认为，纳米材料的尺寸越小，越容易被生物体吸收，作用于生物体后产生的ROS越多。纳米颗粒表面的电子供体或受体与分子氧反应，生成超氧阴离子或羟基自由基，进一步氧化其他生物分子。形状也是决定纳米材料毒性的关键因素，常见的纳米材料形状有球形、纤维状、管状、杆状等。因其长径比不同，与细胞膜的相互作用和对细胞吸收的影响也不同，从而导致其毒性效应的差异。一般认为，长径比较大的纤维状等形状比球形纳米材料具有更大的细胞毒性。表面电荷影响纳米材料对各种离子和生物分子的吸附，进而影响生物体对纳米材料的反应，同时也通过影响纳米颗粒的聚集和团聚行为影响纳米材料的毒性效应。由于纳米材料的阳离子表面更易与细胞膜的负电荷磷脂头部结合，故一般认为阳离子表面纳米材料有更大的毒性。表面修饰主要是影响纳米颗粒的稳定性，通过减少纳米材料组成离子的释放来影响其生物毒性。

（郭文博　李嘉明）

naiwuran wuzhong

耐污染物种　（tolerant species）　在污染环境条件下能生存的物种。例如，颤蚓（*Tubifex*）、蜂蝇（*Eristalomyia tenax*）幼虫等专在有机物丰富的水体中生活、繁衍。这类生物具有独特的结构与机能，适于在低氧条件下生活。颤蚓头部钻在污泥中取食，尾部露在污水中不停摆动以进行呼吸；蜂蝇幼虫具有长的尾巴露在水表，通过尾部进行呼吸活动。这类生物的存在通常表明水体有机污染严重。

颤蚓类为耐有机污染种类，往往也是对有毒物质抗性较强的种类，常常出现在污染水体中，特别是在严重有机污染水体中数量多、种类单纯，其中以霍甫水丝蚓（*Limnodrilus hoffmeisteri*）或颤蚓最为常见。可用单位面积颤蚓数作为水体污染的指标，例如，颤蚓数 <100 条/m^2 属于未污染，100～999 条/m^2 属于轻污染，1 000～5 000 条/m^2 属中污染，$>5\ 000$ 条/m^2 属严重污染。

水蛭也是一种相当耐污染的无脊椎动物，有些种类仅在富含有机物的水域中生活，因此在存在有机污染的地方，水蛭数量就多。另外，水蛭对铅、铜和滴滴涕（DDT）等重金属和农药的忍耐力很强，有些水蛭甚至能把 DDT 分解成为毒性较小的滴滴伊（DDE）。　（张民）

neifenmi ganrao duxing

内分泌干扰毒性　（endocrine disrupting chemicals' toxicity）　内分泌干扰物引起的毒性。

内分泌干扰物分类　环境中存在的能够干扰和破坏健康的有机体内分泌功能，导致有机体繁殖障碍，甚至能诱发重大疾病如肿瘤的外源性物质，被称为内分泌干扰物，又称环境激素或外源性雌激素。内分泌干扰物主要包括天然雌激素和合成雌激素、植物雌激素以及具有雌激素活性的环境化学物质三类。

天然雌激素和合成雌激素　是从动物和人尿中排出的一些性激素，如 17β-雌二醇、孕酮、睾酮。合成雌激素既包括与雌二醇结构相似的类固醇衍生物，如二甲基己烯雌酚（DES）、己烷雌酚、乙炔基雌二醇、炔雌醚等，也包括结构简单的同型物，即非甾类激素。这些物质主要来自口服避孕药和促家畜生长的同化激素。

植物雌激素　主要是豆科植物、茶和人参等植物产生，并具弱激素活性的化合物，以非甾体结构为主。主要包括异酮类、木质素和拟雌内醇。这些植物激素对内源雌激素和脂肪酸的代谢及其生物活性会产生影响，如抗激素活性、抗癌和抗有丝分裂等作用。植物激素过多能引起牛羊生殖系统伤害和肝脏疾病。

具有雌激素活性的环境化学物质　是常见污染物，主要包括杀虫剂（如滴滴涕等）、多氯联苯（PCBs）和多环芳烃（PAHs）、非离子表面活性剂中的烷基苯酚化合物、塑料添加剂、食品添加剂等。

内分泌干扰物的致毒途径和毒性效应　内分泌干扰物通过摄入、呼吸吸入和皮肤接触等途径进入生物体，在生物体内代谢后，一方面可与相应的激素受体［过氧化物酶体增殖物激活受体（PPAR）、乙酰胆碱酯酶（AchE）、雌激素受体（ER）、雄激素受体（AR）等］相结合，阻碍体内天然激素与受体之间的相互作用；另一方面会影响酶活性或表面受体，对细胞内生理造成干扰（如甾醇类激素），从而对人体健康产生危害。例如，农药类（拟）除虫菊酯可以使肝脏中尿苷二磷酸葡萄糖醛酸基转移酶（UDPGT）的诱导增加，增加四碘甲状腺原氨酸（T4）/三碘甲状腺原氨酸（T3）的分解代谢，使血清中 T4/T3 降低，促甲状腺激素（TSH）增加，使得滤泡细胞肥大增生，最终导致细胞凋亡增加并诱导腺瘤。而类固醇类雌激素如 17β-雌二醇，可以结合芳香酶抑制剂，减少雌酮的合成，使得血浆中雌酮的浓度下降，造成甘油三酯（TG）的转录和翻译减少，血浆中卵黄蛋白原（VTG）浓度降低，卵母细胞生长/发育受到抑制，主要表现为使野生动物性发育和雄性生殖器异常导致繁殖成功率下降。PCBs可抑制鱼类卵巢发育、降低鱼类血液中雌激素和VTG的含量，导致胚胎和幼体发育障碍。除对野生动物的影响外，内分泌干扰物对人体有严重的危害，可引起多种形式的雄性生殖系统发育障碍，如性腺发育不良、睾丸萎缩和睾丸癌发生率明显增加。

此外，内分泌干扰物与人类许多重大疾病的发生有关，如高血压、肿瘤等。对内分泌干扰物及其危害的研究已成为当前生态毒理学、分子生物学、环境医学等多学科交叉的一个十分活跃的前沿领域，并已受到各国政府和世界组织的高度重视。（刘月月　向芷芊）

neijiliang

内剂量（internal dose）　又称到达剂量，是外源性化学物在作用部位（靶器官或靶细胞）存在的量或浓度。靶器官中外源性化学物的浓度与毒性作用的强度直接相关。

内剂量有不同的含义。其既可以反映采样前不久机体所吸收的化学物的量，如一次测定的间肺泡空气中或血液中某一溶剂的浓度，也可以反映前一天的接触量，如接触终止16h后采集的血或尿样中化学物的浓度。对于生物学半衰期长的毒物来说，内剂量可以反映数周内的累积接触量。内剂量也可以指化学物在身体的某一个部位或几个部位中的贮存量，或者在整个机体中的贮存量，即机体负荷量。实际上，生物体内污染物的作用往往不仅是母体化学物在机体组织部位的作用，还包括化学物代谢产物的作用。随着仪器手段的发展，目前已经能精确定量母体化学物和代谢物在生物体内的浓度。

用生物学监测数据来评估内剂量，优于作业场所的空气监测。它最大的优点在于，生物学参数与有害健康效应的关系比环境监测更加直接。因此，与周围空气监测相比，生物学参数提供的危险性评估更加可靠。生物学监测可用于表征特定接触途径的摄入量。众多的化学污染物可经皮肤、胃肠道和肺吸收进入机体。例如，某些溶剂（如二甲基甲酰胺）以及各种杀虫剂都能经皮肤大量吸收。因此，用检测空气中物质浓度的方法来检测接触剂量就会比实际的接触剂量低。

有些水溶性差的物质其实际水体环境浓度非常低，但这类化学物可通过体表吸收、呼吸、消化道从食物中吸收以及母代转移的方式暴露于水生生物，因而，内剂量是研究该类物质生态风险的重要参考指标。内剂量大小受物质透过生物膜的能力、生物转化和排泄等诸多因素影响。（刘红玲）

niduojiazao

拟多甲藻（*Peridiniopsis*）　不具或仅有一块前间插板的多甲藻类群，其板片格式为3-5′，0-1a，6-7(8)″，5‴，2⁗。拟多甲藻属为多甲藻目（Peridiniales）、多甲藻科（Peridiniaceae）的藻类，细胞为球形或椭圆形，下壳等于或小于上壳。板片表面光滑，或具点状、刺状、齿状突起或翼等纹饰。具或不具叶绿体，营自养或异养生活。拟多甲藻属的种类分布于多种生境中，如湖泊、河流、池塘、污水或沼泽，具有广泛的地理分布。大多数种类生活于淡水中，也有少数种类发现于半咸水或咸水中。拟多甲藻具有昼夜垂直迁移特性，导致甲藻水华表层水体表观颜色的不断变化。白天聚集于水面时，水面呈酱油色；夜间下沉到水下时，水面叶绿素a浓度降低。

拟多甲藻属目前已知约有20种，在淡水有壳类群中仅次于多甲藻属（*Peridinium*）。我国发现约有10种。此属是引起淡水甲藻水华的主要类群之一，常见的水华种类有佩氏拟多甲藻（*Peridiniopsis penardii*）、佩氏拟多甲藻粗壮变种（*P. penardii* var. *robusta*）、倪氏拟多甲藻（*P. niei*）、柯维拟多甲藻（*P. kevei*）和亚马逊拟多甲藻（*P. amazonica*）等。

（夏爽　刘国祥）

nianzhuzao

念珠藻（*Nostoc*）　一类不分枝、具有异形胞的丝状固氮蓝藻，属于蓝藻门（Cyanophyta）蓝藻纲（Cyanophyceae）念珠藻目（Nostocales）念珠藻科（Nostocaceae）念珠藻亚科（Nostocoideae）。

形态学和生物学特征　植物体为胶状或革状；幼期为球形至长圆形，成熟后为球形、叶形、丝状、泡状等各种形状，中空或实心，漂浮或着生，藻丝在群体四周排列紧密而颜色较深，藻丝螺旋形弯曲或缠绕；鞘有时明显，或常相互融合；藻丝念珠状，宽度相等；由相同的星状细胞组成，细胞呈扁球形、桶形、腰鼓形、圆柱形，细胞横膈处收缢，内含物均匀或有颗粒，蓝色或其他颜色；异形胞间生，幼期顶生；孢子为球形或长圆形，在异形胞之间单生或成串产生。

分布及生活习性　念珠藻在全球的陆生生态系统和水生生态系统中分布广泛，甚至在恶劣环境也能生存，如极度干旱贫瘠的沙漠、南北极等。念珠藻有很强的抗逆性，能够耐受温度、水分、紫外线的胁迫，同时，念珠藻也可以固定大气中的氮气，能在寡营养生态环境或新形成陆地中存活，因此，它是极端环境中的先锋物种。它和苔藓植物（bryophyte）、蕨类植物（pteridophyte）、裸子植物（gymnospermae）、被子植物（angiospermae）能建立共生关系。

实用价值和应用　每100 g念珠藻干藻体中含水分8.640 g、脂肪0.502 g、碳水化合物37.256 g、蛋白质30.135 g、粗纤维4.405 g、灰分15.210 g，此外，还含有丰富的维生素、必需氨基酸和矿物质，因此具有食用价值。其中普通念珠藻（*Nostoc commune*，俗称地木耳）、发状念珠藻（*Nostoc flagelliforme*，俗称发菜）和拟球状念珠藻（*Nostoc sphaeroides*，俗称葛仙米）有很高的营养价值。从念珠藻中提取的天然色素可用作化妆品和食品的添加剂，藻胆蛋白在医学上光动态治疗中可起到很重要的作用，而胞外多糖可以防止细胞脱水、抵抗原生动物的捕食和杀菌剂的危害、促成固体表面的黏附和螯合细胞所需的金属离子等。利用念珠藻还能合成多种具有生物活性、结构新颖的化合物，包括大环内酯类、生物碱、多肽、萜类、多糖、环芳类以及环肽类化合物，其中合成环肽类化合物的种类最为丰富。从念珠藻GSV224中分离得到的环肽类化合物（Cryptophycins）具有抗真菌和抗肿瘤活性，目前已经在Ⅱ期临床试验中取得了良好的效果。

（史小丽）

niaolei shengtai dulixue

鸟类生态毒理学（avian ecotoxicology）以鸟类为研究对象，研究有毒有害物质以及各种不良生态因子暴露对生命系统产生的毒性效应，以及生命系统反馈解毒与适应进化及其机理与调控的一门综合性学科。其在环境政策、法律、基准、标准以及污染控制方法的制定中具有重要的参考价值。

鸟类自身的生物学特点使它们非常容易受到环境污染物的暴露的影响。一方面，与同样体重的哺乳动物相比，鸟类的代谢率和食物消耗量都非常高，同时外源化学物的生物转化代谢速率也非常高，这使鸟类接触环境污染物的概率和剂量与哺乳动物相比显著增加。另一方面，鸟类在迁徙、求偶、饲喂幼鸟等时期需要消耗大量的能量，并且要经常忍受饥饿，需要依靠代谢体内储存的脂肪以提供能量，这相应增加了随脂肪而释放出来的亲脂化合物如环境内分泌干扰物等暴露的可能。多氯联苯、有机氯农药以及重金属如锌、镉、汞等有时会在鸟类体内高度富集，对鸟类产生毒性作用，包括导致卵壳变薄、鸟卵无法孵育、胚胎死亡、鸟类种群数量降低。

在野外研究时，鸟类的血液、羽毛、粪便、反刍出来的小球以及鸟卵都可以在不产生任何破坏作用的情况下被采集到。鉴于此，研究人员可以从中得到污染物及污染物代谢物水平、单个污染物或多个污染物所造成的生理生化影响等一系列有用数据，再结合鸟类的毒理学数据和资料，可以很好地用于化学药品的生态风险评价。鸟类毒性数据主要包括急性/慢性口服半数致死剂量（LD_{50}）或半数致死浓度 LC_{50}、非致死作用（如对胆碱酯酶和羧基脂酶的抑制作用等）、繁殖毒性（对卵的大小、孵育能力、小鸟的成活率的抑制，化学试剂可能对胚胎和雏鸟产生的毒性作用等）、行为（如觅食、飞行、鸣叫、求偶、攻击等）影响等。受试生物主要有日本鹌鹑、绿头鸭等。

（张睿　张俊江　张效伟）

nongyao shengtai dulixue

农药生态毒理学　（pesticide ecotoxicology）研究农药进入环境后对环境生物产生毒性效应的学科，是生态毒理学的一个分支学科。

沿革　20 世纪 60 年代，滴滴涕（DDT）被发现能妨碍许多食鱼鸟类的生殖能力，对于生物多样性有重大威胁。美国海洋生物学家蕾切尔·卡逊（Rachel Carson）在 1962 年出版的畅销书《寂静的春天》中怀疑，DDT 进入食物链是导致一些食肉和食鱼的鸟接近灭绝的主要原因。这本书引发了公众对环境问题的注意，促使各国政府开始关注环境保护问题，从而促成联合国于 1972 年通过了《人类环境宣言》，这成为农药生态毒理学发展的起点。此后，DDT 相继被多个国家和地区禁用，直到现在全球禁用。各国政府开始投入资金，致力于对包括农药在内的人工合成化学品对环境生物和人类的安全和健康的影响开展科学研究。

20 世纪 70 年代以来，随着农业生产需求的不断扩大，越来越多的农药品种被研制、生产和使用，释放到水体、土壤和大气中的农药产品和活性中间体引发了越来越严重的环境问题，因此，研究人员开始应用毒理学研究方法，从生态学角度研究化学农药的生产、使用和环境释放对生态系统及其组成成分的有害作用以及与环境的相互影响规律。80 年代以来，随着农药环境安全研究的深入进行，农药生态毒理学研究的基本构架逐步形成。90 年代以来，随着生物学、化学等相关学科的快速发展，特别是分子生物学技术的广泛应用，国内外学者开始从分子水平探索农药对生物体毒性效应的微观机理，并将农药对生物个体水平的毒性研究拓展到对生物种群、群落和生态系统水平影响的研究，农药生态毒理学研究内容不断深入。

研究对象　各种化学合成和天然农药的成品、制剂和中间体以及各种类型生态系统中的非靶标生物。

研究任务　研究进入各种类型生态系统中的化学合成和天然农药对环境中非靶标生物在分子、细胞、组织、个体、种群、群落和生态系统水平上的毒性效应和毒性作用机理，探索化学合成和天然农药对非靶标生物损害的早期检测指标和生物标志物，为保护生态系统安全和人类健康、防治农药环境污染、保障农药安全使用和科学管理提供科学依据。

研究内容　主要研究化学合成和天然农药在水生、陆生等不同类型生态系统中的迁移、转化、残留和生物积累的相关规律；阐明农药对环境中非靶标生物在分子、细胞、组织器官、个体、种群、群落以至生态系统等各个生物学水平上的影响和危害；探索农药污染物的毒性效应机制，建立并应用农药污染的生物监测方法，发展完善农药生态风险评价与环境安全评价理论与方法。

研究方法　农药生态毒理学是生态毒理学中针对农药这一类特定的污染物开展毒理学效应、污染防治与控制以及生态安全评估研究的一个学科分支，其研究方法与生态毒理学研究的基本方法一致，可分为野外调查和试验、实验室试验和模拟研究三种类型。

野外调查和试验　对受农药污染的环境进行现场调查和试验，通过化学分析和生物法检测农药在不同环境介质中的污染水平，以及环境生物对农药污染的响应程度，确定农药污染对生物的毒性效应。包括在受农药污染的环境中开展受控试验，探索农药对陆生生态系统和水生生态系统污染影响的基本规律；在受农药污染的水域中对水体中的生物类群进行调查和监测，阐明农药对水生生态系统中非靶标生物的污染效应。

实验室试验 通过实验室受控条件下的生物测试方法开展农药污染的生物学效应的测定及其影响机理的研究，可以从微观水平上探索农药污染水平与非靶标生物响应之间的相关性。农药对陆生非靶标生物毒性效应的生物测试常以鸟类、蜜蜂、家蚕等陆生生物为测试对象，在人工饲养条件下通过灌胃、喂食等方式进行染毒，进而研究农药对陆生非靶标生物的毒性效应。农药对水生非靶标生物的毒性效应也通过受控条件下的生物测试方法开展研究，一般选择鱼类、藻类和溞类为代表性受试生物。根据受试生物种类和生物测试方法的不同，通常用急性毒性的半数致死浓度/剂量（LC_{50}/LD_{50}）、半数抑制浓度/剂量（EC_{50}/ED_{50}）等数值表示，并根据相应标准确定其毒性等级大小，结合农药的施用剂量进行环境安全性评估。

模拟研究 应用计算机和近代数学方法，建立数学模型，在输入有关生物与环境相互作用参数后进行运算，得到预测结果，得出农药与非靶标生物的相互作用规律，预测农药污染对非靶标生物的不利效应。模型中参数的选择和数据的采用源于现场调查或实验室试验结果，需要将模型运行所得到的结果与现场调查和实验室结果进行拟合和修正。

发展趋势 进一步完善和发展研究技术和方法，在宏观方面加强农药生态毒理学的微宇宙技术研发，提高其自动化和标准化程度。在微观方面深入探索新的分子生态毒理学指标和反应终点，建立多指标的综合评价的预测模型，正确评估农药对生态的早期作用和潜在影响。一些杀虫剂、除草剂和生长调节剂类的农药具有不同程度的激素活性，可能对非靶标环境生物造成内分泌干扰效应，因此，需要对这些类型的农药在水体和土壤中的环境行为与归趋、对环境生物的毒性和内分泌干扰效应开展深入研究。

针对多种农药并存于环境的现实，开展农药毒性的相加作用研究，关注农药的复合毒性和生态风险。同时开展新农药品种与已有农药联合作用的研究，并进行生态风险评估。由于农药在农业生态系统中可能反复或长期使用，导致在水体、沉积物和土壤中残留的农药对非靶标环境生物造成长期暴露，可能对环境生物的生长和繁殖造成潜在不利影响，因此，需开展农药长期效应的研究。（陈良燕）

nongyao weishengwu jiangjie

农药微生物降解（microbial degradation of pesticides） 利用微生物吸收、降解、转化土壤和水体中残留的农药，最终通过微生物的矿化作用和共代谢，使其浓度降低到可接受的水平，或将其彻底转化为无害的物质，以减少其向周边环境扩散的过程。

降解机制 主要包括矿化作用、共代谢和间接作用。

矿化作用 农药在微生物的作用下彻底分解为水、二氧化碳和简单无机化合物（如含氮化合物、含磷化合物、含硫化合物和含氯化合物等）的过程。矿化作用是农药在环境中降解的最佳方式，可以彻底消除农药的环境污染效应。微生物在矿化作用降解农药的同时可以从农药中获得生长所需的能源、碳源、氮源、磷源和硫源等。

共代谢 微生物不能利用某些农药作为唯一碳源和能源进行生长，而必须在有辅助基质存在的情况下才能将农药进行部分氧化、降解的过程。共代谢是农药降解的一种重要方式，在农药的消除和转化中起着重要作用。环境中能够完全矿化农药的降解菌的数量极少。大多数有降解农药功能的微生物是通过共代谢来降解农药的。虽然共代谢不能彻底降解农药，但通过共代谢的转化，可能使得农药更容易被其他降解菌所降解，从而加快农药从环境中的消失速度。

间接作用 由于微生物的活动改变了环境中的pH、氧化-还原电位或者微生物形成的产物能与农药反应，以及微生物的产能能够促进光化学反应，引起农药部分转化和降解的过程。

参与降解的生化过程 有众多生物化学反应参与到微生物降解农药的过程当中，主要包括以下五方面。

氧化作用 是微生物降解农药的重要酶促反应，包括羟基化、脱烷基、β-氧化、脱羧基、醚键开裂、环氧化、芳烃或杂环开环等形式。其中，羟基化包括烷烃的末端氧化、苯环上加入羟基等反应。羟基化增加了化合物的水溶性使其更易被微生物利用。参与氧化作用的酶有两大类：一类是单加氧酶又称混合功能氧化酶，一些还原程度很高的化合物如烷烃、芳烃的氧化反应均由单加氧酶启动；另一类是双加氧酶，该酶催化了邻位带有两个羟基的芳环的开环。

还原作用 农药在还原酶类的作用下被还原，如硝基苯上的硝基厌氧还原为—NH_2 的过程。

水解作用 在2,4-二氯苯氧乙酸、氨基甲酸酯、有机磷和苯酰胺这些有醚、酯或酰胺键的农药类群中水解时常有酯酶、酰胺酶或磷酸酶等水解酶的参与。由于水解酶多为广谱性酶，在不同 pH 和温度条件下都较稳定且不需要辅因子，水解产物的毒性大大降低，在环境中的稳定性也低于母体。

脱卤作用 含卤代基团的农药如六六六等可以在脱氯酶的作用下脱去氯原子，变得更易被生物降解。

缩合或共轭形成 通过这类反应微生物可将农药分子与另一类化合物相结合从而使农药失去活性。例如，苯酚或苯胺类化合物，可在微生物的酚氧化酶和过氧化物酶的作用下与土壤腐殖化过程的腐殖酸类物质缩合，从而使这些有毒化学物质结合到土壤腐殖质中。

影响微生物降解的因素 主要包括微生物活性和农药的生物可利用性。

微生物活性 目前已从土壤、污泥、天然水和污水中分离到各种不同的细菌、放线菌、真菌和藻类，它们能使各种农药的化合物分解。在文献记载的大多数化合物的转化中，好气氧化过程占主导地位。在已经分离和描述的细菌中，最常见的是假单胞菌属（*Pseudomonas*）、节杆菌属（*Arthrobacter*）、黄杆菌属（*Flavobacterium*）、短杆菌属（*Brevibacterium*）、分枝杆菌属（*Mycobacterium*）和诺卡氏菌属（*Nocardia*）等。在分解农药残留的真菌中，占优势地位的是曲霉属、镰刀霉属和青霉属的种；酵母菌的某些种也具有降解农药残留的活性。有资料表明，微小藻类也参与农药残留的蓄积和降解作用。在微生物降解农药的反应中，多数是氧化过程和水解作用，而还原和异构化反应极少。为了提高微生物活性，可以采取人工驯化、诱变育种、基因工程改造等技术来增加降解菌的功能，降低生产和使用成本，为降解性微生物在农药环境污染治理中的应用提供优良菌株。

农药的生物可利用性 是在污染土壤和水体中释放农药的形式和特点，可影响微生物对农药的吸收和代谢，从而影响生物降解的速度。农药残留的物理化学特点决定了它的生物可利用性，如果低水溶性物质形成独立的非水相，或该相毒性太大，就难以直接被生物降解。影响生物可利用性的因素还有地表水的不均一性、水力传导性、污染物的分布特性和初始残留的数量，腐殖质类物质也会影响生物可利用性。土壤聚集成块会减慢污染物的扩散，打碎土块或翻耕则能加快毒物的降解。此外，还可以利用化学方法提高污染物的可给性，例如，使用表面活性剂使一些水溶性较低的化合物较易分散到水相中，从而更易被微生物降解。

（武俊）

P

P/H zhishu

P/H 指数 （P/H index） 水体中光合自养型微生物（phototrophic microorganism）与异养型微生物（heterotrophic microorganism）密度的比值，反映水体有机污染和自净的程度。

河流接纳了一定量的有机污染物后，在物理、化学和水生物等因素的综合作用后得到净化，水质恢复到污染前的水平和状态，叫作水体自净作用。水体刚受有机物污染时，异养型微生物大量繁殖，自净速率高，P/H 指数低。在自净过程中有机物减少，异养型微生物减少，光合自养型微生物增多，自净速率逐渐降低，P/H 指数升高。水体自净完成后，P/H 指数恢复到原水平。（施丽梅）

Q

quanfu huahewu duxing

全氟化合物毒性 （perfluorinated compounds' toxicity） 全氟化合物（PFCs）对生物不同水平产生的直接或间接影响的毒性效应。PFCs具有持久性、生物蓄积性、远距离环境迁移等特性，极易污染生态环境，而且PFCs对生态系统的污染具有污染方式多、污染范围广、污染程度重和污染风险高的特征。对多项环境介质和生物体、人体的污染背景调查和研究显示，环境中检出的PFCs主要为全氟辛烷磺酸（PFOS）和全氟辛酸（PFOA），被认为是引起全球环境污染的新化学污染物。

全氟化合物是一类人工合成的化学物质，是由氟原子和特定的官能团结合在4～14个碳原子组成的碳链骨架上所构成的有机化合物，连接于碳原子上的氢全部为氟原子所取代，所有的PFCs都是在氟化碳链上连接不同的官能团而形成的。PFCs有很多直链和支链异构体，其中八碳链是最稳定的，还有许多PFCs的醇、酸、磺酰胺等中间体，具有分解代谢潜力。

全氟化合物的性质及应用 PFCs具有极强的稳定性，很难被降解。同一碳原子连接氟原子越多，其热稳定性越强。除热稳定性之外，PFCs还具有化学稳定性，具有很高的耐酸碱和强氧化剂性能。PFCs广泛应用于防水剂、防油剂、防尘剂和防脂剂（如用于纺织品、皮革、纸张、包装、毛皮地毯）及表面活性制剂（如灭火器泡沫和涂料添加剂）等诸多工业生产和生活用品中。

全氟化合物的分布 PFCs产品的大量生产、广泛使用和生物富集作用，使得PFCs的污染表现出全球分布的态势。PFCs的污染区域极其广泛，在自然环境（大气、土壤、水体）和生物体内均检测到PFCs的存在，污染生物种类非常多样。大气是PFCs污染的重灾区，同时也是其传播的一个主要环境载体介质。PFCs不仅可以通过气体流动进行快速扩散，直接造成大范围的污染，还可以经由大气运输前体物质，再通过前体物质的降解造成间接污染。土壤及沉积物既是PFCs存在的固体介质，同时作为水域的重要构成单位，也是PFCs等有机污染物的重要的聚集区。不仅在大都市等人类的生活聚集区，在偏远的地区如南北极也能发现PFCs的存在。另外，PFCs可以在水中长久大量存在，不仅直接污染地表水系，还可以污染地下水域，直接威胁饮用水的质量安全。

全氟化合物在生物和人类体内的累积以及影响因素 PFCs在环境中极其稳定，持久性很强，在自然环境条件下不能发生水解、光解或生物降解。PFCs在生物体内的含量可以通过食物链传递放大，长期留存于动物和人体中。研究发现，哺乳动物、鱼类、鸟类以及人体内均含有PFOS和PFOA。PFOS是动物体内主要的PFCs污染物，含量要远远超过PFOA，这说明PFOS要比PFOA具有更强的生物蓄积性和生物放大的能力，同时食物链中处于顶端营养级的生物体内PFOS的含量明显高于低营养级生物，食肉类动物体内 PFOS 的含量高于非食肉类动物。PFOS 的环境毒性数据主要是来自水生生物，如鱼类、无脊椎动物、浮游植物，以及陆生生物中的植物、(无) 脊椎动物。

人类接触 PFCs 的途径是多元化的，包括饮用水、空气和食物等。通常能够在人体的血清、母乳、肝脏等中检测到不同含量的 PFCs。PFCs 在人体内具有较长的半衰期，这种缓慢的消除时间使得人们很难研究生活方式、饮食习惯或者其他因素对于血液中 PFCs 浓度的影响。但有研究表明，年龄对于人体内 PFCs 的水平影响不大，性别和种族似乎对 PFCs 的积累有一定的影响。此外，生活方式和遗传因素对摄取和保留 PFCs 有一定的影响，邻近主要来源以及城市化程度所产生的地域差异也对 PFCs 的含量起着重要作用。但最主要的因素是工业生产的改变，例如，自美国 3M 公司 2002 年开始停止生产 PFOS 以来，北美地区血清样品中 PFOS 含量明显下降，且血液中 PFOA 的含量也从 2002 年开始大幅度降低。

全氟化合物污染方式及毒性 PFCs 对生态系统的污染方式主要有两种：直接污染与间接污染。直接污染指 PFCs 的工商业产品及民生用品在合成、载运、应用、废弃等环节向环境的直接排放。间接污染指合成 PFCs 的前体物质的降解。

目前，PFCs 毒性研究主要以水生生物为研究对象，在生物机体层面探究 PFCs 的毒理效应。依据现有的研究总结 PFCs 毒性，主要包括：①器官及胚胎毒性。PFCs 会在生物体内组织器官及胚胎内积累，对生物体及胚胎造成伤害。②生殖及免疫毒性。PFCs 可以作为干扰素对生物的生殖发育产生影响，还会影响生物体内三磷酸腺苷、皮质素等的合成，进而影响生物的免疫抗性。③神经及基因毒性。PFCs 可以到达动物的脑部，具有明显的神经毒性。PFCs 也可以断裂 DNA 链，损害遗传物质结构，具有显著的基因毒性等。④PFCs 具有急性/慢性毒性。作为新型持久性有机污染物，PFCs 对水生生物及哺乳动物均表现出显著的急性/慢性毒性特点。研究表明，PFCs 具有持久性和生物蓄积性，在生物体内的蓄积水平是已知的有机氯农药和二噁英等持久性有机污染物的数百倍至数千倍。

全氟化合物检测方法及发展历程

1968 年，唐纳德 · 塔维斯 (Donald Taves) 证实了在人体血液中氟有两种存在形式——无机氟离子和 PFCs。1976 年，Taves 等用核磁共振 (NMR) 初步确定了人体血清浓缩物里含有 PFOA 或者相关化合物，从而推测普通家庭消费产品含有 PFCs。用于检测职业暴露工人血液中有机氟含量的分析方法始于 20 世纪 70 年代，具有非特异性，涉及电子捕获检测器或微波等离子检测器，可以支持较高水平的检测（μg/mL 水平），并能对目标分析物进行初步鉴定，但依然不足以评估高度暴露工人。20 世纪 90 年代中期到末期，随着液相色谱-质谱联用仪 (LC-MS) 的广泛应用，在 ng/mL 水平检测 PFCs 成为可能，从而可以准确地评估生物和环境基质背景水平下的 PFCs。因为在大多数基质中发现的 PFCs 浓度相对较低且缺乏纯正的标准品和内标，并缺乏标准化的提取和制备技术以及质量保证程序相对较差，所以这方面的早期工作是很困难的。随着仪器和方法的不断细化，液相色谱三重四极杆质谱仪（LC-MS/MS）迅速成为大多数实验室使用的标准方法。商业性实验室已经向市场推出了高纯度的标准品和质量标记的内标，从而使更多的分析实验室开始参与这方面的研究。更好的质量保证程序，如日常使用的子离子比率，可以帮助从经常出现的基质污染物中区分出 PFCs，有助于大幅提高化合物鉴定的准确度。此外，越来越多地使用标准参考物质（SRM）制定在不同基质中不同的化合物的通用值。目前，随着消耗时间较少的飞行质谱仪的应用，许多实验室有能力进行高分辨质谱准确度和高特异性的分析。

全氟化合物毒性效应研究方法 PFCs 生态毒理效应的研究方法主要包括以下两种研

究方法。

全氟化合物小分子与生物活性大分子相互作用的体外研究方法 模拟生理条件，在生物大分子水平上研究PFCs的毒性作用，对其毒性效应表征具有突出优势：实验重复性好，受环境影响小，经济、方便、易于控制；有利于研究人员从微观层面认识PFCs的毒理效应。体外研究PFCs与生物活性大分子相互作用可采取以下多种分析方法。

光谱分析法-紫外分光光度法 生物大分子与小分子结合反应前后体系吸收光谱会发生变化，紫外分光光度法利用变化特征获取受体-配体结合作用描述参数，以获悉体系内双方分子的构象变化特点。

荧光光谱法 是研究分子间相互作用的一种应用最广泛的方法。通过该方法可以获取荧光强度、荧光寿命、发射光谱及激发光谱等参数，通过解析参数可以进行定量分析或推导生物大分子因所处环境所导致的构象变化的相关信息，计算体系分子间的结合常数和结合位点数，确定结合作用力的类型及反应位置，了解体系内生色团的微环境变动信息。

红外光谱法 适用于不同含量、不同状态及不同环境中生物大分子的测定，已成为研究生物大分子（如蛋白质分子）与小分子发生结合反应时其二级结构空间变化的有效手段。

圆二色光谱法 应用最为广泛的测定蛋白质二级结构的方法。该方法可以在溶液状态下测定，较接近其生理状态。而且测定方法快速简便，对构象变化灵敏，所以该方法是目前研究蛋白质二级结构的主要手段之一，并已广泛应用于蛋白质的构象研究中。该方法原理是：将平面偏振光进行分解，可以转变为左旋与右旋两个圆偏振光，此分解反应可以反向拟合，即两个圆偏振光可以重新合成为平面偏振光。当照射到物体表面的入射光由两个高频的左、右旋偏振光组成时，若物体具有旋光性，则对两种光的吸收程度（吸收系数）因其传输速度不同而有差别——圆二色性。在一段波长范围内，利用左、右旋偏振光吸收系数差的连续变化可以得到圆二色光谱。生物大分子具有有效的生物活性功能，要求自身必须具有特定的、完整的空间立体构象，其生理功能的发挥伴随的前提就是构象的合理变动。通过圆二色光谱法可以有效研究生物大分子（如蛋白质分子）与小分子结合时的构象变化。

毛细管电泳法（CE） 又称高效毛细管电泳（HPCE），是一类以毛细管为分离通道、以高压直流电场为驱动力的特殊的新型高效液相分离技术。毛细管电泳实际上包含电泳、色谱及其交叉内容，它使单细胞分析乃至单分子分析成为可能。生物大分子如蛋白质的分离分析也因此有了新的转机。

电化学分析法 主要依据峰电流的变动及峰电位迁移的变化特征，来获取分子体系相互作用的信息，如结合常数与位点数、作用力的类型及模式等。

分子对接模拟计算方法 分子对接就是两个或多个分子之间通过几何匹配和能量匹配而相互识别的过程。分子对接最初依赖的理论是“锁和钥匙模型”，该技术理论基础是分子力学与动力学、量子力学等。分子对接计算是把配体分子放在受体分子活性位点的位置，然后按照几何互补、能量互补、化学环境互补的原则来实时评价配体与受体相互作用的好坏，并找到两个分子之间最佳的结合模式，进而直观了解大分子与小分子之间的结合模式及过程。分子对接模拟计算方法可快速分析大分子结构，有效预测分子结构和分子间相互作用。

全氟化合物生物毒性作用的研究方法 主要方法如下：

MTT比色法 MTT中文全名为3-(4,5-二甲基噻唑-2)-2,5-二苯基四氮唑溴盐，通常简称为噻唑蓝，为一种黄色生物染料。正常生长的活细胞内生命活动的有效运行要求各细胞器合理工作，有序协调，相互配合。线粒体作为细胞主要的供能单位，其正常表现与细胞存活呈正相关。只有活细胞内的线粒体才存在有效

的琥珀酸脱氧酶。在细胞色素C的辅助下，琥珀酸脱氧酶能还原进入细胞内的MTT、生成蓝色且不溶于水的甲臜化合物。通过酶标仪测定甲臜的吸光度，可以衡量甲臜的相对生成量。通常，由于甲臜的生成量与存活细胞数成正比，根据测定的光密度可以估算活细胞数，测定污染物作用下细胞的凋亡率，评价污染物的毒性效应。MTT比色法具有成本低、灵敏度高、耗时短和操作方便等优点。

蛋白免疫印迹法（WB） 是一种将高分辨率凝胶电泳和免疫化学分析技术相结合的杂交技术。WB法兼具电泳的高效分离性、抗体的特异识别性和显色酶灵敏表现性的优点，可检测污染物作用于生物后在生物个体水平、单独组织器官水平和专一系统细胞水平的特殊蛋白表达量，有助于在活性蛋白水平了解污染物毒性发挥机制。蛋白免疫印迹实验技术自应用以来，发展出斑点印迹、扩散印迹、溶流印迹、集落印迹、电泳印迹等实验方法。其中，电泳印迹为蛋白转移中应用最广泛的方法，印迹速度快、检测效率高。蛋白免疫印迹技术仍在发展中，虽然聚丙烯酰胺凝胶电泳（SDS-PAGE）提供了优良分辨率，很多抗原经变性处理后还能被检测，但还是存在不能被检测的一系列抗原。蛋白免疫印迹技术创新的根本是低变性、高分辨、弱影响蛋白与膜结合的去污剂研发和大容量、低成本、易操作免疫吸附材料的发展。

原位末端检测技术 又称DNA断裂点标记检测，有两种主要的方法：原位切口平移法和脱氧核苷酸转移酶介导的缺口末端标记法（TUNEL）。TUNEL法的基本原理是：细胞发生凋亡时，DNA核酸分子的双螺旋结构发生断裂现象的特征。检测这一特征的思路是：DNA分子断裂后，许多3′-OH端暴露出来。在脱氧核糖核苷酸末端转移酶发挥的催化作用下，脱氧核糖核苷酸与荧光素或生物素生成衍生物且被标记到暴露出的3′-OH端，再利用酶联显色或荧光检测可以对结果进行定量分析。此法是在整合传统形态学与分子生物学基础上进一步发展而来的，可实现对单个凋亡细胞核及凋亡小体的原位染色的目标，并高效精准地体现出细胞受毒后发生凋亡时，细胞内细胞核及凋亡小体等具有的形态学和生物化学特征。该方法不仅可以鉴定组织、培养细胞体系内的凋亡细胞，也适用于冰冻组织切片等样本，对样本的低要求及高敏感性使得此方法成为检测细胞受环境影响后凋亡的有效手段而被推广使用。此方法由于会因操作不慎等原因而产生假阳性效果，且仅能检测晚期凋亡细胞，往往需要与其他方法配合使用。

实时荧光定量PCR方法 该技术是在原PCR方法基础上的进一步发展，使得高灵敏性DNA在复制扩增的同时，高质量的DNA定性、高效率的DNA定量也成为可能。这种新颖的PCR技术能够监测整个DNA扩增过程。该方法提供研究污染物毒理效应对生物遗传物质影响的有效方式与实验技术，在污染物毒理机制领域应用发展迅速。

凋亡因子检测法 Caspase家族是调节细胞凋亡活动的蛋白元件，通过自身的激活或表达超常来引发细胞凋亡反应的产生，是重要的死亡酶。Caspase-3作为家族的重要成员，处于凋亡级联反应的下游，是细胞凋亡的执行效应子。Caspase-3的活化作为细胞凋亡进入不可逆时期的标志事件，成为反应细胞凋亡的关键因素。活化的Caspase-3可以专一地水解D-X肽键，并可以水解蛋白质生成DEVD-X肽底物。依据此特点，可以利用具有D-X短肽的耦合荧光物质来检测Caspase-3活性。若Caspase-3具有活性则短肽被水解而释放荧光物质。通过检测荧光强度可测定Caspase-3的活化情况，进而评估细胞的凋亡水平。这是利用细胞内的凋亡信号通路，在活性蛋白的表达水平上鉴定细胞的凋亡活动。该方法高度敏感，特异性好，适于定性、定量分析，尤其对于早期凋亡细胞显示具有优势。

其他方法 除了以上广泛利用的方法外，还有许多经典方法得到使用，如核磁共振光谱

法、X-射线晶体衍射、激光散射法和生物传感器等研究方法，生物水平的其他经典方法如电镜的形态学观测、DNA 片段化检测和线粒体膜电位检测等。新的分析技术在研究持久性污染物的毒性领域也有着显著的体现，如体外分子水平的平衡透析法。毒理学研究新方法包括新动植物模式实验样本、凋亡相关蛋白 TFAR19 表达与细胞定位检测技术、乙酰胆碱酯酶变化表征法、应用 Annexin Ⅴ及其变体、Syt I-C2A 和 ApoSense 家族的检测法等。

（黄彬　缪爱军）

R

raozulei

桡足类 （Copepods） 一类隶属于节肢动物门（Arthropoda）、甲壳纲（Crustacea）、桡足亚纲（Copepoda）的小型甲壳动物。

形态学和生物学特征 ①体纵长且分节，体节数不超过 11 节，头部 1 节、胸部 5 节、腹部 5 节。②头部有一眼点、两对触角、3 对口器。③胸部具 5 对胸足，前四对构造相同，双肢型，第五对常退化，两性有异。④腹部无附肢，末端具一对尾叉，其后具数根羽状刚毛。雌性腹部常带卵囊。⑤变态发育，即有无节幼体和桡足幼体。桡足类分为 3 个目：哲水蚤目（Calanoida）、猛水蚤目（Harpacticoida）和剑水蚤目（Cyclopoida）。

分布及生活习性 世界性分布类群。生活在海洋、湖泊、水库、池塘、稻田、沼泽、内陆咸水，井水、泉水、岩洞等地下水，以及苔藓植物丛中。河流等流水水域中桡足类的数量十分贫乏；而在湖泊、池塘等静水水域，特别是在富营养水体中桡足类的数量十分丰富。

实用价值和应用 桡足类是各种经济鱼类，如鳙、鲱、鲐和各种幼鱼、须鲸类的重要饵料，例如，欧洲北海鲱的产量与桡足类，尤其是哲水蚤的数量与分布密切相关。有些鱼类专门捕食桡足类，所以桡足类的分布和鱼群的洄游路线密切相关，可作为寻找渔场的标志。有些桡足类的产量很大，如飞马哲水蚤（*Calanus fimarchicus*），可作为人类、家畜和家禽的食料，具有很高的营养价值。某些桡足类与海流密切相关，因而可作为海流、水团的指标生物。还有一些桡足类可以作为水体污染的指示生物。

危害 有些桡足类，如台湾温剑水蚤（*Thermocyclops taihokuensis*），常侵袭鱼卵、鱼苗，咬伤或咬死大量的仔鱼、稚鱼，对鱼类的孵化和幼鱼的生长造成很大的危害，影响渔业生产。一些剑水蚤和镖水蚤还可作为寄生虫（如吸虫、绦虫、线虫）的中间宿主，使这些寄生虫得以完成其生活史并传播，从而有害于人体和家畜的健康。 （王洪铸）

S

"san zhi" xiaoying

"三致"效应 (carcinogenicity-mutagenicity-teratogenicity) 有害因素诱发生物发生的致癌、致突变、致畸效应。"三致"在机理上有相近之处，遗传物质的损伤和改变引起染色体结构的改变即突变，发生在生殖细胞的突变有的会造成畸胎、死胎或将遗传疾病传给后代；发生在体细胞的突变可引起肿瘤。因此，可以应用测定致突变性来预测致癌性。

致癌效应 是环境中致癌物质诱发恶性肿瘤的作用。污染物中能够诱发人或其他哺乳动物患癌症的物质叫作致癌物。致癌物可以分为化学性致癌物（如亚硝酸盐、石棉和双氯甲醚）、物理性致癌物（如镭的核聚变物）和生物性致癌物（如黄曲霉毒素）三类。目前普遍认为人类癌症的80%～90%与环境因素有关，其中主要是化学因素，约占90%。癌变的基因学派认为是致癌因素引起细胞基因的改变或外来基因整合到细胞基因引起细胞癌变，包括亲电子剂学说、体细胞突变学说、癌基因活化学说及癌变的阶段学说等。癌变的非基因学派认为致癌作用可能是非基因机制所致。目前认为癌变是多阶段过程，包括引发、促长及进展，涉及多种机制。

致突变效应 是污染物或其他环境因素引起生物体细胞遗传信息发生突然改变的作用。可分为三类：①点突变或基因突变的发生；②致断裂作用，指染色体发生断裂，导致染色体片段的获得、丢失或重排；③致非整倍体作用，指获得或丢失一个或多个完整的染色体。狭义的致突变效应是指导致人或其他哺乳动物发生基因突变、染色体结构变异或染色体数目变异的作用。人或其他哺乳动物的生殖细胞如果发生突变，可以影响妊娠过程，导致不孕或胚胎早期死亡等。人或其他哺乳动物的体细胞如果发生突变，可以导致癌症的发生。常见的致突变物有亚硝胺类、甲醛、苯和敌敌畏等。

致畸效应 是能作用于妊娠母体，干扰胚胎的正常发育，导致先天性畸形的作用。畸形仅指解剖结构上可见的形态发育缺陷。具有畸形的胚胎或胎儿称为畸胎。广义的畸形也包括生物化学的、生理功能的和精神行为的发育缺陷。遗传因素和环境因素均可引起畸形，在多数情况下，畸胎是这两类因素综合作用的结果。历史上著名的致畸剂"反应停"，因导致胎儿畸形，1961年退出市场。目前已经确认的致畸物有维甲酸、乙烯雌酚、乙醇等。

"三致"试验 指使用环境中常见的特定污染物，选择特定的动物种类、动物数量及试剂剂量，对动物进行染毒，同时观察动物的细胞是否发生致突变、致癌和致畸作用的系列试验。致癌试验除长期动物引癌试验以外，还有体外细胞试验，以测定某因素是否引起正常细胞转化为癌细胞。致突变指遗传物质的损伤和改变，包括DNA构型的改变、DNA碱基的取代或位置的改变、染色体数目的改变和修复功能损伤等。针对各种情况建立了不同的致突变试验，常用的有利用微生物的致突变试验、根据植物细胞染色体的损伤或某些性状的变化来确定致突变因素的紫鸭跖草试验和蚕豆根尖试验、用果蝇或蚕等昆虫的某些性状表现的改变来验明基因位点损伤的试验、整体动物试验和体外培养细胞染色体畸变试验等。致畸试验通过将有害因素施于不同动物的亲代，观察一代甚至几代，看是否造成子代的畸形或死亡。

（尹颖）

shanzao

栅藻（*Scenedemus*） 分类上归属于绿藻门（Chlorophyta）绿藻纲（Chlorophyceae）环藻目（Sphaeropleales）栅藻科（Scebedesmaceae）栅藻属（*Scenedemus*）中的绿藻。栅藻有20多种，变种较多，常见种为丰富栅藻（*S. abundans*）、四尾栅藻（*S. quadricauda*）、二形栅藻（*S. dimorphus*）、斜生栅藻（*S. obliquus*）、龙骨栅藻（*S. carinatus*）、齿牙栅藻（*S. denticulatus*）、扁盘栅藻（*S. platydiscus*）等。

形态学和生物学特征 细胞有卵形、椭圆形、弓形、纺锤形、新月形、长圆形；细胞壁薄、平滑，部分种具颗粒、刺、齿状突起、齿牙、隆起线或帽状增厚等，不具鞭毛；光合色素为叶绿素a和叶绿素b，辅助色素为叶黄素和类胡萝卜素，色素体周生、片状，具一个蛋白核。

栅藻植物体为真性定型群体，常由2个、4个、8个、16个细胞组成，极少见单细胞或32个细胞；群体中单细胞以其长轴互相平行；细胞壁彼此相连排列在一个平面上，互相平齐或互相交错，也有排成上下两列或多列。

生殖方式 营养生殖或无性生殖，无性生殖产生似亲孢子。

分布 栅藻为世界广布藻类，是各种水体中的常见浮游藻类。在湖泊、水库、池塘、水坑、沼泽等静水水体中最为常见，也见于河流、小溪等流动水体中。

分类 栅藻的分类由于名称多、变异大，一直是绿藻门的难点。广义的栅藻属种类很多，且许多种类并没有得到充分研究，也缺乏分子生物学上的研究数据，一些分类学命名法规的处理也没有完成。广义的栅藻包括狭义的栅藻属和链带藻属（*Desmodesmus*）中的物种，前者没有刺等附属物，后者包含细胞具刺的种类，此分类得到了分子系统分类学很好的支持，且已经在国际上逐步得到承认。

实用价值和应用 栅藻是有机污水氧化塘浮游植物群落中的优势种类，在水体自净和污水净化中有一定作用。许多栅藻种类在水质评价中可作为指示生物，例如，斜生栅藻是甲型中污带的指示种；尖细栅藻（*S. acuminatus*）、弯曲栅藻（*S. arcuatus*）、被甲栅藻（*S. armatus*）和四尾栅藻等是乙型中污带的指示种。有多种栅藻极易进行大量人工培养，对污染水体中的营养盐如氮、磷等及重金属有着很好的吸收作用；此外，栅藻还可与细菌同时附着在水中有机物碎片和其他水生植物体上，形成胶质层、吸附有机物，故栅藻又是研究水体污染及环境污染对水生生物致毒机理的一种很好的实验材料。栅藻细胞内含有丰富的蛋白质和维生素，可作为水产养殖中很好的饲料添加剂，大量繁殖的藻体也可作为家禽的饲料。栅藻在一定的培养条件下易于积累虾青素及其他脂类，是研究藻类产油的良好实验材料。

（刘国祥　朱欢）

shen weishengwu zhuanhua

砷微生物转化（microbial transformation of arsenic） 砷在微生物作用下所进行的氧化、还原、甲基化和脱甲基化等过程。

砷的氧化和还原 化能自养型砷氧化微生物在好氧条件下，能够以氧气作为电子受体氧化As(Ⅲ)，并利用这一过程产生的能量同化产生细胞内物质从而实现细胞的生长，在厌氧环境中，则可由硝酸根代替作为电子受体。异养型砷氧化微生物同样也能够氧化As(Ⅲ)，但是它们需要有机物质作为能量与碳源。微生物氧化As(Ⅲ)的活性是湖泊中亚砷酸盐被氧化为砷酸盐的主要原因。土壤中也进行着砷的氧化作用，当土壤中施入亚砷酸盐后，As(Ⅲ)逐渐消失而产生As(Ⅴ)。砷氧化微生物能够加速自然环境中As(Ⅲ)到As(Ⅴ)的氧化，As(Ⅴ)较As(Ⅲ)生物毒性小，并且更容易被吸附于矿物表面，从而达到去除污染水体中砷的目的，因此也被认为是砷污染生物修复的途径之一。

在厌氧环境中存在一些特殊的微生物，如梭状芽孢杆菌属和脱硫弧菌属的细菌，它们能够以砷酸根为电子受体，以氢、乙酸盐、甲酸盐、丙酮酸盐、柠檬酸盐和葡萄糖等有机物，甚至甲苯等芳香化合物作为电子供体，进行砷的还原反应，并从中获得能量用于细胞生长。这一还原机制也被称为砷的呼吸还原机制。这类微生物在砷的生物地球化学循环过程中起着重要的作用。砷还原微生物可以将游离态或结合态的As(Ⅴ)在细胞表面或胞内还原为毒性更强的As(Ⅲ)并排出体外，导致水体或土壤含水层中的As(Ⅲ)浓度升高，从而加重水体或土壤中的砷污染状况。

砷的甲基化和脱甲基化 土壤和底泥中的无机砷化物在微生物的作用下，会发生砷的甲基化，形成甲基砷酸盐、甲基亚砷酸盐、一甲基胂、二甲基胂和三甲基胂，其中三种有机砷化物的沸点比较低，具有挥发作用。砷微生物甲基化作用的主要产物为二甲基胂和三甲基胂，二者的毒性小于无机砷，因此微生物对砷的甲基化作用不仅被认为是生物体去除砷毒的适应性过程，还被认为是理想的砷污染的生物修复途径。例如，甲烷杆菌（*Methanobacterium*）和脱硫弧菌（*Desulfovibrio*）、假丝酵母（*Candida*）、镰刀霉（*Fusarium*）、曲霉（*Aspergillus*）、帚霉（*Scopulariopsis*）、拟青霉（*Paecilomyces*）都能转化无机砷为甲基胂。砷微生物甲基化中的甲基供体也是甲基钴胺素。细菌以及真菌进行砷的甲基化作用的产物不同：真菌的甲基化产物通常为三甲基胂，而细菌则为一甲基胂和二甲基胂。

在微生物的作用下，有机砷化物可以脱甲基形成无机砷化物，一甲基胂等可转化为砷化氢，使之毒性增大，因此，用砷化物作为杀虫剂和除草剂可能存在潜在危害。（蒋丽娟）

shengtai anquan

生态安全（ecological safety） 自然和半自然生态系统的安全，即生态系统的完整性和健康的整体水平不受威胁的状态。生态系统的完整性是指构成生态系统的组成成分（包括非生物的物质和能量、生产者、消费者、分解者）紧密联系，形成了具有一定功能的有机整体。生态系统的健康是环境管理的一个新方面和新目标，通常认为，功能正常的生态系统可称为健康系统。生态安全广义上包括自然生态安全、经济生态安全和社会生态安全。

本质 包括生态风险和生态脆弱性。生态风险是指特定生态系统中所发生的非期望事件的概率和后果，如干扰或灾害对生态系统结构和功能造成的损害，其特点是具有不确定性、危害性和客观性。生态脆弱性是指在一定的社会政治、经济、文化背景下，某一系统对环境变化和自然灾害表现出的易于受到伤害和损失的性质。这种性质是系统自然环境与各种人类活动相互作用的综合产物。

内涵 生态安全不仅要考虑生态风险，而且要考虑其动态性。因此，生态安全应是指人与自然这一整体免受不利因素危害的存在状态及其保障条件，并使得系统的脆弱性不断得到改善。一方面，生态安全是指在外界不利因素的作用下，人与自然不受损伤、侵害或威胁，人类社会的生存发展能够持续，自然生态系统能够保持健康和完整。另一方面，生态安全的实现是一个动态过程，需要通过对生态脆弱性的不断改善，使人与其他生物处于健康和有活力的生态环境中。

特点 表现为整体性与全球性、生态破坏的不可逆性和生态恢复的长期性。

整体性与全球性 全球生态环境大系统是相连相通的，任何局部环境的破坏都有可能引发全局性的灾难，甚至危及整个国家和民族的生存条件。一国的生态灾难还有可能危及邻国的生态安全，如国际性河流的污染、臭氧层破坏、生物多样性减少等。因此，在生态安全上，各国有着相当广泛的共同利益和国际合作基础。

生态破坏的不可逆性 生态环境的支撑能力有一定限度，生态破坏一旦超过其环境自身修复的“阈值”，往往造成不可逆转的后果，如野生动植物物种的灭绝。

生态恢复的长期性 许多生态环境问题的解决，要在时间和经济上付出高昂的代价，如荒漠化恢复、滇池污染治理、水资源危机、沙尘暴等对国家社会安全的影响。

研究方法 ①以定性的理论分析为主，如针对生态安全的概念界定、现状评价、问题分析以及解决措施等。②定量方法。比较单一，一般是在建立指标体系基础上，运用模型进行评价和预警研究，前者主要是评估生态系统的安全现状，后者则主要对未来限定时段的安全状况发出警报。建立国家生态安全衡量指标体系和监测预警系统，目的在于制定国家生态安全的衡量标准，通过实施标准将生态系统维持在能够满足当前需要而又不削弱子孙后代满足其需要的能力的状态，实现可持续发展。用可量化的指标衡量资源与环境的安全度，对存在的不安全趋势发出预警报告，使之得以适时适度地调整。 （杨柳燕　李丽）

推荐书目

徐海根．自然保护区生态安全设计的理论与方法．北京：中国环境科学出版社，2000.

shengtai dulixue

生态毒理学 （ecotoxicology） 研究生物圈中污染物对包含人类在内的生物影响的学科，是环境科学研究的重要领域。

沿革 20 世纪 40—60 年代出现的一系列环境事件（如日本水俣病、痛痛病等事件）极大地促成了生态毒理学这一学科的形成，勒内·萨豪特（René Truhaut）于 1969 年首先提出了“生态毒理学”的概念，20 世纪 70 年代初期生态毒理学这一学科开始逐渐发展起来。目前，生态毒理学已成为一门融合生物、化学、地球科学等多学科的交叉性学科。

研究内容 研究污染物、环境、生物三者之间的相互作用，如污染物对生物的效应、环境因素与生物因素对污染物在环境中的存在形态及生物效应的影响等。

虽然均主要关注污染物的生物效应，但与环境毒理学相比，生态毒理学的研究内容更广，包含环境污染物在不同生物水平（分子、细胞、组织、个体、种群、群落、生态系统等）的效应。

生态毒理学研究的污染物主要包括以下几类：金属及类金属、有机污染物、营养物（如引起水体富营养化的氮、磷等）、放射性物质等。随着一系列新环境问题的出现，生态毒理学也开始研究可能对生物产生不利影响的各种环境压力（如酸雨、温室效应等）。

研究方法 按不同生物水平概括为以下五个方面。

生化和分子水平试验 通过现代生物化学和分子生物学的理论和方法，探索生物标志物，以监测和预警污染物在个体、种群、群落、生态系统等不同生物水平的不利影响。

器官、细胞和亚细胞水平试验 将污染物经血管流经特定的器官，观察污染物在脏器内的代谢转化和毒性作用；或将某种器官从体内取出再制成原代游离细胞，测定污染物对细胞的毒性作用；或利用经体外多次传代的细胞株对污染物进行一般毒性和特殊毒性研究。

整体生物试验 按人体可能接触的剂量和途径使试验生物在一定时间内接触污染物，然后观察污染物对生物产生的不利影响。

模拟生态系统毒理学试验 研究污染物在模拟生态系统中的环境行为与生物效应。

生物群体调查 研究环境污染物对动物、植物和微生物的危害，尤其是对人群的危害，可分为生物调查、环境流行病学调查等。

发展趋势 包括以下五个方面。①将生态毒理学的研究结果应用于环境管理之中，如将生物可利用性的概念应用于环境标准的制定。②将生态毒理学研究更多地与人体健康相联系，如通过研究环境污染物的食物链传递以预测、评估其在食品中的人体暴露风险和健康风险。③研究重金属污染物与有机污染物的相互影响，如在环境形态、食物链传递、生物可利用性、毒性等方面的相互影响。④运用生态毒理学的传统研究方法研究纳米物质的环境与生物行为，如运用生物动力学模型研究纳米物质的生物可利用性。⑤将稳定同位素运用于生态毒理学研究之中，如将重金属的稳定同位素用于重金属环境与生物行为的示踪；利用稳定同位素比例对环境污染物进行溯源等。（钟寰）

shengtai fengxiang

生态风险（ecological risk） 一个种群、群落或生态系统的正常功能受外界胁迫，从而在目前和将来对该系统健康、生产力、遗传结构、经济价值和美学价值产生不利影响的一种状况，即在一定区域内，具有不确定性的事故或灾害对生态系统结构和功能产生损害，从而危及生态系统的安全和健康。

20世纪70年代，各工业化国家的环境管理政策目标是力图完全消除所有的环境危害，或将危害降到当时技术手段所能达到的最低水平。但这种“零风险”的环境管理逐渐暴露出其弱点。进入80年代后，产生了风险管理这一全新的环境政策。风险管理观念着重权衡风险级别与减少风险的成本，协调风险级别与一般被社会所能接受的风险之间的关系。生态风险评价因能为风险管理提供科学依据与技术支持而得到迅速发展。

目前的生态风险评价基本上都以美国环境保护局（US EPA）提出的生态风险评价大纲和美国国家科学院的风险评价作为标准。其提出的风险源、暴露-效应关系等概念和研究方法对生态安全理论与方法的完善具有指导意义。生态风险的研究内容主要包括危害评价、暴露分析、受体分析和风险表征。

生态风险研究不仅关注生物因素对生态系统的影响，还关注有毒化学物引起的生态风险。有毒化学物对生态系统的风险研究主要集中在个体和种群水平上。近年来区域生态风险的研究逐渐得到重视，如我国对环渤海三角洲湿地生态风险的研究等。

特点 具有复杂性、内在价值性、动态性、不确定性和危害性五个特点。

复杂性 生态风险的最终受体包括生命系统的各个组建水平（包括个体、种群、群落、生态系统、景观乃至区域），并且生态风险评价须考虑生物之间的相互作用以及不同组建水平的相互联系，即风险级联。因此，生态风险相对于人类健康风险而言，复杂性显著提高。

内在价值性 经济学上的风险和自然灾害风险常用经济损失来表示大小，而生态风险主要体现和表征生态系统自身的结构和功能，以生态系统的内在价值为依据，不能只用简单的物质或经济损失来衡量。

动态性 任何生态系统都不是封闭和静止不变的，而是处于一种动态变化过程，影响生态风险的各个随机因素也都是动态变化的，因此，生态风险具有动态性。

不确定性 由于人们对生态系统的认知还不够深入全面，生态系统的具体风险和相应的原因具有不确定性。

危害性 生态系统中的负面因素对生态系统及其组分会产生不利影响，表现为生态系统结构和功能的损失、生态系统内物种的病变、生物演替过程的改变和生物多样性的减少等。

产生原因 主要有生物技术引起、生态入侵引起和人类干扰引起三个方面。

生物技术引起的生态风险 生物技术可分为基因工程、细胞工程、酶工程、发酵工程和生化工程。经过生物技术操作后的产物，国际上较普遍地采用了两个名词：遗传修饰生物体（GMO）和基因工程生物体（GEO）。GMO的含义更广泛，一切经过遗传操作、其基因得到修饰的生物体都包括在内。虽然现在尚无GMO危害环境的令人信服的证据，但依据以往人类在引种、育种方面的经验，以及目前遗传学、生态学、进化学的有关知识，可以推测GMO释放于环境可能产生的潜在效应，主要表现在以下两个方面。

对人类健康的影响 生物技术一方面给人类带来了益处，例如，人类利用转基因的大肠杆菌生产人胰岛素，满足治疗糖尿病的需要；此外，基因工程药物和基因治疗业也为人类彻底医治各种疑难病症带来了希望。另一方面，GMO对人体的副作用也是存在的，例如，美国孟山都公司生产的一种抗杀虫剂转基因大豆，含有一种类似雌激素的物质，会造成男性乳房增大。

对环境的影响 如果转基因生物有很高的适合度和竞争能力，就可能引起种群爆发、破坏生物多样性，从而改变生物群落的结构、影响生态系统的能流和物质循环，而生态系统的健康和人类的健康一样重要。

生态入侵引起的生态风险 生态入侵是指将外源生物引入本地区，种群迅速蔓延失控，造成其他土著种类濒临灭绝，并伴生其他严重危害的现象。生态入侵的危害过程一般是：外来种泛滥成灾，排挤本土植物或夺走动物的栖息地，原来的生态系统遭到破坏甚至崩溃，产生生态风险。生态入侵往往导致一些本地种的灭绝，而且对生态系统的稳定性产生影响，小至种类成分的变化，大至整个生态系统的崩溃，而且这种变化是不可逆的。与种群、群落类型相比，物种入侵生态系统后对生态系统功能的影响更大，包括最重要的能量流动、物质循环、水循环等一系列重要功能。侵入种通过改变环境条件和资源的可利用性而对本土物种产生致命影响，从而减少生物多样性，而物种的多样性对生态系统的稳定性至关重要。当侵入种大范围改变了原有生态系统过程时，造成的影响还会波及全球的其他方面（如气候、大气成分、土地利用等）。

人类干扰引起的生态风险 人类的干扰可能造成生态灾难或生态报复。人类的活动一样可以引起生态灾害，有关这方面的教训是深刻的。例如，沙尘暴发生的根本原因是土地的沙漠化，而沙漠化的原因主要是森林的过伐、草原的过牧、对土地的过分利用和对水资源的不合理利用。 （杨柳燕　李丽）

shengtai jiankang

生态健康 （ecological health） 测度人的生产、生活环境及其赖以生存的生命支持系统的代谢过程和服务功能完好程度的系统指标，包括人体和人群的生理和心理生态健康，人居物理环境、生物环境和代谢环境（衣食住行、劳作、交流等）的健康，以及产业和区域生态服务功能（水、土、气、生物、矿和流域、区域、景观等）的健康。

生态健康是一个崭新的理念，它超越了单纯从人类自身的角度来认识健康，以及单纯从生物学角度来认识生态系统的传统观念，通过把人类的健康与环境生态系统联系起来，探讨人类健康与生态环境之间的关系，并追求人与自然、人与环境的和谐统一。生态健康以满足人类社会合理需求为中心，并非孤立地讨论生态和环境的问题，而是讨论如何改善生态环境来促进人类健康水平的提高，实现人类社会的可持续发展。

沿革 从生态学角度看，生态健康的概念可以追溯到20世纪40年代。1941年美国生态学家、土地学家奥尔多·利奥波德（Aldo Leopold）最早提出了土地健康的概念，认为土地健康是指土地被人类占领而没有使其功能受到破坏的状况。60年代，他将此概念进一步升华为景观健康。加拿大生态学家戴维·拉波特（David Rapport）等在此定义的基础上于1979年提出了生态系统医学，旨在将生态系统作为一个整体进行评估，并逐步发展形成“生态健康”的概念及其评价思想。1988年，谢弗（Schaeffer）等将生态健康进一步定义为“没有疾病”，而生态系统疾病是指生态系统的组织受到损害或减弱。1992年，美国生态学家科斯坦萨（R. Costanza）在前人研究结果的基础上，认为生态健康表现为：①生态系统的自平衡；②没有疾病；③具有多样性或复杂性；④具有稳定性或弹性；⑤具有活力或能够成长；⑥系统组成成分之间的平衡。在这以后，许多学者开始关注生态健康，对生态健康的评价方法和指标体系进行了探索性研究。

20 世纪 90 年代以来，生态健康作为全球管理的新目标和分析生态系统的新方法被许多学者青睐。到目前为止，生态健康研究几乎涉及所有的水生生态系统类型——海洋、海岸、湿地、河流、河口、湖泊等，以及部分陆地生态系统类型——森林、草原等。加拿大和美国等在生态健康研究方面走在世界前列，我国在这方面的研究正处于起步阶段。

内涵 包含两个方面：满足人类社会合理需求的能力和生态系统自我维持与更新的能力。前者是后者的伺服功能，后者是前者的基础。人类社会是由众多因素结合而成的社会-经济-自然复合生态系统，生态健康就是通过社会-经济-自然 3 个子系统内部和彼此之间在一定的时空范围内的生态耦合关系来维持的。社会-经济-自然复合生态系统具有一定的弹性，能够在一定范围内维持其生态平衡，如果不利因子的影响超过其阈值范围而导致生态健康失调，就会危及生态安全，生态安全的破坏会影响社会安全、经济安全和政治安全。

生态健康问题首先涉及作为主体的人的感知、认识、适应和改造客观环境的能力，通过强化自身功能，使人具备与自然和谐统一的哲学视野和相应的处事能力；其次涉及人类生产和生活活动中如何系统规划、建设和管理人体、人群、人居和区域生态系统，以减少生态环境的负面影响，建立强化生态服务的正向功能的系统方法；最后涉及如何模拟和移植自然生态系统整体、协同、循环、自生的修复机制和自我组织能力，通过生态工程技术达到人与自然、人与环境和谐统一的美学境界。

实现途径 需要建立在跨学科、参与性和公平性 3 个方法论之上：①实现生态健康的方法是跨学科的方法，需要自然、社会、经济和健康科学等多学科的通力合作。跨学科方法可以使来自不同学科的研究人员和主要参与者达成共识，同时他们也可以保留自己知识领域内的实力和强项。②生态健康的实现需要广泛的相关利益群体的参与，参与性是生态健康的核心特征之一。生态健康活动或者生态健康项目涉及 3 个基本的参与群体，即研究人员和其他专家、社区成员（包括农民、渔民、矿工和城市居民）以及决策者。参与目的在于不仅要在三者内部分别达到共识和合作，而且要达到三者之间的共识和合作。③公平性包括分析男性和女性以及不同社会团体各自的作用。不同的阶层、民族往往生活在不同的环境中，他们各自的健康状况和对资源的可及性是不同的。

生态健康的时间与空间尺度 在生态学中，尺度是指所研究生态系统的面积大小（空间尺度）或其动态变化的时间间隔（时间尺度）。以不同尺度研究时，内容也不相同，较小尺度生态健康的评价更多采用生态学指标，大尺度生态健康的评价则注重整体性评价。

时间（包括时间“点”和时间“段”）和空间（包括宏观上的区域和微观上的局域）是生态变化的两个基本测度，生态系统的复杂性不仅体现在时间尺度，还体现在空间尺度。在时间和空间格局上对生态健康进行研究或评价时就要考虑生态系统的基本特征（包括结构、功能、动态与服务）和层次（可分为基因、物种—种群、群落—生态系统、景观—区域 4 个层次）。

评价 评价生态系统是否健康需要基于生态系统结构的维持力、功能的健全性来确定指标，包括其完整性、适应性和效率。生态健康评价的目的是定义生态系统的一个期望状态，确定其受破坏的阈值，发出预警，实现有效的生态系统管理。主要包括两方面。

指标体系 分为物理化学指标、生态学指标和社会经济指标三大类。物理化学指标包括水质、大气状况、生物种类和数量等；生态学指标包括营养盐循环、能量流动、初级生产力、生物多样性、群落结构、稳定性、抵抗力、恢复力、调节功能、生态系统服务功能等；社会经济指标包括人口动态、人类健康水平、区域经济状况与可持续性、公众环境意识和政府决策等。不同的指标涉及生态健康的不同方面。

由于生态健康的范围非常广泛，要掌握生态健康的完整性，必须同时选取多个指标，从多个角度来进行评价指标的选择。

方法 一般要选择一套指标体系，将功能完好与病态的生态系统区分开来，然后进行系统的分析，诊断产生病态的原因并制定预防及恢复系统健康的方法。

主要测量指标和使用方法 从生态系统的活力、组织结构、恢复力、扩散力、生态系统服务功能的维持、管理措施的选择、外部输入的减少和对人类健康的影响8个方面进行评价，主要集中于生态系统的活力、组织结构、恢复力和扩散力。见下表。

生态健康的主要测量指标和使用方法

生态健康指数	相关的概念	相关的测量指标	起源领域	使用方法
活力	功能 生产力 生产量	初级生产力 国民生产总值 新陈代谢	生态学 经济学 生物学	测量
组织结构	生物多样性	多样性指数 平均共有信息	生态学	网络分析
恢复力		生长范围 种群恢复时间	生态学	模拟模型
扩散力	服务功能	组织结构扩散能力 服务功能扩散能力	生态学	模拟模型
综合		优势度 生物整合性指数	生态学	

生态健康指数（HI） $HI = V \times O \times R$，式中，V为生态系统活力，是测量系统新陈代谢能力或初级生产力大小的一项重要指标；O为生态系统组织指数，用0~1的数值表示生态系统物种数量高低及其多样性的相对程度；R为恢复力指标，用0~1的数值表示其恢复力相对程度，反映生态系统的弹性。

发展趋势 根据国内外生态健康研究的状况，该领域目前着重在以下四方面进行深入研究。

评价标准和参照系的确定 生态健康评价标准采用生态系统功能阈值，即利用具有多参数的生态模型对生态系统的演替进行预测而获得其阈值，人类对环境资源的开发利用和社会经济的发展不能超过此阈值。在生态健康研究中，可以通过查阅资料和其他途径获取被评价系统的历史资料，作为在较少受到人类干扰条件下系统的状态描述，即健康参照系，然后进行生态健康评价。

生态健康的综合评价 实用的综合性生态健康评价需要对生物科学、社会经济、人类健康和国家政策等方面进行融合，进一步了解人类活动、环境变化和生态服务功能，以及由此造成的对人类健康、经济发展和人类生存的威胁之间的相互关联，将人类的文化价值取向与生物生态学过程进行整合。

相关科学技术的广泛应用 有关生态健康的前沿性研究在于将生态健康概念与其他生态学理论相结合、应用遥感（RS）和地理信息系统（GIS）等技术来监测生态健康。定量化方法，特别是遥感和计算机模拟等方法，将大大提高对生态健康的分析、评价和预测能力。

健康生态系统设计 进行生态健康安全评价和模型模拟的最终目的是更好地保护和利用生态系统，保证生态系统结构和功能的完整性以及区域的生态可持续性，推动区域社会经济的可持续发展。因此，有必要对生态系统进行适当的景观生态设计与规划。对生态系统进行设计，可以为生态健康研究提供样板，特别是在生态系统恢复过程中，可以为受扰生态系统提供有效的生态参照指标，从而为生态环境管理提供科学依据，有效地解决众多的生态环境问题。 （杨柳燕　胡志新）

shengtai xiufu

生态修复 （ecological remediation） 在生态学原理指导下，以广义的生物修复（包括微生物修复、植物修复、动物修复和酶学修复）为基础，结合各种物理修复、化学修复以及工程技术措施，通过优化组合和技术再造，使之达到最佳效果和最低耗费的一种综合的修复污染环境的方法。生态修复根据生态学原理，利用特异生物（如修复植物或专性降解微生物等）对环境污染物的代谢过程，并借助物理修复与化学修复以及工程技术的某些措施加以强化或条件优化，使污染环境得以修复。

与生态恢复的区别 生态修复的直接目标是治理被污染的环境，完全不同于生态恢复。生态恢复是使一个生态系统回复到较接近于受干扰前状态的过程。前者更适合于环境介质而后者多针对生态系统；前者针对污染进行修复，后者主要针对退化的生态进行恢复；前者主要以降低污染物浓度为目标，后者主要以植被重新建设为目标。

基本特征 包括遵循生态学原则、影响因素多而复杂和多学科交叉和融合。

遵循生态学原则 主要包括整体优化、循环再生和区域分异。

整体优化　具有协调性、高效性与稳定性三重含义。在生态修复工艺中，不同方法的选择和匹配需要优化，以实现系统内净化功能与外加净化功能有机结合，不同方法之间达到耦合，以实现整体协调性。生态修复高效利用资源，具有能量消耗低和修复周期短的特点。生态修复工艺的稳定性体现在两个方面，一方面表现为抗逆性与耐冲击性，另一方面表现为环境无害与生态安全。整体优化在一定程度上淡化了预处理与主处理的区分而强调整体修复的效果。它可以是几种不同方法的组合，其修复效果通过生态因子调控实现优化。

循环再生　是资源可持续利用的唯一途径。在生态修复中，修复的目标已不仅仅是降低污染物浓度，还包含修复生态服务功能，这种服务功能常由于环境的长期污染或物理和化学修复过程而受到影响，生态修复必须将生态功能修复考虑在内。生态服务功能修复过程中生物方法通常起着极为重要的作用，有时会持续相当长时间，可称之为后修复阶段。这也是生态修复能够涵盖物理和化学方法的主要依据。

区域分异　生态修复是一个客观存在的生态工程工艺实体，与所处地域自然环境和污染特征密切联系。时空变化和不同的环境条件产生不同的生态修复工艺，表现出不同的工艺组合、工艺参数与调控方法。制定修复目标也应该考虑自然条件和修复的用途。合理的修复目标与经济技术指标是实现环境、社会和经济效益统一的前提。根据区域分异原则制定多级修复基准是生态修复的重要研究内容，具有重要意义和很强的挑战性。

影响因素多而复杂 生态修复主要是通过微生物和植物等的生命活动来完成的，影响生物生活的各种因素也将成为影响生态修复的重要因素。

多学科交叉和融合 生态修复的顺利施行，需要生态学、植物学、微生物学、土壤学、栽培学、化学、物理学以及工程技术等多学科的参与。

基本原理 包括生物方法与物理和化学方法优化组合、生态系统自净功能的激活和生态因子调控。

生物方法与物理和化学方法优化组合 环境污染多属于复合污染，其修复要靠多种方法共同完成。在生态修复中，生物修复是主体部分，通常物理和化学方法作为生物方法的辅助，修复目标最终要靠生物修复方法来实现。但不同方法之间的组合服从工艺优化原则，强调优化组合，以获得最佳的修复效果。

生态系统自净功能的激活 土壤或水等生

态系统在一定条件下对环境污染具有净化作用。生态系统是一个强有力的活过滤器，由于生物的多样性，生态系统可通过一系列生物地球化学过程，对环境介质中的污染物质实现自净。然而，当污染负荷超过系统本身的净化容量时，该功能将被钝化甚至消失。人为强化、激活生态系统的净化功能，并实现同外加净化功能的耦合，可使修复效率大大提高。自我净化功能激活的途径可概括为：通过污染物脱毒途径减轻对净化生物的毒害；通过投加营养物改善营养状况；通过调控环境因子改善修复条件。

生态因子调控 是污染修复的必要前提和强化修复效果的重要手段，因此大部分污染环境生态修复研究都考虑生态因子的调控。生态因子可分为生物因子与非生物因子，其中非生物因子即环境因子，包括营养盐、温度、pH、水分、有害物质浓度和静压力等。每种生物对影响其生长和活动的环境均有一定耐受范围，如果超出这个范围，就难以发生对污染物的生物降解作用。生物因子主要是生物之间的协同作用。许多生物降解作用需要多种生物的合作，这种合作在最初的污染物转化和后期的矿化作用中都可能存在。生物协同机制包括：提供生长因子，即一种或多种生物向其他生物提供生长必需物质，分解不完全降解物质，分解共代谢产物和有毒产物，改善其他生物生存的条件；捕食有害生物等。

基本方式 根据生态修复手段和方法的不同，可以分为微生物—物理修复、微生物—化学修复、微生物—物理—化学修复、植物—物理修复、植物—化学修复、植物—物理—化学修复、植物—微生物修复、植物—微生物—化学修复、植物—微生物—物理修复等多种形式。

生物修复 是生态修复的基础，狭义的生物修复是指生物特别是微生物催化降解有机污染物，从而修复被污染环境或消除环境中的污染物的一个受控或自发进行的过程。生物修复的成功与否主要取决于微生物活性、污染物特性和环境状况。

物理与化学修复 是生态修复的构成要素。物理与化学修复是指充分利用光、温、水、气、热、土等环境要素，根据污染物的理化性质，通过机械分离、蒸发、电解、磁化、冰冻、加热、凝固、氧化—还原、吸附—解吸、沉淀—溶解等物理和化学反应，使环境中污染物被清除或转化为无害物质的过程。通常，为了节省环境治理的成本，物理修复或化学修复往往作为生物修复的前处理阶段。

植物修复 是生态修复的基本形式。在污染环境治理中，从形式上来看，似乎主要是植物在起作用，但实际上在植物修复过程中，往往是植物、根系分泌物、根际圈微生物、根际圈土壤物理和化学因素（这些因素可以部分人为调控）等在共同起作用。总的来看，植物修复几乎包括了生态修复的所有机制。（俞协治）

推荐书目

周启星，魏树和，张倩茹，等．生态修复．北京：中国环境科学出版社，2006.

shengwu ceding

生物测定 （bioassay） 系统地利用生物的反应测定一种或多种污染物或环境因素单独或联合存在时，对生物所产生的影响或危害的方法。所利用的生物反应包括分子、细胞、组织、器官、个体、种群、群落以及生态系统各级水平上的反应。

生物测定方法简单，不需要特殊的仪器设备，能综合反映污染物对生态系统的影响或污染状况，因而被广泛采用。生物测定对于监测环境质量的变化，确定单一污染物的安全浓度，研究多种污染物联合作用的生物效应，制定污染物的排放标准、环境质量标准以及污染物的生态风险评价等均有重要价值。

方式 根据生物测定所经历的时间长短可分为短期、中期和长期测定方式。在短期与中期或在中期与长期之间，没有十分严格的区分。一般 8 天之内算作短期，8 天到 90 天算作中期，90 天以上算作长期。

短期生物测定 是通过将被测试的生物在

短时间内暴露于高浓度的污染物下，测定污染物对生物机体的影响，主要用于测定半数致死浓度（LC_{50}）或半数抑制浓度（IC_{50}）或半数效应浓度（EC_{50}）。根据所用测试生物物种的不同，其测试时间也不同。例如，在水污染的短期生物测定中，一般藻类不超过 72 h，溞类不超过 48 h，鱼类不超过 96 h，最长不超过 8 d。短期生物测定对于快速评估污染物毒性，评定几种不同毒物或废物对某种生物的相对毒性或评定不同生物对不同条件如温度、pH 的相对敏感性等具有实用价值。短期生物测定大多采用静止式；但对于易挥发或不稳定的污染物、生化需氧量（BOD）较高的工业废水和生活污水，则采用流动式，对于代谢速率快的受试生物也采用流动式生物测定方式。

中期生物测定　是介于短期和长期之间的一类生物测定。中期生物测定可以采用静止式和流动式，但大多数情况下采用流动式。

长期生物测定　是指在低浓度污染物作用下，暴露时间尽可能长达受试生物的整个生活史的一类生物测定，包括全部生活史的生物测定和部分生活史的生物测定。全部生活史的生物测定是对生物的一个生活周期或更长时间连续进行测试，对浮游动物等更小的生物则可持续好几代。但是，对于生活史长达数年的物种，可选用在整个生活史中最敏感的生命阶段进行测试，称为部分生活史的生物测定。长期生物测定的目的是要测定在污染物持续暴露情况下不造成有害效应的毒物最大浓度或最大允许毒物浓度（MATC），包括毒物对受试生物生长、生殖，对有性生殖后代的发育、成熟、产卵、孵化成功率、幼体成活率、不同生命阶段的生长与存活，以及对畸形、行为和生物积累等的影响。长期生物测定只能采用流动式，需要保证试验的环境条件如 pH、硬度、温度等因子和自然界的季节变化相符合，试验中有性生殖后代的生长发育必须合乎自然季节的规律。

受试生物的选择　生物测定中使用的受试生物对试验毒物或因子要具有敏感性；具有广泛的地理分布和足够的数量，并在全年中某一实际区域范围内可以获得；受试生物应是生态系统的重要组成，具有重要的生态学价值；在实验室内易于培养和繁殖；具有丰富的生物学背景资料，其生活史、生长、发育、生理代谢等相关信息明确；受试生物对试验毒物或因子的反应能够被测定，并已建立标准的测定方法或技术；受试生物应具有重要的经济价值或旅游价值，应考虑其与人类食物链的联系；需要考虑受试生物的个体大小和生活史长短，以及是否接触过待测物质或受污染等。

生物测定的标准化　美国试验和材料学会（ASTM）、经济合作与发展组织（OECD）、美国环境保护局（US EPA）等机构和组织已建立了生物测定标准方法。我国也制定颁布了一些标准化生物测定方法的国家标准，如《水质 物质对溞类（大型溞）急性毒性测定方法》（GB/T 13266—1991）、《水质 物质对淡水鱼（斑马鱼）急性毒性测定方法》（GB/T 13267—1991）、《化学品 藻类生长抑制试验》（GB/T 21805—2008）等。在标准化的生物测定方法中，对重要的因素做了规定，如光照周期、生物大小、生物量、溶解氧和 pH 等，并且对统计方法、毒物分析方法、环境条件的测定方法等做出了统一的规定。

急性毒性试验　是测定化学物质大剂量一次染毒或 24 h 内多次染毒动物所引起的毒性效应的试验，是短期生物测定中最为常见的试验方法，其目的是在短期内了解受试物质的毒性大小和特点，并为进一步开展其他毒性试验提供设计依据。常见的有以下几种。

哺乳动物急性毒性试验　通常采用一种以上啮齿动物，一般选用小鼠和大鼠，毒物经皮毒性测定可用兔和豚鼠。对死亡和濒临死亡动物及部分存活动物做病理解剖检查；采用寇氏法和概率单位法等方法计算半数致死剂量（LD_{50}）及其标准误差。根据所得结果，按急性毒性分级标准评定其毒性大小。LD_{50}值越小，毒性越大。

鸟类急性毒性试验　常用于农药类物质的生态安全评估，可采用鹌鹑、鸽、雉、野鸭等作为受试动物，使用最多的为鹌鹑。根据哺乳

动物的毒性试验结果，如供试农药的 LD_{50} > 50 mg/kg，可免做鸟类的经口急性毒性试验；如果供试农药在田间施用时，与鸟类有一定的接触时间，而且已有资料证明该农药在哺乳动物体内有一定富集作用，则除了要做经口急性毒性试验外，还要做5d 的药饲试验；少数残留期长、对鸟类有长期暴露影响的农药，还需进一步做繁殖影响试验，观察农药暴露对鸟类取食性能、繁殖行为、蛋壳、孵化率以及成活率的影响；对一些经实验室研究还难以明确其危害性的农药，须进一步做笼养试验甚至野外试验。农药对鸟类的急性毒性分为 3 个等级：LD_{50} >150 mg/kg 为低毒级，LD_{50} 为 15 ~ 150 mg/kg 为中毒级，LD_{50} < 15 mg/kg 为高毒级。根据毒性测定结果，依据上述标准，确定受试农药对鸟类的毒性等级。

蜜蜂急性毒性试验　适用于农药类物质的生态安全评价，可采用当地常见养殖蜂种为受试生物。根据蜜蜂在田间与农药的接触方式，采用摄入毒性与接触毒性两种方式对受试蜜蜂进行染毒暴露。农药对蜜蜂的毒性按 LD_{50} 的值分为 3 个等级：LD_{50} 为 0.001 ~ 1.99 μg/蜂为高毒级，LD_{50} 为 2.0 ~ 10.99 μg/蜂为中毒级，LD_{50} > 11.0 μg/蜂为低毒级。对于测定结果为 LD_{50} < 10 μg/蜂的农药，须进一步考虑做田间毒性试验。试验方法包括摄入法和接触法。

家蚕急性毒性试验　适用于农药生态安全评估，一般选择农药使用地区常见的家蚕品种用于毒性测试，以对毒物敏感的二龄起蚕为试验材料。在测定农药对家蚕的毒性时，首选摄入毒叶法；对于挥发性强的农药，还需进行熏蒸毒性试验。供试农药用制剂，也可用原药或纯品，难溶于水的农药可用丙酮等助剂助溶。记录 24 h 的死亡率，用寇氏法或概率单位法计算 LC_{50} 或 LD_{50}。

赤眼蜂急性毒性试验　农药对赤眼蜂的毒性影响是农药生态安全评估的重要内容，可选择稻螟赤眼蜂和欧洲玉米螟赤眼蜂作为受试生物。成蜂的急性毒性试验可按下述方法进行：先将农药溶于丙酮中，定量加入指形管中滚吸成药膜管，然后将成蜂放入药膜管中爬行 1 h 后转入无药指形管，封紧管口，24 h 后检查统计管中赤眼蜂成蜂的死亡和存活数量。

蛙类急性毒性试验　蛙类以蝌蚪期对农药等化学品的反应最为敏感，可选用泽蛙的蝌蚪作为试验材料。将供试药品溶于水，难溶药品可用少量丙酮等助剂助溶，用量不大于 0.1 mg/L。分别于暴露染毒后 24 h、48 h 观察记录蝌蚪的死亡率，用概率单位法或寇氏法等计算 LC_{50} 与 95% 可信限。

蚯蚓急性毒性试验　化学品对蚯蚓的影响主要通过土壤残留化学品与蚯蚓接触或被蚯蚓吞食而导致危害，土壤种类和有机物等含量的不同会导致对蚯蚓毒性程度的差别。可选用生活周期短、繁殖能力强、易于培养的赤子爱胜蚓（*Eisenia foetida*）等常见蚯蚓品种为受试生物。可采用滤纸接触毒性试验和人工土壤试验两种方式。于试验开始后第 7 天和第 14 天观察统计蚯蚓死亡率，用概率单位法或寇氏法等计算 LD_{50} 和 95% 可信限。农药对蚯蚓的毒性按 LD_{50} 可分为 3 个等级：<1 mg/kg 土壤为高毒，1 ~ 10 mg/kg 土壤为中毒，>10 mg/kg 土壤为低毒。

土壤微生物毒性试验　以测定土壤微生物呼吸强度的方法评价化学品对土壤微生物的活性影响。供试土壤选用有代表性的新鲜土壤，确定土壤质地、pH、有机质、代换量等参数。试验通过测定第 5 天、第 10 天、第 15 天碱液中吸收的 CO_2 含量可反映土壤微生物受化学品抑制的程度。

鱼类急性毒性试验　国际上常用的试验鱼种有斑马鱼、鲤鱼、虹鳟等。试验采用同一发育阶段、大小一致的健康幼鱼为受试生物。鱼类急性毒性试验有静态式、半静态式和流动式 3 种。对于性质稳定、不易挥发和降解的化学品可采用静态式毒性试验或更换试液的半静态式毒性试验；易降解、易挥发的化学品用流动式试验装置进行毒性试验。于试验开始后的 8 h、24 h、48 h、72 h 和 96 h 观察记录受试鱼的死亡和中毒症状。农药对鱼类的毒性一般可

按 LC_{50} 的大小分为 3 个等级：> 10 mg/L 为低毒，1.0 ~ 10 mg/L 为中毒，< 1.0 mg/L 为高毒。

溞类急性毒性试验　试验用溞通常选用大型溞（*Daphnia magna*）、隆线溞（*Daphnia carinata*）、网纹溞（*Ceriodaphnia dubia*）、多刺裸腹溞（*Moina macrocopa*）等，溞龄不大于 24 h。试验用稀释水可采用曝气去氯自来水，并测定水质指标。试验以静态法进行。观察试验开始后 24 h 和 48 h 大型溞的活动受抑制率。用概率单位法或寇氏法等计算 24 h 和 48 h 暴露染毒时间受试溞的 EC_{50} 和 95% 可信限。

藻类急性毒性试验　供试藻种可选用羊角月牙藻、斜生栅列藻、小球藻、纤细裸藻、小环藻等广泛分布的藻种，以对数生长期的藻液接种测试。可选择水生 6 号等合适的培养液供藻类培养和毒性测试，分别于 24 h、48 h、72 h 和 96 h 后以无菌操作法取出少量培养液，可通过测定培养液光密度、藻细胞密度、叶绿素含量、细胞干重等指标表征藻类生长状况，用概率单位法等求出相应时间的 IC_{50} 和 95% 可信限。

亚慢性毒性试验　是在相当于试验动物生命周期 1/30 ~ 1/20 时间内使动物每日或反复多次接触受试物的毒性试验。其目的是进一步对受试物的主要毒性作用、靶器官和最大无作用剂量或中毒阈值剂量做出估计。亚慢性毒性试验可为慢性毒性试验观察指标及实验设计提供参考。

试验动物的选择　亚慢性毒性试验一般选择哺乳动物如大鼠、小鼠、家兔、猫、狗等为受试动物，根据实验目的也可选择鱼类、蛙等水生动物为受试对象。实验时选用健康、年幼的动物，各试验组动物体重均值相近，各动物体重不超过组平均体重的±20%。

试验剂量设置与试验周期　所设置的高剂量组能引起受试动物产生明显的中毒反应，但不引起很多动物死亡；低剂量组不引起任何中毒反应；介于两者之间的为中间剂量组。另设一个对照组。一般用 LD_{50}（LC_{50}）的 1/80 ~ 1/50 作为亚慢性毒性试验剂量。试验周期根据研究目的和要求或不同动物而确定，大鼠可为90 d，较大动物可为 4 ~ 6 月。

染毒途径　尽量模拟生物在环境中实际接触化学物质的方式或途径，还应与预期进行慢性毒性试验的接触途径一致。亚慢性毒性试验中动物接触化学物质的途径主要是经胃肠道（经口）、呼吸道及皮肤接触。

观察指标　包括：①一般综合指标。观察动物的一般活动、中毒症状和死亡情况，每周称重一次，记录饲料和饮水量，计算生长率，并计算脏器系数，即脏器湿重与单位体重的比值。②血液与生化检验。主要指血清和肝、肾功能的检验，常规项目包括血红蛋白、红细胞数、白细胞数、血小板数、谷草转氨酶、血清尿素等。③病理组织学检查。实验过程中解剖死亡或濒死动物进行病理学检查，必要时进行组织化学和电镜检查；实验结束后处死所有动物进行尸检。如未见明显病变，可将高剂量组和对照组的主要脏器进行病理学检查，发现病变后再对较低剂量组的相应器官组织进行检查。

试验评价　由试验结果可对受试物质的主要作用、靶器官和最大无作用剂量及中毒阈值剂量做出初步评估，为进一步开展慢性毒性试验提供依据。

慢性毒性试验　是将低剂量化学物质长期与试验动物接触，观察其对试验动物所产生的生物学效应的试验。通过慢性毒性试验可确定最大无作用剂量，为制订人体每日允许摄入量（ADI）和最高容许毒物浓度（MATC）提供毒理学依据。主要包括哺乳动物慢性毒性试验和水生生物慢性毒性试验。

哺乳动物慢性毒性试验　试验动物的年龄应低于亚慢性试验，选用断乳的动物，雌雄各半。设置 3 ~ 4 个剂量的处理组和 1 个对照组。高剂量组应引起受试动物明显的毒性反应，低剂量组不应引起毒性作用，在高、低两剂量组中间再设 1 ~ 2 个剂量组，可根据亚慢性毒性资料取其最低中毒剂量的 1/10、1/20、1/50（或 LD_{50} 的 1/100 ~ 1/20 中取 3 ~ 4 个剂量）作为慢性毒性试验剂量。试验周期为 1 ~ 12 个月，如包括致癌实验则应延长至18～24个月。染毒途径和观察指标与亚慢性毒性试验一致。根据慢性毒性试验结果，依据敏感观察指标出现异常的最小阈值剂量，确定该受试物慢性毒性作用的最大无作用剂量，为受试物质的应用以及制定其在环境中的卫生标准提供参考依据。

水生生物慢性毒性试验　该试验可以指示干扰水生生物正常生长、发育和繁殖能力的化学物质浓度，可选择水生无脊椎动物（淡水如大型溞、海水如糠虾），也可选择脊椎动物（淡水如鲤鱼、鲫鱼，海水如虹鳟）等为受试动物。关于暴露时间，鱼类最少6个月或更长，无脊椎动物3周或更长。慢性毒性试验的试验浓度根据试验水生动物种类的不同分别进行设置，试验时间一般应包括水生动物种群全部繁殖生命周期。将试验动物连续暴露于不同浓度的化学物质中，在不同时间观察其生长、性成熟并产卵、死亡等情况，测定产卵数量、孵化率、幼体成活率及其数量、体长、体重等指标，并与对照组进行比较。试验结束后，以统计学方法检验处理组与对照组之间的差异，依据敏感观察指标出现异常的最小阈值剂量，确定该受试物质慢性毒性作用的最大无作用剂量，计算MATC，为制定化学物质的水质基准和水质标准提供依据。（陈良燕）

推荐书目

孔志明．环境毒理学．6版．南京：南京大学出版社，2017.

孟紫强．环境毒理学基础．2版．北京：高等教育出版社，2010.

shengwu huaxue duxing

生物化学毒性（biochemical toxicity）　化学物质通过与生物靶分子相互作用产生有害的生物效应的能力。

作用类型　包括以下七种。

干扰正常受体-配体的相互作用　受体是许多组织细胞的生物大分子，与化学物质及配体相互结合后形成受体-配体复合物，能产生一定的生物学效应。许多环境化学物质尤其是神经毒物的毒性作用与其干扰正常受体-配体的相互作用的能力有关。

细胞膜损伤　细胞膜的稳定性对机体内的生物转运、信息传递及内环境的稳定非常重要。环境化学物质可引起膜成分的变化或改变膜脂的流动性，影响膜上某些酶的活性，并可通过改变膜蛋白的结构影响膜的通透性。

干扰细胞内钙稳态　正常情况下细胞内的钙浓度较低（10^{-7}～10^{-8} mol/L），细胞外钙浓度较高（10^{-3} mol/L）。钙作为细胞的第二信使，在调节细胞内功能方面起着关键作用，环境化学物质可以通过干扰细胞内的钙稳态导致细胞损伤和死亡。

干扰细胞能量的产生　生物体内的能量来源于糖类和脂肪类的生物氧化，产生的能量以三磷酸腺苷（ATP）的形式贮存起来，为各种生命活动提供能量，这一过程也称细胞呼吸链。有些环境化学物质可以干扰糖类的氧化，使细胞不能产生ATP；还有一些环境化学物质可以使氧化磷酸化解偶联，导致氧化产生的能量不能以ATP形式贮存。ATP缺乏不仅可使细胞生命活动得不到充足的能量供给，而且还可以干扰膜的完整性、离子泵转运和蛋白质合成，严重的ATP缺乏可导致细胞功能的丧失甚至细胞死亡。

自由基与脂质过氧化　自由基是指具有奇数电子的分子，或者化学物质的共价键发生均裂而产生的具有奇数电子的产物。有的环境化学物质本身具有自由基的性质；有的环境化学物质性质活泼，与不饱和脂肪酸作用后形成自由基；有的化学物质可经代谢形成自由基。自由基的共性为顺磁性、化学活性极高和生物半衰期极短（仅为10^{-6} s）。自由基与膜脂质接触后通过一系列反应引起脂质过氧化作用，脂质过氧化作用不仅可改变膜的流动性，而且也可改变膜镶嵌蛋白的活化环境，如果这些镶嵌蛋白是酶、受体和离子的通道，酶、受体和离子的活性和作用将受到影响。脂质过氧化可导致线粒体和溶酶体肿胀和解体，引起Na^+、K^+-ATP酶和一些微粒体酶活性降低等。自由基还可以攻击核酸，主要攻击位点为核酸腺嘌呤和鸟嘌呤的 C-8、嘧啶的 C-5 和 C-6 的双烯键，从而引起碱基置换、嘌呤脱落和 DNA 链断裂，导致细胞突变和癌症。

与生物大分子共价结合 共价结合是一种化学反应的方式。在生物体内，污染物或其代谢产物可以与生物大分子发生共价结合，从而改变生物分子的结构与功能，引起一系列的有害生物效应。

与蛋白质的共价结合 污染物或其代谢产物通常可与结构蛋白质或酶的活性中心的 ε-氨基等部位发生共价结合，最终抑制这些蛋白质的功能。环境化学物质与酶的活性中心、辅酶、辅基或底物发生共价结合，导致酶活性的抑制，从而引起一系列的有害生物效应。

与核酸的共价结合 核酸是生物信息遗传的物质基础，分为 DNA 和 RNA 两大类。环境化学物质不仅可以与这些核酸物质发生共价结合，还会嵌入碱基对之间，造成遗传信息的错误表达。

与脂质或辅因子的共价结合 与脂质结合的污染物局限于部分有机卤化物。谷胱甘肽是谷胱甘肽 S-转移酶的辅因子，许多污染物或其代谢产物中的碳原子或氯原子可与还原性谷胱甘肽中的对巯基结合，导致机体抗氧化能力下降，引发机体代谢紊乱。

非致死性遗传改变 某些环境化学物质可干扰 DNA 复制和修复，导致 DNA 损伤和染色体异常，这些毒性作用虽然不一定引起细胞死亡，但可以诱发体细胞突变和癌变，对生殖细胞引起的突变可遗传给下一代，有的还可以产生遗传性疾病，甚至畸胎。

有害环境化学物质的生物化学毒性 主要包括多环芳烃（PAHs）、汞和有机氯农药的生物化学毒性。

多环芳烃 多环芳烃类物质是间接致癌物，必须经过细胞微粒体酶中的混合功能氧化酶活化后才具有致癌性。在多环芳烃类物质中，苯并芘的生物化学毒性作用研究工作最集中。苯并芘进入机体后，先进行活化作用，即经肝、肺细胞微粒体中混合功能氧化酶激活而转化为数十种代谢产物，其中转化为羟基化合物或醌类是一种解毒反应；转化为环氧化物特别是 7,8-环氧化物是活化反应。7,8-环氧化物再经环氧化物水化酶的作用而生成 7,8-二羟基化合物，接着发生第二次环氧化而形成 7,8-二氢二醇-9,10-环氧化物，即近致癌物。9,10 位的氧环接着打开，在原分子的 10 位碳原子上形成阳离子，即终致癌物。其可以与 DNA 等生物大分子发生共价结合，造成 DNA 损伤，如果 DNA 不能修复或修而不复，细胞就可能发生癌变。

汞 汞是金属中毒性较强的元素之一，广泛分布于生物圈中。汞的毒性作用的基础主要是汞离子（Hg^{2+}）极易与蛋白质上的巯基（—SH）或二巯基（—S—S—）结合，从而改变蛋白质的结构与活性。另外，汞还可以与生物大分子的重要基团结合，从而改变细胞的结构和功能，造成细胞的损伤进而影响整个机体。

有机氯农药 有机氯农药的生物化学效应在于有机氯农药的去氯反应，当有机氯农药进入血液循环后，即与基质中的氧活性原子作用，发生氯的连锁反应，产生不稳定的氧化产物。后者分解缓慢，于是成为新的活性中心。有机氯农药的主要靶器官是神经系统，其作用于神经类脂膜上的胆固醇，降低了膜对钙离子的渗透性，干扰了轴突膜去极化后恢复正常电位所需的表面重新钙化。（张徐祥）

推荐书目

孟紫强. 环境毒理学基础. 北京：高等教育出版社，2003.

shengwu huohua

生物活化（biological activation） 毒物在有机体内积累，经过转化，形成更高浓度或毒性更强的有害物质的现象。

终毒物和生物活化 伴随代谢所发生的外源性化学物的活性变化是毒理学研究中最关键的问题之一。生物体内代谢转化过程不仅影响到外源性化学物的体内动力学，而且也影响着外源性化学物的活性。终毒物是指直接与内源靶分子反应或引起机体生物学微环境的改变、导致机体结构和功能紊乱并表现毒物毒性的物质。终毒物是外源性化学物引起毒性作用的关键。终毒物大致有三种情况，一是外源性化学物本身就是终毒物，如强酸、强碱、尼古丁、氨基糖苷类、环氧乙烷、异氰酸甲酯、重金属离子、氰化氢、一氧化碳等。二是外源性化学物本身相对无毒性，经体内的生物活化后，毒性增强，转为终毒物。例如，乙二醇在体内转化为草酸，引起酸中毒、低血钙以及形成草酸钙堵塞肾小管；有机磷农药对硫磷转化形成的代谢产物对氧磷，其生物毒性要比对硫磷高几倍。三是外源性化学物经某种代谢过程转化为可与敏感组织中内源性化学物起反应的活性物质，如氧自由基、亲电子物等，由这些活性物质在体内诱发毒性作用。这一类型是生物活化的主要方式。

生物活化的活性代谢产物 生物活化生成的活性代谢产物可分为亲电子物质、自由基、亲核物质和氧化还原物质。

亲电子物质 是指缺乏电子而带有正电荷的分子，它可与富电子的亲核物质共享电子对而发生反应。亲电子物质可分为阴离子类亲电子物质和阳离子类亲电子物质。阴离子类亲电子物质是由细胞色素 P-450 或其他酶系将母体化学物氧化为酮、环氧化物、不饱和酮、醌、卤代酰类等时形成的。阳离子类亲电子物质是由不同性质的基团或元素结合物的裂解所产生的，例如，甲基汞被氧化为 Hg^{2+}，CrO_4^{2-} 被还原为 Cr^{3+} 等。亲电子物质灭活是和含巯基的谷胱甘肽结合，该反应可以自发进行或在谷胱甘肽硫转移酶的催化下进行。

自由基 化学上也称为“游离基”，是含有一个不成对电子的原子团，可因接受或失去电子或由性质相同的元素形成的共价键均裂所产生。化学物百草枯、呋喃妥因等都可以从细胞色素 P-450 还原酶处获得电子而形成自由基。这些自由基将多余的电子转移给分子氧，形成超氧阴离子自由基，超氧阴离子自由基又可以和其他物质反应形成新的自由基，如此反复循环，一个可接受电子的化学物就可以在体内形成大量的超氧自由基。此外，一些亲核的化学物也可在过氧化酶等的催化下失去电子而形成自由基。如苯并［*a*］芘、7,2-二甲基苯并蒽能在过氧化酶或细胞色素氧化酶的作用下失去电子形成自由基，这可能是它们致癌的原因。体内所形成的自由基可通过谷胱甘肽、超氧化物歧化酶（SOD）、维生素 E、维生素 C 等消除。

亲核物质 在化学物的活化过程中，亲核物质形成是相对较少的情况。苦杏仁苷在消化道内可以被细菌的 β-糖苷酶分解出亲核物质氰化物；丙烯腈被环氧化后再与谷胱甘肽结合、硝基氰氢酸盐被分解亦可形成亲核物质。亲核物质的灭活一般是亲核功能基团被结合、羟基化合物与硫酸或葡萄糖醛酸结合、巯基与葡萄糖醛酸结合、肼被乙酰化等在体内将亲核物质转化为自由基的过程和酚、对苯二酚等转化为亲电子物质的过程被中止；另一灭活途径是巯基、氨基、肼等被含黄素的单氧化酶所氧化，例如，醇类如乙醇被氧化为碳酸盐而灭活，氰化物被转化为硫氰酸盐而灭活等。

氧化还原物质 除上述氧化还原物质的形成，还有些还原剂如抗坏血酸和一些还原酶如依赖烟酰胺腺嘌呤二核苷酸磷酸（NADP）的黄素酶等可将六价铬还原为五价铬，并催化 HO・的形成。

生物活化物的毒性作用机制 污染物经生物活化后可通过非共价结合、共价结合、脱氢反应、电子转移等方式与内源性化合物作用产生毒性效应。很多外源性化学物在体内通过几种生物活化机制产生毒性作用，例如，醌类既可作为亲电子物质产生共价结合，又可作为电子受体启动形成自由基的巯基氧化反应，导致脂质过氧化。因此，在考虑外源性化学物的生物活化过程和机制时应多角度多层次综合考虑。

非共价结合 此种结合涉及毒物与膜受体、细胞间、离子通道及某些酶的反应，如士的宁与骨髓中枢神经元甘氨酸受体的作用。非共价结合能量相对较低，具有可逆性。

共价结合 亲电子的毒物可以与体内众多的具有亲核原子的大分子物质（如蛋白质、核酸）进行共价结合。此种结合具有不可逆性，因此对机体的危害很大。此外，此种结合具有选择性，主要依赖于它们的半径-负荷比例，一般是软亲电子物与软亲核物进行结合（都有低的半径-负荷比例），硬亲电子物与硬亲核物进行结合（都有高的半径-负荷比例）。亲核毒物则较少在体内发生共价结合，因为体内的内源性亲电子分子较少。

脱氢反应 中性自由基易使体内内源性化合物脱氢，从而将内源性化合物变成自由基。含巯基的化合物（R—SH）脱氢后变成巯自由基（R—S·），最终形成巯基氧化物。羟基自由基能使氨基酸或者蛋白质氨基酸残基上的氢原子脱掉，使其变成羰基，而后与 DNA 或其他的蛋白质分子上的氨基发生交联。DNA 链上发生的脱氢反应，可导致 DNA 链的断裂。脱氢反应若发生于脂肪酸，可产生脂质自由基和脂质过氧化。

电子转移 某些化合物，如酚类、硝基化合物、*N*-羟基芳香胺等可将血红蛋白中的二价铁氧化成三价铁，产生高铁血红蛋白症。

（吴兵）

shengwu jishu

生物技术 （biotechnology） 又称生物工程。指利用微生物、动植物体对物质原料进行加工，以提供产品来为社会服务的技术，是一门新兴的综合性学科。生物技术以现代生命科学为基础，结合其他基础科学的科学原理，采用先进的科学技术手段，按照预先的设计改造生物体或加工生物原料，为人类生产出所需产品或达到某种目的。随着计算生物学、化学生物学与合成生物学的兴起，系统生物技术得以发展，包括生物信息技术、纳米生物技术与合成生物技术等。

生物技术是现代生物学发展及其与其他相关学科交叉融合的产物，包括基因工程、微生物工程、生化工程、细胞工程及生物制品等方面。目前，生物技术集中应用于医药产业，在农业和工业等方面也有应用。

生物制药 是把生物技术应用到药物制造领域的过程，其中最为主要的是基因工程方法，即利用克隆技术和组织培养技术，对 DNA 进行切割、插入、连接和重组，从而获得生物医药制品。生物药品是以微生物、寄生虫、动物毒素、生物组织为原材料，采用生物学工艺或分离纯化技术制备，并以生物学技术和分析技术控制中间产物和成品质量而制成的生物活化制剂，包括菌苗、疫苗、毒素、类毒素、血清、血液制品、免疫制剂、细胞因子、抗原、单克隆抗体及基因工程产品（DNA 重组产品、体外诊断试剂）等。目前，已研制开发并进入临床应用阶段的生物药品，根据其用途不同可分为三大类：基因工程药物、生物疫苗和生物诊断试剂。这些产品对诊断、预防、控制乃至消灭传染病，保护人类健康，发挥着重要作用。

农业生物技术 生物技术在农业中的应用是基于对植物、动物基因学和蛋白质学的认识。

通过利用动植物中的特定基因，可以实现用更少的土地种植更多的作物，同时可减少农药的使用。利用生物技术，不仅可以在恶劣的气候环境下生产作物，还可以改善食品的营养和口感等。

将生物技术用于育种是一种快捷、有效的育种方法，通过引入特定的基因可以改变动植物的品质。例如，科学家在西红柿中植入抗成熟的基因，可以延长西红柿的货架期。生物技术在农业中的另一个可能的应用是生产食用疫苗，即利用水果、蔬菜生产抗肝炎、霍乱等传染病的疫苗。将克隆技术用于动物，可以保留高品质动物的高产性能。

市场上的农业生物技术产品主要是转基因的大豆、玉米、油菜、棉花等，但是转基因生物的生态安全性和健康风险一直是人们关注的重点。

工业与环境生物技术 将生物技术应用于工业制造和环境管理，是为了推动工业的可持续发展。1998年，经济合作与发展组织（OECD）认为生物技术将对工业的持续发展起着十分关键的作用，鼓励其成员国支持工业与环境生物技术的研究。

微生物被认为是天然的化学工厂。它们可取代工业催化剂用于化学品的制造。例如，酶制剂能取代洗涤剂中的磷和皮革鞣制过程中的硫化物。在造纸过程中，酶制剂可以减少氯化物在纸浆漂白过程中的用量。微生物在工业生产过程中的应用，使工业生产变得清洁、高效，具有可持续性。

酶也可以作为生物催化剂将生物质转化为能源、乙醇等。通过生物酶，玉米秸秆可以转化为可降解的塑料，用于食品包装等，实现废物的资源化和能源化。

基因学和蛋白质学在工业生物技术中的应用，不仅仅在于发现微生物酶的特性，而且可以通过目标的变异，使微生物产生各种用途的新型酶制剂。

生物技术的其他应用 目前生物技术除主要在人类健康、农业、工业与环境中应用外，在其他领域也有一些应用。

珍稀野生动物的保护 通过DNA识别来鉴别动物的种类，跟踪其活动地域等。

海洋生物技术的应用 采用人工扩繁生物技术，使因受过度捕捞而濒临灭绝的海洋生物得以生存发展。同时生物技术又为人类从丰富的海洋生物资源中发现新药提供了途径。例如，海螺中的一种毒素有止痛功效，海绵可以用作抗感染药物等。

太空应用 生物技术应用于太空发展，可以为宇航员构建长期太空探险所需的生命支持环境。

人类考古和犯罪调查 通过DNA分析可以研究人类种群的进化史。DNA技术应用于犯罪案件调查可以帮助执法人员确认罪犯。

（崔益斌）

shengwu jiangjie

生物降解 （biodegradation） 通过生物作用，将复杂有机物大分子转变为结构较简单的小分子，实现有机物分解或降解的过程或行为。由于微生物在降解过程中起主要作用，所以生物降解常指微生物降解。

机制 微生物降解有机污染物的机制包括利用污染物作为能量来源、对污染物的应激反应和非特异性的自然过程。

利用污染物作为能量来源 异养型微生物生长过程中，需要有机碳作为能量源。环境中，如果氮、磷、微量元素等营养物质充足，贫瘠的碳源就会限制一些微生物的生长。因此，当有机污染物进入环境中后，微生物会利用其作为碳源生长，使该有机污染物发生降解转化。

对污染物的应激反应 由于有些有机污染物毒性较大，会对微生物细胞产生一定的毒性胁迫。微生物会通过应激反应产生某些特定的酶以降低该污染物毒性，或将其锁定或转移出细胞。

非特异性的自然过程 生物降解的发生可能是一种巧合或者无目的的过程。在没有外界胁迫的条件下，对底物无特异性要求的酶可能会利用污染物作为一种天然底物，或者某些胞外酶系统会通过产生自由基对污染物进行降解。

生物降解的一般途径 包括矿化作用和共代谢。

矿化作用 在矿化过程中，微生物可以利用有机污染物作为生长基质，从中获得生长所需的能量、碳源、氮源、磷源等。矿化作用是彻底的生物降解，可以从根本上去除有机污染物可能的环境危害。有机污染物在一种或多种生物作用下，可彻底分解为H_2O、CO_2和简单无机化合物，如含氮化合物、含磷化合物等。

矿化过程中发生的生物化学作用主要包括氧化作用、还原作用、脱羧作用、脱氨基作用、水解作用、酯化作用等。这些反应实质上都是酶促反应。

共代谢 当某类污染物难以被微生物直接

利用时，通过在环境中加入合适的底物，可以通过共代谢降解。

由于微生物利用其他有机物作为碳源或能源，目标化合物在转化过程中并不会带来微生物自身细胞的生长。因此，目标化合物一般在该过程中得以修饰和转化成某种代谢产物，并不能彻底地分解。在混合培养和自然环境条件下，共代谢产物可能会参与其他微生物进行的共代谢或其他形式的生物降解，而逐步分解为小分子物质。

影响因素 包括微生物的种类和代谢活性、微生物的适应能力、化合物的结构和浓度以及环境条件。

微生物的种类和代谢活性 微生物种类及其代谢活性对于物质降解和转化有着关键性影响。不同种类的微生物所需的生长条件不同，对底物的要求和反应也不同。而微生物种类又和环境中化学组成相关。当环境长期被某类污染物污染时，可以抵抗该污染物毒性以及利用污染物作为能量来源的微生物有更大的生存优势，而逐渐成为环境中的优势菌种。例如，在含有烃类的水和土中，利用烃类的微生物占优势。

微生物的生长状况也影响着降解速率。当微生物在生长速度最快的对数期时，代谢活性高，污染物的降解速率也是最为迅速的。这也是活性污泥可以高效降解污染物的原因之一。

微生物的适应能力 当有新的化合物进入环境后，具有较强适应能力的微生物可以通过诱导降解酶、基因突变建立新的酶系或调节代谢途径来降解和转化污染物。在这个过程中，微生物的种类发生转变以适应新的环境条件。

通过人工措施使微生物逐步适应某种环境，最后得到有较高耐受力和降解特异性的菌株的方法和过程称为驯化或富集。最常用的驯化途径是以目标化合物作为唯一或主要碳源培养微生物，通过逐步提高该化合物浓度，经多代传种后得到高效降解菌株。

化合物的结构和浓度 化合物的结构决定了它的可降解性。有机物化学结构的复杂程度、基团的性质与位置均可能影响微生物对它的降解活性。其中，由于微生物产生的酶难以接近和破坏复杂大分子内部敏感的化学键，因此简单的有机分子较复杂的大分子容易降解。脂肪族化合物较芳香族化合物易被降解。当分子链上的碳被其他元素取代时，该物质的抗氧化能力有可能增强。而取代官能团的个数和种类也会对化合物的可降解性有较大影响。同一种化合物的不同异构体（如壬基酚异构体）的生物降解速率不同。

此外，底物本身的浓度对其降解速率也有明显的影响。有些污染物在高浓度条件下也可快速降解，但有些污染物却在高浓度时抑制微生物降解活性。

环境条件 包括温度、pH、电子受体及氧化还原电位、营养物质和底物。

温度 自然环境中温度会影响微生物群落组成以及污染物降解途径和速率。生物降解其实是微生物诱发的酶促反应，而温度对酶的活性以及反应动力学起着关键作用。此外，化合物的溶解度以及微生物的生长状况也受到温度的直接影响。例如，2,3,4,6-四氯联苯在底泥中降解时在不同温度下主要降解产物不同。在12℃和34℃时，主要生成2,4,6-三氯联苯；在18℃时主要生成2,3,6-三氯联苯；在25~30℃时主要生成2,5-二氯联苯；而温度超过37℃时体系中未发现脱氯产物。

pH 微生物的生长以及酶的活性均需要适宜的酸碱条件。除了某些极端环境中的微生物，强酸强碱条件会抑制大部分微生物的活性而影响生物降解的效率。环境pH的差异也会造成污染物形态的差异，这些差异会造成其生物可利用性的变化。由于pH影响微生物的群落结构以及酶的活性，因此会影响污染物的降解转化产物。

电子受体及氧化还原电位 生物降解有机物的过程可能是好氧的，也可能是厌氧的。好氧降解发生时，体系中需要 O_2，即 O_2 作为最终电子受体。在厌氧条件下，微生物利用 NO_3^-、Fe^{3+}、Mn^{4+}、SO_4^{2-} 等电子受体降解有机物，降解途径和速率与体系的氧化还原电位密切相关，电子受体的浓度影响降解过程中的电子传递过程及代谢途径。例如，对于脱除卤素（氯、溴）的还原降解反应，氧化还原电位越低，降解速率越快。

营养物质和底物 微生物生长需要碳、氮、磷、硫及痕量元素等多种营养元素。如果环境中这些营养成分中的某一种或几种供应不足，则微生物生长就会受到极大的抑制。

环境中底物种类对于目标污染物的降解也有较大的影响。当环境中存在一些易降解底物如葡萄糖时，微生物的代谢机制会发生一些变化（如产生共代谢）并影响目标污染物的降解状况。在土壤中微生物对污染物的降解还受到土壤湿度的影响，其不仅影响微生物的活性，而且影响降解底物的有效浓度等。

生物降解动力学 由于微生物降解受到多种因素的影响，因此可以使用降解动力学综合表征化合物的降解速率。

一级降解动力学 当不考虑微生物生长的影响时，可以使用一级动力学模型拟合生物降解速率。

$$A_t = A_0 e^{-kt} \qquad (1)$$

式中，A_t为 t 时刻底物浓度；A_0 为初始时刻底物浓度；t 为降解时间；k 为降解常数。

利用该公式可求得降解半衰期

$$t_{1/2} = \frac{\ln 2}{k} = \frac{0.693}{k} \qquad (2)$$

式中，$t_{1/2}$为降解半衰期。降解常数 k 通常由底物性质以及环境条件等因素决定。k 值越高，该底物生物降解速率越大。

Monod 种群生长动力学 当微生物利用单基质作为自身生长的能量来源时，基质降解速率和微生物生长速率有着密切关联。根据 Monod 种群生长动力学可以研究基质浓度和种群生长速率的关系。

Monod 公式为

$$\mu = \frac{\mu_{max} c}{K_M + c} \qquad (3)$$

式中，μ 为微生物的比生长速率，即单位生物量的增长速度；μ_{max} 为微生物的最大比生长速率；c 为底物（基质）浓度；K_M 为 Monod 常数，是$\frac{\mu_{max}}{2}$时的底物浓度。

当底物浓度很低时（$c \ll K_M$），底物会限制细胞生长速率。

把微生物生长和化合物浓度改变联系起来，可以衡量底物浓度的变化趋势及底物的降解速率。

假设降解一定量的底物得到的微生物量的增加比例为 Y，则该比例为特定生物过程的产率。将新细胞产生率和化学物质的消失率联系考虑则有

$$\mu B = Y(-\frac{dc}{dt}) \qquad (4)$$

式中，B 为细胞浓度；c 为底物（基质）浓度；t 为降解时间。

整理后得到

$$\frac{dc}{dt} = -\frac{\mu B}{Y} \qquad (5)$$

代入 Monod 式中微生物比生长速率 μ 后得到公式

$$\frac{dc}{dt} = -\frac{\mu_{max} Bc}{Y(K_M + c)} \qquad (6)$$

当底物处于较低浓度时（$c \ll K_M$），

$$\frac{dc}{dt} \approx -\frac{\mu_{max} Bc}{YK_M} = -k_{bio} Bc \qquad (7)$$

式中，$k_{bio} = \mu_{max}/YK_M$。

当细胞浓度一定时，则 B 为常数，该降解可以简化为一级降解动力学。

若底物相对于微生物需要而言大量存在时（$c \gg K_M$），则

$$\frac{dc}{dt} \approx -\frac{\mu_{max} B}{Y} = -k'_{bio} B \qquad (8)$$

式中，$k'_{bio} = \mu_{max}/Y$。则底物去除率仅和细胞浓度呈线性相关而和其浓度无关。

降解动力学的优化 在实际研究中，并不是所有的有机物的降解都遵循简单的一级降解动力学或利用单基质生长的降解动力学。有时需要引入其他降解影响因子并在一级动力学的基础上对降解动力学进行调整和优化。例如，

有些污染物进入环境中，其生物可利用率会由于吸附和不可逆的结合作用等老化过程而降低，在一级降解动力学中引入一个不可利用系数 α 后，可以模拟老化过程对于降解的影响：

$$c_t = c_0 e^{-k(1-e^{-\alpha t})/\alpha} \quad (9)$$

式中，c_t 和 c_0 分别为底物在时间 t 和 0 点时的浓度；k 为降解常数；α 为不可利用系数，是老化过程中污染物转化为不可利用态的一级动力学中的动力学常数。

由此可以得到污染物降解半衰期：

$$t_{1/2} = -\frac{1}{\alpha}\ln\left(1-\frac{0.693\alpha}{k}\right) \quad (10)$$

利用该动力学方程可以较好地描述有机污染物（如壬基酚）在土壤中的降解。

应用 目前微生物降解已被广泛应用于废水和固体废物的处理以及污染环境的生物修复技术中。

在废水处理工艺中，通过创造适宜的条件，使微生物高浓度地富集在特定的构筑物中，可充分利用微生物的作用，高速率、高效率地分解和转化废水中的污染物。

由于固体废物中包括大量的有机物，利用微生物活动，可以使之稳定化、无害化、减量化和资源化。主要的处理方法包括堆肥、卫生填埋和厌氧发酵。利用微生物处理固废垃圾可以有效地降低废物的危害，并可以通过微生物作用获得甲烷和有机肥料等。

用于生物修复的菌种主要分为土著微生物、外来微生物和基因工程菌。改变环境条件或者接种外来功能菌种，可以促进特定微生物群的生长和污染物的降解。（刘洁　季荣）

推荐书目

Singh A，Ward O P. Biodegradation and bioremediation. Berlin：Springer，2004.

Neilson A H，Allard A H. Environmental degradation and transformation of organic chemicals. Boca Raton：CRC Press，2008.

王家玲．环境微生物学．2 版．北京：高等教育出版社，2004.

孔繁翔．环境生物学．北京：高等教育出版社，2000.

Schwarzenbach R P，Gschwend P M，Imboden D M. 环境有机化学．2 版．王连生，等译．北京：化学工业出版社，2003.

shengwu jiedu

生物解毒（biological detoxification）　又称代谢解毒，是指外源性化学物经生物转化形成毒性低、水溶性高而易于排泄的代谢产物的过程。生物转化对大部分外源物质起代谢解毒作用。几乎所有生物体器官系统都有代谢毒物的能力，其中，肝脏在这方面最为重要。

外源性化学物的生物解毒过程主要包括氧化、还原、水解和结合四种反应。氧化、还原和水解反应是生物解毒的第一阶段反应（又称Ⅰ相反应），结合反应是第二阶段反应（又称Ⅱ相反应）。在Ⅰ相反应中，外源性化学物在有关酶系统的催化下经由氧化、还原或水解反应改变其化学结构，形成某些活性基团（如 —OH、—SH、—COOH、—NH_2 等），或进一步使这些活性基团暴露。在Ⅱ相反应中，外源性化学物的初级代谢物在另外一些酶系统催化下通过上述活性基团与细胞内的某些物质结合，生成结合产物（次级代谢物）。结合产物的极性（亲水性）一般较一级代谢物有所增强，利于排出。外源性化学物的生物转化一般都要经历这两个连续过程，但也有一些外源性化学物由于本身已含有相应的活性基团，不必经过Ⅰ相反应即可直接与细胞内的物质结合而完成生物转化。

氧化反应 氧化通常为大多数化学物代谢的第一步反应，主要分为微粒体酶催化的氧化反应和非微粒体酶催化的氧化反应。

微粒体酶催化的氧化反应 微粒体酶是存在于微粒体内的一类酶，主要是过氧化氢酶和过氧化物酶，可防止过氧化氢在细胞内蓄积。此外，微粒体中还有与乙醇的代谢、糖异生和胆固醇代谢有关的酶。这类反应主要由混合功能氧化酶（MFO）系完成。MFO 存在于所有的脊椎动物和大部分无脊椎动物中，其作用是代谢非极性的亲脂性有机化合物，包括内源性化学物和外源性化学物。从生理作用来看，它参与体内胆固醇、胆汁酸、类固醇、激素、维生素D的生物合成和代谢；从解毒作用来看，许多外源性化学物经该酶系代谢，形成极性较大的产物而易于排出体外。

非微粒体酶催化的氧化反应 肝细胞液中含有醇脱氢酶、醛脱氢酶等，能使各种醇类和醛类化合物氧化。例如，乙醇催化后，经脱氢氧化，最后生成二氧化碳。在肝、肾、肠、神经等组织的线粒体中有单胺氧化酶，细胞液中有二胺氧化酶，可使各种胺类氧化脱氨生成醛和氨。

还原反应 大多是在各种还原酶（如硝基还原酶、偶氮还原酶等）催化下进行的，含有硝基、偶氮基和羰基的外源性化学物以及二硫化物、亚砜化合物，在体内可被还原。还原酶通常在动物组织内活性较低，但在肠道菌群内该酶的活性较高，常见的还原反应有依赖黄素蛋白的反应和依赖细胞色素P-450的反应。

依赖黄素蛋白的反应 黄素蛋白是一种以黄素核苷酸作为辅酶或辅基的蛋白质（包括酶类），存在于所有细胞中，起氧化还原酶的作用，或者在电子传递链中作为电子载体。涉及黄素蛋白的还原反应有硝基还原（硝基苯→亚硝基苯→羟氨基苯→苯胺）及偶氮还原（偶氮苯→苯肼→苯胺）等。

依赖细胞色素P-450的反应 该酶在还原反应中的作用机制尚不清晰，起作用的可能以还原型烟酰胺腺嘌呤二核苷酸磷酸（NADPH）细胞色素P-450还原酶为主。

水解反应 酯类、酰胺类等化合物在体内可被广泛存在的水解酶所水解。水解酶包括酯酶和酰胺酶。酯类外源性化学物可被酯酶催化水解生成醇和酸，酰胺类可被酰胺酶催化水解生成酸和胺。水解反应是许多有机磷杀虫剂在体内的主要代谢方式，例如，敌敌畏、对硫磷、乐果和马拉硫磷等水解后毒性降低或消失。此外，环氧化物水化酶使环氧化物加水生成二氢二醇。

结合反应 在酶的催化下，外源性化学物的I相反应产物或带有某些基团的外源性化学物可与细胞内物质进行结合反应。结合反应一方面可使有毒化学物的某些功能基团失活；另一方面大多数物质通过结合反应，水溶性增强，很快由肾脏排出体外。结合反应往往属于耗能反应，它在保护有机体不受外来异物毒害、维持内环境稳定方面具有重要意义。结合反应可在肝细胞的微粒体、细胞液和线粒体内进行。不同形式的结合反应由肝内特异的酶系所催化（见下表）。常见的结合反应有葡萄糖醛酸结合、硫酸结合、乙酰基结合、甘氨酰基结合、甲基结合、谷胱甘肽结合及水化等。其中，以葡萄糖醛酸结合最为重要。

结合反应的主要类型

结合反应	结合基团的直接供体	酶类	酶定位	底物类型
葡萄糖醛酸结合	尿苷二磷酸葡萄糖醛酸（UDPGA）	葡萄糖醛酸基转移酶	微粒体	酚、醇、羧酸、胺、羟胺、磺胺、巯基化合物等
硫酸结合	3′-磷酸腺苷-5′-磷酰硫酸（PAPS）	硫酸转移酶	细胞液	醇、酚、芳香胺类
乙酰基结合	乙酰辅酶A	乙酰基转移酶	细胞液	芳香胺、胺类、氯基酸
甘氨酰基结合	甘氨酸（Gly）	酰基转移酶	线粒体	酰基辅酶A（如苯甲酰辅酶A）
甲基结合	S-腺苷蛋氨酸（SAM）	甲基转移酶	细胞液	生物胺、吡啶、喹啉、异吡唑等
谷胱甘肽结合	谷胱甘肽（GSH）	谷胱甘肽-S-转移酶	细胞液	卤化有机物、环氧化物、溴酚酞、胰岛素等
水化	H_2O	环氧水化酶	微粒体	不稳定的环氧化物（如环氧萘）

与生物解毒有关的酶类 污染物进入机体后，常常会诱导一些酶的生成，使新陈代谢发生变化。主要包括混合功能氧化酶（MFO）和抗氧化防御系统酶。

混合功能氧化酶 是Ⅰ相反应过程中的关键酶系，对人工合成化学品的解毒发挥重要作用。MFO是电子传递系统，存在于大多数组织的内质网上，在肝脏中的活性较其他组织中要高。MFO的组成包括血红蛋白类酶（细胞色素P-450和细胞色素b5）、黄素蛋白类酶（NADPH细胞色素P-450还原酶）和磷脂类酶。

MFO催化氧化反应的特点是：在反应过程中，O_2起了混合的作用，即一个氧原子被还原为水；另一个氧原子掺入作为底物的外源性化学物分子中，使其增加一个氧原子。MFO催化的反应类型有：①脂肪族和芳香族羟化：脂肪族链末端、芳香环上的氢被氧化，例如，苯可形成苯酚。②环氧化反应：外源性化学物的两个碳原子之间形成桥式结构，即环氧化物。③杂原子（*N*-，*O*-，*S*-）脱烷基反应：与外源性化学物分子中杂原子相连的烷基被氧化脱去，形成醛类或酮类。④杂原子（*N*-，*S*-，*P*-）氧化，例如，三甲胺进行*N*-氧化生成三甲氨氧化物。⑤*N*-羟化反应：羟化在氮原子上进行，例如，苯胺、致癌物2-乙酰氨基芴都可发生该反应。⑥氧化基团转移：包括氧化脱氨、氧化脱硫、氧化脱卤素作用。⑦酯裂解。

抗氧化防御系统酶 需氧生物发展出了防御氧化损伤的系统，组成包括水溶性组分，如谷胱甘肽、维生素C；脂溶性组分，如维生素E；酶，如谷胱甘肽过氧化物酶（GPx）、超氧化物歧化酶（SOD）、过氧化氢酶（CAT）等。体内代谢产生的活性氧可为抗氧化防御系统控制，消除活性氧对机体的伤害作用。某些种类的污染物如多环芳烃、多氯联苯和金属螯合物在生物体内进行生物转化时，同时产生了氧化还原循环，这样不仅母体化合物产生的中间体产物本身是自由基代谢物，可与核酸、蛋白质连接产生毒害，而且在氧化还原循环中还产生了大量的活性氧。在一定范围内这些活性氧能被体内的抗氧化防御系统清除。（吴兵）

shengwu jinghua

生物净化（biological purification） 通过生态代谢作用（同化作用与异化作用）使环境中污染物的数量减少、浓度下降、毒性减轻直至消失的过程。

在物质循环和能量流动方面，水、土壤、大气之间有紧密的内在联系。水、土壤和大气的污染，只要不超过生态系统的负载能力，污染物就可以通过物理、化学和生物学的作用得到净化，其中生物学的作用占有十分重要的地位。如果环境污染物超过了生态系统的负载能力，生物净化作用就会遭到破坏，整个生态系统就有可能失去平衡，产生不良的后果。随着人类社会的进步和生产力的发展，生物净化的功能在更大规模上得到利用，并逐步发展成为环境生物工程的重要组成部分。生物净化现象在水、土壤、大气等环境系统中是普遍存在的，但净化能力都有一定限度。人们通过了解和掌握自然界的生物净化的基本规律，有条件时加以人工控制，以强化生物净化功能。

水环境生物净化 河流、湖泊、水库、海洋等水体中生活着各种细菌、真菌、藻类、水草、原生动物、贝类、昆虫、鱼类等生物，它们在自身生长的同时，能够对污染物产生生物净化作用。通常用五日生化需氧量（BOD_5）和化学需氧量（COD）两个参数作为衡量水体中生物降解有机污染物的综合指标。温度、营养物比例（碳氮比等）和溶解氧含量是影响水体自净作用的主要环境因素。如果进入水体的某种污染物的浓度超过了生物生存的阈值，或者污染物的量大于水环境的容量，则整个水环境生态系统的功能就会受到冲击，水体的自净作用也会遭到破坏。

有机污染物进入水体后，微生物首先利用水中的溶解氧对其进行好氧分解，如果进入水体的有机物数量没有超过水体的自净能力，则水体自净功能发挥作用，经过一定时期后，水体又重新恢复到原有的正常状态。有氧条件下

的分解产物如 H_2O、CO_2、NO_3^-、SO_4^{2-} 和 PO_4^{3-} 等不会对水质产生严重影响。如果排入水体的有机污染物很多，微生物在其分解过程中，溶解氧消耗迅速而又不能及时得到补充，造成水体缺氧或无氧环境，则有机物好氧分解转入厌氧分解，就会产生一些有毒有害的物质如 NH_3、H_2S 等，导致水体水质恶化。

水体中某些特殊的微生物类群还能吸收并浓缩水中的汞、锌、镉等重金属元素或生物难降解的人工合成有机物。这些物质经过生物固定沉积在底部沉积物中，使水体逐步得到净化。

水环境生物净化技术被广泛应用于各类污水处理工程（包括活性污泥法、生物滤池和生物转盘等）和生态修复中。

土壤环境生物净化 主要包括以下三方面。

植物根系的吸收、转化、降解和合成作用 指利用植物及其根际圈微生物体系的生理生化过程，可以有效地净化清除土壤环境中的污染物质。具体地说就是利用植物本身特有的利用污染物、转化污染物的能力，通过氧化、还原或水解作用，使污染物得以降解和脱毒；利用植物根际圈特殊的生态条件加速土壤微生物的生长，显著提高根际圈微环境中微生物的生物量和物质转化潜力，从而增强土壤污染物的分解作用；以及利用某些植物特殊的积累与固定能力去除土壤中的某些污染物。

土壤中细菌、真菌和放线菌等微生物区系的降解、转化 微生物在土壤中所引起的各种生物化学过程，主要是借助于它们所产生的酶系来实现的。例如，在含酚石油污水灌区土壤中形成了能分解酚的多酚氧化酶系，其含量变化和微生物类群数量的消长是一致的。因此，长期利用适量的含酚石油污水灌溉水稻田不会出现酚的累积。此外，在灌区土壤中已分离出多种能分解石油污水中烷烃类和多环芳烃（包括苯并［*a*］芘）的细菌，其也能有效降解石油组分，净化受石油污染的土壤。

土壤中动物区系的代谢作用 指在人工控制或自然条件下，利用土壤动物及其肠道微生物在污染土壤中生长、繁殖、穿插等活动过程中对污染物进行破碎、分解、消化和富集的作用，使污染物减少或消除。土壤动物在土壤中的活动、生长、繁殖等都会直接或间接地影响土壤的物质组成和分布，特别是土壤动物对土壤中有机污染物的机械破碎、分解作用。土壤动物还能分泌许多酶等，并通过肠道排出体外。与此同时，大量的肠道微生物也转移到土壤中来，与土著微生物一起分解污染物或转化其形态，降低土壤污染物浓度。

大气环境生物净化 见大气污染生物净化。

（崔益斌）

shengwu leiji

生物累积 （bioaccumulation） 又称生物积累、生物学积累，指生物体在代谢活跃期内，通过呼吸、体表吸收、摄食等多种途径，从外界环境中蓄积某些化学物质，使得化学物质在生物体内的浓度大于环境中的浓度，且随着生物的生长发育，体内化学物质浓度不断上升的现象。生物累积的水平与吸收、分布、代谢转化和排泄等过程密切相关。生物累积的程度可以用生物累积系数（BAF）表示。

即使污染物在环境中的浓度很低，也可以通过各种途径进入生物体，在生物体内不断累积。随着生物的生长发育，化学物质在生物体内不断浓缩，并可能进一步沿食物链传递，在更高营养级生物中蓄积，从而对整个生态系统造成严重的毒性效应。

影响因素 主要包括化学物质、生物体因素。

化学物质因素 化学物质发生生物累积的程度取决于其自身的脂溶性以及被生物体吸收的速率、途径与模式，在生物体内经代谢过程发生生物转化的能力，被生物体排出的速率等。易发生生物累积的物质一般都具有亲脂性，且不易被生物体代谢转化、排出体外。通常用正辛醇－水分配系数（K_{ow}）来预测物质的生物累积程度。K_{ow} 越大，说明物质的亲脂性越强，越易发生生物累积。

生物体因素 生物体脂质含量、个体大小、所处生长阶段不同，生物累积程度也不同。同一种生物的不同器官和组织，对某一化学物质的亲和力不同，所以化学物质在生物体内累积的部位也存在不均一性。

生物累积系数 是生物体通过吸收、吸附、吞食等各种途径，在体内不断累积某种难分解的化学物质，达到平衡状态时，该物质在生物体内的浓度与在环境中的浓度的比值。生物累积系数适用于多种途径暴露下的野外或实验室研究。生物累积系数一般从数倍到数万倍不等。

超累积 指生物体可以累积异常高含量的外源化学物的现象，具有这种能力的生物称为超累积生物。有很多植物可以超量吸收、累积重金属，体内积累的重金属浓度可达到其他普通植物的100倍以上，称为重金属*超累积植物*，它们被广泛应用于土壤重金属污染修复中。例如，蕨类植物蜈蚣草可以超累积类金属污染物砷。

生物累积模型 一般可以归纳为两类：平衡分配模型（BCF/BAF模型）和动力学模型。BCF/BAF模型用于比较污染物在水相（或环境介质）和生物之间的分配，更适用于预测小型生物的平衡状态。动力学模型用于描述污染物在生物体内随时间累积的动力学。与平衡分配模型不同，它不受生物平衡状态的限制。常见的动力学模型有单一室模式、二室模式和三室模式。

近年来，虽然对于新型污染物的生物累积研究越来越多，但是尚未建立成熟的预测模型，现有的模型能否应用于新型污染物的生物累积，有待更多的探索和实践。

（王莹　缪爱军）

推荐书目

孔志明. 环境毒理学. 6版. 南京：南京大学出版社，2017.

孟紫强. 生态毒理学. 北京：高等教育出版社，2009.

王文雄. 微量金属生态毒理学和生物地球化学. 北京：科学出版社，2011.

shengwumei jinghua

生物酶净化 (biological enzyme purification)

利用生物分泌的酶净化污染物的过程和方法。微生物几乎能够分解自然界中的所有有机物，而分解过程主要是由酶催化的。生物酶净化主要通过添加酶制剂来完成。由于酶制剂在处理污染废水中具有高效专一、耗能低、无二次污染、操作简单、易控制等特点，随着低成本、高活力的酶制剂的大量出现和酶的生产、分离纯化、酶及固定化酶反应器技术的不断改进，酶制剂在环境保护方面的应用越来越广泛。

酶制剂的提取与分离纯化 一般包括酶的原料选择、酶生物原料的预处理和酶的分离纯化。

酶的原料选择 酶制剂是一类从动物、植物、微生物中提取的具有生物催化能力的蛋白质，所以酶制剂的原料有动物体、植物体、微生物体。在实际中，对酶源的要求是酶含量丰富，提取、纯化方便。

从动物或植物中提取酶受到原料的限制，随着酶应用的日益广泛和需求量的增加，工业生产的重点已逐渐转向微生物。用微生物作酶源，可不受季节、气候和地域的限制，并且具有生产周期短、产量高、成本低、提高微生物产酶潜力途径多等优点。

以微生物作为酶源，虽然具有上述优点，但需注意的是，微生物在生产酶的同时，也会产生毒素、抗生素等生理活性物质，因此使用前必须进行纯化处理。一般认为，利用黑曲霉、酵母、枯草杆菌等生产的酶是安全无毒的，但若用其他微生物作为产酶菌，则要进行毒性检查。

酶生物原料的预处理 包括动物酶原料的预处理和微生物的预处理。

动物酶原料的预处理 包括机械处理、反复冻融和组织经丙酮迅速脱水干燥制成丙酮粉。

微生物的预处理 若酶是胞外酶，可除去

菌体后直接从发酵液中吸附提取酶。若酶是胞内酶则需将菌体细胞破壁，制成无细胞的悬液后再提取酶。通常用离心或压滤方法取得菌体，再用生理盐水洗涤除去培养基，然后冷冻保存。有时为了大量保存或有利于提取，可采用干燥法，因为干燥常能导致细胞自溶、增加酶的释放，从而在后处理中破壁不必太剧烈就能达到预期目的。

酶的分离纯化 提取液中除了含有所需要的酶外，还含有许多其他小分子和大分子物质。为了从中得到目的酶，可以采用多种分离方法，这些方法都是根据分离物质之间不同的物理、化学和生物性质的差异而设计的（见下表）。

酶分离纯化的常用方法

物质之间性质的差异	设计的分离纯化方法
溶解度的差异	盐析法、有机溶剂沉淀法、聚乙二醇（PEG）沉淀法、等电点沉淀法
热稳定性的差异	热变性沉淀法
电荷性质的差异	离子交换层析法、电泳法
分子大小和形状的差异	凝胶过滤法、超滤法、透析法、离心法
亲和力的差异	亲和层析法
疏水作用的差异	疏水层析法
分配系数的差异	双水相系数萃取法

加氧酶 是有机物降解过程中最重要的催化酶，包括单加氧酶和双加氧酶。

单加氧酶 属氧化还原酶类，在该酶的催化下参与反应的 O_2 分子中的 O—O 键断裂，一个氧原子转移到底物上合成产物，另一个氧原子则被还原为水。单加氧酶分布极为广泛，几乎存在于自然界的一切生物体内，包括人、动物、植物和微生物等。它不但能催化许多内源性底物（如脂肪酸、维生素、前列腺素等）的合成与代谢，而且能有效降解多种外源毒性物质，因此，对维持生物体的正常生长代谢起着极为重要的作用。

单加氧酶催化烷烃羟基化和烯烃环氧化的能力已经引起人们越来越大的兴趣，并且逐渐应用到环境保护等领域。利用单加氧酶生物降解环境污染物具有以下优点：大多数单加氧酶的底物选择性较宽、来源广、种类多，生物降解成本低，能耗少。

双加氧酶 包括邻苯二酚 1,2-双加氧酶和邻苯二酚 2,3-双加氧酶。

邻苯二酚 1,2-双加氧酶 由邻单胞菌提取而得，是第一个被发现能催化苯环开裂的双加氧酶。它能催化苯环上的邻位羟基内部断开，故又称为内二醇双加氧酶，该酶是芳香族化合物及其衍生物降解途径中的关键酶，具有底物多样性。在很多革兰氏阴性菌中都有该基因的存在，而且不同属的同源性很高，可达 86% 以上。

邻苯二酚 2,3-双加氧酶 是芳烃降解过程中的一个关键酶。目前发现了 3 种不同的类别，它们分别含 Fe^{2+}、Mn^{2+}、Mg^{2+} 活性中心，对其结构和功能关系的研究对于探讨这种酶的氧化降解机制具有重要作用，对环境保护和农业发展有着重要意义。（杨柳燕）

shengwu nongsuo xishu

生物浓缩系数（bioconcentration factor, BCF） 又称生物富集因子、浓缩率、富集系数等。通常指生物体内某些元素或难分解化合物的浓度同其所生存环境中该物质浓度的比值，可用于表示生物浓缩的程度，生物浓缩系数也可以用 K_B 表示，多用来表示某种物质在水生生物体内的浓度同其在水中的浓度之间的关系。生物浓缩系数通常指经过一段时间的物质交换、达到动态平衡时的平衡浓缩系数，不是指生物积累过程中任何一个特定时刻所测定和计算得到的浓缩系数。

影响因素 主要包括生物因素、污染物特征和环境因素三方面。

生物因素 生物种类、大小、年龄、性别、器官、发育阶段、生活史等都会影响生物浓缩系数。生物种类不同，代谢机能不同，在同样条件下，对同一种物质的浓缩系数也会不同。例如，在同样条件下，黑鲷骨骼对铯-137 的生物浓缩系数为 11.02，而石鲽骨骼对铯-137 的生物浓缩系数则为 8.95。生物大小、年龄、性别、器官、发育阶段、生活史等不同也会导致代谢速率、机体化学组成等的不同，从而影响生物浓缩系数。

污染物特征 一般降解性小、脂溶性高、水溶性低的物质，生物浓缩系数高；反之，则低。

环境因素 盐度、硬度、氧含量、光照、温度、湿度、pH、风向、风速、水流方向、水流速度、土壤的组成和结构等对环境中物质的存在形式、价态、浓度以及在环境中的停留时间等会产生影响，因而在不同的环境条件下，同一种生物对同一种物质的浓缩系数也可能不同。

研究方法 包括实验室饲养法和野外调查法。实验室饲养条件易于控制，但是，因为人工环境几乎不可能在自然条件下出现，且寿命长的生物需要饲养很长时间才能与环境之间达到物质平衡，所以用实验室饲养法求得的生物浓缩系数数值通常比用野外调查法小。采用野外调查法，生物的整个生活周期都处在自然环境中，机体内所研究的成分与环境是平衡的，能够得出标准的浓缩系数数值。不过，有些物质如果在水溶液中浓度很低，会因分析技术上的限制而无法测出，导致无法获得生物浓缩系数。

测定计算方法 主要包括平衡法、动力学方法、建立模型等方法。

平衡法 首先测定平衡状态下的某种物质在生物体内及环境中的浓度，然后计算出 BCF，是最常用的方法。

动力学方法 首先测量生物摄取有机毒物的速率常数 K_1 与生物释放有机物的速率常数 K_2，然后通过 K_1、K_2 之比算得 BCF。

建立模型 ①Dimitrov 等建立的 443 种有机化合物的 lg BCF 与 lg K_{ow}（正辛醇-水分配系数）的简单非线性模型，可以解释 70% 以上的生物浓缩因子的变化，拟合结果相对较好，但是在 BCF 达到最大值之后，随着疏水性的增加 lg BCF 会降低，表明其他因子会对生物富集过程产生影响。②崔世海等基于分子电性距离矢量描述子对 236 种有机化合物的 BCF 建立的 QSA R 模型，具有良好的校正能力，对外部样本也具有良好的预测能力。

其他 通过测定化合物溶解度（S_w）、土壤吸附系数（K_{oc}）等估算 BCF。

（杨滋莞　缪爱军）

shengwu pingjia

生物评价（biological assessment） 又称生物学评价，是用生物学方法按一定标准对一定范围内的环境质量进行评定和预测。

生物与其生存的环境是相互依存、相互影响的统一体，环境受到污染后，对生存于其中的生物产生影响，生物也对此做出不同的反应和变化，其反应和变化是环境质量评价的指标。生物评价一般不需要贵重的仪器和设备，比较经济、简便，同时可以反映出环境中各种污染物综合作用的结果，甚至可以进行回顾评价；此外，还可对大型水利工程、工矿企业的建设可能产生的生态学效应进行预断评价，但方法不易统一，也难以确定污染物的性质和含量。生物评价方法包括以下五种。

一般描述对比法 是根据对调查环境中生物的区系组成、种类、数量、生态分布、资源情况等的描述，对比区域内同类型环境或同一环境内的历史资料，对环境质量现状做出评价。一般描述对比法是常用的一种方法，但是需要评价人员有较丰富的经验，且由于资料的可比性较差，不易标准化。

指示生物评价 是最经典的生物评价方法，根据对环境中特定污染物敏感或有较高耐性的生物种类的存在或缺失，来指示其所在环境内特定污染物的多寡或分解程度。各种生物对环境因素的变化都有一定的适应范围和反应特点，生物的适应范围越小，反应越典型，对环境因素变化的指示越有意义。例如，有些植物对大气污染反应敏感，并表现出独特的受害症状，人们根据它们的受害症状和程度，可以大致判断大气污染的状况和污染物的性质。

指示生物对环境因素的改变有一定的忍耐和适应范围，单凭有无指示生物评价污染是不太可靠的，因此通常的评价过程中都会结合其他指标或综合多种指示生物进行评价。

生物指数 主要是依据不利环境因素，如各种污染物对生物群落结构的影响，用数学形式表现群落结构以指示环境质量状况。

生物指数最早主要是根据污水生物系统的原理，研究某一类生物（如藻类或无脊椎动物）中敏感种类和耐污染种类的比例并以简单的数字表示。例如，贝克（Beck）生物指数是将采集到的大型底栖无脊椎动物分成敏感的（Ⅰ）和不敏感的（Ⅱ）两类，再按公式求生物指数。特伦特（Trent）生物指数是按生物的敏感性将有代表性的无脊椎动物依次排成七类，每类生物以简单的分值表示。此外，还有硅藻生物指数、颤蚓类与全部底栖生物比值的生物指数、水生昆虫与寡毛类湿重比值指数、钱德勒计分系统、污染评价均值等多种生物指数评价方法。不同的生物指数大多仅能反映生态系统的某几项信息，所以最好用几种不同的生物指数进行综合评价。

生物指数法比较简便，但敏感和耐污染种类不易划分，而且生物种类的分布有明显的地理差异，难以广泛应用。

种类多样性指数 是生物群落中种类与个体数的比值。在环境清洁的条件下，生物种类较多，但个体数量一般不大。环境质量变差以后，敏感种类消失，耐污染种类在没有竞争和天敌的有利条件下可能大量发展，使生物群落结构发生改变。以香农-维纳（Shannon-Wiener）多样性指数使用最为广泛。

近年来的研究发现，生物的种类多样性指数与某些污染物的含量间并不是线性关系，这种关系曲线往往呈现倒U型，即在中间污染水平种类多样性达到最高值，在低污染水平和高污染水平种类多样性均较低，因此这为用种类多样性指数法进行生物评价带来了不确定性。也有人认为影响群落结构的因素较多，污染只是一个方面，数学公式不能反映指示种的特征。

其他生物学评价 包括用细胞学、生化学、生理学和毒理学指标进行环境质量的综合评价。例如，应用赤麂（*Muntiacus muntjak*）离体细胞姐妹染色单体交换率和Ames实验等均可快速评价污染物可能产生的致畸作用和致突变作用。再如，有机磷农药使鱼类骨骼变形，抑制鱼脑胆碱酯酶活力。有机氯农药能提高鱼类血清转氨酶活力。此外，还有许多污染物能引起鱼类血液学特征的改变。许多大气和水体污染物能在生物体中积累，因此生物体内的残毒含量也是判断环境质量的重要指标。（张民）

shengwu xuji

生物蓄积 (bioaccumulation)

化学物质反复接触或染毒时，摄入量大于排出量或毒性作用多次累加所致功能性或结构性损害的效应。

外源性化学物在体内的蓄积作用过程，表现为两个方面：①外源性化学物不断进入机体内，其摄入量大于排出量，使其在体内的量逐渐积累增多，此种蓄积称为物质蓄积。②不断进入机体内的化学物，反复作用于机体，引起机体一定结构或功能的变化，并逐渐累积加重，最后导致出现损害作用，此种蓄积称为功能蓄积。物质蓄积和功能蓄积的划分仅为相对的概念，因为在物质蓄积的情况下，肯定存在机体一定结构和功能的改变，而功能改变的积累也必须以物质积累为基础，两者同时存在、互为基础，无法严格加以区别。

生物蓄积毒性是指某些外源性化学物以低于急性中毒阈值的剂量多次染毒，经一定时间后出现的毒性作用。外源性化学物的生物蓄积是蓄积毒性的基础。可利用蓄积毒性试验初步评价外源性化学物的蓄积毒性，主要是进行亚慢性毒性、慢性毒性和毒代动力学的研究来阐明其蓄积毒性。

作用类型 蓄积作用的大小取决于染毒量（接触量）、染毒（接触染毒）频数及机体的排除能力等因素。蓄积作用与每日剂量的关系，有以下四种类型：①蓄积作用随每日剂量的减少而降低，如高毒的有机磷杀虫剂。②蓄积作用与每日剂量无关，如四甲基二硫代秋兰姆。这类物质较为危险，即使小剂量也能引起慢性中毒。③蓄积作用随每日剂量的减少而增加，如滴滴涕（DDT）。④蓄积作用最初随每日剂量减少而增加，然后又降低。在长期接触情况下也是危险的，如合成的二烯类化合物艾氏剂。

试验方法 外源性化学物在体内的蓄积作用是引起亚慢性和慢性毒性作用的基础，因而蓄积作用常常是评估外源性化学物毒性作用的指标之一，也是制定其在环境中卫生标准的重要参考依据。因此，阐明外源性化学物有无蓄积作用及其程度具有重要意义。生物蓄积试验方法主要有蓄积系数法、20 天蓄积试验法和受试生物半衰期测定法等。

蓄积系数法 蓄积系数是分次给予受试物后引起 50% 的受试动物出现某种毒效应的总剂量与一次给予受试物后引起 50% 的受试动物出现同样毒效应的剂量的比值。比值越小，表示蓄积作用越强。

$$K = LD_{50}(n)/LD_{50}(1)$$

式中，K 为蓄积系数；$LD_{50}(n)$ 为多次染毒使受试动物出现半数死亡的累积剂量；$LD_{50}(1)$ 为 1 次染毒时使动物半数死亡的剂量。

根据蓄积系数的大小，可将环境污染物的蓄积作用强度分为以下四级：$K<1$ 为高度蓄积；$1 \leqslant K<3$ 为明显蓄积；$3 \leqslant K<5$ 为中度蓄积；$K \geqslant 5$ 为轻度蓄积。测定蓄积系数有下列两种实验方法。

固定剂量每天连续染毒法 取受试动物，以灌胃或腹腔注射等方式给予受试化学物。先求其 $LD_{50}(1)$，再以相同条件将 40 只或以上动物，雌雄各半，均分两组，一组为染毒组，另一组为对照组。对受试动物按 0.05～0.1 倍 $LD_{50}(1)$ 剂量的固定剂量，每天染毒一次，观察记录受试动物出现的某种毒性效应或反应情况，当染毒剂量累积达到大于 5 倍 $LD_{50}(1)$ 时，若受试动物中出现某种毒性效应或死亡的动物数未超过半数，而此时的蓄积系数已大于 5，则表明该受试物的蓄积毒性不明显。如果染毒过程中相继出现某种毒性效应或死亡的动物数累积达到 50%，算出此时受试物累积的染毒总剂量（$\sum LD_{50}(n)$），$\sum LD_{50}(n)$ 与 $LD_{50}(1)$ 的比值即为该受试物的蓄积毒性系数。

剂量定期递增染毒法 取 40 只或以上动物，均分为染毒组和对照组两组，每天染毒一次，以 4 天为一期，第一期每天染毒剂量为 1/10 $LD_{50}(1)$，随后染毒剂量每隔 4 天按 1.5 倍递增一次，计算得出定期给予的剂量（见下表）。

剂量定期递增染毒法的染毒剂量

	染毒时间序列				
	第 1～4 天	第 5～8 天	第 9～12 天	第 13～16 天	第 17～20 天
每天染毒剂量	0.1 LD_{50}	0.15 LD_{50}	0.22 LD_{50}	0.34 LD_{50}	0.50 LD_{50}
4 天染毒总剂量	0.4 LD_{50}	0.06 LD_{50}	0.88 LD_{50}	1.36 LD_{50}	2.00 LD_{50}
累积染毒剂量	0.4 LD_{50}	1.00 LD_{50}	1.88 LD_{50}	3.30 LD_{50}	5.30 LD_{50}

试验过程中，逐日记录动物的死亡情况，如果连续染毒已达 20 天，此时染毒的总剂量已累积达到 5.30 倍的 LD_{50}，受试动物中出现某种毒性效应或死亡的动物数未达到 50%，则表示该受试物的蓄积毒性不明显，试验可以终止。如受试物在试验过程中，相继出现某种毒性效应或死亡的动物数累积达到 50% 时，则由此时的累积染毒总剂量计算蓄积系数。

20 天蓄积试验法 按 LD_{50} 的 1/20、1/10、1/5、1/2 及 0（溶剂对照）随机分成 5 组，每天对动物进行染毒，连续 20 天，各组总剂量分别为 LD_{50}、2 LD_{50}、4 LD_{50}、10 LD_{50} 和 $0LD_{50}$。观察停药后 7 天内的死亡情况，如 1/20 LD_{50} 组有死亡，且各剂量组呈剂量-反应关系，则可认为受试物有较强的蓄积作用；如 1/20 LD_{50} 组无死亡，但以上各剂量组有剂量-反应关系，则认为有中等蓄积作用；如 1/20LD_{50}组无死亡，且以上各剂量组又无剂量-反应关系，则认为无明显的蓄积作用。

受试生物半衰期测定法 生物半衰期是指外源性化学物在体内减少到原有量的一半所需要的时间。生物半衰期越长的物质，越不易由生物体消除，其发生蓄积作用的可能性就越大。

测定整个机体的半衰期较为复杂，通常是间接测定环境污染物在血液、尿液或器官组织中的浓度降低 50% 所需的时间。以血液中污染物半衰期的实际测定为例，将某种外源性化学物按照一定时间间隔分次从静脉注入受试动物体内，然后按一定时间间隔测定其在血液中的浓度，并把结果记录在半对数坐标纸上，纵坐标为血液浓度，横坐标为时间。这样就能绘出反映两者关系的直线图，并求出该化学物在体内的生物半衰期。如果环境污染物每次进入机体的间隔时间比生物半衰期短，则其蓄积可能性极大。反之，如每次进入机体的间隔时间比生物半衰期长，则其蓄积可能性极小。如果两者相等，那么每经过一个半衰期，体内的蓄积量相当于这一时期内进入机体总量的一半与前一阶段蓄积总量一半的代数和。经过 6 个半衰期后，体内蓄积量便接近蓄积极限（相当于极限值的 98.44%）。此后，即使该项污染物继续进入机体，体内蓄积总量也不再增加，基本上保持平衡状态。 （吴兵）

shengwu zhuanyun

生物转运 (bio-transport)

外源性化学物经各种途径和方式同机体接触而被吸收、分布和排泄等过程的总称。这些过程都有类似的机理，即外源性化学物在被机体吸收、分布和排泄的每一过程都需要通过细胞的膜结构。细胞膜包括细胞外层的细胞膜（质膜）、细胞内的内质网膜、线粒体膜和核膜等，这些膜也称为生物膜。外源性化学物在体内生物转运的每一个过程都与透过生物膜有关，因此生物转运也是外源性化学物反复多次透过生物膜的过程。

生物膜主要是由类脂质双分子层和蛋白质组成，各种蛋白质镶嵌在类脂层内或附着在膜表面上。镶嵌在类脂层中的蛋白质具有许多重要功能，有的是转运膜内外物质的载体，有的是起催化作用的酶，有的是能源转化器，还有的是接受化学物质的受体等。因此，生物膜在物质转运、物质代谢、能量转化、细胞识别及信息传递等过程中起着重要作用，与许多外源性化学物的毒性作用有重要关系。

化学物通过生物膜的方式 外源性化学物通过生物膜的方式多样，取决于化学物本身的化学结构、理化性质及各种组织细胞膜的结构特征，可分为被动扩散、滤过、主动转运、易化扩散和膜动转运五种。

被动扩散 又称简单扩散，是大多数化学物透过生物膜的主要转运方式。在被动扩散过程中，膜两侧的毒物从高浓度向低浓度扩散，化学物并不与膜起反应，不消耗能量。化学物通过生物膜的难易及其速度受到细胞膜两侧污染物浓度、污染物的脂水分配系数和解离度、体液 pH 值等因素的影响。

滤过 是化学物通过细胞膜上的亲水性孔道的过程。细胞膜具有充满水分的小孔道，由嵌入类脂质双分子层的蛋白质的亲水性氨基酸构成，直径小的约为 0.4 nm，直径大的约为 4.0 nm。由于流体静压或渗透压的作用，水可大量通过这些膜孔，且可作为外源性化学物的载体。滤过是分子直径小于生物膜亲水性孔道直径的水溶性化合物的主要转运方式。

主动转运 是外源性化学物通过生物膜由低浓度处向高浓度处转运的方式，是水溶性大分子化学物的主要转运方式。其特点是需要通过蛋白载体作用，载体可逆浓度梯度，使化学物通过细胞膜，需要消耗能量。因此，主动转运方式不仅与细胞膜上载体的数量有关，也与细胞内的能量代谢密切相关。主动转运对易吸收的污染物从体内排除具有重要意义。例如，肾、肝及中枢神经系统的血脑屏障等处的细胞均具有主动转运有机酸及有机碱的载体，可转运相应的毒物。

易化扩散 又称载体扩散，是外源性化学物与生物膜的载体结合，由生物膜高浓度一侧向低浓度一侧转运的方式。这种转运不能逆浓度梯度，也不消耗细胞代谢能，但因利用载体，生物膜具有一定的主动性和选择性。

膜动转运 是颗粒物和大分子物质常用的转运方式，包括吞噬作用和胞吐。吞噬作用是指某些颗粒状物质和液粒与细胞膜上的某种蛋白质有特殊的亲和力，当其与细胞膜接触后，可改变这部分膜的表面张力，引起外包或内凹，将异物包围进入细胞的过程。这种转运方式对于进入血液的毒物、异物及生物毒素的消除具有重要意义。颗粒物质或液粒也可通过这种方式从细胞内转运到细胞外，称为胞吐或出胞作用。

吸收 是外源性化学物在多种因素影响下，自接触部位透过体内生物膜进入血液循环的过程。外源性化学物主要通过呼吸道、消化道和皮肤三种途径吸收。

呼吸道吸收 环境中的化学物常以气体和气溶胶等形式存在于空气中，呼吸道是这些化学物侵入机体的主要途径。气态化学物之所以容易经肺吸收，在于肺脏具有一定的解剖生理特点，如肺泡数量多、表面积大等。经呼吸道吸收的化学物质不经门静脉进入肝脏，故未经肝脏的生物代谢过程而直接进入体循环并分布到全身。

消化道吸收 消化道也是外源性化学物的主要吸收途径。饮水和由大气、水、土壤进入食物链中的外源性化学物均可经消化道吸收。此外，经呼吸系统吸收的污染物也有一部分咽入肠胃。消化道吸收的主要部位是胃和小肠。肠道黏膜上的绒毛是吸收毒物的一个主要部位。大多数化学物在消化道中以被动扩散方式通过细胞膜被吸收。污染物在消化道吸收的多少与其浓度和性质有关，浓度越高，吸收越多，脂溶性物质较易吸收，水溶性、易离解或难溶于水的物质则不易吸收。

皮肤吸收 是污染物透过皮肤进入血液的过程。一般来说，外源性化学物主要经呼吸系统和消化道吸收而影响生物机体。但也有一些污染物可通过皮肤吸收引起全身作用，如多数有机磷农药可透过皮肤引起中毒或死亡。经皮肤吸收的污染物必须既具有脂溶性又具有水溶性。辛醇/水分配系数接近1的化学物最容易经皮肤吸收。吸收的途径主要有两条：一是表皮，二是毛囊、汗腺及皮脂腺。

分布与贮存 体内分布是指外源性化学物随血液或其他体液的流动，分散到全身各组织细胞的过程。化学物在体内的分布是随时间变化的，有时会出现再分布现象。污染物的分布受到许多因素影响，包括在血液中存在的形态、透过生物膜的速度、血流速度与组织器官的亲和力等。分布一般均可以污染物通过毛细管壁和其他生物屏障的规律加以解释。化学物由血液进入脑组织以及由母体进入胎儿血时，需分别通过血脑屏障和胎盘屏障。

进入血液的污染物大部分与血浆蛋白或体内各组织成分结合，积聚在特定部位。有的化学物对其积累的部位可直接发挥毒性作用，该部位称为靶器官。如甲基汞积聚于脑、百草枯积聚于肺，均可引起这些组织的病变。有的部位污染物含量虽高，但未显示中毒效应，这些部位称为该化学物的贮存库，主要有血浆蛋白、肝、肾、脂肪组织、骨骼组织等。

排泄 指进入机体的外源性化学物及其代谢转化产物被机体清除的过程。排泄的主要途径是通过肾脏进入尿液和通过肝脏的胆汁进入粪便，也有一部分可通过呼出的气体、汗液排出体外。肾脏是最主要的排泄器官，经肾随尿液排出的污染物数量超过其他各种途径排出的化学物总和。但其他途径往往对特殊污染物的排泄具有特殊意义，例如，由肺随呼吸排出一氧化碳，由肝脏随胆汁排泄滴滴涕和铅等。

（吴兵）

shengwuzu duxing

生物组毒性 （biome toxicity） 污染物直接或间接对生物体基因组、转录组、蛋白质组、代谢组等不同组学层面产生损伤的性质。生物组毒性研究是毒理学研究的热点和发展趋势。

人类基因组计划的实施催生了基因组学，将生命科学研究带入了组学时代。生物组学是生物组毒性研究中常用到的组学的总称，包括基因组学、转录组学、蛋白质组学、代谢组学等。系统生物学需要综合运用基因组学、转录组学、蛋白质组学、代谢组学等技术。

发展历程 数十年来的毒理学研究主要依据传统毒理学理论与方法，往往仅着眼于少数不连续的终点指标，终点指标的划分随意性极大，各指标之间关联性差，而且这些指标与机制缺乏有机联系，研究者无法对研究结果做系统合理的解释。在分子机制上着重研究目标基因变化，而忽视了这些基因（或所表达的蛋白）背后庞大而又复杂的调控系统。随着研究的深入，发现生物机体对环境污染物分子应答的特异性和灵敏性取决于生物标志基因的调控序列而非基因本身。要系统地评价环境污染物的真实毒性、深入揭示其作用机制，就必须研究标志基因的调控系统。因此，开始对生物组建模并进行通路分析，将系统生物学研究方法引入毒理学研究，从调控的角度阐释毒性效应问题，为正确认识化学物环境暴露导致危害的机理提供线索。

随着生物组毒性的研究深化，毒理基因组学应运而生。世界卫生组织（WHO）将毒理基因组学定义为遗传学、基因组水平上的RNA表达（转录组学）、细胞和组织水平的蛋白质表达（蛋白质组学）、代谢谱（代谢组学）、生物信息学等与传统毒理学相结合，以阐明化学物作用模式和基因-环境相互作用的潜在意义的学科。从广义上讲，毒理基因组学整合了多个研究领域的信息，包括利用微阵列技术进行转录表达谱分析、蛋白表达谱分析、遗传多态性分析以及计算机模型的建立等。美国国家环境卫生科学研究所（NIEHS）于2000年成立了国立毒理基因组学研究中心，主要任务是：推动基因、蛋白表达技术的应用；识别环境暴露与人类疾病易感性的相互关系；寻找疾病和环境暴露的生物标志物；强化计算机技术在评价暴露和生物效应中的应用；建立毒物与环境效应的公共数据库等。

研究内容 包括毒性作用方式及机制、化学物毒性及安全性评价、毒性作用在种属间的外推和建立具有人类遗传性状的替代模型等。

毒性作用方式及机制 毒理学的首要任务之一是研究毒性作用方式和机制，在毒理学领域应用基因组学及相关组学技术可全面阐明细胞内分子损伤机制。传统的毒理学试验既耗时又难以确定毒性作用机制，通过检测细胞整体基因表达和细胞内容物的变化，把全基因表达、蛋白质表达或某种代谢物变化的特征作为一种“特定指纹”来判断毒性作用机制，可以弥补传统研究方法的不足。一旦对某种作用机制确定了“相关指纹”，就可以通过比较未知化合物和已知化合物的基因组、蛋白质组、代谢组的表达模式，确定其毒性作用机制，同时为设计毒性筛选试验提供参考。这种研究方式比原有的需要鉴定毒性性质的组合实验更简单、省时，并且这种筛选的优点就是可最大限度地得到真实的阳性结果，尽可能降低假阴性率，由此可建立许多与已知毒物暴露所致疾病相关的化学物的数据库。

化学物毒性及安全性评价 对基因、RNA、蛋白质、代谢物的整体分析可以应用于毒性反应的预测。相近作用机制的化学物质可诱导产生相似的基因组毒性和蛋白质组毒性。不同的基因组毒性模式可区别不同机制的化学物质，从而得到具有“诊断性”的基因组和蛋白质组毒性图谱，与已知标准参照物的表达谱比较，从而预测待测物毒性。根据研究目的可分别设计识别化学物的毒性、毒性作用途径或靶器官的阵列，基本程序如下：①选定已知毒性物质作为标准参照物；②选定参照物已知或者可能作用的靶基因、靶蛋白质或靶代谢物作为阵列目标基因；③在特定组织或细胞中，将靶生物组毒性与受试物生物组毒性进行比较，预测其毒性作用类型；④应用统计学分类方法如聚类分析、自组图分析发现两类毒物的生物组毒性的差异，决定其进一步研究的价值。这些高通量的方法可用于毒性预测，筛查体内与特定毒性机制相关的生物标志，把这些新生物标志应用于安全性评价。

毒性作用在种属间的外推 动物实验结果外推到人类是困扰毒理学领域的一个难题，生物组学的应用将有利于该问题的解决。毒性研究首先在动物模型上进行是考虑到人和某些实验动物在药物吸收、代谢、作用和排泄方面具有一定的相似性，以尽量减少对人的健康危害。但实验动物和人具有本质上的不同，这就有可能因为实验动物对某一药物具有更大的耐受性或缺乏相关的毒性作用靶点而掩盖了化学物毒性结果的出现。因此，这一领域亟待发现和损伤相关的桥梁生物标志以用于比较不同种属间毒性反应的不同，特别是显示某一损伤即将出现的生物标志，从而可在安全允许的范围内进行人体试验。通过对一系列剂量下细胞内相关分子变化的检测，对比动物模型或细胞模型与人之间反应的异同，尤其是关键基因表达的相似程度，来选择合适的模型进行安全性评价，以更好地反映毒物在人体内可能出现的情况。如果在人体内基因组、蛋白质组、代谢组变化模式与实验模型不同，则可以认为两者在某些方面缺乏相关的毒性作用机制，不适宜进行相关化学物的安全性评价。相反，这些细胞构成的变化相似程度越高，就越易于根据标志性基因、蛋白质、代谢物的变化进行毒性反应的外推。

建立具有人类遗传性状的替代模型 随着基因组学及相关组学的深入研究和对各物种基因组序列和功能的逐渐了解，对实验动物、细胞模型的毒性结果与人的相关性的研究会更深入。转基因技术的出现为操纵实验模型的遗传结构提供了可能，这样就可能创造出具有人类某些遗传性状的实验模型，甚至可以构建具有人类正常的或多态性形式的基因和大分子物质的模型。在发现了化学物和人体内靶点的作用模式之后，就可以利用实验模型与整体动物、细胞、组织器官和人体的某些相似性进行替代性研究。现在一些具有人的特性的实验模型已被开发出来，显示了这一方法的可行性。

（吴兵）

shengzhang yizhi

生长抑制

生长抑制 （growth inhibition） 外源性化学物通过抑制机体的重量和体积，使生物量下降、长（高）度变小的现象。

生长抑制的测量通常以对照或实验起始值作为基准，表述为相对抑制率。生物体在吸收一定数量的外源性化学物后，会对自身生理代谢产生不利影响，从而抑制其生长。外源性化学物对生物的生长抑制作用主要包括对动物的身高（长）、体重、胸围以及脏器系数等，对植物的株（茎）高（长）、生物量、叶绿素含量、根长、根系生物量等，对藻类的生长量等指标产生抑制作用。例如，大多数研究结果显示，儿童体内铅含量与其身高、体重呈负相关，说明铅暴露抑制生长。细叶亚菊挥发油对垂穗披碱草的株高和根长具有明显的抑制作用。

生长抑制与细胞分裂有关，一般而言，能够影响细胞分裂的外源性化学物通常会影响机体的生长。很多化学物能够影响细胞分裂，例如，除草剂和杀菌剂通过抑制细胞有丝分裂过程抑制植物与真菌的生长。除草剂有 3 种途径可以干扰细胞有丝分裂：一是使纺锤体微管消失而使有丝分裂停留在早中期；二是使微管错误定向而产生多核细胞；三是在分裂末期使细胞壁形成不完全。

（尹颖）

shengzhi duxing

生殖毒性

生殖毒性 （reproductive toxicity） 由化学物质引起的雌性或雄性生殖功能的损伤或生殖能力的降低（如繁殖率的下降），或引起的子代的非遗传性不良效应（如生长发育毒性），包括致畸性和哺乳期的健康损害效应。

沿革 1950 年美国约翰·霍普金斯大学医学院发现，因怀孕期间服用黄体酮，先后有 600 多名女婴出现生殖器男性化畸形。1956 年反应停开始用于治疗妊娠反应，1961 年后造成近万例短肢畸形儿（海豹畸形）。二噁英造成的大面积污染及其与人群生殖危害的关系至今仍不清楚。一系列震惊全球的中毒事件的发生，在世界范围内提高了人们对用药的安全意识，使人们高度关注新的化学物质对生殖、内分泌系统或妊娠结局的不良影响，由此促进了与生殖、内分泌系统安全相关法律的产生和研究方法指南的问世。

表现 外源性化学物对生殖过程的损害作用可以表现为性淡漠、性无能或各种形式的性功能减退。雌性可出现排卵规律改变、月经失调或闭经、卵巢萎缩、受孕减少、胚胎死亡、生殖力降低、不孕或不育等。雄性可表现为睾丸萎缩或坏死、精子形态畸变或数目减少等。

特点 一是生殖过程较机体的其他系统或功能对某些化学物质的毒性作用更为敏感，针对成体系统毒性的未观察到有害作用的水平（NOAEL）暴露可导致胎儿受到影响。如妊娠期接触过不足以引起肿瘤的低剂量二乙基亚硝胺，仔鼠成年后再次接触，则肿瘤发生率会增加。二是损害作用不仅表现在接触化学物质的机体本身，还可影响其后代。例如，母鼠接触高浓度二硫化碳引起致畸作用，其子一代即使不再接触二硫化碳，交配后所生的子二代仔鼠也会出现与子一代仔鼠几乎完全相同的畸变类型。

毒性作用靶器官 生殖与发育过程包括配子（精子与卵子）的发育与形成、交配、受精、合子形成与植入、胚胎形成与发育、分娩等阶段。生殖与发育过程的每个阶段所涉及的细胞或器官都可能成为外源性化学物的毒性作用靶器官。外源性化学物对生殖与发育过程的损害主要有以下几个方面：

亲性腺作用（性腺毒性） 某些化学物质可作用于性腺，影响生殖器官的发育与性腺成熟，或造成性腺组织病理学改变。某些化学物质可影响配子的发生、增殖和成熟，使生殖细胞数量减少、功能减退及突变。生殖细胞突变造成的畸胎与妊娠期内接触毒物的致畸作用不同，前者发生于父体或母体的性细胞中，突变诱发的畸形可传给后代。后者发生在胚胎的体细胞中，引起的畸形不具有遗传性。已知的亲性腺毒物有多种，包括固醇类药物、化疗药物、有机磷和有机氯农药、重金属（镉、铅、汞）和二硫化碳等。

亲胚体作用（胚体毒性） 某些化学物质可作用于妊娠早期（从受孕到胚体形成阶段），对胚体发育产生损害作用。某些化学物质可以降低胚体对必需营养素的利用度，如乙二胺四乙酸（EDTA）降低胚体对微量元素的利用度、腺嘌呤降低胚体对叶酸的利用度。母体暴露于这些化学物质，可导致与缺乏这些必需营养素相似的胚体毒性。

胎体毒性和亲胎体作用（胚胎毒性） 指由出生前接触引起的对孕体的任何有害影响，包括结构和功能异常或这种影响在出生后的表现。

亲胎盘作用（胎盘毒性） 某些化学物质可对胎盘造成损伤，改变胎盘血流量，降低胎盘对营养物质的转运，特异地干扰胎盘功能（如内分泌和代谢功能）。例如，5-羟色胺使小鼠动、静脉狭窄，胎盘血流量减少，胎盘转运功能障碍，引起死胎和先天畸形。甲基汞改变人胎盘滋养层微绒毛对不能代谢的氨基酸的摄取，导致功能致畸，即先天水俣病，患儿严重神经迟钝，共济失调，步行困难，语言、咀嚼、下咽困难和大发作性癫痫。

其他 化学物质还可引起胎期毒性、哺乳期毒性（通过乳汁致婴儿中毒，如铅中毒）和通过对中枢神经系统及全身机能状态的毒性作用来影响生殖过程。某些化学物质还能经胎盘致癌，即致癌物由母血经胎盘进入胚胎，造成胚胎期接触，引发后代肿瘤。

毒性作用的评定 外源性化学物对生殖过程作用的评定主要通过生殖毒性试验进行，也称为繁殖试验。生殖毒性试验可以全面反映外源性化学物对性腺功能、发情周期、交配行为、受孕、妊娠过程、分娩、授乳以及幼仔断奶后生长发育可能发生的影响。评定的主要依据是交配后母体受孕情况（受孕率）、妊娠过程情况（正常妊娠率）、子代动物分娩出生情况（出生存活率）、授乳哺育情况（哺育成活率）以及断奶后发育情况等。此外还可同时观察出生幼仔是否有畸形出现，但畸形观察主要在发育毒性评定中进行。

测试方法 包括以下三方面。

整体动物试验 包括一代生殖毒性试验、二代生殖毒性试验、多代生殖毒性试验、连续交配试验和Ⅰ、Ⅱ、Ⅲ阶段生殖毒性试验。

生殖细胞遗传毒性测试方法 包括非程序性DNA合成试验（UDS）、流式细胞技术、生物素标记的dUTP（biotin-dUTP，b-dUTP）标记法、单细胞凝胶电泳、姐妹染色单体互换（SCE）、8-羟基脱氧鸟苷（8-OHdG）定量检测方法、染色体畸变序列标签位点PCR（STS PCR）、Southern杂交、荧光原位杂交（FISH）分析、微核试验、小鼠特异位点试验、小鼠可遗传异位试验、显性致死试验。

体外生殖毒性试验测试方法 包括以下三方面。

雄性生殖毒性体外测试方法 包括支持细胞原代培养法、间质细胞原代培养法、支持细胞/生殖细胞共培养法、附睾上皮细胞与生精细胞共培养法、大鼠精囊上皮细胞培养法、大鼠前列腺上皮细胞培养法、大鼠腹侧前列腺上皮细胞培养法、精子-子宫颈黏膜穿透试验、仓鼠无透明带卵母细胞穿透试验、人半透明带试验、精子活动度测试试验。

雌性生殖毒性体外测试方法 包括小鼠卵巢多层原始卵泡体外培养法、大鼠卵巢颗粒细胞培养法、人和大鼠黄体细胞培养法、大鼠卵巢灌流培养系统、子宫颈上皮细胞体外试验、子宫颈黏膜体外毒性试验系统、兔乳腺细胞和人乳腺细胞系体外试验法。

下丘脑-垂体毒性的体外测试方法 包括垂体前叶（腺垂体）细胞体外试验法和大鼠下丘脑-垂体组织连续灌流系统。

损伤机制 包括以下八方面。

通过雌激素受体介导的通路发挥作用 化学物质（环境雌激素）作为配体与雌激素受体结合，形成配体-受体复合物，复合物再结合到细胞核内DNA结合域的雌激素反应元件（ERE）上，诱导或抑制有关调节细胞生长和发育的靶基因的转录，从而启动一系列激素依赖性生理生化过程。环境雌激素能通过雌激素受体（ER）介导的通路诱导子宫雄激素受体（AR）、雌激素受体（ER）、补体3（C3）、孕激素受体（PR）和Wnt-l诱导分泌蛋白2（WISP2）mRNA等敏感基因及蛋白的表达，刺激子宫增生及DNA合成，促进有丝分裂。一些环境雌激素也可作用于神经组织，然后通过“下丘脑-垂体-性腺轴”影响神经内分泌系统。例如，双酚A在大鼠的垂体前叶和后叶中均可与ER结合，通过ERE调节泌乳素（PRL）转录，增加垂体后叶细胞PRL调节因子活性，增加垂体前叶细胞PRL基因表达释放和垂体前叶细胞增殖。

通过拮抗雄激素受体介导的通路发挥作用 化学物质（体内天然雄激素睾酮）在一些靶组织（如前列腺、附睾）中被微粒体酶5α-还原酶降解为二氢睾酮（DHT），DHT的雄激素活性更高。高亲和力雄激素结合通过AR的*N*-末端域介导的保护性机制（防蛋白酶水解）导致AR构象发生改变。AR在其活化状态形成一种“从头到脚”的二聚体，雄激素结合取代了受体关联蛋白如HSP90，其一旦进入细胞核内，AR将与雄激素反应元件（ARE）DNA调控序列结合并激活雄激素反应基因的转录，从而发挥雄激素的生理活性作用。

通过其他受体介导的通路发挥作用 一些化学物质可直接干扰甾体激素的合成。睾丸间质细胞睾酮的生成还受到促黄体生成素（LH）的调节。双酚A和辛基苯酚可阻止LH受体和腺苷酸环化酶的偶联，抑制人绒毛膜促性腺激素（HCG）刺激的小鼠间质细胞的环磷酸腺苷（cAMP）和孕酮的合成。cAMP是细胞内第二信使，可激活蛋白激酶A，进而使得胆固醇侧链氧化断裂的酶体系磷酸化发挥生理效应，而孕酮则是睾酮合成的前体物质，cAMP生成减少势必影响睾酮的合成。

通过影响与受体无关的细胞信号传递途径发挥作用 睾丸支持细胞中的波形蛋白丝在固定支持细胞核、维持支持细胞-精原细胞连接位点或充当细胞膜和细胞核之间的细胞信号传导媒介方面有重要的作用。邻苯二甲酸二（2-乙基己基）酯（DEHP）的活性代谢产物邻苯二酸-单-2-乙基己基酯（MEHP）可诱导28天龄Fischer雄鼠睾丸支持细胞中的波形蛋白丝的崩解。双酚A可严重干扰成年SD大鼠睾丸支持细胞波形蛋白表达，导致精原细胞与支持细胞分离。

干扰胚胎发育过程中多种基因的表达 胚胎发育的分子基础是亲代全套遗传基因在时空上的有序选择性激活、转录和翻译。在基因表达过程中，如果某些环节受内外环境的影响而发生的改变超过胚胎本身的生理耐受阈值，就可致使其整体性调控失衡，最终导致某些组织器官发育异常。

诱变效应 某些化学物质具有潜在的诱变性。双酚A可诱导叙利亚地鼠胚胎细胞的转化和非整倍体的形成，也可诱导DNA加合物形成；植物性雌激素大豆异黄酮通过抑制拓扑异构酶Ⅱ、拟雌内酯通过抑制拓扑异构酶Ⅱ和/或嵌入DNA链诱导中国仓鼠V79细胞微核的形成和DNA链断裂，并且拟雌内酯和大豆异黄酮能不同程度诱导次黄嘌呤磷酸核糖基转移酶（HPRT）突变；环境雌激素二甲基己烯雌酚（DES）和双酚A在V79细胞分裂间期过渡到分裂期的期间能诱导多重微管成核位置的形成，导致V79细胞有丝分裂停滞、纺锤体畸形（三极或多极纺锤体）、多重微管组织中心和多极分裂，并且有丝分裂细胞微管蛋白信号数目随畸形纺锤体以及上述物质浓度的增加而增加。

脂质过氧化损伤 铅对睾丸的脂质过氧化作用是使雄性生殖功能受损的重要机制之一。小鼠经腹腔注射不同浓度的醋酸铅后，睾丸组织中总超氧化物歧化酶（T-SOD）、谷胱甘肽过氧化物酶（GSH-Px）酶活力下降，其中T-SOD酶活力与铅含量呈显著负相关，说明铅可通过血睾屏障，在睾丸组织内产生活性氧自由基，使睾丸组织发生脂质过氧化作用，并使脂质过氧化产物（LPO）含量升高，抗氧化酶SOD和GSH-Px活力下降，由此导致生精上皮细胞膜、支持细胞和间质细胞受损。

对睾丸标志酶活性的影响 6-磷酸葡萄糖脱氢酶（G-6-PD）、β-葡萄糖醛酸苷酶（β-G）、乳酸脱氢酶（LDH）和乳酸脱氢酶-X（LDH-X）可分别作为睾丸间质细胞、支持细胞、生精上皮和精子的标志酶，它们活力的改变影响各细胞的生理、生化功能，导致睾酮分泌下降，精细胞生长因子减少，精子发生和发育受阻，生精功能受损。 （张徐祥）

shengzhi yizhi

生殖抑制 （reproductive inhibition） 生物的生殖过程受到干扰，繁殖能力下降的现象。包括后代数量减少、畸形率增加和生殖能力降低等，具体表现为产卵（仔）数、孵化率和幼体存活率下降，以及性行为的改变。生殖抑制将导致种群数量下降，甚至引起物种灭绝。

生殖抑制的诱因有种群密度、环境污染、自然因素等，其中环境污染是最重要的诱因。在不利环境条件中，一方面，生物通过主动对自身生殖过程的抑制，降低能量消耗来保证自身的存活；另一方面，生物的生理过程被动地受环境影响，发生不可逆的改变，从而对生殖过程造成抑制。根据生物发育的不同阶段，可将生殖抑制的常见现象分为以下四类。

抑制生殖细胞的形成和受精 表现为生殖细胞产生量少、发生基因突变、受精率低等。某些化学物可以直接作用于生精过程，影响精子发生，引起精子数量和质量的改变。例如，铅可导致精子数减少、畸形率增高；成年雄性大鼠暴露于镉和铅、雄性小鼠暴露于甲基汞均可抑制精子发生；连续接触有机磷杀虫剂，可影响家燕的精子数量，使其繁殖能力降低。

抑制胚胎的发育 表现为胚胎发育迟缓、孵化速率慢、胚胎畸形等。胚胎发生早期，细胞快速倍增并相对未分化，暴露毒物后倾向于致死或代偿以及胚胎不能持续正常生长。例如，乙烯能够导致胚胎畸形和生长迟滞；汞能使食蚊鱼（*Amusia*）后期胚胎的数量降低；有机氯杀虫剂、多氯联苯、汞等导致鸟蛋壳变薄，使得鸟蛋易破，严重影响孵化率。

抑制幼体的发育 表现为器官发育畸形，反应迟缓，容易被捕食，幼体存活率低。例如，温度变化会影响泥蚶幼体发育：在33℃时，泥蚶幼体严重畸形，发育成眼点幼体的个体只有10%～20%；在23℃时，幼体发育相当缓慢；在21℃时，甚至停止生长发育。

抑制性成熟个体的繁殖行为 表现为性别改变，繁殖和照顾后代的能力低，生殖器官异常。环境雌激素可使动物性发育和雄性生殖器异常，形成多种形式的生殖系统发育障碍。甲氰咪胍与二氢睾酮竞争睾丸和附属性腺中的受体，使得精子数量减少和雌性化。暴露于雌激素的雄性后代睾丸发育不良，精子量异常甚至不育。生物异源物质十氯酮和甲氧滴滴涕会使雌鼠雄性化。（尹颖）

shijian-duxing quxian

时间-毒性曲线

（time-toxicity curve） 被试化学物质的半数致死浓度与实验动物暴露时间之间的关系曲线。这个曲线可以帮助判断该化学物质的起始半数致死浓度、最终半数耐受限度、致死阈值浓度或渐进半数致死浓度。不同的化学物质可能有不同的时间-毒性曲线。下图表示两种化学物质E和F的假设时间-毒性曲线，用以估计其起始半数致死浓度（LC_{50}）。

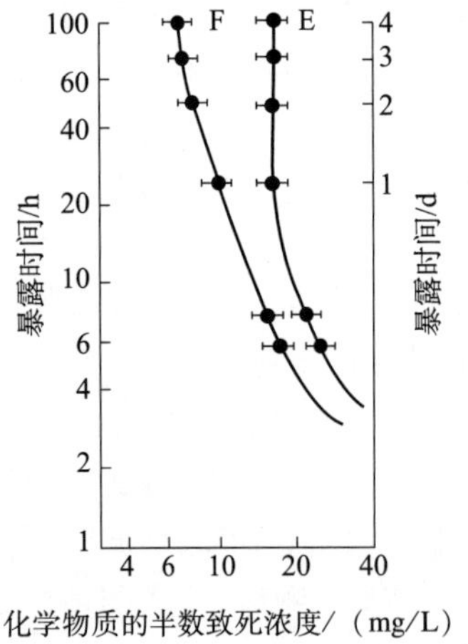

化学物质E和F的假设时间-毒性曲线

（李梅）

shijian-xiaoying guanxi

时间-效应关系

（time-effect relationship） 毒物引起生物体出现某种效应与生物体接触毒物时间的关系。机体接触毒物后迅速产生毒性作用，表明其在生物体内吸收或分布快；反之，则说明其吸收或分布缓慢，或其毒性作用的产生需经过代谢活化过程。毒性作用很快消失，表明毒物能很快被代谢或排出体外；反之，则说明其解毒或排泄的速率很低，或者是毒物已经造成了机体内生理或生化方面的损害。参见接触-反应关系中的“接触持续时间与频率”。

（刘红玲）

shiyan dongwu

实验动物

（experimental animal） 经人工饲育，对其携带的微生物与寄生虫实行控制，遗传背景明确或来源清楚，用于科学研究、教学、生产、检定以及其他科学实验的动物。实验动物资源的合理利用是生命科学领域包括生物医药科技创新的基础和保障。

实验动物资源主要包括目前常用的实验动物、基因突变动物、基因工程动物，以及将来可能培育发展为实验动物的野生动物，尤其是我国特有的野生动物［如稀有鮈鲫（*Gobiocypris rarus*）］。

实验动物在医学生物学、环境生物学中有广泛的应用。例如，小鼠用于药物研究、肿瘤学研究、免疫学研究、遗传学研究、病原体所致疾病的研究、老年病研究等。大鼠用于药物研究、肿瘤学研究、营养学和代谢疾病的研究、内分泌学研究、行为学研究、老年病研究、计划生育研究等。猕猴用于传染病学研究、心血管疾病研究、药理学研究和毒理学研究等。鸡用于疫苗生产和鉴定研究等。鱼用于生理生化研究、克隆和转基因研究等。另外，实验动物的胚胎在胚胎移植相关技术、动物克隆技术、转基因动物技术、胚胎干细胞技术研究中得到广泛应用。

我国常用实验动物（包括实验用动物）有30余个品种100多个品系（包括引进和我国特

有资源），主要有豚鼠、家兔、犬、猫、小型猪、猕猴、地鼠、长爪地鼠、鼠兔、旱獭、鸡、羊、蟾蜍、青蛙、爬行动物和鱼等。生产量最大的是小鼠、地鼠和兔等。最常用的是小鼠、地鼠、大鼠、兔和豚鼠等。（张民）

shuihua

水华（water bloom） 主要由于大量氮、磷输入水体，蓝藻、绿藻、硅藻等大量繁殖，使淡水水体呈现蓝色或绿色的一种现象，是水体富营养化的一种特征。也有部分的水华现象是由浮游动物——腰鞭毛虫（*dinonagellates*）引起的。水华的防控措施主要有打捞、絮凝除藻和生物控藻等。

水华是水环境受到严重污染的表现，而水华的发生又进一步加剧了水体的污染。水华的发生造成了水体缺氧，引起水生动物的死亡，破坏了水生态系统。部分水华藻类能够产生藻毒素，不同种类的藻类含有不同类型的毒素，包括神经毒素、肝毒素、细胞毒素及内毒素等，影响水体中其他生物的种群多样性，甚至对水生动物、水禽、家畜以及人产生毒害；有些水华藻类能产生异味物质，影响自来水的质量；此外，水华的形成还破坏了水体景观。水华按其优势种可以分为微囊藻水华、鱼腥藻水华、束丝藻水华、甲藻水华、硅藻水华等，其中微囊藻水华由于在国内发生频率最高、影响最大而备受关注。（杨柳燕　任丽曼）

shuiqi guamaolei

水栖寡毛类（aquatic oligochaetes） 又称水蚯蚓，是栖息于水体中的环节动物蠕虫，属于环节动物门（Annelida）、环带总纲（Clitellata）、寡毛纲（Oligochaeta）。水栖寡毛类广泛分布于湖泊、河流和海洋等各类水体中，是淡水底栖动物中的主要类群之一。目前世界上已知的水栖寡毛类有1 700余种，其中，海洋种类有600多种，栖于地下水中的约100种，栖于地表淡水水体中的有1 000余种。我国已发现水栖寡毛类200余种，其中海洋寡毛类89种。

形态学和生物学特征 水栖寡毛类身体细长，具体节和体腔，每节常具刚毛而无疣足，同律分节，雌雄同体，为长圆柱形蠕虫。体色通常为红色、白色等。体长常为1～100 mm。水栖寡毛类常见类群包括带丝蚓科（Lumbriculidae）、仙女虫科（Naididae）［包括仙女虫亚科（Naidinae）、颤蚓亚科（Tubificinae）等］、线蚓科（Enchytraeidae）等。水栖寡毛类头部未完全分化，只包含口前叶和围口节。口前叶常为三角锥形，但部分种类口前叶特化，例如，仙女虫亚科的毛腹虫属（*Chaetogaster*）的部分种类和颤蚓亚科的嫩丝蚓属（*Teneridrilus*）等的口前叶退化或消失；杆吻虫属（*Stylaria*）、吻仙女虫属（*Arcteonais*）等部分种类的口前叶前端突出成长吻或短吻。围口节简单，无刚毛，口生于该节腹侧。刚毛常从围口节（第Ⅰ节）后始具有，一般每节四束，不同种类每束刚毛数目不定，同一种类的不同个体刚毛数目也可能有较大变化。刚毛按分布位置可分为背刚毛和腹刚毛，按形态来分可分为发状、钩状和棒状。部分种类有眼点、鳃和尾杆。例如，仙女虫属的种类通常具眼点，尾盘虫属（*Dero*）和尾鳃蚓属（*Branchiura*）尾部具鳃，管盘虫属（*Aulophorus*）的种类尾部具鳃和一对尾杆。水栖寡毛类生殖器官一般包括环带、生殖腺、雌雄性生殖管和受精囊等，是最重要的分类鉴定特征。

分布及生活习性 水栖寡毛类的栖境多样，分布广泛，几乎遍及所有的水体环境，包括海洋、河口、湖泊、水库、河流和地下水等，在含氧量极低的污水阴沟、污水处理厂等特殊的环境中均能生存。水栖寡毛类的生殖方式有无性生殖和有性生殖，具体可分为6种生殖方式：两性生殖、亚两性融合生殖、自体受精、孤雌生殖、专性裂殖和无性与有性生殖交替发生。有性生殖个体为雌雄同体，常行异体受精。水栖寡毛类个体发生为直接发育，生活史具多种类型：有性生殖个体的生活史由卵、蚓茧、幼体和成体组成；仅行无性生殖个体的生活史过程为幼体和成体；有的个体生活史有性生殖和无性生殖交替发生。水栖寡毛类个体较小，口器简单，大部分种类为刮食者或收集者。例如，仙女虫亚科通常为刮食者，常以水生植被或底质硬物上的藻类和附生物质作为主要食物；颤蚓亚科种类常为直接收集者，一般对食物没有选择性。但也有部分种类为捕食者，例如，盘缠毛腹虫（*Chaetogaster diastrophus*）和椎实毛腹虫（*C. limnaei*）主要以轮虫为食。

实用价值和应用 水栖寡毛类在水生态系统中占有重要的地位，是底栖食物网中重要的一环，它能翻匀底质，促进底质有机物质的分解转化，进而促进地球生物化学循环。此外，水栖寡毛类还是鱼类等经济水产品的重要的天然饵料资源。

水栖寡毛类在生物监测中也有重要作用，它是水体和底质的指示生物，可反映水体营养类型。利用水栖寡毛类的各种毒理效应也可获知水体毒物状况。由于水栖寡毛类对缺氧和低温有很强的耐受能力，因此，单位水体面积中的颤蚓数量常作为水体污染程度的指标，也有用颤蚓数量占底栖生物的百分比来表示水体污染情况的。水栖寡毛类在污水处理的剩余污泥减量方面也具有重要作用，能显著降低剩余污泥的产量，产生重要的经济和社会效益。

（王洪铸）

shuisheng dulixue

水生毒理学（aquatic toxicology） 研究人工合成化学物质以及自然物质在水环境中的迁移转化，及其在不同浓度水平对水生生物亚细胞、个体、群落、生态系统的影响的学科，是随着人们对水体污染物影响的认识不断深入而发展起来的毒理学分支学科，同时也是整合了毒理学、水生态学与水化学的交叉学科。水生毒理学常通过经典的急性或慢性毒性测试方法，测定不同污染物暴露条件下的存活率、死亡率、生长率与繁殖率等毒性参数，为水质标准的制定以及污染物防治提供科学依据。常见的水生毒理学测试方法包括以下六种。

急性毒性测试 是一次性将受试水生生物暴露在较大剂量的污染物环境，观察其在短时期（一般为数小时至数天内）发生的中毒反应的一种试验方法。通过急性毒性测试可以得到污染物的半数致死/效应浓度。

慢性毒性测试 是将水生生物长期（一般为数周、数月或数年）暴露在低浓度污染物条件下，测试其所引起的功能或结构形态的损害的一种试验方法，是评估污染物对水生态系统影响的重要依据。常涉及毒性作用剂量、作用性质、靶器官、病损程度（可逆性或不逆性病变）及无害作用剂量等。

水生生物幼体毒性测试 是以处于较为敏感的幼年阶段的水生生物为研究对象，测试污染物对其的亚慢性毒性（常常短于一个生殖周期）的一种试验方法。

生物累积测试 常用来测定污染物在水生生物体内的累积程度，以生物累积系数表示。

废水毒性测试 是在相关法律或标准（如美国的《清洁水法》、中国的《污水综合排放标准》）规定下，废水排放单位用来监测工业或市政废水水质的急性毒性测试方法。常将受试生物（如模糊网纹溞和呆鲦鱼）暴露在不同稀释倍数的废水中，观察其不同毒性指标。

底泥毒性测试 由于污染物易于在底泥中富集，故常采用底泥质量三合一测试，即同时研究底泥的化学组成、毒性与形态的测试方法，研究底泥中污染物对生态系统的影响。

（许帅　缪爱军）

推荐书目

Gary M Rand，Sam R Petrocelli. Fundamentals of aquatic toxicology：Methods and applications. Washington DC.：Hemisphere Publishing，1995.

shuisheng shengwu duxing shiyan

水生生物毒性试验（toxicity test for aquatic organisms） 以水生生物为受试对象，对化学品等污染物进行毒性测定的试验。其在评价化学品的环境效应方面起着重要的作用。化学品对水生生态系统造成的影响与其对水生生物的毒性相关。

根据毒性试验受试对象的不同分为藻类毒性试验、细菌类毒性试验、原生动物类毒性试验、溞类毒性试验、鱼类毒性试验、水生植物类毒性试验及群落级毒性试验。其中以鱼类毒性试验应用较广泛。

根据毒性试验方法的不同分为静水式试验、换水式试验和流水式试验。静水式试验适用于测定和评价由相对稳定、挥发性小且不过量的好氧物质所造成的毒性，所需设备相对简单，毒物及稀释水消耗量少，但生物的代谢产物积累在试验水中，毒物浓度会因被代谢产物、器壁吸附等而降低。换水式试验适用于浓度在更换试验期间相对稳定（波动在初始值的20%以内）的物质，每隔一定时间换一次试验水，一般每隔24 h或更短的时间内更新一次试验液。中、长期的慢性试验一般都采用换水式试验法。一些资料将静水式试验和换水式试验统称为静水式试验。流水式试验方法适用于生化需氧量（BOD）负荷高、毒物挥发性大或不稳定的水样，试验中须连续不断地更新试验水；试验过程中溶解氧含量充足，毒物浓度稳定，可将代谢产物连续排出，试验条件更接近真实水体环境；但这种方法需要比较复杂的设备，试验水消耗量大。根据试验水体的差异，又可分为淡水水生生物毒性试验和海洋河口水生生物毒性试验。根据试验水体所含毒物浓度的高低和暴露时间的长短，可分为慢性毒性试验、急性毒性试验和亚急性毒性试验。

慢性毒性试验 是持续时间比较长，通过测定低浓度污染物对水生生物从出生到繁殖整个生活周期的毒性作用，评价污染物毒性的试验方法。该测试方法可求出污染物的最大容许浓度，为制定水质标准提供依据，因此，20世纪60年代以来，受到普遍重视。慢性毒性试验可在水生生物的生长、繁殖、卵的孵化和幼体发育等生命活动的各个主要阶段进行。在实验室条件下，一般要使用流水装置，以保持毒物浓度恒定；还要保持生物良好的水体环境，如投喂食物、曝气充氧、保持适合的pH等。所得到的存活率、生长率、产卵率和孵化率等数据最后用统计方法处理。慢性毒性试验一次试验所需的时间同受试生物种类有关，鱼类一般需要一年左右，溞类一般需三个星期。对于一些危害大的蓄积性污染物如甲基汞、镉和铅等，毒性试验不仅要包括一个生活周期，而且要延续三代。试验时还要结合生长、繁殖等生物学指标，测定污染物的积累、分布和释放情况，例如，甲基汞在鱼体内迅速积累，第二代和第三代鱼卵和胚胎均有从亲鱼转移下来的大量汞残留。

水生生物慢性毒性试验周期较长。为了缩短周期，一是寻求性成熟时间短的生物作试验对象，如溞、糠虾、变形虫等。二是探索用短期毒性预测慢性毒性的可能性。例如，在鱼的生活周期中，幼鱼发育阶段一般要比其他发育阶段对毒物更为敏感，所以只进行幼鱼发育阶段的毒性试验，便能预测毒物对鱼的慢性毒性。其他如生物的生理、生化和行为反应也可作为污染物慢性毒性预测的依据。

急性毒性试验 是通过测定高浓度污染物在短时期（一般不超过几天）内对水生生物所产生的急性毒性作用，评价污染物毒性的试验方法。死亡率为其主要的反应指标，试验结果可用来判断污染物质对水生生物的毒性影响，为制定渔业水质标准和进一步做慢性毒性试验提供依据。水生生物急性毒性试验可以确定半数存活浓度（TLm）或半数致死浓度（LC_{50}），并用来评价污染物的毒性大小和性质。此外，还可粗略了解毒物引起生物体中毒的症状和特点，以判断毒物的毒性强弱和水环境的污染程度，并为确定在环境中的毒物最大容许浓度提供基本数据。用于急性毒性试验的水生生物种类很多，常用的是小型水生生物，主要是鱼。另外，也有用浮游生物作急性毒性试验的，如中国常用的有大型溞（*Daphnia magna*）、隆线溞（*Daphnia carinata*）等溞类，栅藻（*Scenedesmus* sp.）、小球藻（*Chlorella* sp.）等藻类。

急性毒性试验的结果同受试动物的种属和稀释水的水质等因素有关。例如，比较谷硫磷对蓝鳃鱼和金鱼的 TLm 值发现，蓝鳃鱼比金鱼高 900 倍。但是，金鱼对铜最敏感，而蓝鳃鱼对铜抗性较强。许多种重金属的毒性由于受稀释水的硬度和 pH 的影响可相差两个数量级以上。一般硬度增加会使毒性减弱，而溶解氧降低会增加生物的生理负担，从而使毒性增强。水温对毒性的影响比较复杂，有些物质因升温而增加毒性，有些物质则因升温而降低毒性。

亚急性毒性试验 是通过测定低浓度污染物在较长时期（一般不超过 3 个月）内对水生生物所产生的毒性作用，评价污染物毒性的试验方法。进行亚急性毒性试验可以研究污染物对生物的作用方式和致毒机理。亚急性毒性试验一般从三个方面进行研究：生理生化检验，包括酶活性、临床化学、血液学呼吸活动等；行为学检验，包括运动、游泳、趋向与回避、集群与扑食行为等；组织学检验，包括组织结构及形态变化等。根据这些资料可以有效地评价化学物对生物的危险性及可能产生的效应方式。

亚急性毒性试验从分子、细胞、器官、个体、种群、群落、生态系统层次研究生物对污染物的中毒反应。常用的试验方法主要有：①细胞培养。可以测定有机污染物或重金属对细胞有丝分裂的抑制作用、核糖核酸合成的影响和污染物对细胞的毒性作用。②组织病变。例如，锌使鱼鳃呈急性发炎反应，次级鳃丝上皮从柱状细胞上成片分离；氨和余氯使次级鳃丝上皮肿胀，柱状细胞完全分解；有机氯农药和汞、镉损害鱼的肝、胰和肾组织，使细胞坏死或退化。③水生生物生理生化变化。污染物亚急性毒性变化可引起鱼类血相、呼吸代谢和酶的活性等生理生化方面的变化。例如，锌和纸浆废水使鱼血液中淋巴细胞减少，有机磷农药和氨基甲酸酯农药对鱼脑胆碱酯酶有特异的抑制作用。④鱼类呼吸活动。指标一般采用好氧率、呼吸率和咳嗽频率，鱼类呼吸活动对低浓度污染物十分敏感，检出水平一般为 48h LC_{50} 的 5% ~10%，可用于水质监测。⑤鱼的趋流性活动。低浓度的污染物影响鱼类游泳能力和活动形式，从而降低鱼类寻找配偶、产卵场和食物或逃避敌害的能力，近年来还使用光电技术、电视摄影、电子监控等装置对鱼类游泳能力和活动形式进行记录，分析污染物对鱼类行为的影响。

在种群、群落和生态系统水平上研究污染物的亚急性毒性，大多是在天然水体中进行，这种研究通过对水环境物理、化学性质和水生生物间的相互关系进行实际调查，能直接、可靠地反映污染对生物的影响。 （尹颖）

shuisheng taidulixue

水生态毒理学 （water ecological toxicology）

研究污染物对水生态系统中活的有机体的毒性效应的学科。水生态毒理学是在水环境问题日益严重后产生和发展起来的一门综合性学科，是生态毒理学的一个分支学科。

沿革 1984 年，美国科学家埃里克 · R. 克里斯坦森（Erik R. Christensen）提出了水生生物生态毒理学，定义为研究重金属和有机物对水生生物毒性作用的学科。布杜（Boudou）及里贝尔（Ribeyre）（1989）在《水生态毒理学基本概念及方法》一书中，提出了水生态毒理学概念。1992 年我国有学者认为水生态毒理学研究是水环境生物学研究的重要组成部分，并就水质的生态毒理学评价进行了探讨。1992 年又有学者认为研究生态系统个体水平及个体水平以下的为水生生物毒理学，而研究生态系统个体水平以上的为水生态毒理学，现在这两个概念已经融合在一起。随后，无论是从污染物种类上，还是从水生态系统的水平上，我国水生态毒理学的研究深度和广度都在不断扩大。

水生态毒理学早期研究工作是用水生态系统食物链中各代表性生物如藻类、溞类、鱼类进行急、慢性试验，并用这些结果评价环境化学物质的毒性强度及可能对生态系统造成的影响，这些方法都已作为常规检测方法；此外，用微宇宙、受控野外水生态系统和试验池塘来研究污染物在水生态系统中的转移、归宿及对各种生物种群或群落的影响，能较好地反映污染物对生态系统整体水平上的影响，比较接近自然状况。这些在个体或系统水平上的研究，对污染物的评价和筛选起到了重要作用。随着分子生物学的发展，逐渐采用现代分子生物学方法与技术研究污染物及代谢产物与细胞内大分子，包括蛋白、核酸、酶的相互作用，找出作用的靶位或靶分子并揭示其作用机理，从而对在个体、种群或生态系统水平上的影响做出预报。

研究对象 包括物理性、化学性及生物性污染物，其中以化学性污染物为主要研究对象。此外，还包括人类对自然资源不合理利用导致的对水生态系统的干扰和破坏。

研究任务 包括研究进入水体的污染物对水生生物在个体、种群及生态系统水平上的损害作用及其机理，探索污染物对水生生物损害的早期检测指标和生物标志物，为制定水环境质量基准和标准以及有效防治水环境污染对水生生物和人体健康的危害提供理论依据。

研究内容 主要包括以下五方面。

污染物在水体与生物体内的迁移转化 污染物在水环境中的迁移转化主要取决于其本身的性质以及水体的环境条件。有机污染物一般通过吸附作用、挥发作用、水解作用、光解作用、生物富集和生物降解作用等进行迁移转化。重金属在水体中发生的形态间的相互转化及分散和富集过程，即重金属迁移，主要与重金属的沉淀、络合、螯合、吸附和氧化还原等作用有关。水生动物对外源性化学物的吸收途径主要有经消化道、呼吸道和皮肤的吸收。水生植物中挺水植物主要通过根吸收污染物，浮水植物和沉水植物通过根、茎、叶的表面吸收污染物。

污染物对水生生物分子水平的毒性效应 从分子水平探索污染物对水生生物产生毒性作用的机制，可尽快确定环境污染物的早期检测终点并进行早期预测。检测指标包括 DNA 损伤、混合功能氧化酶激活响应、抗氧化防御系统酶响应、结构蛋白和功能蛋白变化、脂质过氧化损伤等。研究污染物对生物转化中起重要作用的混合功能氧化酶（MFO）系，如细胞色素 P-450、NADPH 细胞色素 P-450 还原酶等。研究污染物与应激蛋白和金属硫蛋白的剂量-效应关系，探索污染物及其活性代谢产物与生物体 DNA 发生共价结合从而引起生物体 DNA 损伤的机理。

污染物对水生生物细胞与亚细胞水平的毒性效应 研究水生植物和动物在受到重金属或其他污染物的影响而尚未出现可见症状之前在组织和细胞中出现的生理生化和亚细胞显微结构等微观性状的变化，如植物根、叶部位的细胞核损伤，线粒体和叶绿体等细胞器结构损伤，根尖细胞分裂和染色体受损等。研究污染物与细胞结构和功能损伤的关系，阐明污染物毒性作用的本质，评价污染物的有害性，并在早期阶段预警污染物对生态系统的影响。

污染物对水生生物个体水平的毒性效应 研究污染物对水生动物个体水平的影响，主要指标有死亡、行为改变、繁殖率下降、生长和发育抑制、疾病敏感性增加和代谢率变化等，对水生植物的影响主要有生长减缓、发育受阻、失绿黄化、早衰等。

污染物对水生生物种群、群落水平的毒性效应 研究内容主要包括三个方面：①污染物对水生生物个体数量、种群密度的影响。②污染物对种群的性别比例和年龄结构的影响。③污染物可能导致水生态系统的群落组成和结构发生的改变，包括优势种、生物量、丰度、种的多样性改变等。

研究方法 生物学、生态学以及环境化学的研究方法在该学科中得到广泛应用，其研究方法主要包括野外调查和试验、实验室试验和模拟研究。参见环境生物学。

发展趋势 包括两个方面：①水生态毒理学研究正向宏观和微观两个方向深入发展。在单因素研究的基础上，开始加强对污染综合效应和多组分复合污染的环境效应及其机理的研究；充分重视种群和群落水平的研究，开展污染在水生态系统水平上乃至对全球水生态影响的研究。②水生态毒理学在水环境质量的生物监测与评价技术方面的发展。在水环境中低浓度污染物和沉积物中污染物的研究方面，除继续应用指示种、耐污种、敏感种以外，还开始建立各种基于分子生物学的监测手段，其中生物传感器技术的发展应用具有广阔前景，可实现水环境质量的连续在线监测。

展望 针对目前水环境污染的现状，亟须在水生态毒理学研究领域开展以下创新研究。

水生态毒理学基础研究 加强污染水体中有毒有机污染物的环境行为、界面过程和复合微污染特征、定量结构-活性相关预测模型以及污染物的高效生物处置、降解技术等系统的前沿研究；加强对水体富营养化灾害的监控、评价、预测和控制等高新技术的研究和应用。

新型污染物的环境问题研究 近年来的研究发现，水体中存在可能改变生物体正常激素功能的环境内分泌干扰物、可能导致抗生素抗性基因产生的各类抗生素类物质等新型污染物，并与传统的重金属、有机污染物等存在复合污染效应，其对水环境的污染状况需要深入研究。

水生态毒理分析新技术的开发与应用 开展水环境污染物的高效、精确的水生态毒理分析技术的研究，如针对有毒藻类的生物化学与行为学特征开展生物电、光监控检测技术的研究和对污染水体中环境内分泌干扰物质的高效分析技术的研究等。 （陈良燕）

shuishengtai jiankang

水生态健康 （aquatic ecosystem health） 水生态系统向人类提供服务并维持自身复杂性的一种状态，是生态健康的一个有机组成部分。具体指水生态系统内的物质循环、能量和信息流动未受到损害，关键生态组分和有机组织保存完整且没有疾病，对长期或突发的自然或人为扰动能保持弹性和稳定性，整体功能表现出多样性、复杂性和活力。

内涵 水生态系统类型包括海洋、海岸、湿地、河流、河口、湖泊等。水生态健康能反映水生态系统内部秩序和组织的整体状况，可用以监测或评估水生态系统的状况和质量。水生态系统的一些特征如富营养化、沼泽化、物种消亡和生物多样性降低等，都可以认为是水生态系统不健康的症状。水生态系统变化是一个复杂的非线性动态过程，其内部各组成要素之间以及各要素与外部环境之间是相互制约、相互作用的，系统有一定的变化容量来吸收人类造成的压力，维持它自身必要的生态过程和功能。水生态健康不但表现为其提供功能的能力（如调蓄洪水、净化水质和保持水生生物多样性等），而且具有维持自身有机组织的能力（弹性和恢复力），即可以在一定程度上从各种不良的环境扰动中自行恢复，使其结构和功能达到相对正常的状态。如果人类活动对水生态系统的压力过大，超过其自我维持和恢复的阈值范围，水生态系统就会变得不健康，甚至形成恶性循环，从而影响水景观和流域内的整体利益，不利于社会经济和人类的可持续发展。

评价指标体系 包括物理化学指标、生态学指标和社会经济指标三大类。在水生态健康评价中，物理化学指标包括溶解氧、化学需氧量、营养盐和污染物浓度等；生态学指标包括营养盐循环、能量流动、初级生产力、生物多样性、群落结构、稳定性、抵抗力、恢复力、调节功能、生态系统服务功能等；社会经济指标包括人口动态、人类健康水平、区域经济状况与可持续性、公众环境意识和政府决策等。

（杨柳燕　胡志新）

shuisheng weiguanshu zhiwu

水生维管束植物 （aquatic plant） 植物进行光合作用的器官在大部分的时间或一年中多数时间沉于水中或浮于水面上的蕨类植物和被子植物。水生维管束植物具有发达的机械组织，植物个体比较高大。

水生维管束植物均有由韧皮部和木质部组成的维管系统，韧皮部和木质部分别承担有机物和水分的输送功能。其在根、茎、叶内形成一套完整的通气组织系统，可以保证各器官和组织对氧气的需要，并可减轻重量、增加叶片的漂浮能力；水中叶片很薄，多呈带状、线状，可以增加吸收二氧化碳、无机盐和光的表面积。水生维管束植物的生长特征与水关系很大，其分布受水深、透明度的影响极大，同时受纬度、光照、水质、沉积物以及水生动物的影响。水生维管束植物的地理分布，主要是由气候和地质两方面条件决定的。同一水体中水生维管束植物的地区分布主要是由底质来决定的。

分类 按生活型可分为挺水植物、浮叶植物、漂浮植物和沉水植物。

挺水植物 根茎生于底泥中，植物体上部挺出水面，多分布于水体浅滩。这类植物的形态特征根据不同的生存环境有相应的变化，代表性植物有芦苇、水烛、荸荠、莲、水芹等。

浮叶植物 根茎生于底泥，叶漂浮于水面，一般有长柄，有浮水叶与沉水叶之分。常见的有菱角、睡莲等。

漂浮植物 植物体完全漂浮于水面，这种植物具有特殊的适应漂浮生活的组织结构；植物体的细胞间隙非常发达或者具有气囊，使植株漂浮于水面。常见的有芜萍、紫背浮萍和水浮莲。

沉水植物 植物体完全沉于水气界面以下，根扎于底泥或漂浮于水中。典型的沉水植物为眼子菜属和茨藻属。常见的有聚草、菹草、苦草等。

类群与其生境的关系 沉水植物已完全依赖于水体环境，大气环境对其产生的作用也是通过水来实现的。对浮叶和漂浮植物来说，大气与水体环境的作用同样重要，但从它们的生理结构来看，浮叶和漂浮植物也完全依赖于水体环境，是在真正水域生境中生长的维管束植物。对挺水植物而言，它们分布于陆地环境与真正水域生境之间的过渡地带，气生茎和挺水叶的形态及生理结构的作用是首位的，这使得它们不完全依赖于水体。

生态意义 具有景观、净化和监测等多方面的功能。

景观功能 水生维管束植物可以强化河流湖泊的景观效果，促进水体形成丰富的景观层次。

净化功能 水生维管束植物在水生生态系统中处于初级生产者的地位，通过自身的生长代谢可以大量吸收氮、磷等水体中的营养物质，吸附悬浮颗粒物、抑制低等藻类生长和富集重金属；其特点是易于人工操纵，可通过人工收获的方式将其固定的氮、磷等物质带出水体，并加以利用。同一水生维管束植物对不同污染物的净化率不同，而不同植物相互配合，可提高植物对水体中氮、磷的综合净化率。例如，芦苇和茭白混种就是一种较好的植物栽培方式。芦苇输氧能力强而茭白对氮、磷有很强的去除能力。

监测功能 水生维管束植物还可用于水体污染的监测，其对水环境的适应有一定的局限性，能反映湖泊等水体较长时间内的污染状况。不同的污染带其水生维管束植物的种类及数量明显不同，利用水生维管束植物可以监测和评价水体污染的性质和程度，即“指示生物法”。

（杨柳燕　张权）

推荐书目

Greg Speichert，Sue Speichert. Encyclopedia of water garden plants. Portland：Timber Press，2004.

shuiwuran shengwu pingjia

水污染生物评价

（biological assessment of water pollution）　根据生物学指标评定水体污染程度的过程。常用的水污染生物评价方法分为以下几种类型。

一般描述对比法 见生物评价。

指示生物法 对水环境中有机污染物或某种特定污染物敏感的或有较高耐受性的生物种类的存在或缺失，可以指示其所在水体内有机污染物或某种特定污染物的多寡或分解程度。一般静水中常用底栖动物或浮游动物作指示生物，在流水中常用底栖生物或着生生物，鱼类也可作为指示生物。大型无脊椎动物因其常固定生活于某种水域，种类数量多，分布广，一般体型较大，肉眼可见，较易采集鉴定，是应用较多的指示生物。指示生物不仅可以反映水体中水质的状况，也能反映沉积物的质量状况。

在一个大类不同属或种的水生生物中，多数对某种污染物的敏感或耐受程度较为相似，但并不完全相同，因此，在应用指示生物法评价水质时，最好将所用指示生物鉴定到种。参见水污染指示生物。

污水生物系统 见污水生物系统。

生物指数 主要是依据不利环境因素，如各种污染物对生物群落结构的影响，用数学形式表现群落结构以指示水环境质量状况。生物指数可以反映生物群落的以下相关信息：①某些对污染有指示价值的生物种类，例如，对某种污染物敏感或有耐受性的种类的出现或消失，导致群落结构的种类组成发生变化；②群落中生物种类数在污染加重的条件下减少，在水质较好的情况下增加，但在过于清洁的条件下食物缺乏也会导致种类数的减少；③组成群落的个别种群数量的变化等；④群落中种类组成比例发生变化；⑤生物群落自养-异养程度上的变化；⑥群落生产力的变化。每种生物指数仅能反映上述六项中的某几种信息，所以最好用几种不同的生物指数进行综合评价。常用的生物指数包括以下七种。

贝克（Beck）生物指数 按底栖大型无脊椎动物对有机污染的耐受性将其分成A和B两类，A类是不耐受有机污染的种类，B类是能耐受中等程度有机污染但非完全缺氧条件的种类，按下式计算生物指数：

$$I_B = 2n_A + n_B$$

式中，I_B为贝克生物指数；n_A 和 n_B 分别为底栖大型无脊椎动物A类和B类的种类数。

贝克生物指数要求调查采集的各监测点的环境因素尽量一致，如水深、流速、底质、有无水草等。I_B值在净水中为10以上，中等污染时为1~10，重污染时为0。

硅藻生物指数 用河流中硅藻的种类数计算生物指数，计算公式如下：

$$I_d = \frac{2A + B - 2C}{A + B - C} \times 100$$

式中，I_d为硅藻生物指数；A 为不耐污的种类数；B 为有机污染响应不敏感的种类数；C 为在污染区内独有的种类数。

颤蚓类与全部底栖动物相比的生物指数 用颤蚓类与全部底栖动物个体数量的比例作为生物指数，计算公式如下：

$$I_t = \frac{颤蚓类个体数}{底栖类动物个体数} \times 100$$

式中，I_t为颤蚓类与全部底栖动物相比的生物指数。

水生昆虫与寡毛类湿重的比值 该生物指数无须将生物鉴定到种，仅将底栖动物中水生昆虫和寡毛类检出，分别称重，按下式计算：

$$I_a = \frac{昆虫湿重}{寡毛类湿重} \times 100$$

式中，I_a为水生昆虫与寡毛类湿重的比值。I_a值越小，表示污染越严重；反之，表示水质越清洁。

特伦特（Trent）生物指数 是一种经验的生物指数，按照调查所得样本中大型底栖无脊椎动物的类群总数及属于6类关键性生物类群［襀翅目稚虫、蜉蝣目稚虫（不包括四节蜉）、毛翅目或四节蜉、钩虾属、颤蚓或摇蚊幼虫、无氧生存的物种如蜂蝇］的种类数确定。生物指数值的范围从10（指示清洁水体）随污染程度的增加而下降，直到0（指示水质严重污染）。此方法中生物类群不需要鉴定到种，仅需统计种的数量。

污染价均值 各种生物的污染价表示它们在不同污染带内出现的相对频度，但并非表示在各不同污染带内的个体数，仅表示该种指示各污染等级的相对重要性。任何一种生物的污染价的总和均为10。一种生物的污染价越是分散在各污染带，则它作为污染指标的价值就越低；相反，污染价越是集中在一个污染带内，则它作为污染指标的价值就越高。每种生物又有一个个体污染指示价，其值最高为5，最低为1，值越大则表示其作为污染指标的价值越高。

按下式计算调查地点各污染带的污染价均值：

$$A = \frac{\sum_{i=1}^{n} d_i h_i g_i}{\sum h_i g_i}$$

式中，A 为污染价均值；h_i为 第 i 种生物在样本中的个数；g_i 为第 i 种生物个体污染指示价；d_i为第 i 种生物所在污染带内的污染价；n 为调查所得标本的种类数。

污染生物指数 是指无叶绿素微生物数（B）占全部微生物数（$A+B$）的百分比，其指数按下式计算：

$$I_{\text{BIP}} = \frac{B}{A+B} \times 100$$

式中，I_{BIP}为 0 ~ 8 时为清洁水，8 ~ 20 时为轻度污染水，20 ~ 60 时为中度污染水，60 ~ 100 时为严重污染水。

种的多样性指数 在正常水体中群落的结构相对稳定，水体受到污染后，群落中敏感种类减少，耐污染种类的个体数大大增加。污染程度不同，生物群落变化也不同，可以用多样性指数来反映水体污染状况。包括以下四种。

格列森（Gleason）**和马格列夫**（Margalef）**多样性指数** 计算公式如下：

$$(\text{M,I}) = \frac{S-1}{\ln N}$$

式中，S 为种类数；N 为总个体数。（M，I）值越大表示水质越清洁。

香农-维纳（Shannon-Wiener）**多样性指数** 计算公式如下：

$$H' = \sum_{i=1}^{S} P_i \log_2 P_i$$

$$P_i = n_i/N$$

式中，S 为种类数；n_i 为第 i 种生物的个体数；N 为总个体数；P_i 为第 i 种生物个体数占生物总个体数的比例。H'值在 0 ~ 1 时为重污染，1 ~ 3 时为中度污染，>3 时为轻污染至无污染。

辛普森（Simpson）**多样性指数** 计算公式如下：

$$d = \frac{1}{\sum (n_i/N)^2}$$

式中，n_i 为第 i 种生物的个体数；N 为总个体数。d 值越大，表示污染越轻。

凯恩斯（Cairns）**连续比较指数** 计算公式如下：

$$I_{\text{sci}} = R/N$$

式中，R 为组数；N 为总个体数。I_{sci}小于 1 时为重污染带，1 ~ 3 时为中污带，大于 3 时为寡污带。

生产力 是反映生态系统内物质循环和能量流动的一个指标，通过分析生态系统中生物种群或群落的物质代谢及能量流动的动态，以有机物的生产过程和分解过程的强度为依据评价水体被污染的程度。常用的指标有以下两种：

***P/R* 值** 根据群落的初级生产量 P 和呼吸量 R 的比率划分污染等级。P/R 值在水质正常时一般为 1 左右，如偏离过大，则表明受到污染。在自寡污带至中污带这一阶段，随着有机污染程度提高，外来有机物增多并被矿化，初级生产量随之提高，P/R 值也随之增大，至α-中污带达到最高。随着有机物污染程度继续提高，P 值反而下降，直到严重污染时降至 0。

自养指数（I_{AI}） I_{AI}值为 50 ~ 100 表示所在水体未受污染，大于 100 则表示受到污染。

$$I_{\text{AI}} = \frac{\text{去灰分重}}{\text{叶绿素}}$$

取一定体积的水样，水样过滤，干燥至恒重后，以小火加热使试样充分炭化至无烟，然后置于马弗炉中，在 550℃ ±25℃ 灼烧 4 h。冷却至 200℃左右，取出，放入干燥器中冷却 30 min，重复灼烧至恒重，失去的质量与水样体积之比就是去灰分重（mg/m^3）。叶绿素就是单位水样中的叶绿素含量（mg/m^3）。 （陈良燕）

shuiwuran zhishi shengwu

水污染指示生物 （indicating organism for water pollution） 在一定水质条件下生存，对水体环境质量的变化反应敏感而被用来监测和评价水体污染状况的水生生物。利用指示生物可以对水体污染程度做出综合判断并进行定性分析，但应注意，生物种类和数量分布也与其他条件如地理、气候以及水体的底质、流速、水深等因素有关。

浮游植物、浮游动物、大型底栖无脊椎动物、水生维管束植物等均可用作水污染的指示生物。利用指示生物可以对水体污染程度做出综合判断，而且还可以利用某些生物的行为变化和生理指标等对水体污染进行定性分析。例如，牡蛎（*Ostrea*）肉体颜色的改变可以反映海水中铜离子的污染，白鲢、鲤鱼、团头鲂的脑胆碱酯酶活力的变化可以反映有机磷农药的污染。

在实际的水体污染评价过程中一般采用底栖动物中的环节动物、软体动物、固着生活的甲壳动物以及水生昆虫等作为主要的指示生物。因为它们的个体大、在水中相对位移较小、生命周期长、能够反映环境污染特点，已成为水体污染指示生物的重要研究对象。

水体严重污染的指示生物 颤蚓类、毛蠓（*Psychoda alternata*）、细长摇蚊（*Tendipes attenuatus*）幼虫、绿色裸藻（*Euglena viridis*）、尾裸藻（*Euglenaria. caudata*）、小颤藻（*Oscillatoria tenuis*）等生物，均有在低溶解氧条件下生活的能力。颤蚓类在溶解氧为15%的水体中，仍能正常生活，所以成为有机物污染十分严重的水体中的优势种。美国学者提出以单位面积颤蚓的数量作为评价水体污染的指标，颤蚓数量越多，表示水体污染越严重。中国学者曾以颤蚓为指示生物，对松花江等水系进行监测和评价。中国常见的颤蚓类有霍甫水丝蚓（*Limnodrilus hoffmeisteri*）、中华拟颤蚓（*Rhyacodrilus sinicus*）和正颤蚓（*Tubifex tubifex*）等。

水体中度污染的指示生物 居栉水虱（*Asellus communis*）、瓶螺（*Physaheteroterropha*）、被甲栅藻（*Scenedesmus armatus*）、四角盘星藻（*Pediastrum tetras*）、环丝藻（*Ulothrix zonata*）、脆弱刚毛藻（*Cladophora fracta*）、蜂巢席藻（*Phormidium favosum*）和美洲眼子菜（*Potamogeton americanus*）等生物，对低溶解氧有较好的耐受能力，会在中度有机物污染的水体中大量出现。

清洁水体的指示生物 纹石蚕（*Hydropsyche* sp.）、扁蜉（*Heptagenia*）和蜻蜓（*Anax junius*）的稚虫，以及田螺（*Compeloma decisum*）、肘状针杆藻（*Synedra ulna*）、簇生竹枝藻（*Drapar naldia glomerata*）等生物只能在溶解氧浓度很高、未受污染的清洁水体中大量繁殖。轮藻（*Chara*）和海菜花（*Ottelia acuminata*）只有在清洁的水体中才能正常生长。因此，这些生物均可作为清洁水体的指示生物。

（张民）

T

taiyangchong

太阳虫 (Heliozoan) 一类属于肉足鞭毛虫门（Sarcomastigophora）肉足纲（Sarcodina）辐足亚纲（Actinopoda）太阳虫目（Heliozoa）的原生动物。

形态学和生物学特征 最主要的特征是从球形身体伸出许多辐射状的、挺直的轴足。如果辐射的是丝足，也比较坚硬。由于其外形很像光芒四射的太阳，故名太阳虫。

分布及生活习性 太阳虫为世界性分布的类群，一般生活在比较平静的、临时性或永久性的水体中，如湖泊、水塘、停滞的河岔和沼泽；也生活在卤咸淡水、潟湖以及海洋中。一般喜欢未污染和氧气充分的地方。大多数生活在 pH 比较高（7.0～8.5）的环境中。

（王洪铸）

tanglei weishengwu jiangjie

糖类微生物降解 (microbial degradation of carbohydrate) 微生物对各种单糖和多糖的降解和转化。糖是自然界存在的一大类具有光谱化学结构和生物功能的有机化合物，主要是由绿色细胞经光合作用生成。因此，糖是生物界中分布极广、含量较多的一类有机物质，几乎所有的动物、植物、微生物体内都含有糖，其中以植物界最多，约占其干重的 80%。生物细胞内、血液里也有葡萄糖或由葡萄糖等单糖物质组成的多糖（如肝糖原、肌糖原）存在。人和动物的器官组织中含糖量不超过组织干重的 2%。微生物体含糖量占菌体干重的 10%～30%，它们以糖或与蛋白质、脂类结合成复合糖而存在。微生物对糖类的降解途径包括纤维素的转化、半纤维素的转化、淀粉的转化和果胶质的转化。

纤维素的转化 纤维素是地球表面最为丰富的天然有机化合物，占植物界含碳量的 50% 以上。自然界纤维素的主要来源是棉花、麻、树木、农作物秸秆等。棉花是自然界最纯的纤维素来源，纤维素含量高达 90%。以植物为原料的工业废水如棉纺印染废水、造纸废水及其城市垃圾等均含有大量纤维素。

纤维素是许多葡萄糖以 β-1,4-糖苷键结合而成的高分子聚合物，每个纤维素分子含 1 400～10 000 个葡萄糖残基。纤维素可在微生物纤维素酶的作用下分解。

纤维素酶一般由 β-1,4-内切葡聚糖酶、纤维二糖水解酶和 β-葡萄糖苷酶构成。β-1,4-内切葡聚糖酶，又称 CM-纤维素酶，其底物为羧甲基纤维素（CM-纤维素），中间产物为一些可溶性低聚糖，终产物则为葡萄糖和纤维二糖。纤维二糖水解酶能够从纤维素糖链的非还原端将其水解为纤维二糖单位。β-葡萄糖苷酶水解纤维二糖和水溶性纤维寡糖形成葡萄糖，但对纤维素无作用。纤维素的微生物降解途径见下图。

能够降解纤维素的微生物有细菌、真菌、放线菌和原生动物，其中以真菌的降解能力最

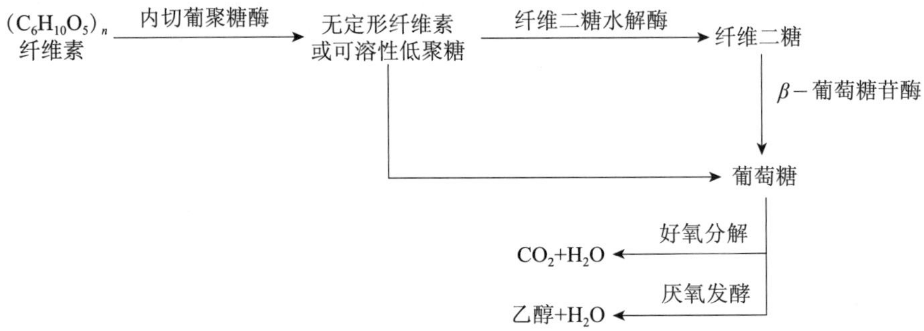

纤维素的微生物降解途径

强，主要有木霉（*Trichoderma*）、镰刀霉（*Fusarium*）、曲霉（*Aspergillus*）、青霉（*Penicillium*）、毛霉（*Mucor*）、根霉（*Rhizopus*）和毛壳霉（*Vhactomium*）等。能够降解纤维素的好氧细菌以黏细菌居多，包括生孢噬纤维菌（*Sporocytophaga*）、嗜纤维菌（*Cytophaga*）、镰状纤维菌（*Cellfalcicula*）和纤维弧菌（*Cellovibrio*）等。厌氧降解菌包括产纤维二糖芽孢梭菌（*Clostridium cellbioparum*）、嗜热纤维梭状芽孢杆菌（*Clostridium termocellum*）和无芽孢厌氧分解菌。嗜热性厌氧分解菌最适温度为55～65℃，最高温度为80℃，最适pH为7.4～7.6，在pH为8.4～9.7时还能生长，均为专性厌氧。

细菌的纤维素酶和真菌、放线菌的纤维素酶具有显著不同的性质。细菌所产的纤维素酶绝大部分是胞内酶，活力也较低，必须与纤维素接触才能水解；而真菌和放线菌的纤维素酶是胞外酶，可以分泌到培养基中，通过过滤和离心可以分离到活力相当高的纤维素酶。

半纤维素的转化 半纤维素是高等植物细胞壁中非纤维素、非果胶类物质的多糖，它是多聚戊糖（如多聚阿拉伯糖和多聚木糖）和多聚己糖（如多聚半乳糖和多聚甘露糖）的混合物，含量高、难分解。能够降解半纤维素的微生物分布很广，有几十个属、100多种，包括细菌、真菌、放线菌，某些酵母菌也能够降解半纤维素。真菌在分解半纤维素的开始阶段较为活跃，后期则主要靠放线菌的作用。半纤维素被土壤微生物分解的速度比纤维素快，能够分解纤维素的微生物大多数都能分解半纤维素。微生物所产生的半纤维素酶是有代表性的专一性降解半纤维素的一组酶类，属于聚糖水解酶，典型的半纤维素酶包括*D*-木聚糖苷酶、*L*-阿拉伯糖聚酶、*D*-半乳糖聚酶、*D*-甘露糖聚酶。由于半纤维素是大分子，不易直接进入细胞体，因此大多数细菌和真菌所生产的半纤维素酶为胞外酶，其将半纤维素分解为单糖，单糖进入微生物体内供代谢用。但也有一些微生物［黏球菌、瘤胃细菌、嗜孢黏菌中的一些种以及黑曲霉（*Aspergillus niger*）］产生胞内酶。半纤维素的分解过程如下：

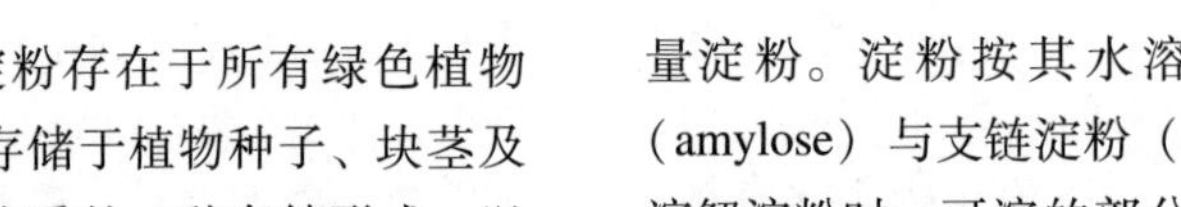

淀粉的转化 淀粉存在于所有绿色植物的多数组织中，大量存储于植物种子、块茎及干果中，是植物营养物质的一种存储形式。以此类作物为原料的工业废水（如酿酒废水、淀粉厂废水、印染废水等）及生活污水均含有大量淀粉。淀粉按其水溶性可分为直链淀粉（amylose）与支链淀粉（amylopectin）。用热水溶解淀粉时，可溶的部分为直链淀粉，不可溶的部分为支链淀粉。直链淀粉由250～300个葡萄糖分子以α-1,4-糖苷键缩合而成。支链淀粉由6 000个或更多的葡萄糖残基结合而成，结合方式除α-1,4-糖苷键外，在分支点处还有α-1,6-糖苷键，其含量为5% ~6%。

淀粉是许多微生物的重要碳源和能源，它们产生淀粉酶，将淀粉水解为麦芽糖和葡萄糖，再进入细胞内氧化分解。淀粉酶有四种：①α-淀粉酶。专门切割α-1,4-糖苷键，生成糊精、麦芽糖和少量葡萄糖。②β-淀粉酶。从链的一端开始每次切下一个麦芽糖。α-淀粉酶和β-淀粉酶都不能水解α-1,6-糖苷键，因此水解结果都可能有糊精生成。③异淀粉酶。作用于α-1,6-糖苷键，生成糊精。④葡萄糖淀粉酶。在这种酶的作用下每次切下一个葡萄糖分子。淀粉在上述四种酶的共同作用下，可完全水解成葡萄糖。葡萄糖进入细胞体内经酵解形成丙酮酸，进入三羧酸循环完全氧化为二氧化碳和水或经厌氧发酵成为乙醇。

在专性厌氧条件下，淀粉还可经丙酮-丁醇发酵形成丙酮、丁醇、乙醇、氢和二氧化碳或经丁酸发酵形成丁酸、乙醇、氢和二氧化碳。

好氧的枯草芽孢杆菌（*Bacillus subtilis*）和根霉、曲霉都能分解淀粉，根霉和曲霉将淀粉转化为葡萄糖，称为糖化菌。枯草杆菌可将淀粉分解为二氧化碳和水。酵母菌属（*Saccharomyces*）可在根霉和曲霉糖化淀粉为葡萄糖后，接着发酵葡萄糖为乙醇和二氧化碳。丙酮-丁醇发酵途径主要由丙酮-丁醇梭状芽孢杆菌（*Clostridium acetobutylicum*）和丁醇梭状芽孢杆菌（*Clostridium butylicum*）参与发酵。丁酸发酵途径由丁酸梭状芽孢杆菌（*Clostridium butyricum*）参与发酵。真菌中的曲霉、根霉等的一些种能大量产生淀粉酶，有的种很早就被用于制曲、酿酒。

果胶质的转化 果胶质是由*D*-半乳糖醛酸以α-1,4-糖苷键构成的直链高分子化合物，其羧基与甲基酯化形成甲基酯。果胶质存在于植物的细胞壁和细胞间质中，造纸、制麻废水中含有果胶质。天然的果胶质不溶于水，称原果胶。

原果胶在原果胶酶的作用下水解成可溶性果胶和多缩戊糖，可溶性果胶在果胶甲基酯酶作用下被水解成果胶酸和甲醇，果胶酸进一步被果胶酸酶水解，切断α-1,4-糖苷键，生成半乳糖醛酸，最后半乳糖醛酸进入细胞内，通过糖代谢途径被分解、利用并释放出能量。在厌氧条件下果胶质也可经丁酸型发酵生成丁酸、乙酸、醇类、二氧化碳和氢等产物。

分解果胶的微生物主要是一些细菌和真菌。细菌中有枯草杆菌、多黏芽孢杆菌（*Bacillus polymyxa*）、浸麻芽孢杆菌（*Bacillus macerans*）、软腐欧氏杆菌（*Erwinia carotovora*）以及假单胞菌的一些种。真菌主要有根霉、木霉、曲霉、小克银汉霉（*Cunninghamellaceae*）、镰刀霉和轮枝孢霉（*Verticillium*）等的某些种。某些放线菌也有降解果胶的能力。（蒋丽娟）

tie weishengwu zhuanhua

铁微生物转化 （microbial transformation of iron） 通过微生物作用进行铁的氧化和还原的过程。

Fe^{2+}的好氧氧化 自养型细菌能够从Fe^{2+}氧化到Fe^{3+}的过程中获得能量以合成自身所需化合物，这一过程受到环境中低浓度的可溶性Fe^{2+}的限制：在pH中性及好氧条件下Fe^{2+}能自发地氧化成Fe^{3+}，从而进一步水解成$Fe(OH)_3$沉淀。因此，只有在酸性或低氧条件下，这种化学氧化过程受限，才能发生细菌的亚铁的好氧氧化。

嗜酸的Fe^{2+}氧化菌利用氧气为最终电子受体，嗜酸氧化亚铁硫杆菌（*Acidithiobacillus ferrooxidans*）和氧化亚铁钩端螺旋菌（*Leptospirillum ferrooxidans*）是研究最多的嗜酸菌，在富含还原性Fe^{2+}的酸性矿山废水中大量生长。铁氧化菌需要氧化50 mol的Fe^{2+}才能同化1mol C，因此，需要氧化大量的Fe^{2+}以维持生长，少量的铁氧化菌就能产生高浓度的可溶性Fe^{3+}。在pH中性、溶解氧质量浓度低于1.0 mg/L、氧化还原电位在200 ~300 mV（低于一般地表水）时，铁锈色披毛菌（*Gallionella ferruginea*）能氧化Fe^{2+}，并形成$Fe(OH)_3$沉淀——水铁矿。

Fe^{2+}的厌氧氧化 在厌氧条件下 Fe^{2+} 相对稳定，但在 NO_3^- 作为电子受体时，Fe^{2+} 也能被微生物氧化。例如，从淡水沉积物中分离得到的 3 株细菌（strain HidR 2、strain BrG 1 和 strain BrG 2）中，strain BrG2 能够在厌氧条件下以亚铁为唯一电子供体还原硝态氮，而其他 2 株细菌除亚铁外还需添加一定量的乙酸作为电子供体才能还原硝态氮。

在不同的地球化学条件下，厌氧铁氧化反硝化细菌能产生不同类型的铁氧矿物，如磁铁矿、水铁矿、针铁矿、铁锈等。

Fe^{2+}厌氧光合氧化 光合 Fe(Ⅱ)-氧化细菌可以在厌氧条件下通过氧化亚铁固定 CO_2 合成细胞物质，将 Fe^{2+} 氧化为三价铁氧化物，包括紫硫细菌、紫非硫细菌和绿硫细菌。

光合 Fe(Ⅱ)-氧化细菌需要在有光线和厌氧环境下生长。通常它们能够耐受低浓度的氧气，在水和土壤中接近表面的地方生活，从而获得更多光照（此处需要细菌代谢氧化 Fe^{2+} 的速率大于氧气氧化 Fe^{2+} 的速率）；或是降低对光线的需求在土壤和水体深处含 Fe^{2+} 丰富的地方生长。

不管是厌氧铁氧化细菌还是好氧铁氧化细菌生长都会受到代谢终产物 $Fe(OH)_3$ 沉淀的抑制，细菌对沉淀抑制存在解除机制：在细胞周围产生了低 pH 的微环境；分泌有机配体使 Fe^{3+} 为溶解状态；细菌能够脱除细胞表面形成有机-矿物聚集体。

厌氧 Fe^{3+} 还原 指微生物利用有机物或氢气等作为其呼吸作用的电子供体，在无氧条件下 Fe(Ⅲ) 氧化物作最终电子受体的氧化还原过程，水铁矿等无定型铁氧化物是其优先选择的电子受体。

淡水、地下水、海湾沉积物、湖泊沉积物、底层土壤、深处的地芯、热泉、酸性废水、活性污泥等环境中都已分离得到不同种类的异化 Fe(Ⅲ) 还原微生物。其中，常温性铁还原微生物包括金属还原地杆菌（*Geobacter metallireducens*），它能够以 Fe(Ⅲ)、硝酸盐以及 U(Ⅳ) 为电子受体，氧化乙酸、乙醇、丙酸、丁酸、异丁酸、戊酸、异戊酸、丙酮酸、丙酮、甲苯、苯甲酸、苯酚等多种有机物。

沉积物中的氧化铁大多以不溶性的水合氧化铁（HFO）的形式存在，受 HFO 的表面积限制和结晶程度的影响，其必须分散在细胞表面才能利用，因而大大限制了异化铁还原菌的代谢。金属还原地杆菌能感应细胞附近的铁氧化物，产生鞭毛和菌毛帮助其附着在矿物表面，通过细胞与矿物的直接接触传递电子。还有一些铁还原菌能利用可溶性的腐殖酸为电子穿梭载体在微生物和氧化铁之间进行电子穿梭运送，辅助电子从生物细胞转移到难溶的电子受体上。在铁还原微生物的作用下，基质释放的电子传递给腐殖质中的醌，产生的氢醌则把电子传递给 Fe(Ⅲ)。（蒋丽娟）

tiexijun

铁细菌 （iron bacteria） 通过将二价铁氧化成三价铁获取能量来同化二氧化碳进行生长的细菌的总称。铁细菌常生活在含有高浓度二价铁离子的湖泊、温泉等水域中。

铁细菌有的是兼性自养型细菌，如纤发菌属（*Leptothrix*）和泉发菌属（*Crenothrix*）；有的是严格化能自养型细菌，并只能在强酸性条件下生活，如氧化亚铁硫杆菌（*Thiobacillus ferrooxidans*），通常生活在 pH 为 4 以下的环境中，这类菌在细菌浸矿中具有重要作用。

特征 铁细菌菌体有圆、椭圆和杆状，能在菌体荚膜内、鞘内或细胞外分泌物上沉积铁和（或）锰的氧化物。菌体可连成丝状并有沉积铁或锰的氧化物衣鞘的铁细菌被称为鞘细菌，如纤发菌属的杆状细胞互相连成丝状，外面包有共同的鞘套，在细胞内或鞘套上常有铁等金属积累；利斯克氏菌属（*Lieskeela*）以单细胞存在，不靠鞭毛运动、鞘不附着在固体物上；泉发菌属鞘附着于固体上、丝状顶端膨胀；细枝发菌属（*Clonothrix*）丝状顶端渐尖；嘉利翁氏菌属（*Grenathrixpolyspora*）以单细胞存在、能产生附属丝和固着器。

作用机理 任何生物的生长都离不开铁，并且要求是溶解性的亚铁盐。铁细菌氧化亚铁产生能量，通过卡尔文循环吸收 CO_2，从空气中摄取 O_2，利用水中其他微量元素（如 N、P）合成细胞物质。铁细菌按下式进行生物氧化反应：

$$2FeSO_4 + 3H_2O + 2CaCO_3 + 0.5O_2 \longrightarrow 2Fe(OH)_3 + 2CaSO_4 + 2CO_2$$

$$4FeCO_3 + 6H_2O + O_2 \longrightarrow 4Fe(OH)_3 + 4CO_2 + \text{能量}$$

生长繁殖的影响因素 铁细菌的种类比较多，彼此之间的生理生化性质相差较大，有的必须在酸性条件下才能生存，有的生存于中性条件下，有的为专性自养菌，而有的则为兼性异养菌，其生长繁殖的影响因素很多。对铁细菌的生长繁殖影响较大的两个因素为化学需氧量（COD）和溶解氧（DO）。

COD 的影响 大部分铁细菌为自养菌，因此，水体中的有机质会对铁细菌的生长产生抑制作用。也有一部分铁细菌为异养菌，在较低的 COD 下能够生存。当 COD 为 25～80 mg/L 时，异养型铁细菌的数量基本保持不变；而当 80 mg/L < COD < 500 mg/L 时，异养型铁细菌的数量随时间的推移有所上升。

DO 的影响 铁细菌多为好氧菌，因此 DO 对铁细菌的生长起着极为重要的作用。只要大于最低 DO 值，残余的铁浓度和氧化还原电位就不受溶解氧改变的影响。（肖琳）

tinglei wuranwu weishengwu jiangjie

烃类污染物微生物降解（microbial degradation of hydrocarbon pollutants） 链烷烃、环烷烃、芳香烃等烃类化合物在微生物的作用下，经由开环、氧化等作用逐步被分解为小分子甚至完全矿化为二氧化碳和水的过程。

石油是链烷烃、环烷烃、芳香烃以及少量非烃化合物的复杂混合物。一个典型的石油样品中含有的烃类化合物多达 200 多种。石油的生物降解性因其所含烃分子的类型和大小而异。链长度中等的链烷最易降解，短链烷对许多微生物都有毒，不过它们通常会很快从石油中蒸发。很长的链烷对生物的抗性增强。从烃分子类型看，链烃比环烃易降解；不饱和烃比饱和烃易降解；直链烃比支链烃易降解，支链烷基越多，微生物越难降解，链末端有季碳原子时特别顽固；多环芳烃很难降解或不降解。

石油降解微生物广泛分布于自然界。微生物可在 1～2 周内形成细菌群落，2～3 月内石油被分解消失。目前已知的石油降解微生物有 100 余属、200 多种，分属于细菌、放线菌、霉菌、酵母菌和藻类。其中，细菌包括假单胞菌属（*Pseudomonas*）、黄杆菌属（*Flavobacterium*）、棒杆菌属（*Corynebacterium*）、无色杆菌属（*Achromobacter*）、不动杆菌属（*Acinetobacter*）、小球菌属（*Pediococcus*）、弧菌属（*Vibrio*）、蓝细菌（cyanobacteria）等。放线菌包括诺卡氏菌属（*Nocardia*）和分枝杆菌属（*Mycobacterium*），但放线菌对烃类降解不彻底，有中间产物积累。真菌包括枝孢霉（*Cladosporium*）、曲霉（*Aspergillus*）、青霉（*Penicillium*）等属的丝状真菌以及假丝酵母属（*Candida*）、红酵母属（*Rhodotorula*）、球拟酵母属（*Torulopsis*）等酵母。

链烷烃的微生物降解 微生物攻击链烷烃的末端甲基，由混合功能氧化酶催化，生成伯醇，再进一步氧化为醛和脂肪酸，脂肪酸接着通过 β-氧化进一步代谢。反应式为：

$$R-CH_2-CH_3 \xrightarrow[+O_2]{+2H} R-CH_2-CH_2OH + H_2O \xrightarrow{-2H} R-CH_2-CHO \xrightarrow[+H_2O]{-2H} R-CH_2-COOH \dashrightarrow \beta\text{-氧化}$$

有些微生物攻击烷链的次末端，在链内的碳原子上插入氧。这样，首先生成仲醇，再进一步氧化，生成酮，酮再代谢为酯，酯键裂解生成伯醇和脂肪酸。醇接着继续氧化成醛、羧酸，羧酸则通过 β-氧化进一步代谢。反应式如下：

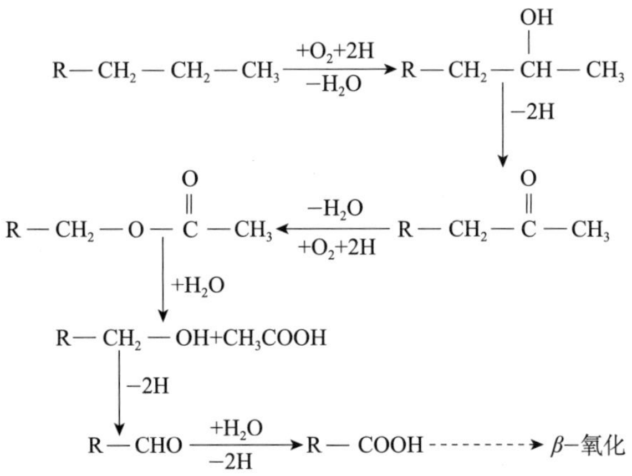

环烷烃的微生物降解 不具备末端甲基的环烷烃由类似于上述次末端氧化的机制进行生物降解。例如，环己烷由混合功能氧化酶的烃化作用生成环己醇，后者脱氢生成酮，再进一步氧化，一个氧插入环而生成内酯，内酯开环，一端的烃基被氧化成醛基，再氧化成羧基，生成的二羧酸通过 β-氧化进一步代谢。

环烷烃通常不能用作微生物生长的唯一碳源，除非它们有足够长的脂肪族侧链。虽然已发现能够在环己烷上生长的微生物，但更常见的是能转化环己烷为环己酮的微生物不能内酯化和开环，而能将环己酮内酯化和开环的微生物却不能转化环己烷为环己酮。可见微生物之间的互生关系和共代谢在环烷烃的生物降解中起着重要作用。

芳香烃的微生物降解 芳香烃由加氧酶氧化为儿茶酚，二羟基化的芳香环再氧化，邻位或间位开环。邻位开环生成己二烯二酸，氧化为 β-酮己二酸，后者再氧化为三羧酸循环的中间产物琥珀酸和乙酰辅酶 A。间位开环生成 2-羟己二烯半醛酸，进一步代谢生成甲酸、乙醛和丙酮酸。以上反应见下式。

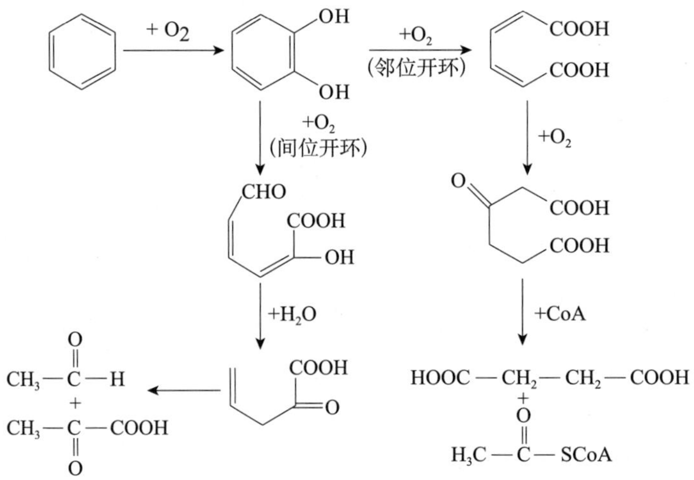

多环芳烃的微生物降解 先是一个环二羟基化、开环，进一步降解为丙酮酸和 CO_2，然后第二个环以同样方式分解。以下以萘为例。

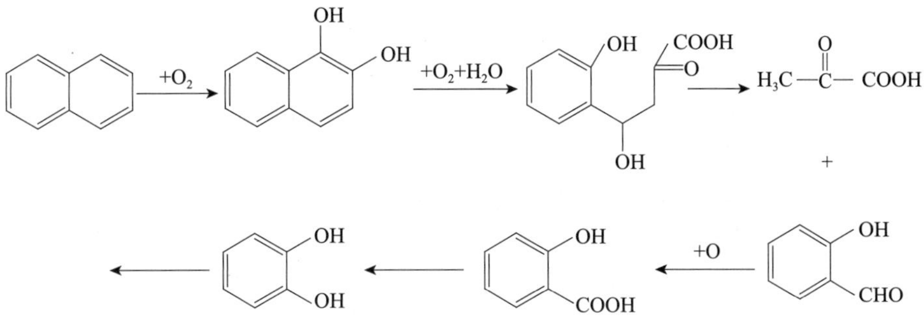

（蒋丽娟）

turang shengtai dulixue

土壤生态毒理学 （soil ecotoxicology）

研究土壤中有毒物质的生态毒理效应及其机制的学科。土壤生态毒理学是生态毒理学学科体系中最年轻的分支，是生态毒理学和现代土壤学相互交叉形成的边缘学科。土壤生态系统的复杂性导致土壤生态毒理学的研究相对薄弱。

产生背景 随着人类社会的不断发展，通过工业废水、城市污水、固体废物、农药和化肥、畜禽排泄物、生物残体和大气沉降等不同途径输入土壤中的污染物不断增加，土壤生态环境污染已成为继水体污染、大气污染之后的又一个严重的环境问题。20 世纪 60 年代以来，随着生物学、地学、化学、计算机等学科的快速发展，生态毒理学这一新兴边缘学科逐步形成，土壤生态毒理学成为其中的重要组成部分。

研究对象 以土壤生态系统中的植物、动物和微生物系统以及通过食物链放大而对人类产生潜在危害的各种重金属和有机污染物为主要研究对象。

研究内容 主要研究污染物在土壤生态系统中的迁移、转化和积累的生物学规律以及对土壤生物在不同生物学水平的影响和危害效应，探索污染物对土壤植物、动物和微生物在个体、种群及群落水平的损害作用及其机理，研究土壤环境污染的生物监测与评价以及对污染土壤生态修复的效果进行评估。探索污染物对土壤生物损害的早期检测指标和生物标志，为制定土壤环境质量基准和标准以及有效防治污染物对土壤生物和人体健康的危害提供理论依据。

研究意义 土壤生态毒理学是土壤污染生态风险评价的基础，可为控制有害物质进入土壤生态系统提供量化指标；通过有效地监测土壤生态系统中有害污染物的状态以及确定最大允许浓度或临界含量，可为土壤环境质量标准、修复标准的制定与修订提供可靠的参数，并可为环境管理提供科学依据；通过研究生物体对土壤有毒物质的解毒过程，可为污染土壤的修复提供基础数据，并可为土壤环境的污染控制提供技术支撑，以保护土壤生物的生存环境和促进对土壤资源的可持续利用。

研究方法 土壤生态毒理学研究广泛应用土壤学、生态学、化学、分子生物学、计算机科学等多学科的研究方法，主要分为以下三类。

野外调查和试验 对受污染的土壤生态系统进行现场调查和试验，通过对多种土壤生态因子、污染物类型与浓度、土壤生物在不同生物学水平上的响应的研究，探索土壤生态系统中物理、化学或生物因素对土壤生物作用的基本规律。野外调查和试验可以通过野外布点和采集土壤样本进行土壤组分和物质含量的测定，包括土壤生物样品的采集和分类鉴定采样、利用仪器对污染现场进行各类环境参数和生物学响应指标的监测。

实验室试验 实验室研究可以对各种土壤生态因子进行较好的控制，利用仪器对生物学响应进行检测，其中分子生物学技术的应用有利于从微观水平上探索污染水平与生物学响应之间的剂量-效应关系。例如，在实验室内，控制土壤介质的温度、通气量、氧化还原电位，观察污染物在不同浓度下对土壤生物的毒性影响，并从分子水平探索污染物致毒机制。其中放射性标记技术的应用可以大大提高对有机污染物的研究效率。

模拟研究 参见环境生物学。

发展趋势 包括两个方面：①土壤生态毒理学研究在微观方面正在向分子生态毒理学研究方向深入，在宏观方面正在向种群、群落乃至景观方向上扩展，对于多种污染物在复杂的土壤生态系统中的复合污染效应方面的研究也在进一步深入。②在研究内容方面，随着新型污染物大量进入土壤生态系统，土壤生态毒理学所研究的污染物种类将不断增加，对于传统污染物中少量或微量有毒污染物的监测以及在土壤生物低剂量、长期暴露条件下的生态风险评价逐渐成为研究重点。由于土壤生态系统的复杂性，生物标志物的反应受到许多非污染因子的干扰，至今还没有有效的方法可以对生物标志物中不确定的混淆因子之间的交互作用进行估算，同时，由于生物标志物对于污染物的响应很多是非特异性的，导致其剂量-反应关系难以预测，有待进行深入研究。 （陈良燕）

turang shengtai jiankang

土壤生态健康 （soil ecological health） 土壤能够提供持续而稳定的生物生产力，维护生态平衡，保持环境质量，能够促进植物、动物和人类的健康，不出现退化，且不对环境造成危害，最终不会影响到人类健康和社会经济的可持续发展的状态。早在20世纪中期，人们就认识到土壤健康的意义，但当时把土壤质量和土壤健康视为同义词。到20世纪90年代，科学家重新定义了土壤生态健康的概念，突出了土壤生命体的健康，并将其与可持续发展结合在一起。

内涵 土壤是生态系统物质循环和能量流动的中心环节。健康的土壤需要具备四个因素：①具有一定的剖面发育层次，包括土层厚度、土壤结构、机械组成、土壤空隙度等。②能够储存有机质、N、P、K及微量元素等养分以满足植物正常生长所需的营养。③具有适度多样性的微生物和土壤动物群落，具有健康功能的优势生物种群，不存在有害的土壤病菌、微生物和动物。④具备一个健康的发育环境，不存在严重的环境胁迫。土壤生态健康不仅需要各个组成部分的健康，同时需要各部分组成比例恰当、结构合理、相互协调。

评价指标体系 评价指标是指导生产实践过程的主要依据。农业生产者常用描述性和定性的土壤特征来评判土壤健康与否，主要来源于生产者的实践过程，通过人体的感官来确定。土壤生态健康评价初期主要注重分析性指标，定量地描述土壤的健康状况。土壤物理性质指标和化学性质指标主要包括土壤质地，土壤有机质，全C，土壤N、P、K含量和土壤pH等。但是土壤理化指标有时不能评价土壤管理和利用的情况，因此现在倾向于利用生物学性质指标评价土壤生态健康，主要包括土壤微生物生物量、土壤微生物区系、根病原菌、生物多样性、土壤动物区系、土壤酶和植物等。

（王松凤　季荣）

W

waijiliang

外剂量 （external dose） 见暴露剂量。

（李梅）

weinangzao

微囊藻 （*Microcystis*） 蓝藻门（Cyanophyta）蓝藻纲（Cyanophyceae）色球藻目（Chroococcales）微囊藻科（Microcystaceae）下的一个属。其用来代表一个属或属以下分类群的模式种为铜绿微囊藻（*Microcystis aeruginosa*）。微囊藻在富营养化水体中不仅会产生严重的水华，而且会形成毒素及异味物质，直接影响水生态环境的安全，威胁人类的健康。

形态学和生物学特征 藻体为群体状。群体的大小不一，自由漂浮，形态一般为球形、椭圆形、不规则分叶状或长带状，某些种类为不规则树枝状。通常由细胞聚集组成或由细胞聚集成亚群体，再组成群体。细胞松散或紧密地规则或不规则排列在一个共同的胶被中。胶被无色或微黄绿色，坚固或仅具模糊的薄层，轮廓模糊或清楚。胶被紧贴或不紧贴细胞。有的种类表面有明显的折光。细胞内含有许多伪空泡，是形成细胞和群体浮力的重要结构。细胞球形或近球形，分裂时细胞为半球形，原生质体浅蓝绿色、亮蓝绿色或橄榄绿色。某些种类的细胞壁 S 层有六边形亚结构。细胞以二分裂形式进行繁殖，有三个垂直分裂面。繁殖时群体瓦解为小的细胞群或独立的单个细胞。

种类 我国报道的微囊藻共有 26 种，其中两个变种被合并，6 种已被归入其他科属。我国湖泊中常见的 10 种微囊藻包括铜绿微囊藻、放射微囊藻（*M. botrys*）、坚实微囊藻（*M. firma*）、水华微囊藻（*M. flos-aquae*）、鱼害微囊藻（*M. ichthyoblabe*）、挪氏微囊藻（*M. novacekii*）、假丝微囊藻（*M. pseudofilamentosa*）、史密斯微囊藻（*M. smithii*）、绿色微囊藻（*M. viridis*）、惠氏微囊藻（*M. wesenbergii*）。除惠氏微囊藻外，均能产生微囊藻毒素。易形成优势的微囊藻种类包括铜绿微囊藻、水华微囊藻、鱼害微囊藻和惠氏微囊藻。

铜绿微囊藻 自由漂浮。群体团块一般较大，肉眼可见。群体形态变化较大，发育早期多为球形或椭圆形，中实，为青绿色或黑绿色，随着发育过程群体不断增大，最终易形成不规则形状，胶被也常破裂或穿孔，使群体成为树枝状或似窗格的网状体。胶被无色或微黄绿色、不明显、无折光、无分层。胶被不密贴细胞，距离 2 μm 以上。胶被内细胞排列较紧密。细胞球形，直径 3.8～6.3 μm，平均 5.3 μm。细胞原生质体深蓝绿色或黑绿色，有伪空泡。形成的水华颗粒颜色为深蓝绿色。

水华微囊藻 自由漂浮。群体团块较小，较结实。群体橄榄绿或棕色，多为球形、椭圆形或不规则形，不形成穿孔和树枝状。在成熟群体中偶尔也有不明显的小孔。群体有时大型，肉眼可见。胶被无色透明、不明显、无折光、易溶解。胶被紧密贴在细胞群体边缘。胶被内，细胞排列较密集。细胞球形，直径 3.1～5.3 μm，平均

3.9 μm。细胞原生质体蓝绿色或棕黄色，有气囊。

鱼害微囊藻 自由漂浮。群体蓝绿色或棕黄色，团块较小，不定型、海绵状，可形成肉眼可见的群体。不形成叶状，但有时在少数成熟的群体中可见不明显穿孔。胶被透明易溶解、不明显、无色或微黄绿色、无折光。胶被密贴细胞群体边缘。胶被内细胞排列不紧密，常聚集为多个小细胞群。细胞小，球形，直径1.7～3.6 μm，平均2.8 μm。细胞原生质体蓝绿色或棕黄色，有气囊。

惠氏微囊藻 自由漂浮。群体形态变化最多，有球形、椭圆形、卵形、肾形、圆筒状、叶瓣状或不规则形，常通过胶被串联成树枝状或网状，集合成更大的群体，为肉眼可见。群体胶被明显，边界明确，无色透亮，坚固不易溶解，分层且有明显折光。胶被离细胞边缘远，距离5～10 μm。群体内细胞较少，细胞一般沿胶被单层随机排列，形成中空的群体。细胞较少密集排列，但有时细胞排列很整齐、有规律，有时也充满整个胶被。细胞较大，球形或近球形，直径4.5～8.1 μm，平均6.4 μm。细胞原生质体深蓝绿色或深褐色，有气囊。

分布及生活习性 微囊藻多生长在湖泊、池塘等有机质丰富的水体中，营浮游生活。pH以8～9.5为宜。温暖季节水温在28～32℃时繁殖快，生长旺盛。（史小丽）

weinangzao dusu

微囊藻毒素 （microcystin，MC） 一类由蓝藻代谢产生的无色无味的环状七肽化合物，易溶于甲醇和水，对脊椎动物具有很强的肝毒性效应。

结构和性质 MC分子结构见下图。其中，环肽结构中含有X和Y两个可变的氨基酸基团。X和Y的不同氨基酸组合可以形成相应的MC异构体，例如，在LR型中，X和Y分别代表亮氨酸和精氨酸，此外，还有RR、YR等其他多种类型的微囊藻毒素。在已知的70多种MC的异构体中，以MC-LR的生理毒性最强，是目前已知毒性仅次于二噁英的剧毒化合物。

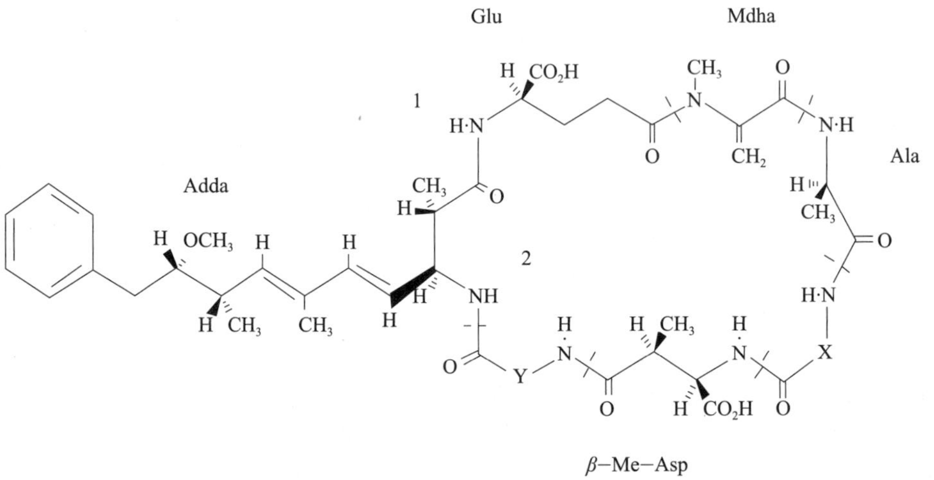

微囊藻毒素分子结构

MC结构中所含的共轭二烯型β氨基酸Adda（3-氨基-9-甲氧基-2,6,8-三甲基-10-苯基-4,6-二烯酸）是表达该类毒素生理活性的最主要的特征结构，分别通过形成1、2两个肽键与其他氨基酸缩合成环。由于MC具有环肽的结构，所以化学性质十分稳定。早期的研究结果显示：40℃下，MC在pH 1的强酸性溶液中的半衰期长达三周以上。要彻底化学降解该毒素必须在极限条件下才能实现，如在6 mol/L的盐酸和三氟乙酸中加热至沸腾才能有效降解。

来源及归宿 MC 主要由微囊藻（*Microcystis*）、鱼腥藻（*Anabaena*）、浮丝藻（*Planktothrix*）以及念珠藻（*Nostoc*）等属中的一些藻类产生。最早关于微囊藻产生肝毒素的研究报道要追溯到毕晓普（Bishop）等于 1959 年在铜绿微囊藻（*Microcystis aeruginosa*）NRC-1 中发现的肝毒素。这种肝毒素因为来源于微囊藻，所以被康斯特（Konst）和卡米查尔（Camichael）等命名为微囊藻毒素。1982 年波特斯（Botes）等首次从南非的一株微囊藻中分离得到 MC 并鉴定了该毒素的化学结构，目前已有超过 80 种 MC 异构体被分离鉴定出来。MC 是一类受产毒基因调控，在胞内代谢产生的毒素。蓝藻细胞正常生长的过程中，MC 主要贮存于藻细胞内，当藻细胞死亡后，胞内毒素就会释放到水柱中形成溶解态毒素。自然水体中，MC 主要以细胞结合态、溶解态和吸附于悬浮物或沉积物等多种形式存在，其归趋的主要途径包括生物降解、悬浮颗粒物吸附、光降解以及生物富集等。其中发生在水柱和底泥中的微生物降解过程被认为是 MC 在水环境中的主要自然消除途径之一。

危害及原因 MC 主要通过生物体的胆汁酸传输系统在生物体内运输并在肝脏、肾脏及消化道组织中累积，然后通过共价键与蛋白磷酸酶结合。这种结合将直接抑制蛋白磷酸酶 1 和 2A 的活性，阻断蛋白磷酸化过程，最终导致肝脏等器官的纤维化，促发肿瘤形成。研究表明，当 MC 特征结构 Adda 结合数量不等的氨基酸形成不同长度的肽键后，就会对蛋白磷酸酶 1 和 2A 表现出不同程度的抑制作用，即不同的毒性效应。即使 Adda 只和一个氨基酸结合形成肽键，也会对蛋白磷酸酶起到一定的抑制作用。但未形成肽键的 Adda 经生物检测，不表现出明显毒性效应。因此，Adda 结构对 MC 和节球藻毒素这两类肝毒素的毒性行为起到至关重要的作用。1996 年，在巴西卡鲁阿鲁市，由于医院使用的血液透析水被 MC 污染，造成 100 人发生肝功能衰竭症状，最终 76 人死亡。这是 MC 污染引起人类死亡的首次报道。研究还证明，MC 是一种多器官的毒性，会对人体细胞代谢产生不利影响。

控制标准及状况 目前国内外对 MC 的控制标准研究较多。对于饮用水中的 MC 卫生标准，根据不同地域、不同要求，各国基准值的制定有显著差异，例如，加拿大卫生部根据小鼠实验结果确定 MC 的每日可允许摄入剂量（TDI），按人体的标准体重 70 kg、每天饮水 1.5 L 计算，提出0.5 μg/L 作为水体的 MC 限定标准；澳大利亚、英国等制定的基准为 1 μg/L；世界卫生组织（WHO）对饮用水中的 MC-LR 提出了建议标准，按人体的标准体重 60 kg、每天饮水 2 L 计算，每日最大允许摄入剂量为 1 μg/L；我国参照 WHO 的标准，制定饮用水中 MC 含量标准为 1 μg/L。

与水体及饮用水卫生标准比较，食品中的 MC 限制卫生标准的制定相对滞后，WHO 建议水产品中 MC 的人体食用标准暂定为 < 0.04 μg/(kg · d)。1997 年美国俄勒冈州农业局采纳 1 μg/g 作为蓝藻保健品中 MC 的管理标准。

监测指标 由于受检测方法的限制，对水体中的 MC 即时监测尚不能普及。以水体中藻细胞数作为 MC 危害的监测预警指标已得到广泛认可，该指标共分为三级：第一级，每 1 mL 水中含 500 ~ 2 000 个藻细胞为警告量，水体需要加强监测；第二级，每 1 mL 水中含 2 000 ~ 15 000 个藻细胞的水样需要进行毒性测定，警告水质污染；第三级，每 1 mL 水中藻细胞数超过 15 000 个的水源，需进行活性炭处理才可作为饮用水水源，否则必须另换水源。人类接触 MC 污染水体的建议阈值为每 1 mL 水中含有 15 000 个藻细胞。

控制 随着水体富营养化进程的加剧，各国都尝试采用多种方法去除水体中的 MC，以控制毒素污染。控制 MC 的污染主要从两个方面进行：①去除蓝藻生物量（减少细胞结合态毒素的含量）；②控制水体中溶解态毒素的含量。目前，国际上几种有效的去除毒素方法是物理去除、化学去除及生物降解等。

（陈伟　宋立荣）

推荐书目

Watanabe M F, Harada K I, Carmichael W W, et al. Toxic Microcystis. Boca Raton, Florida: CRC Press, 1996.

李效宇. 微囊藻毒素及其毒理学研究. 北京: 科学出版社, 2007.

weishengwu daixie

微生物代谢 (microbial metabolism) 微生物吸收营养物质维持生长和增殖并降解基质的一系列生物化学反应过程，包括有机物的降解和细胞物质的合成。微生物代谢可以分成分解代谢（catabolism）和合成代谢（anabolism）。

分解代谢 又称异化作用，在分解代谢中，有机物在微生物作用下，发生氧化、放热和酶降解，使结构复杂的大分子降解，并在这个过程中产生能量。分解代谢分为三个阶段。第一阶段，将蛋白质、多糖及脂类等大分子物质分解成为氨基酸、单糖及脂肪酸等小分子物质；第二阶段，将第一阶段产物进一步降解成更为简单的乙酰辅酶A、丙酮酸以及能进入三羧酸循环（TCA 循环）的某些中间产物，在这个阶段会产生一些 ATP、NADH 及 $FADH_2$；第三阶段，通过三羧酸循环将第二阶段产物完全降解生成 CO_2，并产生 ATP、NADH 及 $FADH_2$。第二和第三阶段产生的 NADH 及 $FADH_2$ 通过电子传递链被氧化，可产生大量的 ATP。不同有机物在微生物体内的分解代谢途径各异，其中最重要的分解代谢是多糖的分解，多糖分解产生单糖是代谢作用的一个关键环节，是异养微生物获得能量的最重要来源。单糖中的己糖是组成多糖的主要单位，微生物通过多条途径分解己糖，其中使己糖降解成丙酮酸和类似中间体的代谢途径主要有糖酵解途径（EMP 途径）、戊糖磷酸途径（HMP 途径）和恩特纳-杜德洛夫途径（ED 途径）。

糖酵解途径 分两个阶段，第一阶段（六碳阶段）是不涉及氧化还原反应及能量释放的准备阶段，形成 2 分子三碳化合物；第二阶段（三碳阶段）发生氧化还原反应，合成 ATP 并形成 2 分子丙酮酸。在 EMP 途径中葡萄糖首先经过两次磷酸化转变成 1,6-二磷酸果糖，再在 EMP 途径的特征酶 1,6-二磷酸果糖醛缩酶的作用下分解成两个三碳化合物：3-磷酸甘油醛和磷酸二羟丙酮，其中后者可转化为 3-磷酸甘油醛。因此，1,6-二磷酸果糖生成 2 分子 3-磷酸甘油醛。在此基础上，脱氢和磷酸化生成 2 分子丙酮酸、2 个 NADH 和 4 个 ATP。EMP 途径可为微生物的生理活动提供 ATP 和 NADH，其中 NADH 进行有氧呼吸时，经呼吸链氧化，同时由电子传递磷酸化形成 ATP，在发酵过程中能将分子中的氢交给有机物使之还原，为微生物提供还原力。EMP 途径还可为微生物的合成代谢提供碳骨架。

丙酮酸在丙酮酸脱氢酶系的催化下氧化脱羧、脱氢生成乙酰辅酶 A。丙酮酸脱氢酶系由 3 种酶组成：丙酮酸脱氢酶、二氢硫辛酸转乙酰基酶和二氢硫辛酸脱氢酶，该酶系在兼性好氧菌中只在有氧时才合成，在无氧时即使已经合成其活性也被抑制。古菌一般缺乏丙酮酸脱氢酶，它们能利用丙酮酸氧化还原酶将丙酮酸氧化成乙酰辅酶 A。乙酰辅酶 A 在微生物体内经过三羧酸循环（TCA 循环）被进一步分解。TCA 循环是从乙酰辅酶 A 与草酰乙酸缩合形成柠檬酸开始的，是葡萄糖降解成丙酮酸后进一步彻底氧化的过程。乙酰辅酶 A 进入 TCA 循环后，首先与草酰乙酸缩合形成 3 个羧基的柠檬酸，然后经过两次氧化脱羧，被氧化成 CO_2，并生成 NADH 和 $FADH_2$，最后又再生成草酰乙酸。TCA 循环中生成的一系列的二羧酸和三羧酸中间化合物也为生物合成提供原料，它们与氨基酸、嘌呤核嘧啶等的合成有密切关系。因此，TCA 循环是糖、蛋白质和脂肪酸代谢的桥梁。TCA 循环中产生的 NADH 和 $FADH_2$ 都可以进入呼吸链参与有氧呼吸，产生大量热量。经过 EMP 途径和 TCA 循环阶段，在理想条件下，1 分子葡萄糖被彻底氧化成水和 CO_2，共计可产生 38 个 ATP（在真核生物中只有 36 个），其中包括 EMP 途径中生成的 8 个 ATP,

由2分子丙酮酸形成乙酰辅酶A时生成的6个ATP和由2分子乙酰辅酶A通过TCA循环至呼吸链完成共生成的24个ATP。因此EMP途径与TCA循环是微生物体内一条产能效率很高的途径。

戊糖磷酸途径 是6-磷酸葡萄糖经代谢产生NADPH和核糖-5-磷酸的途径。分两个阶段，第一阶段为氧化阶段，6-磷酸葡萄糖经过脱氢、水解、氧化脱羧生成5-磷酸核酮糖和CO_2；第二阶段为非氧化阶段，在磷酸戊糖之间进行基团的转移、缩合生成一系列七碳、四碳、三碳化合物，最后是6-磷酸葡萄糖再生。该途径产生五碳糖，所以和核酸的合成密切相关，同时该途径还产生四碳糖和七碳糖，所以与芳香族的氨基酸合成也有关。另外，它还可以为生物合成提供大量的NADPH，产生的3-磷酸甘油醛可以和EMP途径相通，产能水平也高，因而也是微生物代谢的一条重要途径。EMP和HMP途径往往同时存在于一种微生物之中，只是两者所占比例不同。例如，酵母菌对葡萄糖的利用，其中87%为EMP途径，13%为HMP途径；在青霉菌中，77%为EMP途径，23%为HMP途径。只有很少的菌以HMP途径为唯一的碳代谢途径。

恩特纳-杜德洛夫途径 是在细菌中分解葡萄糖生成丙酮酸和3-磷酸甘油醛的另一条途径，能利用这条途径的微生物不如EMP途径和HMP途径那样普遍，主要是假单胞菌属的一些种，在根瘤菌、固氮菌、土壤杆菌和少数几种其他的G^-细菌中也有发现，它们可以用ED途径代替EMP途径。在分解代谢葡萄糖过程中，首先是将葡萄糖转变成6-磷酸葡萄糖，再氧化为6-磷酸葡萄糖酸，进一步转化为2-酮-3-脱氧-6-磷酸葡萄糖酸，后者可裂解生成丙酮酸和3-磷酸甘油醛，3-磷酸甘油醛可进入EMP途径生成丙酮酸。ED途径的产能水平较低，1分子葡萄糖分解为2分子丙酮酸时，只净得1分子ATP和2分子NADH。

合成代谢 又称同化作用，是指细胞利用简单的小分子物质合成组建自身细胞所需要的复杂大分子物质（如蛋白质、核酸、多糖和脂类等化合物）的过程，在这个过程中要消耗能量。微生物通过合成代谢来构建细胞成分，进行生长繁殖。微生物体内合成代谢主要包括无机养分的同化、大分子前体物质的合成和细胞结构大分子物质的合成。

无机养分的同化 包括二氧化碳的同化、氮素的同化和硫酸盐的同化还原。

二氧化碳的同化 包括以下两方面。①自养微生物对CO_2的固定。几乎所有自养微生物都利用卡尔文循环固定CO_2。卡尔文循环分为3个阶段：羧化期、还原期和再生期。CO_2的固定是由二磷酸核酮糖羧化酶催化CO_2加到1,5-二磷酸核酮糖上，形成2分子3-磷酸甘油酸（PGA），其中1个3-磷酸甘油酸分子含有来自CO_2的碳原子，它仍然保持着CO_2中的氧化态，接下来的两个反应是PGA被还原成氧化态的糖。在这些反应中，ATP、NADPH都是必需的，最终是1,5-二磷酸核酮糖的再生。在催化磷酸戊糖复合物重排的酶和催化糖酵解途径的酶的作用下，糖分子进行结构的重排，3-磷酸甘油醛被转化成5-磷酸核酮糖，随后又在磷酸核酮糖激酶作用下转化成1,5-二磷酸核酮糖。②异养微生物对CO_2的固定。主要是合成TCA循环的产物。在TCA循环中，从理论上讲，利用1分子草酰乙酸就可以不断地推动反应的进行，但由于TCA循环的中间产物被用作生物合成的原料，因此必须对中间产物进行补充，才能维持TCA循环的正常进行。异养微生物主要依靠固定CO_2生产四碳二羧酸，以补充TCA循环的中间产物。

氮素的同化 微生物的氮素营养主要是硝酸盐和铵盐，自然界有少数原核生物可以直接吸收同化分子态氮。微生物吸收硝酸盐或铵盐，硝酸盐要转变为氨态氮才能被合成有机物，该过程是通过硝酸还原酶和亚硝酸还原酶完成的。然后NH_3通过谷氨酸脱氢酶（Glutamate dehydrogenase）或谷氨酰胺合成酶（Glutamin synthetase）催化形成谷氨酸（Glu）和谷氨酰胺（Gln）的方式同化氨，转变成含氮有机物。

硫酸盐的同化还原　含硫氨基酸（半胱氨酸和甲硫氨酸）和B族维生素（生物素、硫辛酸、硫胺素）以及一些辅酶（辅酶A）的合成需要硫。大多数微生物能够吸收无机硫酸盐，在细胞内还原合成有机硫。硫酸盐通过硫转运蛋白进入微生物体内后，被ATP硫酸化酶激活为3-磷酸腺苷-5-磷酰硫酸或5-腺苷酰硫酸，随后被相应的还原酶还原为还原态硫化物。还原态硫化物在O-乙酰还原酶的作用下合成半胱氨酸，半胱氨酸再进一步去参与其他的代谢途径，合成其他的含硫化合物。

大分子前体物质的合成　包括单糖的合成、氨基酸的合成和核苷酸的生物合成。

单糖的合成　单糖是合成复杂碳水化合物的基本单位。几乎所有的自养型微生物都能利用卡尔文循环固定CO_2合成所需的简单碳水化合物单糖。

氨基酸的合成　氨基酸是合成蛋白质的基本单位，是非常重要的前体物质。氨基酸的生物合成包括碳骨架的合成和氨基化作用。碳骨架从乙酰辅酶A和TCA循环、糖酵解途径和磷酸戊糖途径的中间体衍生而来。碳骨架形成后，氨可以使α-酮酸氨基化，生成相应的氨基酸，此为初生氨基酸，其在转氨酶的作用下通过转氨基作用生成次生氨基酸。

核苷酸的生物合成　核苷酸中的核糖（或脱氧核糖）部分是从糖代谢的HMP途径中获得的。嘌呤核嘧啶可以由小分子化合物起始合成，也可以从外界环境中吸收。

细胞结构大分子物质的合成　微生物细胞中的蛋白质、核酸和多糖等大分子占细胞干重的50%以上，细胞中约有2/3的能量用于这些细胞结构物质的合成。尽管这些物质的性质、合成途径各异，但存在以下共同点：都是由单体缩合而成；合成反应都是吸能反应，包括单体的初始活化；以活化的中间产物作为载体分子，将单体加到聚合链上。

蛋白质的合成　蛋白质是以氨基酸为亚单位的聚合物，由酰胺键连接。蛋白质合成亦称为翻译，即把mRNA分子中的碱基排列顺序转变为蛋白质或多肽链中的氨基酸排列顺序的过程。不同的蛋白质具有不同的功能，参与蛋白质生物合成的成分至少有200种，其主要是由mRNA、tRNA、核糖核蛋白体以及有关的酶和蛋白质因子共同组成。

核酸的合成　核酸包括RNA和DNA两种，由不同的核苷酸组成，DNA的合成称为复制，而RNA的合成称为转录，都是在聚合酶的催化下完成的。

多糖的合成　多糖是以单糖为亚单位的聚合物，由糖苷键相连接。微生物细胞中的多糖包括同多糖和杂多糖。同多糖是由相同单糖分子聚合而成的多糖类，如糖原、纤维素等。杂多糖是由不同单糖分子组成的多糖类，有的还含其他分子，如肽聚糖、脂多糖等。多糖合成不需要模板的指令，靠转移酶类的特异性决定亚单位在多聚链上的次序，并且在合成的开始阶段需要一个小片段作为添加单位的受体，另外还需要糖核苷酸作为糖基载体，将单糖分子转移到受体上，使多糖链逐步加长。肽聚糖是细菌细胞壁里的一种杂多糖，是细菌主要的结构大分子。肽聚糖的基本单位是*N*-乙酰葡萄糖胺和*N*-乙酰胞壁酸与一条短肽链以β-1,4-糖苷键交替连接起来的多聚体。肽聚糖的合成是一个多步反应过程。肽聚糖的单体是在细胞内合成，然后通过细胞质膜，在膜外合成肽聚糖。肽聚糖的合成过程中需要两个主要载体：尿苷二磷酸（UDP）和细菌萜醇，后者是一种五十五碳醇。

分解代谢与合成代谢的关系　微生物体内分解代谢与合成代谢二者的关系密不可分，其各自的方向与速度受微生物体内、外各种因素的调节以适应不断变化着的内、外环境。合成代谢中，微生物利用营养物及分解代谢中释放的能量，发生还原吸热及酶的合成，使微生物生长增殖。尽管分解代谢和合成代谢有着密切的相互关系，但合成代谢绝不是分解代谢的逆转。它们的区别主要表现在：①酶系不同；②分解代谢是产能反应，而合成代谢是耗能反应；③在真核生物中，合成代谢和分解代谢发

生在不同的细胞区域内，而原核生物中二者进行的部位在细胞结构上没有分工，主要是由不同的酶来催化完成。（武俊）

weishengwu huoxing

微生物活性（microbial activity） 微生物进行新陈代谢活动的强度。微生物活性同微生物量具有一定的相关性，但两者不是等同的概念。与微生物量相比，微生物活性是能够更准确表示微生物对底物利用和生长代谢能力的参数。

土壤环境中的微生物活性表示土壤中整个微生物群落或其中的一些特殊种群的活性，可以反映自然或农田生态系统功能的微小变化。土壤微生物活性的表征量有微生物量、C/N、土壤呼吸强度和纤维呼吸强度、微生物区系、磷酸酶活性、脲酶活性等。

在饮用水生物处理领域，被研究人员应用于微生物活性检测的指标有脱氢酶活性、ATP含量以及耗氧速率（OUR），其中OUR的测定最为简便，目前在饮用水生物处理领域的应用越来越多，测定过程具有所需设备简单、操作容易的特点。此外，研究证明，OUR同ATP含量具有较好的相关性。OUR的另一个特点是通过对测定过程加以控制，可以分别测定异养菌、硝化菌和亚硝化菌各自的OUR。

在污水生化处理过程中，影响微生物活性的因素可分为基质类和环境类两大类。基质类包括营养物质，如以碳元素为主的有机化合物（碳源物质）、氮源和磷源等营养物质以及铁、锌、锰等微量元素；另外，还包括一些有毒有害化学物质如酚类、苯类等化合物以及一些重金属离子如铜、镉、铅离子等。环境类影响因素主要包括温度、pH和溶解氧，在适宜的温度范围内，微生物的生理活动旺盛，其活性随温度的增高而增强，处理效果也随之增强。超出此范围，微生物的活性变差，生物反应过程就会受影响。通常控制反应进程的最高和最低限值分别为35℃和10℃。活性污泥系统中微生物最适宜的pH是6.5～8.5，酸性或碱性过强的环境均不利于微生物的生存和生长，严重时会使污泥絮体遭到破坏、菌胶团解体，处理效果急剧恶化。对好氧生物反应来说，保持混合液中一定浓度的溶解氧至关重要。当环境中溶解氧质量浓度高于0.3 mg/L时，兼性好氧菌和好氧菌都进行好氧呼吸；一般情况下曝气池出口处的溶解氧质量浓度以保持在2 mg/L左右为宜。（施丽梅）

weishengwu jiangjie

微生物降解（microbial degradation） 微生物把有机物质转化成为简单无机物的现象。自然界中各种生物的排泄物及尸体经微生物的降解作用转化为简单无机物。微生物还可降解人工合成的有机化合物。例如，通过脱卤素作用，把DDT（滴滴涕，2,2-双（4-氯苯基）-1,1,1-三氯乙烷）转化为DDE（2,2-双（4-氯苯基）-1,1-二氯乙烯）和DDD（二氯二苯二氯代甲烷）；通过氧化作用，把艾氏剂转化为狄氏剂；通过还原作用，把含硝基的除虫剂还原为胺；芳香基的环裂现象也是微生物降解作用常见的一种反应。微生物降解作用使得生命元素的循环往复成为可能，使各种复杂的有机化合物得到降解，从而保持生态系统的良性循环。参见生物降解。（蒋丽娟）

weishengwu shengtaixue

微生物生态学（microbial ecology） 研究微生物与其周围生物和非生物环境之间相互关系的一门学科，是由生态学和微生物学相结合而产生的一门交叉学科。主要研究微生物的分布、种群组成、数量和活力等与环境的关系，以及微生物之间及其与高等有机体之间的相互关系。

由于微生物的个体微小，其所处的环境也是微小的，以致对微生物所处的真实环境常常难以定义和测量。因此，在微生物生态学中，除了有大环境外，还有微环境。微环境是指紧密围绕微生物细胞的环境，与大环境相比，微环境与微生物细胞的关系最为密切，对微生物细胞的影响最大，对其进行研究具有十分重要的意义。

研究内容 包括在正常自然环境中的微生物种类、分布及其随着不同的环境条件变化而发生变化的规律；在极端自然环境中的微生物种类和它们所起的作用；在极端环境下微生物的生命机理和这些微生物在实际中的特殊用途；在自然界中微生物与微生物相互之间的关系；微生物与动植物之间的相互关系；这些相互关系对自然界的影响和环境因素对这些相互关系的影响；在正常自然环境中微生物代谢活动对自然界的影响以及环境条件的变化对这些代谢活动的影响。目前环境污染日趋严重，对人类的健康、工农业生产和生态平衡构成了重大的威胁。微生物在净化污染环境方面起着非常重要的作用，在这种情况下，微生物生态学着重研究污染环境中的微生物学，主要包括污染物对某些微生物的毒性；微生物对污染物的抗性与抗性机理；微生物对污染物的降解作用；环境条件变化对污染物降解的影响；自然微生物群落和实验室构建的特殊污染物降解菌在净化废气、废水、固体废物和其他污染物方面的应用；自然环境中某些微生物本身以及某些微生物的代谢产物对环境的污染。

分类 按照研究内容的差别，微生物生态学可细分为微生物行为生态学、微生物种群生态学、微生物群落生态学、微生物生态系统生态学、土壤微生物生态学、水体微生物生态学、污染环境微生物生态学、水处理微生物生态学、极端环境微生物生态学、工业微生物生态学、医学微生物生态学和农业微生物生态学等。

基本研究方法 研究微生物生态学的方法有很多，但是基本上可以分为以下五种。

直接观察 利用光学和电子显微镜对样品中的微生物进行直接观察，有时为了观察的方便，还需对样品进行适当的染色。直接观察的优点是能够使人们观察到天然样品中的微生物形态和微生物所处的位置。但是使用这种方法时，只能取少量的样品，与微生物所生活的整个自然环境相比，少量的样品不能代表整个自然环境，这是该方法的主要缺点。

平板培养 培养微生物的方法很多，一般来说对所采集的样品应进行适当的稀释，以便每一个平板上只能生长一定数目的微生物菌落。这种方法的最大优点是可以计算自然样品中的活微生物数目，并可以辨认真菌、放线菌和细菌。但是这种方法也有许多缺点，易造成计算误差。例如，自然环境中的许多微生物细胞是成群黏接在一起的，用普通的方法很难把它们分开。平板培养下形成的单菌落可能是由许多个细胞增殖而来的，而不是由单个细胞形成的菌落；有些微生物在平板上只能形成微菌落，不便于肉眼观察；一般情况下实验室的培养条件很难满足所有微生物的生长，所用的有限种类的培养基也无法满足所有微生物的生长；在平板上形成的丝状微生物菌落不能确定是从孢子还是从菌丝而来的。尽管如此，这种方法还是被广泛用于微生物生态学研究中，特别适合用于研究细菌生态学。

代谢活力的测定 包括以下四种方法：①如果已知一个微生物群体的大小，那么通过测定 H^3 标记的胸腺嘧啶合成进入微生物 DNA 中的速率便可以估计微生物的代时。同样，用带有放射性标记的各种污染物作为微生物生长的底物，可以测定这些污染物的分解速率，并可推测它们的代谢途径。②分析某些特殊酶类的酶活力。这一方法假设所有待测的细胞都含有这些特殊的酶类，并且所有细胞以同样的能力使用这些酶类。但是在实验室测定的酶的活力与在自然界中所表现的酶活力往往差别很大，这是因为在实验室中测定酶活力时所用的条件不同于自然界。③测定自然样品中的 ATP 含量。该法可以反映微生物代谢活力和生物量的大小。这一测定方法是假设 ATP 仅存在于活细胞中，并且每个微生物细胞的 ATP 含量基本上一致。但是，实际上某一种微生物的 ATP 含量是随着环境中的磷含量不同而变化的，并且高浓度的有机物会干扰 ATP 含量的测定。④测定叶绿素和其他光合色素的含量。该法可以用来估计藻类和其他光合生物的生物量和代谢活力。

数学方法 在微生物生态学研究过程中惯用的方法是以感官观察为基础，经过一些实验将收集的资料加以分析和解释，并进一步归纳、假设和推理。在这一过程中，其结果大多数是描述性的，数据基本是孤立的。近年来，人们开始将数学应用于微生物生态学研究中，以统计数据和建立生态模型来定量描述微生物生态学问题。

使用这种方法时，首先在实验室中建立经过简化的人工环境，即模拟实验。所用的样品可以是自然的水样、土样、植物落叶和其他样品。所用的条件基本与自然条件一致。然后把复杂多变的自然生态系统分解成许多小的、较为简单的亚系统。这些亚系统之间的相互作用、亚系统之内各种因素的作用则用数学方程式描述。这种模拟实验由于是在人工控制下进行的，因而可以大大地压缩真实过程的时间、人力和物力，并在短时间内调查生态演变过程的规律、预测生态演变过程的发展趋势，提供最优的利用方案。

现代分子生物学方法 是近年来发展起来的用于研究微生物生态学的新方法，尤其适用于污染物降解的研究。由于环境中未可培养微生物数量较多，现在采用高通量测序所进行的基因组和转录组研究，以及蛋白质组和代谢组学等方法已经使微生物生态学研究不再局限于可培养微生物，而是能够更全面地揭示微生物在环境中的分布、相互作用关系和对生态系统功能的影响。

研究意义 微生物生态学与医学、工业、农业、环境保护和社会科学有着密切的关系。微生物生态学的研究还有助于解释生物基因的进化、基因和酶的代谢调控和生物适应环境的机理等问题。研究自然样品中的微生物和有关的基因有利于发现微生物的多样性和保护微生物资源和基因库，所以研究微生物生态学有着重要的理论和现实意义。具体包括以下六方面：

①在各种各样的自然环境中微生物资源十分丰富，所以开展微生物生态学调查，对于发现在工农业、食品、医药和环境保护方面有重要用途的新的微生物菌株有重要的实际意义。

②传统发酵工艺中存在许多特殊的生态环境，弄清这些生态环境的微生物种类和它们之间的相互关系有利于改进传统发酵工艺、提高产品的产量和质量。

③微生物在自然界中参与了碳、氮、磷、氧、硫、铁和氢等物质的转化和循环作用，且某些微生物在纤维素降解、氮气的固定和某些特殊化合物的分解方面起着独特的作用。研究这些循环、转化和分解作用对于保持生态平衡有非常重要的意义。自然界还存在许多特殊的环境，如低温、高温、强酸、强碱、高渗透压、高辐射等极端环境，研究这些特殊生态系统中的微生物代谢活动对于保持局部的生态平衡也有重要的意义，而且这些微生物还是研究微生物抗极端环境的良好材料。

④在自然环境中，微生物对于提高土壤肥力、帮助农作物摄取营养、抗病原菌的侵染和增加作物产量起着相当大的作用，因此，研究微生物生态学对于提高农产品数量和质量有重要意义。

⑤由于微生物个体微小，有很大的细胞比表面积，生理生化功能多样，代谢能力强，易适应新环境，遗传功能易于改造，繁殖速度快，能彻底净化环境污染物，不会造成二次污染，处理污染物时只需在常温、常压下进行，不需特殊的设备，在处理污染物过程中还会产生许多有用的产物，所以利用有关的混合微生物群体净化环境污染物有重要的实际和经济意义。尤其近年来，生物工程技术的不断发展和基因工程技术的广泛使用，使构建新的具有降解多种污染物功能的微生物菌株成为可能，为更有效地净化日趋严重的环境污染带来了新的希望。

⑥自然界有许多微生物是人、动物和植物的病原菌，有些微生物在自然界的生长和代谢过程中会产生一些毒物或改变局部的自然条

件，结果不利于其他生物的生长和生存，像这样的微生物应当设法控制它们的生长和扩散。

许多环境污染物或微生物转化某些污染物产生的一些中间产物对人体和生态平衡危害极大，有些污染物或它们的代谢中间产物甚至可以导致人体细胞癌变，所以开展微生物降解污染物的途径、降解程度和降解速率的研究，可以给环境医学和环境保护的对策提供理论依据。

（武俊）

weishengwu shengzhang quxian

微生物生长曲线　（microbial growth curve）将少量的单细胞微生物接种到恒容积的液体培养基中，在适当温度、通气等条件下，微生物生长所表现出的规律性曲线，即以微生物数量为纵坐标、培养时间为横坐标所画得的规律性曲线。

分类　根据微生物生长速率的不同，微生物生长曲线可大致分为四个部分：延滞期、对数期、稳定期和衰亡期。

延滞期　又称适应期、停滞期或调整期。当接种少量的微生物到新鲜培养液中后，在开始的一段时间细胞数目并不增加，生长速率常数即每小时分裂的代数为0。可能是由于接种到新鲜培养液中的细胞缺乏分解有关底物的酶，或缺乏充足的中间代谢物。在这个阶段，细胞个体逐渐成熟，表现为细胞形态变大或增长；细胞中RNA含量高，嗜碱性强；合成代谢活跃，大量合成细胞分裂所需的RNA、核糖体、酶类和ATP等；对外界不良条件反应较为敏感。一般来说，除了菌种外，影响延滞期长短的因素还包括接种龄（接种细胞所处的生长曲线上的阶段）、接种量以及培养基成分等。

对数期　又称指数期，指在延滞期后细胞以指数速度分裂的一段时期。虽然细菌的形态多样，但都具有一个共同的特点：对称的二分裂方式，即一个细胞在其对称中心形成一隔膜，进而分裂成两个形态、大小和构造完全相同的子细胞。子细胞的产生伴随着母细胞的消失，即一个细胞可以分裂成为两个，进而再分裂成为4个、8个、16个、32个等，为2的n次幂，从而使细菌呈指数增长。例如，如果细菌每30 min产生一代，则每隔30 min数量将倍增，以此计算，30 min后变成2倍，1 h后则变成4倍，2 h后变成初始的16倍，这样24 h后将形成2^{48}（约为2.8×10^{14}）倍。然而事实上，因为细菌的生长受到群体浓度的限制达不到这样高的浓度，生长速率也呈现出逐渐降低的趋势。处于对数期的细胞生长速率常数最大，菌体细胞数量以指数方式增加，增长速度快；细菌代谢旺盛，个体的形态和生理特性比较稳定。对数期细菌是研究微生物代谢及生理的良好材料。对数期是增殖噬菌体的最适宿主菌龄，也是发酵生产种子的最佳种龄。

稳定期　又称恒定期，生长速率常数为0，即新增殖的细胞数与死亡的细胞数相等，处于正生长与负生长相等的动态平衡中。此时培养液中的营养物质尤其是生长限制因子即将耗尽，酸、醇、毒素等有害代谢产物不断累积，pH和氧化还原电位等条件也越来越不适宜微生物生长。在稳定期，菌体产量达到最高，细胞开始储存糖原、异染颗粒和脂肪等，并产生抗生素等次生代谢产物，多数芽孢杆菌开始形成芽孢。稳定期是单细胞蛋白、乳酸等发酵生产的最佳收获期。

衰亡期　个体死亡速度超过新生速度，群体呈现负增长，细胞形态多样，分解代谢大大超过合成代谢，导致菌体发生自溶，释放次生代谢产物或芽孢，培养液中营养物质耗尽，环境对生长越来越不利，从而导致菌体死亡。

应用　掌握微生物生长曲线对微生物生理研究、发酵生产等都有重要的指导意义。在废水生物处理设计时，可利用不同生长阶段的微生物处理废水。例如，常规活性污泥法和生物吸附法中利用的是稳定期的微生物，高负荷活性污泥法利用的是对数期和稳定期的微生物，而延时曝气利用的是衰亡期的微生物。

（施丽梅）

weishengwu xiufu

微生物修复 （microbial remediation） 利用微生物将土壤、地表水及地下水或海洋中的有机污染物现场去除或降解的工程技术系统，是生物修复技术的一种。

微生物修复技术是20世纪80年代以来出现和发展的清除和治理环境污染的生物工程技术，其主要利用微生物（天然的或接种的）特有的分解有毒有害物质的能力，并通过工程措施为生物生长与繁殖提供必要的条件，从而加速污染物的降解与去除。在该技术的萌芽阶段，主要应用于环境中石油烃污染的治理，并取得了成功。后来该技术被不断扩大应用于环境中其他污染类型的治理。

特点 与物理、化学处理技术相比，微生物修复投资费用省，对环境影响小，能有效降低污染物浓度，适用于在其他技术难以应用的场地，而且能同时处理受污染的土壤和地下水。但同时也有其局限性，例如，微生物修复需对具体地点的状况和污染物进行详细的考察，费用较高；微生物活性受温度和其他环境条件的影响，因此在某些情况下，微生物修复不能去除全部的污染物。只有与物理和化学处理方法组成统一的处理技术体系，微生物修复才能真正发挥作用，有效地消除环境中的有毒有害污染物。

修复的生物类型 可以用作生物修复菌种的微生物有土著微生物、外来微生物和基因工程菌（GEM）三大类。

土著微生物 环境在遭受有毒有害的有机物污染后，实际上就自然地存在着一个驯化选择过程，一些特异的微生物在污染物的诱导下产生分解污染物的酶系，进而将污染物降解转化。目前在大多数微生物修复工程中实际应用的都是土著微生物。

外来微生物 如果土著微生物生长速度太慢、代谢活性不高，或者污染物的存在造成土著微生物数量下降，则需要接种一些降解污染物的高效菌，以提高污染物降解的速率。目前科学家们正不断筛选高效广谱微生物和在极端环境下生长的微生物，包括可耐受有机溶剂、可在极端碱性条件下或高温下生存的微生物，并应用于生物修复工程。

基因工程菌 通过两种方法得到：采用遗传工程手段将多种降解基因转入同一微生物中，使其获得广谱的降解能力；或者通过增加细胞内降解基因的拷贝数来增加降解酶的数量，从而提高微生物对污染物的降解能力。尽管利用遗传工程提高微生物降解能力的工作已经取得了巨大的成功，但是出于安全考虑目前美国、日本和其他大多数国家对基因工程菌的实际应用仍有严格的立法控制。

影响因素 主要包括以下五方面。

微生物营养盐 在海洋、土壤、地表水和地下水中，氮、磷都是限制微生物活性的重要因素，为了使污染物达到完全的降解，应适当添加氮、磷营养元素。

电子受体 可通过对土壤和地下水鼓气或添加产氧剂的方式提供溶解氧（DO）作为有机物降解的电子受体；此外，硝酸根、硫酸根、铁离子也可作为有机物降解的电子受体。

共代谢基质 在污染物的生物净化中，微生物的共代谢对一些难降解的污染物的处理起着重要作用。因此，共代谢基质对微生物修复也有重要影响。

污染现场特性 地下水、土壤特性如pH、温度等影响污染物和微生物的相对活性，最终影响微生物修复的速度和程度。影响微生物修复技术效果的现场特性还包括地理、地质、气象和水文等因素，其中要充分考虑温度对微生物修复过程的影响。

有毒有害有机污染物的物理化学性质 主要是指淋失与吸附、挥发、生物降解和化学反应四个方面的性质。了解污染物的物理化学性质是为了判断能否采用微生物修复技术，以及应用怎样的对策强化微生物修复过程。

对有机污染物的修复机理 主要包括以下五方面。

向基质靠近 微生物要降解某种基质就必须向基质靠近，使微生物、胞外酶处于这种基质的可扩散范围之内，或使微生物处于细胞消化产物的扩散距离之内。

吸附在固体基质上 吸附作用是有机污染物代谢的保证。例如，在沥青降解菌的分离过程中发现细菌和固体基质之间有非常紧密的结合，沥青降解菌也只有靠这种吸附作用才能降解沥青。

胞外酶的分泌 不溶性的多聚体，不论是天然的还是人工合成的都很难降解。分子太大是多聚体化合物不能降解的原因之一，小分子有机物比较容易被其他微生物降解和矿化，因此微生物分泌胞外酶降解大分子多聚物，使其变为小分子有机物后容易为微生物吸收。

基质的跨膜运输 微生物细胞膜以四种方式控制着物质的胞内外运输，即单纯扩散、促进扩散、主动运输和基位转移。有机污染物也是通过上述一种或一种以上的方式进入细胞。

细胞内代谢 进入微生物细胞的有机污染物在相关酶的作用下，分解为更小分子的有机物或者水、二氧化碳、氨氮等无机物。

对有机污染物的修复应用 有机污染物微生物修复广泛应用于污染土壤、水体治理中。比较典型的有水源水污染物和石油污染的微生物修复。

水源水污染物的微生物修复 对于有机污染物含量比较高的水源水一般采用生物膜法进行预处理，再用物理化学的方法进行处理和消毒，多采用臭氧-生物活性炭工艺。处理流程为：原水→预臭氧化→砂滤→颗粒活性炭过滤→二次臭氧化→后氯化→供水。

微生物的作用为氧化分解水中的有机污染物，特别是难生物降解的高分子有机污染物，降低活性炭的负荷，防止水体发臭。

影响因素主要包括水温、处理水量、原水耗氧量和臭氧投加量。其中水温与臭氧投加量是重要的控制因素，因为这两方面是微生物生长、代谢和增殖过程的主要影响因素，影响微生物处理水污染的效果。

石油污染的微生物修复 参见烃类污染物微生物降解。

（杨柳燕）

weishengwu xunhua

微生物驯化 （microbial acclimation） 一种定向选育微生物的古老方法，其利用某一特定环境长期处理某一微生物群体，同时不断将它们进行移种传代，由于其中的微生物逐步适应某种特定条件，最后获得较高耐受力和代谢活性，从而累积和选择合适的自发突变体。

由于微生物的生长受到很多环境因素的限制，当自然环境受到污染，尤其是受到不易生物降解的有机污染物污染后，污染物并不一定马上发生降解，或者降解速率很慢，经过一段时间以后，污染物才开始迅速降解。从污染物进入环境到开始迅速降解的这段时间间隔称为驯化期或适应期。在此期间，环境中的微生物种群进行了缓慢的调整，逐步适应了环境的变化，自然地筛选出了高效降解菌系，这一过程称为自然驯化过程。

驯化常用于废水处理中微生物的选育，尤其是对某种污染物具有较高的降解能力的高效菌株。驯化通过在一段时间内逐渐增强微生物适应毒物的能力，使微生物达到毒性条件下的菌群稳定状态并获得较高的处理毒性物质的负荷值。该过程一方面启动部分微生物细胞诱导酶的合成，使之适应底物环境逐渐成为菌落的主体；另一方面使得整个微生物菌群的正向自发突变得以长期筛选积累，最终提高微生物的降解性能。

在一般的污染物降解菌的驯化中，最常用的方法是以靶标化合物为唯一碳源或主要碳源培养微生物，逐步提高该化合物的浓度，最后获得高效降解该化合物的菌种。如果此法不成功，可以先添加类似基质，然后逐渐减少类似基质直至最后只剩下靶标化合物。对于有特殊环境要求的微生物的驯化，则采用对其环境因素逐步控制适应的方法，然后通过测定微生物的生长或者通过检测微生物群落结构的变化来得知微生物对驯化过程的响应。凡是影响微生物生长的环境因素都是在驯化过程中应该考虑的。一般来说，营养、温度、pH、溶解氧以及有毒物质都是影响微生物驯化的主要因素。

（施丽梅）

weishengwu yingyang xuqiu

微生物营养需求 （nutrient requirement of microorganisms） 微生物在生长和繁殖过程中对外部环境中能量和物质的需求。微生物有六种营养要素，即碳源、氮源、能源、生长因子、无机盐和水。

碳源 指所有能提供微生物营养所需碳元素的营养源。微生物能利用的碳源类型大大超过了动物界或植物界所能利用的碳水化合物。从碳源谱的大类来看，包括有机碳源与无机碳源两大类，凡必须利用有机碳源的微生物，就是为数众多的异养型微生物；凡能利用无机碳源的微生物，则是自养型微生物。微生物的碳源谱虽然很广，但对异养微生物来说，其最适碳源则是“C·H·O”型。其中，糖类是其利用最广泛的碳源，其次是醇类、有机酸类和脂类等。在糖类中，单糖胜于双糖和多糖，己糖胜于戊糖，葡萄糖、果糖胜于甘露糖、半乳糖；在多糖中，淀粉明显地优于纤维素或几丁质等纯多糖，纯多糖则优于琼脂等杂多糖和其他聚合物，如木质素。对于异养型微生物来说，它的碳源同时又充作能源，此时可认为碳源是一种双功能的营养物。自养型微生物可以利用 CO_2、HCO_3^- 和 CO_3^{2-} 作为碳源。

氮源 指所有能提供微生物生长繁殖所需氮元素的营养源。与碳源相似，微生物的氮源谱也大大广于动物或植物。一般来说，异养型微生物对氮源利用的顺序是：“N·C·H·O”或“N·C·H·O·X”类优于“N·H”类，更优于“N·O”类，而最不易被利用的则是“N”类。从微生物所能利用的氮源种类来看，存在一个明显的界限：一部分微生物是不需要氨基酸作为氮源的，它们能利用非氨基酸类的简单氮源（如尿素、铵盐、硝酸盐和氮气）自行合成所需要的一切氨基酸，可称为“氨基酸自养型微生物”；反之，凡需要从外界吸收现成的氨基酸作氮源的微生物，则可称为“氨基酸异养型微生物”。可以利用氨基酸自养型微生物，将人或动物原先无法利用的廉价的尿素、铵盐、硝酸盐或大气中的氮转化成为菌体蛋白或含氮的代谢产物，以丰富人类的食物资源。

能源 包括光能和化学能，化学能又包括无机物和有机物中的能量。不同营养类型的微生物对能源的需求是不同的，光能自养型微生物以光为能源，不依赖任何有机物即可正常生长；光能异养型微生物以光为能源，但生长需要一定的有机营养。化能自养型微生物以无机物的氧化获得能量，生长不依赖有机营养物；化能异养型微生物以有机物的氧化获得能量，生长依赖于有机营养物。

生长因子 是一类对微生物正常代谢必不可少且不能用简单的碳源或氮源自行合成的有机物。它的需求量一般很少。广义的生长因子除了维生素外，还包括碱基、卟啉及其衍生物、甾醇、胺类、C4 ~ C6 的分枝或直链脂肪酸，以及需求量较大的氨基酸；而狭义的生长因子一般仅指维生素。生长因子虽是一种重要的营养要素，但它与碳源、氮源和能源不同，并非任何一种微生物都须从外界吸收。多数真菌、放线菌和不少细菌都不需要外界提供生长因子，是生长因子自养型微生物。而乳酸菌、各种动物致病细菌、原生动物和支原体等都需要外界提供各种生长因子，是生长因子异养型微生物。有些微生物在其代谢活动中，会分泌出大量的维生素等生长因子，因此它们可以作为维生素等的生产菌。

无机盐 主要为微生物提供除碳、氮以外的各种重要元素。凡是生长所需浓度为 10^{-3} ~ 10^{-4} mol/L 的元素，可称为大量元素，如 P、S、K、Mg、Ca、Na 和 Fe 等；凡是所需浓度为 10^{-6} ~ 10^{-8} mol/L 的元素，则称为微量元素，如 Cu、Zn、Mn、Mo 和 Co 等。无机盐的生理功能十分重要，主要包括维持细胞渗透压和 pH 的稳定以及作为酶的激活剂、化能自养菌的能源、无氧呼吸时的氢受体、特殊分子结构成分等。

水 除了少数微生物如蓝细菌能利用水中

的氢作为还原 CO_2 时的还原剂，其他微生物都不能利用水作为营养物质。但由于水在微生物的生命活动过程中的重要性，它仍属于营养要素之一。（史小丽）

weisuliao duxing

微塑料毒性（microplastic toxicity） 通过微塑料直接或其携带的污染物间接对生物体产生的毒性效应。微塑料是指直径小于 5 mm 的塑料碎片或颗粒。

微塑料的理化性质 微塑料的种类繁多，主要有 6 种：聚乙烯（PE）、聚丙烯（PP）、聚氯乙烯（PVC）、聚酯类（PES）、聚苯乙烯（PS）及聚酰胺（PA）。环境中的微塑料大小不一，形状各异，由于体积小、表面积大，其对环境中许多污染物如重金属及有机污染物等具有很强的吸附能力。另外其化学性质稳定，可在环境中存在数百年至几千年，作为一类新型环境污染物越来越受到重视。

微塑料的来源 微塑料可分为初生微塑料和次生微塑料两大类。初生微塑料是指经过河流、污水处理厂等排入水环境中的塑料颗粒工业产品，如化妆品等含有的微塑料颗粒或作为工业原料的塑料颗粒和树脂颗粒。次生微塑料是大型塑料垃圾经过物理、化学和生物过程后由于分裂和体积减小形成的塑料颗粒。环境中的塑料残体可以通过风力、河流、洋流等外力进行远距离迁移，污染地球上的偏远角落，上到高山湖泊，下到深海沉积物，到处都有塑料污染的存在。目前已有研究发现，在大气、饮用水及食盐中均有微塑料的存在。

微塑料的研究方法 在环境中采集的微塑料首先需要对其进行筛分，水体样品的微塑料分离相对较为简单，可直接采用拖网或将采集的水样进行过滤来收集微塑料。但沉积物中的微塑料分离相对较为复杂，目前通常是采用密度分离的方法，例如，采用饱和氯化钠溶液、多钨酸钠溶液或海水等对沉积物样品进行浸泡分离。也有研究者采用亲脂性染料（如尼罗红）进行染色来辅助识别，但能否应用在实际的复杂样品中筛选识别还有待进一步验证。对于微塑料的检测，目前较为普遍的是运用傅里叶变换红外光谱、拉曼光谱等进行微塑料成分的鉴定。在微塑料的形貌及表面元素鉴定方面，还可以采用扫描电子显微镜-能谱分析等方法。此外，还可以利用示踪技术如荧光或放射性标记等对生物体内的微塑料进行定位和检测。

微塑料的生物毒性效应 海岸带是陆海相互作用的交界带，也是人类活动最为活跃的地区之一。一方面人类活动产生的大量塑料垃圾、污水在海岸带地区汇集，或可能通过河流向河口和近海输送；另一方面海洋上存在的大量塑料垃圾在洋流、潮汐作用下迁移汇聚在海岸带滞留。因此，目前国际上许多微塑料污染的调查研究也集中在海岸带地区。

单一微塑料污染的毒性效应 微塑料对生物个体的毒性效应主要包括微塑料对生物体的存活率、生长发育、行为活动、生殖状况、基因表达等方面的影响。微塑料的毒性效应与其材质类型、尺寸大小、暴露剂量等有密切联系，并且受生物个体差异的影响。主要为六个方面。

致死效应 微塑料暴露可导致海洋生物的存活率降低、死亡率升高。例如，端足类美洲钩虾（*Hyalella azteca*）暴露在 10～27 μm 聚乙烯微塑料和 20～75 μm 聚丙烯微塑料中显示出明显的剂量-效应关系，随着微塑料暴露剂量的上升，钩虾的死亡率也逐渐升高。欧洲鲈鱼（*Dicentratrchus labrax*）的死亡率随着 10～45 μm 聚乙烯微塑料暴露剂量的增加从 30% 左右显著上升至 44%。

生长发育毒性 微塑料摄入会对生物体的生长发育产生负面影响。微塑料被海洋生物摄入体内后会在生物体的消化道中积累并阻塞消化道，动物因此会产生饱腹感。其摄食量或摄食速率下降，导致体内能量储备减少，机体生长所需能量来源补充不足，从而影响生物体的生长发育。例如，与对照组相比，暴露于微塑料环境中的鱼类受精卵孵化率明显下降，仔鱼的体长也有所降低。沙蚕体重降低程度与沉积物中 40～1 300 μm 聚苯乙烯颗粒的浓度呈正相关。

行为毒性　微塑料的摄入可以影响生物个体的行为特征。例如，桡足类汤氏纺锤水蚤（*Acartia tonsa*）幼体暴露在 45 μm 的塑料微球中，其游泳行为会受到影响，并且会出现“跳跃”反应。还有研究表明，微塑料暴露会严重影响生物体的正常摄食行为。

生殖毒性　微塑料会损害生物个体的生殖健康。这个可能与两方面因素有关：一是微塑料通过干扰生物体的消化过程而减少生殖系统的能量分配，从而降低生殖细胞质量；二是微塑料会产生内分泌干扰作用，损害生物体的生殖健康。例如，暴露在微塑料中的雌性牡蛎产生的卵母细胞个数和大小均显著小于对照组，雄性产生的精子活动速率显著低于对照组，子代幼体的生长速率也明显慢于对照组。暴露在 0.5～6 μm 的聚苯乙烯微球中，日本虎斑猛水蚤（*Tigriopus japonicus*）的繁殖能力显著下降。

免疫毒性　进入生物体内的微塑料，可通过组织和器官的转移与富集进入机体免疫系统，对生物体产生免疫毒性。微塑料的免疫毒性主要受其物理性状诱导。表面形状不规则的微塑料颗粒要比表面平滑的微塑料颗粒更能引起免疫反应。例如，粒径小于 16 μm 的微塑料会转移到贻贝淋巴系统，粒径小于 80 μm 的高密度聚乙烯微塑料可在贻贝消化系统中富集，导致血流粒细胞增多和溶酶体膜不稳定等，引发机体免疫系统的炎症反应。

基因与遗传毒性　微塑料还会影响生物机体的基因表达，并产生遗传毒性。有研究推断，基因表达异常可能与机体的能量分配有关，能量中断会导致编码胰岛素信号通路相关蛋白如消化腺和生殖腺的基因出现下调。还有研究进行了两代桡足类浮游动物对微塑料的暴露实验，结果表明，与对照组相比，0.5 μm 的聚苯乙烯微球未对母代的生存产生显著影响，但是却显著降低了子代的存活率，这说明微塑料存在潜在的遗传毒性。

微塑料与其他污染物的复合毒性　微塑料中的化学污染物主要包括两大类：塑料添加剂和疏水性有机污染物（HOCs）。塑料制品在生产过程中会加入一些提高化学性能的添加剂，如双酚 A、多溴联苯醚（PBDEs）等，当微塑料进入海洋水体后，这些有毒化学物质就会同时被释放出来。内分泌干扰物质双酚 A，可能会干扰海洋生物的繁殖及发育。微塑料还具有粒径小、比表面积大等特点，容易吸附环境中的 HOCs，如多环芳烃（PAHs）、多氯联苯（PCBs）、滴滴涕（DDT），以及一些重金属（如镍、汞）和纳米材料等。因此海洋环境中的微塑料表面除了本身的添加剂外，还同时存在从环境吸附而来的化学污染物，导致微塑料表面污染物的种类及含量有所增加，从而大大增强了微塑料在海洋环境中的毒性效应。因此微塑料既是海洋污染物的来源，也是有毒化学污染物的运输载体。当微塑料颗粒与其他污染物通过吸附或其他表面反应作用结合到一起时，会成为其他污染物进入生物组织和器官的载体，届时微塑料与化学污染物会对生物机体产生复合毒性效应。例如，微塑料与持久性有机污染物的复合体可导致日本青鳉鱼（*Oryzias latipes*）多个基因表达出现下调，并且雄性个体的生殖细胞出现了异常增殖现象；微塑料和持久性有机污染物复合污染还会明显损伤日本青鳉鱼的肝脏组织，而肝脏在机体异生物质代谢和解毒过程中起着核心作用。由此可见，塑料暴露引起的毒性效应是化学污染物与微塑料共同作用的结果。　（张羽西　谢宇）

weipeiyang weishengwu

未培养微生物　(uncultured microorganisms)

活的但尚不可培养的微生物。

微生物自然生存环境的复杂多变，造就了微生物的自然多样性，包括结构多样性、代谢多样性、行为多样性、进化多样性和生态多样性。使用传统微生物学培养方法能够获得的可培养微生物在海水中为微生物种类总数目的 0.001%～0.1%，淡水中约为 0.25%，土壤中约为 0.3%，活性污泥中为 1%～15%。总体而言，环境中存在着大量的未培养微生物，所知细菌可能仅占环境细菌多样性的 1% 或者更少。在显微镜下可以观察到的绝大部分自然环境微生物，很难或不能通过传统纯培养分离方法得到其纯培养。

影响微生物可培养性的可能原因 包括生境的极度营养变化、共同协作的自然生存方式和急剧改变的生态位。

生境的极度营养变化 现存的任何有机体都是长期自然适应和进化的结果。一些细菌选择了快速生长、依赖高繁殖率的 R 策略；另外一些则选择了对环境资源高亲和性的 K 策略，适应低营养含量环境，具有极低的生长率。突然的纯培养环境、极度营养变化凸显了许多细菌基因型固有结构的不适应性，甚至可能成为生长障碍，特别是对贫营养水体中生长的微生物和 K 策略微生物，它们大多数有高效的丙氨酸运输系统，而缺乏对一些关键代谢中间物（如琥珀酸）的运输系统，以此避免在高度贫营养环境中代谢物泄漏。所以，对这些微生物提供营养成分丰富的培养基反而成为阻碍其复苏的重要因素，甚至出现底物加速死亡。

然而，纯培养又很难提供对许多细菌潜在重要的外源活性物质，例如，在海水或淡水中 ATP 的浓度可达 1 nmol/L，很可能源自浮游植物和其他浮游生物；许多水生细菌离不开藻类分泌的生长因子和维生素；植物、动物病原菌对寄主活性物质的依赖，这些都是传统纯培养法难以提供的。

共同协作的自然生存方式 在自然生态环境中，微生物种群常以生物膜形式存在，微生物间存在着协同代谢等信号传导，这些微生物间的相互作用对微生物群落中微生物的生长具有重要意义，而靠单一种类的微生物是不能生存的。

急剧改变的生态位 微生物自然群落存在着演替和波动，大多数微生物的生长不仅需要提供天然样本中的营养物质，还需要提供其群落中的小生境，即生态位。极微小的变化都有可能使其丧失生态位和生活力，从而难以在人工条件下完全复苏或可培养性很低。此外，高种群多样性和低种群多样性微生物的生态位需求差异很大。所以从生态角度看，对大多数微生物而言，在分离、纯化培养的条件下，因不能适应而难以复苏和形成菌落。

未培养微生物资源研究的途径 微生物学家通过两种策略来研究未培养微生物。一种策略是发明出各种用于培养的方法（如模拟自然培养、稀释培养、连续培养等），其主要目标是尽可能地模拟自然条件。另一种策略是略过实验室培养的方法，直接通过物种的基因去挖掘它们所编码的信息和产物，或者利用同位素和微电极去原位测定这些物种的活性，目前已经发展到能在单细胞水平上进行这种不依赖于培养的研究。

随着微生物组时代的到来，人们通过宏基因组学、比较基因组学的方法鉴定存在于各物种的所有基因。这使得人们可以详细了解未培养微生物新的代谢途径、基因表达的调控机制，找到病原、抗性等基因，以及发现新的基因等。这些信息不仅可以使人们认识基因、物种进化的过程，未培养物种的组成及其系统发育关系，而且可以了解其生态学功能、确定其生态位，为准确设计培养基和培养条件，以及最终获得纯培养奠定基础，并为未培养微生物的开发利用开辟了极为广阔的前景。

一旦获得微生物的纯培养，则采用与可培养资源微生物相同或相似的途径进行开发利用。对由于共生等原因而不能纯培养的微生物，可考虑通过直接依据基因或基因组、蛋白质序列，以及调节表达机制构建高效表达的工程细胞等途径加以开发利用。

由于未培养微生物的物种类群、新陈代谢途径、生理生化反应、产物等是未知的，存在着丰富的多样性，因而比以往的可培养微生物具有更为丰富和多样化的可供人类开发利用的生物资源。同时，随着理论、方法与技术的发展，基因组学、蛋白质组学在未培养微生物资源的开发利用中发挥着越来越重要的作用。

（武俊）

wuran shengtaixue

污染生态学 (pollution ecology) 研究生物系统与被污染的环境系统之间的相互作用规律及采用生态学原理和方法对污染环境进行控制和修复的学科。

沿革 污染生态学是在20世纪60年代末至70年代初，环境污染日益严重和生态破坏不断加剧的背景下，为解决这些生态环境问题而发展起来的学科。环境科学与生态学的相互交叉，促使污染生态学这一新学科的产生，而它们的相互融合与再组织，又进一步促进了污染生态学的发展。至今，污染生态学已经形成具有自己特色的理论体系和研究方法论。

研究内容 污染生态学最初主要围绕某些具体点位、区域的环境污染引发的危害和后果进行研究，侧重于静态观测和实地调查；后扩展到区域评价，由环境背景、环境容量调查延伸到环境基准、环境标准的制定与形成；现在污染生态学研究表现出全方位、多视角的综合研究特征，在不同空间和时间上开展污染生态过程研究成为污染生态学研究的核心，生态风险与生态毒理、生物修复与污染生态工程和复合污染生态等分支学科研究迅速发展。

污染生态学主要内容包括生物对污染物的吸收，污染物在生物体及生态系统中的迁移、富集，污染物对生物的毒性作用机理，生物对污染物的解毒及抗性的形成，生物对长期污染胁迫条件的生态效应与适应进化，以及水、气、土污染的生物防治措施和生态问题。具体可划分为以下方向：

污染生态化学 主要阐述生物体与其污染环境相互作用的化学机理与化学过程及其调控。研究包括化学污染物在生态系统（包括有机体和人群等）中的形成、转化过程、作用机制及其生态效应（生物效应）与生态毒理效应等内容。

复合污染生态学 是研究生态系统中化学污染物之间相互作用及其对生态系统有机与无机环境联合影响规律与机理的一个分支学科。环境污染是一个复杂的、涉及多项因子交互作用的结果，环境中的各种污染物之间会发生拮抗、协同、竞争、加合、抑制等交互作用，导致其生物毒性发生改变；而污染物作用于生物后可能会表现出毒害作用（吸收、合成、滞留、联合、富集等）和解毒作用（回避、排斥、固定、分泌、排泄、酶变、扩散等）。

污染生态毒理学 是研究外来污染物对生态系统中生态有机体的危害及其作用机理的学科，是污染生态学与毒理学相交叉的产物。污染生态毒理学的研究内容主要包括：污染物毒性和生态安全性评价；阐明污染物毒性作用机理及影响其毒性作用的因素；有毒污染物在水、土、气、生物不同环境介质中的分布、迁移、转化及归宿研究和模拟条件下污染物的水解、光解及降解研究等；有毒污染物的生态毒理诊断指标体系研究，包括生物毒性试验、遗传毒性试验。

污染进化生态学 主要研究环境污染后，不同生物在生理、生化、遗传等方面的适应机制。由于污染在时间和空间范围内的扩散，一部分生物因不能适应而逐渐被环境所淘汰，但大多数生物仍旧以不同的方式繁衍生息，与瞬息万变的环境抗争，这些生物种群逐渐分化，产生了不同的渐变群、生态型，甚至抗性基因型。环境污染作为一种胁迫因子，对生物的进化产生了深刻的影响。研究表明，污染胁迫的最显著效应是消除敏感物种或个体，改变生物群落的物种构成，从而导致生物种群演替。

污染生态修复学 是依靠生态系统的自我调节能力与自组织能力使其向有序的方向进行演化，或者利用生态系统的自我恢复能力辅以人工措施，使遭到破坏的生态系统逐步恢复或使生态系统向良性循环方向发展的学科，主要致力于在自然突变和人类活动影响下受到破坏的自然生态系统的恢复与重建工作。污染生态修复包括两个方面的内容：一是受损环境的生态恢复，生态恢复的目标不是要包含尽可能多的物种，而是要创造良好的条件，促进一个群落发展成为由当地物种组成的完整生态系统。

二是污染生态环境修复，利用生态学的方法去除环境中的污染物，达到净化环境、提升环境质量的目的。污染生态环境修复的方法主要包括土壤和地下水的污染生态修复技术和污染生态工程等。

展望 伴随着分子生物学和分析化学等各种相关研究方法的飞速发展，今后污染生态学将重点围绕污染生态过程的基础研究和污染生态修复与污染生态工程的应用研究，实现知识和技术的创新；通过污染生态化学和污染生态毒理学的学科创新，实现污染生态学理论与方法的突破。（阳振）

wuranwu shengwu diqiu huaxue xunhuan

污染物生物地球化学循环 （biogeochemical cycling of pollutants） 污染物在生物一系列行为下发生的循环往复的过程。在地球表层生物圈中，污染物被生物有机体吸收，在生物体内发生转化/降解或再分配，同时部分原始物质或其降解转化产物通过分泌、排泄、繁殖、蜕皮或死亡等过程返回环境，并在环境介质中进一步发生迁移、转化、分散、富集。

污染物生物地球化学循环一般分为有机污染物的生物地球化学循环和无机污染物的生物地球化学循环。有机污染物多为人类制造产生，如有机农药、氯氟烃等。在土壤中，农药生物地球化学循环主要表现为进入土壤中的农药可以通过水迁移、气体扩散等方式在环境各要素之间运移。例如，农药的迁移一方面使污染源浓度降低，另一方面，使周围介质中污染物浓度增加，造成新的污染。只有最后通过土壤中的生物化学转化与降解作用，才可能削减农药的作用。同样，在一些生物化学转化中，新的有毒物质又可能生成，对土壤产生新的污染。无机污染物的生物地球化学循环主要指（重）金属（镉、铅、汞、砷等）的生物地球化学循环。例如，铅在岩石圈、水圈、大气圈、生物圈和土壤圈之间进行生物地球化学循环。含铅岩石的风化、人类的生产活动，使 Pb 不断地由岩石向大气、水、土壤转运，使人的生活环境含 Pb 量增高，对人的健康构成潜在危害。

生物地球化学循环的全部过程及其反应受到各种复杂的外界因素的影响。这些因素包括降水与气候，岩石与风化强度，生物作用，pH，Eh，有机质，铁氧化物，黏土含量，总铝、氯离子及其他化学元素及痕量有机化合物的浓度及其交互作用。（黄彬 缪爱军）

wushui shengwu xitong

污水生物系统 （saprobic system） 水体受污染后形成的特有生物群落，可以用来进行水污染生物学评价。

德国学者 B. 科尔克维茨和 M. 马松于 20 世纪初提出了污水生物系统这一概念。其理论基础是河流受到有机物污染后，在污染源下游的一段流程里，会产生自净过程，即随着河水污染程度的逐渐减轻，生物种类也发生变化，在不同的河段出现不同的生物种。据此，可将河流依次划为 4 个带：多污带、α-中污带（甲型中污带）、β-中污带（乙型中污带）和寡污带，每个带都有自己的物理、化学和生物学特征。50 年代以后，一些学者经过深入研究，补充了污染带的指示生物种类名录，增加了指示种的生理学和生态学描述。1964 年日本学者津田松苗编制了一个污水生物系统各带的化学和生物特征表，系统地阐述了污水生物系统各带的化学和生物特征。

但是，在污染的水体中出现的生物种类也会出现于洁净水体中，有些清水中的生物种类也会在污染水体中出现，生物种类的分布又受到地理区域和各种环境因素的限制，因此，对于利用污水生物系统指示水体污染状况的可靠性，尚存不同意见。一般认为利用这种方法在流速缓慢而又较长的河流中监测水体的有机污染状况是可行的。

工业排放的废水中含有许多有毒物质，这些有毒物质对水生生物的影响尚缺乏足够的研究资料，各种有机污染物对水生生物群落结构的影响和各种环境因素对它们的影响很难截然分开，这些问题有待深入研究。（阳振）

wushui shengwuxue

污水生物学（wastewater biology） 研究受污染水体（河流、湖泊、水库、海域等）中生物的组成结构、功能现状和演变规律的科学，是环境生物学的一个分支学科。污水生物学从生物学角度研究水体的污染程度、水生生物遭受的危害、种群和群落结构的变化以及生物治理途径等，为制定水质标准、加强水体管理提供科学依据。污水生物学的研究方法包括水污染生态调查、水环境质量的生物学评价、污水生物的毒性实验和毒理研究，以及污水生物处理等。（杨柳燕　任丽曼）

wuzuoyong jiliang / nongdu

无作用剂量/浓度（no-effect dose / concentration，NED / NEC） 外源性化学物在一定时间内，按一定方式或途径与机体接触后，采用一定的检测方法或设置一定的观察指标，未观察到任何对机体有损害作用的剂量或浓度。无作用剂量/浓度是根据亚急性、亚慢性或慢性毒性试验的结果确定的，是评定外源性化学物对机体损害作用的依据。无作用剂量/浓度不大于最大无作用剂量/浓度，同时，由于检测方法或设置的观察指标的不同，同一外源性化学物对同一生物可能有不同的无作用剂量/浓度。（杨柳燕）

X

xiru duxing

吸入毒性 （inhalation toxicity） 外源性化学物经呼吸道染毒引起的对人类和其他动物的损害作用。

吸入毒性的效应 环境中的可吸入毒物通过呼吸系统进入人体，首先作用于整个呼吸系统，引起呼吸系统的一系列损伤。其次有毒物质进入血液，随血液循环到达身体的各个位置，引起靶作用位点的损伤。环境中的可吸入毒物也可以经鼻腔吸入后直接通过嗅神经通路对神经细胞产生一定的毒性作用。

对呼吸系统的损伤 肺是一个生物转化和合成活跃的器官。呼吸系统含有丰富的混合功能氧化酶系，其酶活性仅次于肝脏。气源性或血源性毒物均可在肺脏吸收、排出或进行生物转化。在工业和环境污染情况下，呼吸道是毒物进入机体的主要途径，呼吸系统是工业和环境毒物重要的毒性作用靶器官。

上呼吸道的毒性损伤 大部分水溶性毒物首先在上呼吸道吸收和进行生物转化。因此上呼吸道结构和功能的完整性在防御呼吸系统，甚至全身中毒上有重大的意义。鼻咽腔和气道的结构和功能的完整性是保证气体交换及呼吸系统防御机能的第一道屏障。除了黏液纤毛结构的特殊功能外，近年了解到许多酶系在鼻腔上皮中非常活跃，分为氧化和非氧化酶系，包括芳香烃氧化酶、环氧化物水解酶和谷胱甘肽转移酶等。许多吸入的化学物质在此处进行生物转化成为损伤、致癌或对肺及全身具有毒性的物质。许多环境因子，如醛类、臭氧、氮氧化物和二氧化硫可刺激上呼吸道黏膜，低浓度下造成黏液纤毛结构功能变化，高浓度下则引起上皮细胞变性、坏死和炎症。已知可引起人鼻腔肿瘤的物质有镍、铬、异丙醇、木尘、皮革尘等。主要的肿瘤类型有乳头状瘤、腺瘤、息肉样腺瘤、鳞状细胞癌、嗅神经上皮瘤等。急性大剂量吸入刺激性气体时，多引起气管、支气管上皮细胞急性坏死、成片脱落和急性炎症。长期吸入低浓度的有害气体则多导致慢性支气管炎病变。病变可累及各级气管，长期病变可引起基底膜增厚、纤维组织增多、平滑肌甚至软骨的萎缩，最终导致支气管壁弹力结构削弱而造成支气管扩张。在小气道可表现为不同程度的急性或慢性炎症反应、上皮细胞化生、黏液分泌增加、平滑肌肥大、小气管周围纤维组织增生等。呼吸道炎症和纤维性变会造成慢性气道阻塞症。

急性中毒性肺损伤 化学物质可通过气源或血源到达肺组织，引起急性和/或慢性损伤。构成肺组织的细胞成分有 40 种以上，其中对毒物损伤最敏感的是肺泡上皮细胞和血管内皮细胞。由许多有毒气体或烟雾，如光气、氯气、氮氧化物、臭氧、纯氧、二氧化硫、氨等引起的急性或亚急性中毒性肺损伤基本遵循同一病理变化过程：肺泡 Ⅰ 型上皮细胞（EPI）首先受侵害，发生变性、坏死和脱落，基底膜裸露，气血屏障通透性重度增加。血管内皮细胞往往随后或同时发生损伤性改变。有些毒物，特别是血源性毒物，如百草枯、博来霉素，可能首先损伤血管内皮细胞。血管内皮细胞损伤可导致毛细血管壁通透性增加，血浆和蛋白质相继渗出到肺间质和肺泡腔内，形成肺水肿。毒性损伤所致的肺水肿液中蛋白成分含量较高，在严重损伤情况下，大分子蛋白质漏出，加上坏死脱落的细胞碎片及渗出的纤维素，可在肺泡表面形成典型的透明膜。肺中毒时，透明膜往往在损伤后 24 ~ 48 h 形成。

慢性毒性肺损伤和肺纤维化 近年来弥漫性肺间质纤维化的发病率越来越高，环境因素在发病上起着重要的作用。任何原因引起的成人呼吸窘迫综合征，在度过急性期后，部分病人可遗留弥漫性肺间质纤维化。有机粉尘引起的外源性过敏性肺泡炎、急性大量吸入或慢性小量吸入有害气体，都可以导致弥漫性肺间质纤维化。此外，尚有一部分病因不明的所谓特发性或隐性弥漫性肺间质纤维化，可能与自身免疫或遗传因子，以及在此基础上附加的环境刺激因子有关。这些疾病在晚期的病理表现是类似的，均表现为肺泡炎演变为肺间质纤维化的过程。

进入血液后对机体的损伤 有毒物质进入呼吸系统后除对呼吸系统本身造成损伤外，还可以由沉积部位在体内转移、穿过血气屏障进入循环系统。有毒物质对免疫系统的损伤，包括引起巨噬细胞数量和活性的改变，降低免疫功能，增加对细菌、病毒等感染的敏感性，使机体对传染病的抵抗力下降。有毒物质经呼吸系统进入机体后会引发癌症，如 PM_{10} 所吸附的多环芳烃化合物（PAHs）是对机体健康危害很大的环境“三致”（致癌、致突变、致畸）物质。有毒物质引发的神经系统损伤指带有铅的小颗粒物（粒径 <1 μm）在肺内沉积后极易进入血液系统，大部分与红细胞结合，小部分形成铅的磷酸盐和甘油磷酸盐，然后进入肝、肾、肺和脑，几周后进入骨内，导致高级神经系统紊乱和器官调解失能，表现为头疼、头晕、嗜睡和狂躁严重的中毒性脑病。

通过嗅神经通路致脑损伤 在大气气溶胶中含有汞、镉、铬等重金属离子以及类金属砷，此外还有一些纳米材料，这些物质可通过鼻腔吸入后直接通过嗅觉通路沉积于大脑，对神经细胞产生一定的毒性作用，从而对情绪、欲求、学习记忆以及空间记忆等方面造成一定程度的影响。化学物质（如重金属离子）可经鼻黏膜直接吸收入脑，绕过血脑屏障进入中枢神经系统，直接对神经造成损害。具体过程为化学物质通过嗅上皮被吸收，并通过轴浆运输等方式在嗅神经元细胞体内被转运至嗅球，然后再被输送进入大脑中一些与嗅觉通路相关的脑区。神经细胞一旦损伤则很难修复，大量神经元凋亡，致使大脑皮层广泛萎缩，脑回变窄，脑沟变宽，脑室扩大，出现痴呆的临床表现。

在环境毒理学中的应用 研究气体、挥发性液体和气溶胶的吸入毒性，可为研究该外源性化学物经呼吸道进入人体对健康引起的潜在危害提供资料。吸入毒性试验根据试验的期限分为急性吸入毒性试验、亚慢性吸入毒性试验及慢性吸入毒性试验。当用染毒柜进行吸入染毒有困难时以气管注入法代替，主要用于粉尘混悬液的染毒。吸入毒性常以空气中外源性化学物的质量浓度（单位：mg/m^3 或 mg/L）或质量分数（单位：mg/kg）表示其染毒剂量。

急性吸入毒性 指实验动物短时间（24 h 内）持续吸入一种可吸入性受试样品后，在短期内出现的健康损害效应。急性吸入毒性试验目的是检测化学品对实验动物的急性吸入毒性作用和强度，为亚急/慢性等吸入毒性试验提供剂量选择的依据。

亚慢性吸入毒性 指在实验动物寿命的一部分期间内（不超过寿命的 10%），实验动物每天重复吸入受试物所发生的有害效应。亚慢性吸入毒性试验目的是确定一定时期内经呼吸道反复接触受试化学品引起的毒性作用，了解毒性作用靶器官、损害程度和无作用浓度水平，为确定慢性呼吸道毒性试验的浓度提供依据。

慢性吸入毒性 指在实验动物寿命的大部分期间内，实验动物每天重复吸入受试物所发生的有害效应。慢性吸入毒性试验目的是通过吸入途径，反复给予实验动物不同剂量的受试化学品，观察实验动物的慢性毒性效应、严重程度、靶器官和损害的可逆性，确定无作用剂量，为拟定人类接触该化学品的工作场所职业接触限值提供依据。（张徐祥）

xishou jiliang

吸收剂量 （absorbed dose） 外源性化学物经过消化道、呼吸道或皮肤等途径，穿过一种或多种生物屏障，被机体吸收进入体内的剂量。它与暴露剂量（或染毒剂量）的百分比值为生物利用度。在电离辐射中，吸收剂量是反映生物吸收电离辐射能量大小的物理量，即电离辐射给予单位质量生物的平均剂量。

1975 年第 15 届国际计量大会规定吸收剂量国际单位为 J/kg，采用专有名词“戈瑞”（Gray），简称“戈”（Gy），1Gy 即 1 kg 被照射物质吸收 1 J 的辐射能量（1 Gy = 1 J/kg）。单位时间内吸收剂量的增量称为吸收剂量率（d），即 $d = \mathrm{d}D / \mathrm{d}t$，式中，$\mathrm{d}D$ 为时间间隔 $\mathrm{d}t$ 内吸收剂量的增量。吸收剂量率的单位为 Gy/s、Gy/h 等。剂量本来是医疗中使用的词，指一次或一定时间内服用的药物量，当 X 辐射最初用于治疗时，医生很自然地采用了这个词。研究表明，辐射类型不同时，即使同一物质吸收相同剂量，引起的变化也不相同，特别表现在对生物损伤的程度方面。例如，0.01 Gy 快中子的剂量引起的损伤和 0.1 Gy γ 辐射的剂量引起的损伤相当，即快中子的损伤因子为 γ 辐射的 10 倍。因此在辐射剂量学中建立了剂量当量这个物理量。吸收剂量的测量方法有空腔电离室法、量热法和化学剂量计法。（李梅）

xi weishengwu zhuanhua

硒微生物转化 （microbial transformation of selenium） 微生物代谢硒化物的过程，可改变元素硒的毒性或使其具有利用价值，主要包括硒的微生物甲基化作用和微生物氧化还原作用。

硒的甲基化 微生物能把元素硒和无机或有机硒化物转化成二甲基硒化物，毒性明显降低。有这种作用的真菌有群交裂裥菌（*Schizophyllum commune*）、黑曲霉（*Aspergillus* niger）、短柄帚霉（*Scopulariopsis brevicaulis*）、青霉等；细菌有棒杆菌（*Corynebacterium* sp.）、气单胞菌（*Aeromonas* sp.）、黄杆菌，还有假单胞菌属等。从假单胞菌属的细菌体内分离出了巯嘌呤甲基转移酶，它能将亚硒酸盐转化成二甲基硒和二甲基二硒醚。

硒的还原 自然界中的硒主要以四种价态存在：还原态的硒化物（Se^{2-}）、零价的单质硒（Se^{0}）和氧化态的亚硒酸盐（SeO_3^{2-}）及硒酸盐（SeO_4^{2-}）。其中，亚硒酸盐易溶于水，较其他形式具有更强的毒性。微生物在硒的地球化学循环中发挥着重要作用。微生物可将具有较高毒性的氧化态亚硒酸盐、硒酸盐异化还原为毒性较低的单质硒，或还原成硒蛋白、含硒蛋白。

原核微生物通常通过还原硒的氧化物产生能量，如嗜泉古菌界、嗜热细菌、变形菌及光能营养型的微生物——紫细菌等。目前研究较多的有陶厄氏菌属（*Thauera selenatis*）、硫化螺菌（*Sulfurospirillum barnesii*）和芽孢杆菌（*Bacillus arsenicoselenatis*）。它们都可以进行硒酸盐的异化还原，而芽孢杆菌还可以异化还原亚硒酸盐。

土壤中大部分细菌、放线菌和真菌都能还原硒酸盐和亚硒酸盐为单质硒。螺旋藻对硒有较强的富集作用，可将亚硒酸盐转化为单质硒，并以非共价键方式吸附在机体脂类中或与蛋白质结合，从而可作为富硒食品开发利用。某些微生物如光合细菌对亚硒酸盐具有极强的耐受性，能将溶液中的亚硒酸盐还原，产生的红色单质硒溶解度较小且毒性降低，可用于某些硒环境污染的生物治理。

硒的氧化 硒具有与硫类似的外部电子层结构，在特定的环境条件下微生物可以通过类似还原态硫氧化的途径获得能量。例如，细菌可以将元素硒氧化为四价硒以获得能量，铁氧化硫杆菌（*T. ferrooxidan*）可以将硒化铜

（CuSe）中的硒氧化为单质硒。巨大芽孢杆菌（*Bacillus megaterium*）以葡萄糖为碳源可将红色单质硒氧化为四价硒。弧形柄细菌（*Caulobacter vibrioides* T5M6）可以将单质硒和含硒矿物转化为亚硒酸盐。 （蒋丽娟）

xibao gongcheng

细胞工程 （cell engineering） 根据细胞生物学和分子生物学原理，采用细胞培养技术，在细胞水平进行的遗传操作。细胞工程大体可分为基因工程、细胞质工程和细胞融合工程。

细胞培养技术 又称组织培养，是将生物有机体的某一部分组织取出一小块，进行培养，使之生长、分裂的技术，是细胞工程的基础技术。细胞生物学的一些重要理论研究的进展，如细胞全能性的揭示、细胞周期及其调控、癌变机理与细胞衰老的研究、基因表达与调控等都是与细胞培养技术分不开的。

体外细胞培养中，供给离开整体的动植物细胞所需营养的是培养基，培养基中除了含有丰富的营养物质外，一般还含有刺激细胞生长和发育的一些微量物质。培养基一般有固态和液态两种，它必须经灭菌处理后才可使用。此外，温度、光照、振荡频率等也都是影响培养的重要条件。

植物细胞与组织培养 基本过程包括三个步骤：①从健康植株的特定部位或组织，如根、茎、叶、花、果实、花粉等，选择用于培养的起始材料（外植体）。②用一定的化学药剂（最常用的有次氯酸钠、氯化汞和酒精等）对外植体表面消毒，建立无菌培养体系。③形成愈伤组织和器官，由愈伤组织再分化出芽并可进一步诱导形成小植株。

动物细胞培养 有两种方式：①非贴壁培养，也就是细胞在培养过程中不贴壁，条件较为复杂，难度也大一些，但是容易同时获得大量的培养细胞。一般用于淋巴细胞、肿瘤细胞和一些转化细胞的培养。②贴壁培养，也称细胞贴壁，贴壁后的细胞呈单层生长，所以又叫单层细胞培养。大多数哺乳动物细胞采用贴壁培养方法进行培养。

动物细胞采用离体方式进行培养，其主要步骤如下：①在无菌条件下，从健康动物体内取出适量组织，剪切成小薄片。②加入适宜浓度的酶与辅助物质进行消化作用使细胞分散。③将分散的细胞进行洗涤并纯化后，以适宜的浓度加在培养基中，37℃下培养，并适时进行传代。

细胞核移植技术 是用机械的办法把一个被称为“供体细胞”的细胞核（含遗传物质）移入另一个除去了细胞核被称为“受体”的细胞中，使这一重组细胞进一步发育、分化的技术。细胞核移植技术属于细胞质工程。在核移植中，并不是所有的细胞都可以作为核供体。作为核供体的细胞包括胚胎细胞和某些体细胞。卵细胞、卵母细胞和受精卵细胞都是合适的受体细胞。

核移植的原理是基于动物细胞的细胞核的全能性。1996 年，英国爱丁堡罗斯林研究所的伊恩·维尔穆特研究小组成功利用细胞核移植的方法培养出一只克隆羊——多利，这是世界上首次利用成年哺乳动物的体细胞进行细胞核移植而培养出的克隆动物。

核移植的研究，不仅在探明动物细胞核的全能性、细胞核与细胞质关系等重要理论问题方面具有重要的科学价值，而且在畜牧业生产中有着非常重要的经济价值和应用前景。

细胞融合技术 是指在离体条件下，利用融合诱导剂，把同种或不同物种的体细胞人为地融合，形成杂合细胞的技术，是一种新的获得杂交细胞以改变细胞性能的技术。细胞融合技术属于细胞融合工程，是细胞遗传学、细胞免疫学、病毒学、肿瘤学等研究的一种重要手段。

动物细胞融合的主要步骤是：①获取亲本细胞。将取样的组织用胰蛋白酶或机械方法分离细胞，分别进行贴壁培养或悬浮培养。②诱导融合。把两种亲本细胞置于同一培养液中，进行细胞融合。动物细胞的融合过程一般是：两个细胞紧密接触→细胞膜合并→细胞间出现通道或细胞桥→细胞桥数增加，扩大通道面积→两细胞融合为一体。

植物细胞融合的主要步骤是：①制备亲本原生质体。②诱导融合。

微生物细胞的融合步骤与植物细胞融合基本相同。

从20世纪70年代开始，已经有许多种细胞融合成功，有植物间、动物间、动植物间甚至人体细胞与动植物间成功融合的新的杂交生物，如“西红柿马铃薯”、“拟南芥油菜”和“蘑菇白菜”等。从目前的技术水平来看，人们还不能把许多远缘的细胞融合后培养成杂种个体，尤其是动物细胞难度更大。 （崔益斌）

xijun

细菌 （bacteria） 一类细胞细而短、结构简单、细胞壁坚韧、无细胞核、只存在拟核、以二等分裂方式繁殖和水生性较强的原核微生物。细菌是在自然界分布最广、个体数量最多的有机体，是大自然物质循环的主要参与者。

形态结构 细菌形态较为简单，基本上可分为球状、杆状和螺旋状三大类。球状的细菌称为球菌，球菌按其细胞排列方式又可分为单球菌、双球菌、四球菌、八叠球菌、葡萄球菌和链球菌。杆状的细菌称为杆菌，按其细胞的长宽比及排列方式又可分为短杆菌、长杆菌、链杆菌、棒杆菌、梭菌、梭杆菌、月亮状、分枝状和竹节状。杆菌的长宽比相差很大，其两端常呈不同的形状，如半圆形、钝圆形、半截形、略尖形等。菌体有笔直、稍弯曲和纺锤形等。螺旋状的细菌称为螺旋菌，螺旋菌按其弯曲程度不同可分为螺菌、螺旋体菌和弧菌。细菌的形状会明显影响细菌的行为和稳定性。例如，球菌在干燥时较不易变形，因而它比杆菌和螺旋菌更能经受高度干燥的环境而存活。杆菌较球菌具有更大的比表面积，因而比球菌更易从周围环境摄取营养。螺旋菌由于呈螺旋式运动，所受阻力比杆菌要小，易于在宿主组织中游动，有些病原菌即是螺旋菌。这三大类细菌中，发酵工业上常用的是球菌和杆菌，尤以杆菌最为重要。螺旋菌主要为病原菌。

测量细菌大小的单位是微米（μm），而测量其亚细胞构造则要用纳米（nm）作单位。球菌直径一般为0.5～1 μm，杆菌直径与球菌相似，长度为2～3 μm。细菌体积虽小，但其比表面积大，有利于细胞与外界的物质交换，加强了新陈代谢。

细胞构造 可分为两类：一类是一般构造，即一般细菌所共有的构造，由细胞壁、细胞膜、细胞质、间体、核糖体、核质、内含物颗粒构成；另一类是特殊构造，即并非一般细菌所共有的构造，主要是鞭毛、菌毛、伞毛、荚膜和芽孢等。

生殖方式 细菌主要是以二等分裂方式进行无性生殖，即一个细菌细胞壁横向分裂，形成两个子代细胞。某些以二等分裂方式生殖的细菌，当其处于不利的环境或耗尽营养时，能够形成芽孢。芽孢是对不良环境有强抵抗力的休眠体，生命力非常顽强。由于芽孢在细菌细胞内形成，故常称为内生孢子。

生长代谢 根据所需碳素养料的不同，细菌可以分为无机营养型（自养型）和有机营养型（异养型）两类。无机营养型细菌以CO_2或者碳酸盐为唯一碳源进行生长、增殖，不需要有机营养物质。无机营养型细菌中能氧化某种无机的还原态物质，利用所释放的化学能还原CO_2，合成有机物质进行生长、增殖的一类细菌被称为化能无机营养型。而藻类和蓝细菌等利用光合作用还原CO_2，合成有机物质进行生长、增殖，则被称为光能无机营养型。有机营养型细菌必须以适宜的有机化合物为营养物质。绝大多数细菌都以有机物质作为碳源，同时从有机物的分解中获得能源，称为化能有机营养型。少数细菌含有光合色素，能利用光能为能源，并还原CO_2为碳源，同时又必须以某种有机物质作为光合作用中的供氢体，因此被称为光能有机营养型，如红螺菌。

根据细菌生长繁殖对氧气的需求，大部分

细菌可以被分为需氧菌、厌氧菌和兼性厌氧菌三类。需氧菌只能在氧气存在的情况下生长、繁殖，而厌氧菌只能在没有氧气存在的情况下生长、繁殖。兼性厌氧菌在有氧或无氧的条件下都能生长、繁殖。某些细菌也能在极端的环境中生存，这类生物被称为极端环境微生物。嗜热细菌能生存于温泉中，嗜盐细菌则可以生存于高盐湖中，还有一些嗜酸细菌和嗜碱细菌能生存于某些酸性或碱性环境中。

用途与危害 细菌通常与酵母菌及其他种类的真菌一起用于发酵食物，例如，在醋的传统制造过程中，就是利用空气中的醋酸菌使酒转变成醋。其他利用细菌制造的食品还有奶酪、泡菜、酱油、酒、酸奶等。细菌也能够分泌多种抗生素，例如，链霉素即是由链霉菌所分泌的。

细菌降解多种有机化合物的能力也常被用来清除污染，称作生物复育。例如，利用嗜甲烷菌来分解三氯乙烯和四氯乙烯污染。

细菌对环境、人类和其他动物既有好处又有危害。一些细菌成为病原体，会导致破伤风、伤寒、肺炎、梅毒、霍乱和肺结核。细菌也会导致植物叶斑病、火疫病和萎蔫。 （武俊）

xijun zongshu

细菌总数 （total bacteria count） 1 mL（或1 g）样品中细菌的数量，是水、食品、化妆品等受污染程度的评价指标之一，也是相关生产企业所用原料、设备及生产人员卫生状况的评价依据之一。细菌总数在相关国家标准中都有具体的规定，如《生活饮用水卫生标准》（GB 5749—2006）规定 1 mL 水的细菌总数不得超过 100 个。

细菌总数的计数方法有很多，《食品安全国家标准 食品微生物学检验 菌落总数测定》（GB 4789.2—2016）规定的方法为平板计数法，其检验方法是：在玻璃平皿内，接种 1 mL（或1 g）待测样品于加热液化的营养琼脂培养基中，摇匀后让其内的微生物单细胞一一分散在营养琼脂中，待琼脂冷却凝固后，将培养皿在 37℃下培养 24 h，这样每一个活细胞都会在琼脂平板上形成一个菌落（colony-forming units，CFU），培养基上的菌落数（如样品是稀释后检测的则要乘以样品的稀释倍数）即为待测样品的细菌总数。这一检测方法简单易行，成本较低。然而也有一些缺点，一些细菌如厌氧菌、特殊营养或有环境条件需求的细菌，并不能在这样的条件下生长形成菌落，因而采用这种方法计算得到的细菌总数要小于样品中实际的细菌总数。另外该方法耗时也比较长，一般在 24h 左右。

为了简化检测程序、缩短检测时间，国内外学者进行了大量的快速检测方法的研究，提出了阻抗检测法、Simplate TM 全平器计数法、微菌落技术、纸片法等检测方法，取得了一定的成果，但检测时间仍在 4 h 以上。而细菌染色计数法则是一种更加快捷的水体中细菌总数的计数方法。这种方法借助一些特定的荧光染料（如 DAPI、吖啶橙等）对样品中细菌的 DNA 进行染色，然后将一定体积的样品过滤到一种特殊的滤膜上，在荧光显微镜下可直接对细菌进行计数，根据滤膜面积及显微镜视野面积可计算出水样中的细菌总数。该方法检测时间约为 1 h，是一种快速的细菌总数检测方法，对不同的细菌也不存在选择性，因此比较准确。但也有一些缺点，如对操作人员要求较高，另外实验设备和耗材也比较昂贵，因此，只在一些科学研究工作中用到，常规监测中尚未普及。

（施丽梅）

xianmaochong

纤毛虫 （Ciliate） 一类属于纤毛虫门（Ciliophora）的原生动物。其生命周期中至少某阶段有纤毛，如不具纤毛则仍存在表膜下纤毛系统，纤毛为用以行动和摄取食物的短小毛发状小器官。根据口器结构及体纤毛特化情形分成三个纲：动基片纲（Kinetofragminophora）、寡膜纲（Oilgophymenophorea）、多膜纲

(Polymenophorea)。

形态学和生物学特征 纤毛通常呈行列状，有些纤毛可汇合成波动膜、小膜或棘毛。具大小两种核型。无性生殖通常为横二分裂，少数种类可另有出芽生殖及复分裂；有性生殖主要是接合生殖，极少数另有自配或质配。具多种高度特化的细胞器，如伸缩泡、射出体、胞肛、胞口等。

分布及生活习性 世界性分布的类群，生活方式有自由生、共生、共栖及寄生等各种类型。自由生的纤毛虫主要生活在海水和淡水中。（王洪铸）

xiaoqiuzao

小球藻 （*Chlorella*） 分类上归属于绿藻门（Chlorophyta）共球藻纲（Trebouxiophyceae）小球藻目（Chlorellales）小球藻科（Chlorellaceae）的藻类。目前已知的小球藻有十几种，变种有几十种至上百种，其中较为常见的种为小球藻（*Chlorella vulgaris*）等。

形态学和生物学特征 球形或椭球形单细胞微藻，直径 2～10 μm；无鞭毛，具明显的细胞壁，细胞壁光滑；色素体周生，片状或杯状，色素体具一个蛋白核或无，光合色素为叶绿素 a 和叶绿素 b；单生或多个细胞聚集成群体，群体中细胞大小很不一致，呈黄绿色至深绿色。

生殖方式 营养生殖或无性生殖。无性生殖产生似亲孢子，每个母细胞产生 2 个、4 个、8 个、16 个或 32 个似亲孢子。

分布 小球藻生境广泛，在海洋，内陆水体，以及陆地环境如潮湿的土壤、岩石、墙壁、树干等表面均有分布。

实用价值和应用 小球藻富含多种有效成分，藻粉中蛋白质含量可高达 63.6%；碳水化合物含量为 5.7%～38%，一般不少于 20%；脂类含量可高达 86%，其不仅是生物学研究中的优良实验材料（例如，应用小球藻发现了光合作用中的卡尔文循环），也是很有应用价值的开发对象：小球藻可以作为食品添加剂，用于食品的调味和品质改良；由于藻粉中虾青素含量可达 2.24 mg/g，可用于生产虾青素；小球藻还是广泛使用的饲料添加剂，在水产养殖中发挥着极为重要的作用。小球藻在特定培养条件下可积累大量的油脂，因此是极为重要的生物柴油生产的原材料。小球藻能够吸收水体中的氮、磷及重金属，因此在污水净化和污泥处理中也起着重要作用；此外小球藻在农业和医药领域也有着广泛应用。（刘国祥 朱欢）

xiudaizuranji duxing

溴代阻燃剂毒性 （brominated flame retardants' toxicity） 溴代阻燃剂引起的毒性。溴代阻燃剂（BFRs）是一类广泛应用于塑料、橡胶、纤维等高分子材料中以提高材料防火性能的化学物质。BFRs 价格低廉、阻燃效果好，是目前使用量最大的一类阻燃剂。BFRs 在高温条件下释放出自由基，通过化学干扰物质燃烧过程中的自由基链反应来发挥作用。目前已发现的 BFRs 超过 75 种，其中一些如多溴联苯（PBBs）因危害较大已经停产，产量最大的 BFRs 是四溴双酚 A（TBBPA）、六溴环十二烷（HBCDs）和多溴联苯醚（PBDEs）。由于使用广泛，BFRs 已成为一类新型的全球性环境污染物。

TBBPA 与甲状腺素的结构类似，能够与甲状腺素运载蛋白强烈结合，具有弱雌激素效应，是潜在的内分泌干扰物，并具有肝毒性、肾毒性、免疫毒性、神经毒性和细胞毒性等，能够降低水生生物的繁殖率和存活率。

HBCDs 会影响动物和人体的甲状腺系统、大脑发育、肝脏和神经功能，并通过非诱变机制引发癌症，影响生物的发育和繁殖。例如，暴露于 HBCDs 后，美国红隼产蛋时间推迟，蛋变小，蛋壳变薄，胚胎发育期间体重减轻，生育率和繁殖成功率降低。

PBDEs 会引起内分泌紊乱，干扰机体的正常功能，最终导致生物体内的代谢速率和蛋白质合成发生改变，并影响大脑发育。PBDEs 还会影响神经组织、性成熟、性功能和生物体的稳态。在生物体内十溴联苯醚（PBDE-209）一般通过脱溴或氧化转化成低溴代的代谢产物，这些代谢产物和 PBDE-209 能够穿过胎盘屏障，影响胎儿发育。另外，PBDEs 还会影响肝功能，通过改变肝功能影响生物体内荷尔蒙和维生素 A 的稳态，也可能会导致肿瘤和癌症的形成。

（续绅　缪爱军）

Y

yabingdu

亚病毒（subvirus） 一类比病毒更为简单，仅具有某种核酸不具有蛋白质，或仅具有蛋白质而不具有核酸，能够侵染动植物的微小病原体，包括类病毒（viroid）、朊病毒（prion）、拟病毒（virusoid）和卫星 RNA（satellite RNA）。

类病毒 仅含有共价闭合的单链 RNA 分子，没有蛋白质外壳，其 RNA 分子呈棒状结构，由一些碱基配对的双链区和不配对的单链环状区相间排列而成。类病毒是 1971 年由美国植物病理学家 Diener 及其同事在研究马铃薯纺锤块茎病（potato spindle tuber disease）病原时发现。类病毒能侵染高等植物，利用宿主细胞中的酶类进行 RNA 的自我复制，引起特定症状或引起植株死亡。类病毒基因组小，分子量为 $0.5\times10^5\sim1.2\times10^5$。类病毒的发现是 20 世纪下半叶生物学上的重要事件，开阔了人们对病毒和生命体结构的认识。

朊病毒 又称蛋白侵染因子，是一种比病毒小、仅含有疏水的具有侵染性的蛋白质的分子。纯化的感染因子称为朊病毒蛋白。致病性朊病毒用 PrP SC 表示，它具有抗蛋白酶 K 水解的能力，可特异地出现在被感染的脑组织中，呈淀粉样形式存在。许多致命的哺乳动物中枢神经系统机能退化症均与朊病毒有关，如人的库鲁病（Kuru，一种震颤病）、克雅氏症（Creutzfeldt-Jakob Disease）、致死性家族失眠症（Fatal Familiar Insomnia，FFI）和动物的羊瘙痒病（Scrapie）、牛海绵状脑病（Bovine Spongiform Encephalopathy，BSE）、猫海绵状脑病（Feline Spongiform Encephalopathy，FSE）等。正常的人和动物细胞 DNA 中有编码 PrP 的基因，其表达产物用 PrP C 表示，分子量为 33 000 ~ 35 000。正常细胞表达的 PrP C 与羊瘙痒病的 PrP SC 为同分异构体，PrP C 与 PrP SC 有相同的氨基酸序列，PrP C 有 43% 的 α 螺旋和 3% 的 β 折叠，而 PrP SC 约有 34% 的 α 螺旋和 43% 的 β 折叠。多个折叠使 PrP SC 的溶解度降低、对蛋白酶的抗性增加。杂二聚机制假说阐释了 PrP SC 在人或动物体内的复制和传播，即 PrP SC 单体分子为感染物：PrP C 单体分子慢慢改变构象，形成 PrP SC 单体分子，中间经过 PrP C- PrP SC 杂二聚物，然后再转变为 PrP SC-PrP C。在这个过程中，有未知蛋白（protein X）可能起着调整 PrP C 转化或维持 PrP SC 形态的作用。这个二聚物解离又释放新的 PrP SC，因此不断复制下去。朊病毒的发现在生物学界引起了震惊，因为它与目前公认的“中心法则”即生物遗传信息流的方向是“DNA / RNA →蛋白质”的传统观念相抵触。Pursiner 等阐明羊瘙痒病的发病机制是由于朊病毒分子构象的改变而致病。这一发现开辟了病因学的一个新领域，可能对其他传染性海绵状脑病的发病原理和病因性质研究提供一条新的思路，对生物科学的发展具有重大意义。

拟病毒和卫星 RNA 拟病毒于 20 世纪

80年代被发现，是一类包裹在真病毒粒中、有缺陷的类病毒，又称类类病毒。拟病毒的基因组与辅助病毒具有同源性。

卫星RNA是存在于辅助病毒的衣壳内，基因组缺损，必须完全依赖某些形态较大的专一辅助病毒才能复制和表达的小型伴生病毒。卫星RNA和辅助病毒基因组之间没有序列同源性。

拟病毒和卫星RNA的RNA均没有编码功能，需要与辅助病毒基因组的RNA一起包裹在同一病毒粒子内；它们的复制需要辅助病毒的RNA依赖性RNA聚合酶，故单独没有侵染性，必须依赖辅助病毒才能进行侵染和复制。

（蒋丽娟）

yanyangjun

厌氧菌　(anaerobic bacteria)　必须在少氧或者无氧条件下才能正常生长的一类细菌。分子氧对其生长有毒害（抑制或杀害）作用。按其对氧敏感度的不同，可分为专性厌氧菌、兼性厌氧菌和耐氧厌氧菌。当暴露于有氧气的环境时，有些厌氧细菌会死亡，这种厌氧菌称为专性厌氧菌，它们以发酵或无氧呼吸生存，在有氧的环境下，专性厌氧菌会出现缺乏超氧化物歧化酶（SOD）及过氧化氢酶的情况，这些酶可以帮助移走在专性厌氧菌细胞内的致命的超氧化物。兼性厌氧菌可以在有氧的环境中，利用其中的氧气进行有氧呼吸。兼性厌氧菌有葡萄球菌属（*Staphylococcus*）、棒状杆菌属（*Corynebacterium*）、李斯特菌属（*Listeria*）等，而真菌中的酵母菌也是兼性厌氧的。耐氧厌氧菌可以在有氧气的环境下生存，分子氧对其无毒害，但它们不会使用氧气作为最终电子受体。所有的耐氧厌氧菌都进行发酵代谢。

厌氧菌会产生多种发酵产物，其中最常见的是乳酸，另外还有其他多种发酵途径和产物，如丙酸发酵、丁酸发酵、溶剂发酵、混合酸发酵、丁四醇发酵、氨基酸发酵、乙酸生成或甲烷生成。有些厌氧菌会生成危害高等生物（包括人类）的毒素，如破伤风毒素或肉毒杆菌素。

厌氧菌的特点是：分子氧对它们有毒（耐氧厌氧菌除外），即使短期接触也会抑制甚至死亡；在空气中，它们在固体或半固体培养基表面不能生长，只有在深层无氧处或低氧还原势的环境下才能生长；生命活动所需能量是通过发酵、无氧呼吸、循环光合磷酸化或甲烷发酵等提供的；细胞内缺乏SOD和细胞色素氧化酶，大多数还缺乏过氧化氢酶。常见的厌氧菌有梭菌属（*Clostridium*）、拟杆菌属（*Bacteroides*）、梭杆菌属（*Fusobacterium*）、双歧杆菌属（*Bifidobacterium*）以及各种光合细菌和产甲烷菌等。其中产甲烷菌是一类古菌，属于极端厌氧菌。

厌氧菌广泛分布在各种水体底部、污泥、堆肥、反刍动物瘤胃、动物消化道和沼气发酵罐等处。它们与工业生产、医疗保健和环境保护等领域关系密切，例如，用丙酮丁醇梭菌（*Clostridium acetobutylicum*）发酵生产丙酮和丁醇等溶剂，用双歧杆菌制造具有调节肠道微生态平衡作用的益生菌剂，利用费新尼亚梭菌（*C. felsineum*）进行浸麻，以及利用产甲烷菌进行沼气能源的生产等；不少厌氧菌是人和动物的病原菌，如破伤风梭菌（*Clostridium tetani*）、肉毒梭菌（*C. Botulinum*）和产气荚膜梭菌（*C. Perfringens*）等。若干拟杆菌（*Bacteroides* spp.）是内源性条件致病菌。（史小丽）

推荐书目

周德庆，徐士菊．微生物学词典．天津：天津科学技术出版社，2005.

yanyang shengwu

厌氧生物　(anaerobe)　生长过程中不需要氧气的生物。氧气的存在可能不利其生长，甚至导致死亡。除了少数近似于微生物的后生动物和深海蠕虫，大部分厌氧生物是单细胞的微生物，主要包括原生动物、细菌和古菌。厌氧细菌是人体正常菌群的组成部分，广泛存在于人体皮肤和腔道的深部黏膜表面，在组织缺血、坏死，或者需氧菌感染的情况下，会导致局部组织的氧浓度降低，发生厌氧菌感染。根据对氧气的耐受程度，厌氧生物大致上可以分为专性厌氧生物、兼氧生物及耐氧厌氧生物。

专性厌氧生物 以发酵或无氧呼吸生存，当暴露于有氧气的环境中，专性厌氧生物由于缺乏超氧化物歧化酶（SOD）及过氧化氢酶（CAT）而不能生长，甚至死亡，如脆弱拟杆菌、产气荚膜梭菌和破伤风芽孢杆菌等。

耐氧厌氧生物 可在分子氧存在下进行厌氧生活，它们的生长不需要氧，分子氧对它也无毒害。耐氧厌氧生物不具有呼吸链，仅依靠专性发酵获得能量。细胞内存在 SOD 和过氧化物酶（POD），但缺乏 CAT。一般乳酸菌多数是耐氧菌。（阳振）

yaopin yu geren huli yongpin duxing

药品与个人护理用品毒性 （pharmaceuticals and personal care products' toxicity） 药品与个人护理用品（PPCPs）直接或间接对生物体产生有害作用的能力。

PPCPs 是一类具有生物活性的化学物质，主要包括用于治疗人类或动物疾病的处方和非处方药物制剂以及人类日常生活中所使用的各种护理品。环境中典型的 PPCPs 有抗生素、雌激素、人工合成麝香、消炎镇痛药、杀菌消毒剂及清洁剂等。

污染来源 环境中 PPCPs 的污染来源与人类的活动密切相关，它们可以通过多种途径进入环境。人类或动物服用的药品间接或直接地排入环境是 PPCPs 最主要的污染来源。此外，PPCPs 经过污水处理厂的各阶段处理工艺后并未得到有效的去除，一些未得到处理的 PPCPs 随着出水或设备故障等原因导致的溢流进入地表水中。PPCPs 可以通过家庭垃圾、工业生产废物的直接排放或者间接随着污水处理厂的污泥进入垃圾填埋场，随着垃圾渗滤液最终进入土壤或者水环境。与药品相比，个人护理用品直接进入环境的量更大。例如，人类在户外地表水体中的活动，如沐浴、游泳、洗涤等会将化妆品、洗发水、沐浴液、防晒霜、洗涤剂等 PPCPs 直接排入水体；具有挥发性质的护理用品还可以挥发到空气中。这些日用品的直接排放使它们绕过了在污水处理系统的降解过程。

PPCPs 的毒性影响 PPCPs 具有很强的持久性和潜在的生物累积性。绝大部分 PPCPs 到达人和家禽体内或体表靶器官的代谢途径是被精心设计好的，但是它们对非靶标生物体也会有很大的影响，而这些影响常常被人们所忽视。环境中的 PPCPs 浓度很低，通常不易引起急性毒性，但由于长期存在于环境中，它们对非靶标生物存在着慢性毒性的潜在可能。这些毒理效应不断累积，最终会产生不可逆转的损害。

对微生物的毒性 PPCPs 可能会减少微生物多样性、破坏微生物群落结构，甚至干扰微生物正常生理功能。研究发现三氯生的短期暴露不仅能破坏微生物群落结构，还会降低微生物多样性。土壤中富集的 PPCPs 甚至能够干扰微生物的硝化作用、生物降解和土壤呼吸等，如环丙沙星和磺胺甲恶唑在土壤中质量分数达到 0.15 mg/kg 就能够抑制土壤微生物的呼吸作用。三氯生在土壤中质量分数达到 1 mg/kg 就会影响土壤微生物的硝化作用，干扰土壤氮循环。

对植物的毒性 目前，针对不同种类 PPCPs 对植物生态毒性的研究较少，且多数研究是在实验室模拟陆生植物的水培养条件下进行的。研究表明，土壤中的 PPCPs（特别是疏水性 PPCPs）能被植物吸收和富集。例如，大豆植株根部能够吸收药品卡马西平、杀菌剂三氯生和三氯卡班，并能将部分化合物转移至植株叶片和豆荚，而对药品苯海拉明和氟西汀的吸收和转移能力有限。这主要是 PPCPs 化合物的理化特性（如离子化程度和水溶性）存在差异所致。PPCPs 被植物吸收后，会通过抑制叶绿体和酶活性，抑制植物光合作用，影响植株生理生长（如根系伸长、株高、地上部生物量和叶面积）和形态发育，而且对植株幼苗的毒性效应更强。多数研究结果表明，PPCPs 对植物体的生理毒性效应具有双面性：低质量浓度 PPCPs 能够促进植物生长，而高质量浓度或长时间暴露则会抑制作物生长。PPCPs 对植物也具有潜在遗传毒性。例如，0.005% 双酚 A 能诱导洋葱根尖细胞染色体畸变，如果双酚 A 暴露浓度增加，则洋葱根尖细胞分裂指数下降。

对动物和人体的毒性 有关 PPCPs 对土壤动物生态毒性的研究处于起步阶段，相对研究较多的是抗生素类药物对土壤中蚯蚓、跳虫和捕食螨等无脊椎动物（特别是蚯蚓）的毒性影响。例如，研究发现三氯生对土壤无脊椎动物具有生态毒性效应，当土壤中三氯生质量分数达到 0.6 mg/kg 时，对蚯蚓的繁殖产生了明显抑制作用。同时三氯生还能引起蚯蚓的生物化学反应，造成生态毒性以及潜在遗传毒性，三氯生长时间高剂量暴露会抑制蚯蚓体内抗氧化酶活性；暴露三氯生一周后，蚯蚓 DNA 明显损伤，DNA 损伤程度与三氯生质量分数存在显著的剂量-效应关系，表明三氯生对蚯蚓具有亚致死效应。

有关 PPCPs 对动物的毒性研究主要集中于 PPCPs 对水生动物毒性效应研究方面。对 226 种抗生素的生态毒性评价结果表明，16% 的抗生素对大型溞具有剧毒性（EC_{50} < 0.1 mg/L），44% 具有危害性（EC_{50} < 1 mg/L），几乎 1/3 的抗生素对鱼类具有毒性，大于 50% 的抗生素对鱼类有毒害作用（EC_{50} < 10 mg/L）。

土壤中的 PPCPs 会通过饮食（农作物、饮用水）吸收进入人体。多数研究表明 PPCPs 进入人体后会产生扰乱身体生理机能、造成代谢系统紊乱、破坏体内激素平衡等负效应。但在某种程度上，仅通过饮食进入人体的 PPCPs 并不会造成人体内分泌系统紊乱。再者，人体内 70% ~ 80% 的 PPCPs 会被转化或通过尿液和粪便排出体外。虽然食品中的 PPCPs 并不会对人体产生短期急性毒性效应，但由于长期的食用和累积，它们极有可能对人体产生慢性毒性效应。

PPCPs 的复合污染毒性 环境中多种污染物共存体系对生物会产生联合的污染效应，如协同、部分相加或拮抗等，分为 PPCPs -有机物的复合污染和 PPCPs -无机物的复合污染。

PPCPs -有机物的复合污染 PPCPs 作为一种新兴的有机污染物，由于认识时间较短，目前的污水处理厂并无针对 PPCPs 的去除工艺且去除率较低，致使含大量 PPCPs 物质的污水进入环境，构成复杂的污染体系。

目前关于 PPCPs -有机物的复合污染研究大多为 PPCPs 之间的联合毒性评估，以发光菌为受试生物，研究了阿司匹林、盐酸环丙沙星和阿奇霉素的联合毒性，结果表明，除阿司匹林和盐酸环丙沙星二元混合体系的联合毒性作用类型为部分相加外，其他均表现为不同程度的拮抗作用。不同药品与麝香混合后，对肝脏细胞表现为协同毒性，放大了其对环境和人体健康的风险。

PPCPs -无机物的复合污染 大多为 PPCPs -重金属的复合。PPCPs 含许多电子供体基团，可与缺电子的金属络合，这种相互作用会改变 PPCPs 的环境行为和生态毒性。研究表明，不考虑络合作用，混合体系的联合毒性会受受试生物种类及混合物比例的影响，联合作用方式不确定，类型包括协同、拮抗和部分相加作用；而考虑络合后，抗生素、金属与络合物的联合毒性表现为相加作用，其中络合物的毒性最强，且对混合体系的毒性起主要贡献作用。如忽略络合作用的存在，将导致低估或高估复合体系的生态环境风险。PPCPs 与重金属的复合污染会降低生物酶的活性，影响微生物的生存与发展，进而减缓有机污染物的降解。

PPCPs 在环境中存在的时间越长，对环境的危害就越大，复合污染效应也越强。另外，因 PPCPs 类化合物在环境不同 pH 条件下以多种解离或质子化的形态混合存在，加之与金属的络合作用，使得对 PPCPs 及其金属复合物的污染控制复杂化。（赵雅彤 张佳欣）

yesheng shengwu dulixue

野生生物毒理学 （wildlife toxicology）研究环境污染物如何影响野生生物福利、整体健康和生殖繁衍的一门学科。野生生物是指非人工繁殖、驯养或种植，自然生存在自然界的动植物。福利是一个较宽泛的概念，例如，野生生物被捕食的可能性未提高或者迁徙行为未受影响；整体健康则指物种或者种群与周围环境协调持续发展；繁殖行为极易受化学品影响，它在野生生物毒理学中被放在最优先的位置。

沿革 野生生物毒理学这一概念的起源可以追溯到19世纪末，最初的报告主要涉及一些比较直观的生物危害事件，如水鸟碱中毒、海洋油溢导致鸟类中毒等；此后，随着20世纪30—40年代农药化学品的大量使用，科学家开始调查滴滴涕和其他杀虫剂对野生生物的影响。有机氯农药和多氯联苯在全球范围内的检出，推动了科学家对鸟类和哺乳动物的长期研究。1969年关于野生生物毒理学的基础研究开始崭露头角，进入21世纪后，广大研究者的兴趣转向新型化合物（如阻燃剂类等污染物）和某些特定化合物对野生生物种群层次的潜在影响的研究。

研究内容及研究现状 野生生物毒理学研究环境污染物（包括农药、有机化合物和重金属等）对野生生物生长、繁殖、遗传和行为产生的不利影响和机理，可以通过受控条件下的试验和野外环境调查研究获得有关野生生物毒理学的数据，阐明环境污染物对野生生物产生的潜在不利影响。尽管随着分析化学、生物化学、生态学、风险评估等领域的发展，野生生物毒理学这一学科得以拓展和提高，但是其仍受限于以人为中心的毒理学研究。在污染物导致物种濒临灭绝时，相关人员由于无力支付巨额的开支，而很少采取有效补救措施。同时，在预测生态灾难方面野生生物毒理学所做的努力仍然有限，一部分原因是直接进行野生动物研究具有不易操作性，且如何将实验室所获得的数据应用在野外同样是一个挑战；另外，人类风险评估对其他生物并不适用。

（苏冠勇　张效伟）

推荐书目

Ronald J Kendall，Thomas E Lacher，George P Cobb，et al. Wildlife Toxicology-Emerging Contaminant and Biodiversity Issues. Boca Raton：CRC Press，2010.

yeguangzao

夜光藻（*Noctiluca*） 属于夜光藻目（Noctilucales）夜光藻科（Noctilucaceae）的藻类，为无甲类。

细胞近球形，自由生活。细胞壁透明，由两层胶状物质组成，表面有许多微孔。口腔位于细胞前端，上面有一条长的触手，触手基部有一条短小的鞭毛，靠近触手的齿状突出为横沟退化的痕迹，纵沟在细胞的腹面中央。细胞背面有一杆状器，使细胞做前后游动。细胞内原生质为淡红色，细胞核小球形，由中央原生质包围。原生质体包含无数复杂的小颗粒（发光体）。当细胞受到外界刺激时，能发出闪光。细胞不具色素体，营异养生活，采用吞噬型生活方式将外界的小型浮游植物和有机颗粒送进胞口中，形成食物胞进行消化。

此属仅有一种，即夜光藻（*Noctiluca scintillans*）。夜光藻是沿岸表层种类，分布很广，除寒带海域外，几乎遍及世界各海区，是我国沿岸海域浮游生物种群的主要组成者之一。细胞大量密集时呈红色，形成橘红色赤潮。有研究表明，夜光藻出现的水温范围为15.8～28.6℃，夜光藻赤潮发生的水温范围为20.0～26.4℃。

夜光藻是世界性的赤潮生物，也是我国沿海引起赤潮最常见的物种，约占我国常发赤潮的50%。夜光藻赤潮主要发现于热带和温带海洋，例如，热带的印度尼西亚沿海、温带的韩国沿海和德国北海都发生过夜光藻赤潮。夜光藻赤潮在我国主要发生在渤海的辽河口、东海和南海等水域。夜光藻赤潮持续时间变化很大，有的可持续长达20多天，甚至几个月，有的一两天就消失。夜光藻不是有毒甲藻，它的主要危害表现在其暴发性增殖后大量累积死亡，在其死亡分解过程中消耗大量溶解氧，使暴发海域水体的溶解氧含量降低，呈现缺氧状态；另外，由于它大量繁殖并形成赤潮后可大量黏附于鱼鳃上，从而阻碍鱼类呼吸，导致鱼类窒息

死亡。这不仅给渔业造成巨大损失，而且破坏水体的生态平衡。（夏爽）

yiyuanti

衣原体 （chlamydia） 一种个体微小，无运动能力，专性活细胞内寄生的原核微生物。

基本特征 包括：①个体大于病毒，直径为250～500 nm，在光学显微镜下可见；②含有DNA和RNA；③具有细胞壁，但无肽聚糖，只含微量的胞壁酸，由二硫键连接的多肽作为支架；④对多种抗生素敏感；⑤具有一些酶类但不够完善，这些酶缺乏产生代谢能量的作用，它没有合成高能化合物ATP、GTP的能力，必须由宿主细胞提供，因而成为能量寄生物；⑥有独特发育周期，仅在活细胞内以二分裂方式繁殖。

生物学性状 衣原体在宿主细胞内繁殖有特殊生活周期，可观察到两种不同的颗粒结构：①原体（EB）。直径为0.2～0.4 μm的小球形颗粒，有胞壁，内有核质和核蛋白体，是发育成熟的衣原体，为细胞外形式。吉姆萨染色呈紫色，吉姆尼茨染色呈红色。原体具有高度的感染性，在宿主细胞外较稳定，无繁殖能力，通过吞饮作用进入胞内，由宿主细胞膜包围EB形成空泡，原体在空泡中逐渐发育、增大成为网状体。②网状体（RB），或称始体。RB直径为0.5～1.0 μm，圆形或椭圆形。电子致密度较低，无胞壁，代谢活泼，以二分裂方式繁殖。RB为细胞内形式，无感染性，马基维洛染色呈蓝色。RB在空泡内发育成许多子代EB，也称包涵体。成熟的EB从宿主细胞中释放，再感染新的易感细胞，开始新的发育周期，整个发育周期需48～72 h。

培养特性衣原体为专性细胞内寄生，不能用人工培养基培养，可用鸡胚卵黄囊HeLa-299、BHK-21、McCoy等细胞培养。将接种标本的细胞培养管离心，促进衣原体黏附进入细胞；或在培养管内加入二乙氨乙基葡聚糖，以促进衣原体吸附于易感细胞，提高分离培养阳性率。

类型 根据抗原构造、包涵体性质和对磺胺的敏感性，衣原体可分为沙眼衣原体、鹦鹉热衣原体和肺炎衣原体三个种。沙眼衣原体有三个生物变种，即沙眼生物变种、性病淋巴肉芽肿生物变种和鼠生物变种。其中沙眼生物变种有A、B、Ba、C、D、Da、E、F、G、H、I、Ia、J、K等血清型，性病淋巴肉芽肿生物变种有L1、L2、L3、L2a四个血清型。用单克隆抗体识别鹦鹉热衣原体抗原可分为4个血清型。肺炎衣原体只有1个血清型。

抵抗力 衣原体耐冷不耐热，56～60℃仅存活5～10 min，在－70℃可保存数年。0.1%甲醛溶液、0.5%石炭酸30 min可杀死。75%酒精0.5 min可杀死。对四环素、红霉素、螺旋霉素、强力霉素及利福平均很敏感。

致病性 衣原体能产生类似革兰氏阴性菌内的内毒素，静脉注射小白鼠，能迅速使动物死亡。体外试验证明，衣原体表面脂多糖和蛋白能促进其吸附于易感细胞、促进易感细胞对衣原体的内吞作用，并能阻止吞噬体和溶酶体的融合，从而使衣原体在吞噬体内繁殖破坏细胞。受衣原体感染的细胞代谢被抑制，最终被破坏。所致疾病包括以下五种。

沙眼 由沙眼生物变种A、B、Ba、C血清型引起。主要经直接或间接接触传播，即眼-眼或眼-手-眼的途径传播。当沙眼衣原体感染眼结膜上皮细胞后，在其中增殖并在胞浆内形成散在型、帽型、桑葚型或填塞型包涵体。该病发病缓慢，早期出现眼睑结膜急性或亚急性炎症，表现为流泪、有黏液脓性分泌物、结膜充血等症状与体征。感染后期出现结膜瘢痕、眼睑内翻、倒睫、角膜血管翳引起的角膜损害，以致影响视力，最后导致失明。据统计，沙眼居致盲病因的首位。1956年我国学者汤飞凡等用鸡胚卵黄囊接种法，在世界上首次成功地分离出沙眼衣原体，从而促进了有关衣原体的研究。

包涵体包膜炎 由沙眼生物变种D～K血清型引起。包括婴儿及成人两种。前者系婴儿经产道感染，可引起急性化脓性结膜炎（包涵体性脓漏眼），不侵犯角膜，能自愈。成人感染可因两性接触、经手至眼的途径或者污染的游泳池水引起滤泡性结膜炎，又称游泳池结膜炎。病变类似沙眼，但不出现角膜血管翳，亦无结膜瘢痕形成，一般经数周或数月痊愈，无后遗症。

泌尿生殖道感染 经性接触传播，由沙眼生物变种 D ~ K 血清型引起。男性多表现为尿道炎，不经治疗可缓解，但多数转变成慢性，周期性加重，并可合并附睾炎、直肠炎等。女性能引起尿道炎、宫颈炎等，输卵管炎是较严重的并发症。该血清型有时也能引起沙眼衣原体性肺炎。

性病淋巴肉芽肿（LGV） 由沙眼衣原体 LGV 生物变种引起。LGV 通过两性接触传播，是一种性病。男性侵犯腹股沟淋巴结，引起化脓性淋巴结炎和慢性淋巴肉芽肿。女性可侵犯会阴、肛门、直肠，出现会阴-肛门-直肠组织狭窄。

呼吸道感染 由肺炎衣原体及鹦鹉热衣原体引起。肺炎衣原体引起急性呼吸道感染，以肺炎多见，也可致气管炎、咽炎等。鹦鹉热原为野生鸟类及家畜的自然感染，也可经呼吸道传给人，发生呼吸道感染和肺炎。

免疫性 衣原体感染后能诱导机体产生细胞免疫和体液免疫，但保护性不强，作用时间短暂，因此，衣原体的感染常表现为持续感染、反复感染或隐形感染。有些衣原体抗原注入人体后可造成免疫病理损伤。（蒋丽娟）

yizao

衣藻

衣藻（*Chlamydomonas*） 分类上归属于绿藻门（Chlorophyta）绿藻纲（Chlorophyceae）团藻目（Volvocales）衣藻科（Chlamydomoonadaceae）的藻类。

其植物体为游动单细胞，遇不良环境时常形成胶群体，环境适合时则恢复游动单细胞状态；细胞球形、卵形、椭圆形或宽纺锤形等，常不纵扁；细胞壁平滑，不具或具有胶被。细胞前端中央具或不具乳头状突起，具 2 条等长的鞭毛，鞭毛基部具 1 个或 2 个伸缩泡。具 1 个大型的色素体，多数杯状，少数片状、“H”形或星状等，具 1 个蛋白核，少数具 2 个或 2 个以上。眼点位于细胞的一侧，橘红色。细胞核常位于细胞的中央偏前端，有的位于细胞中部或一侧。

营养生殖时细胞进行纵分裂或横分裂。无性生殖以原生质体分裂产生 2 ~ 16 个动孢子。有性生殖为同配、异配，极少数种类为卵式生殖。衣藻生长旺盛时期以无性生殖为主。

衣藻多在有机质丰富的小水体中生长，少数特殊的种类可在 4℃以下的冰雪中生长，呈红、黄或褐色。多在春、秋两季大量生长。细胞内蛋白质含量可达 52% ~58%（干重），可作为生产蛋白质的培养对象。

衣藻属是团藻目最大的一个类群，已报道的种类约 500 种（包括变种）。

（刘国祥　朱欢）

yichuan duxing

遗传毒性

遗传毒性（genotoxicity） 环境中的理化因素作用于有机体，使其遗传物质在染色体水平、分子水平和碱基水平上受到损伤，从而造成的毒性作用。

环境有机污染物的遗传毒性作用机制 包括以下五个方面。

自由基损伤 自由基可以使碱基和脱氧核糖发生化学变化，引起碱基改变、破坏或脱落，脱氧核糖分解，磷酸二酯键断裂等。·OH 与碱基的反应主要有氢抽提、加成和电子转移。自由基攻击脱氧核酸，磷酸二酯键或碱基的破坏或脱落可导致 DNA 链的断裂。例如，香烟烟雾、在生活中炒菜时产生的油烟可导致大量的超氧自由基和羟自由基的产生，其可与各种细胞内大分子反应，尤其可发生 DNA 氧化损伤，最终表现为致突变和致癌。

加合物的形成 DNA 加合物是活性化学物质与细胞大分子之间通过共价键形成的稳定的复合物，可导致 DNA 链受损。多环芳烃（PAHs）、多氯联苯（PCBs）、芳香胺及杂环胺类的遗传毒性都与 DNA 加合物的形成有关。

低氯结合的联二苯的微粒体代谢产物可与小牛胸腺DNA结合。芳香胺及杂环胺类的致癌作用与P-450介导的*N*-羟基化和酯化作用有关。

DNA-蛋白质交联物（DPC）的形成 烷化剂、苯并［*a*］芘［B(*a*)P］等还可通过形成DNA-蛋白质交联物，对DNA构象与功能产生影响，而羟自由基是诱发DPC的重要因素。

平面大分子嵌入DNA链 B(*a*)P可经代谢活化形成反式环氧二醇，导致DNA损伤，亦可以直接嵌入DNA碱基间造成DNA损伤。

修复酶的活性下降及修复关键蛋白的错误表达 超氧化物歧化酶（SOD）、GSH-转移酶和谷胱甘肽过氧化物酶（GSH-Px）的显著减少会导致氧化损伤的加剧。O^6-甲基鸟嘌呤-DNA甲基转移酶（MGMT的甲基鸟嘌呤修复酶）基因突变会导致修复能力下降。参与错配修复的基因和酶包括人Mut S同源基因（hMSH）、人Mut L同源基因（hMLH）、DNA聚合酶β，参与碱基切除修复的DNA连接酶包括8-氧代鸟嘌呤DNA糖基化酶1（8-oxoguanine DNA glycosylase，OGG1）。P53蛋白、Ku蛋白和Rad52蛋白等的错误表达都会引起DNA的损伤及修复能力下降。

环境中主要有机污染物的遗传毒性 包括PAHs、PCBs、有机氯农药和环境中的有机提取物。

PAHs B(*a*)P和其他PAHs为人类前致癌物，需在体内代谢活化后表现出致突变性及致癌性，且硝基化PAHs是空气颗粒物中最重要的致细菌突变组分。不考虑基因型，经B(*a*)P处理的人血淋巴细胞姐妹染色单体交换率（SCE）、染色体畸变率（CA）显著增加，且均表现为浓度依赖。体内试验表明，2-硝基-B(*a*)P与6-硝基䓛可致小鼠肝癌高发（91%～100%）。

PCBs 是一类高亲脂性化合物，其中许多具有致突变性和致癌性。氯化二苯（Aroclor 1221）是一种潜在诱导剂，可引起人淋巴细胞系染色体内基因重组，Aroclor 1221和Aroclor 1260可致小鼠、酵母菌染色体缺失（DEL基因重组）。动物试验表明，大鼠在妊娠第15天给予1 μg/kg体重的四氯代二苯并-对-二噁英（TCDD）后，能引起子代发生乳腺瘤，TCDD与人软组织肉瘤和恶性淋巴瘤有关，亦属环境类激素。

有机氯农药 有关有机氯化合物的致突变性和致癌性的说法不一，但已证实有机氯与某些肿瘤的发生有关，如白血病和一些实体肿瘤（乳腺癌、前列腺癌、肺小细胞癌等）。滴滴涕（DDT）及其代谢产物DDE可致小鼠显性致死试验阳性、大鼠显性致死试验弱阳性；DDE可致中国仓鼠肺（V79）细胞染色体畸变试验阳性，可影响正常和瘤性激素的分泌（体外试验证实*p*,*p*′-DDE是一种雄激素受体拮抗剂）。毒杀芬是一种人工合成氯代烃类杀虫剂，其污染物致突变性检测（Ames试验）阳性，V79细胞SCE试验阳性。

环境中的有机提取物 水系受污染后，水中的有机提取物可致蚕豆根尖微核增加、沙门氏菌TA98移码突变、TA100碱基置换突变等，表现了较强的致突变性，导致水体附近人群的恶性肿瘤高发，平均期望寿命缩短。氯化消毒后的自来水中有机提取物表现出较水源水更强的致突变性，小鼠骨髓微核率、精子畸形率增高。污水灌溉区土壤、深层地下水、污水养殖鱼肉有机提取物均含致突变物质，小鼠骨髓微核试验阳性，污水养殖鱼外周血细胞微核率显著增高，并产生多种发育畸形。汽油车尾气颗粒物及其冷凝物的有机提取物可导致肺部肿瘤和8-羟基脱氧鸟嘌呤核苷（8-OHdG）的生成，以间接致突变为主；柴油车尾气颗粒物则主要表现为直接致突变作用。（张徐祥）

yiyang shengwu

异养生物（heterotrophy） 一种不能固碳而直接利用有机碳作为生长能源，直接或间接以自养生物为食的生物。

异养生物是食物链中的消费者，大部分异养生物为有机化能型，它们通过捕食自养生物或者其他异养生物以获取有机碳，将复杂的有机物（多糖、脂肪、蛋白质等）降解成相对简单的有机物（例如，将多糖降解成单糖、脂肪降解成脂肪酸或甘油、蛋白质降解成氨基酸），并通过氧化多糖、脂类和蛋白质中的碳原子和氢原子释放能量。还有部分异养生物为无机化能型，主要利用无机物质合成三磷酸腺苷（ATP），它们不能固定二氧化碳，所以也没有碳循环，如无色硫细菌和硫酸盐还原菌。异养生物包括所有的真菌和动物，以及大部分原核生物。某些动物（如珊瑚虫）通过与自养生物形成共生关系获得有机碳，而某些寄生植物也会部分或完全地转变成异养生物，例如，肉食植物通过消化动物的蛋白质获取更多氮。

（阳振）

yinyongshui xiaodu fuchanwu

饮用水消毒副产物（disinfection by products，DBPs） 在饮用水消毒过程中化学消毒剂与水中有机物和无机物反应生成的副产物。常用的饮用水化学消毒剂包括氯、氯胺、二氧化氯和臭氧。这些消毒剂具有强氧化性，能与来自河流、湖泊和地下水中的天然有机物、溴、碘以及排放的污染物等反应产生 DBPs。最早报道 DBPs 见于 20 世纪 70 年代，当时发现氯化消毒饮用水中含有三卤甲烷（THMs），并且动物实验证实 THMs 具有致畸和致癌效应。此后相继发现 600 多种 DBPs，目前已确认并定量的 DBPs不到 100 种，大部分的氯化和臭氧消毒副产物仍未知。

DBPs 种类繁多且复杂，与消毒剂、消毒技术和源水的化学组分密切相关。①氯消毒是利用氯气与水快速发生水解反应，生成具有强氧化性的次氯酸或次氯酸盐，进而与腐殖酸、富里酸、藻类及其代谢产物、蛋白质等有机物形成挥发性和非挥发性卤代有机物。②氯胺消毒是指在加氯前先加氨或铵盐，使氯和氨反应生成一氯胺和二氯胺，从而完成氧化和消毒。与氯消毒法相比，氯胺消毒可减少游离氯与溶解性有机质反应生成的 THMs 等致癌物质，能维持更长的余氯时间。③二氧化氯是强消毒剂，且不与腐殖酸类物质反应，饮用水消毒过程中能有效减少 THMs 的产生。④臭氧饮水消毒的有效成分是臭氧和氢氧自由基，会与有机物和无机物反应产生 THMs、卤代硝基甲烷类、溴化 DBPs 和溴酸盐等。

化学消毒在杀死水中致病微生物的同时，所生成的 DBPs 存在诱发癌症和干扰生殖发育等卫生健康风险。大量实验结果显示 DBPs 与肠道、膀胱和肾癌变密切关联。流行病学认为 DBPs 的有害风险来源于直接摄入饮用水和皮肤接触，如游泳和淋浴等。为了降低 DBPs 对公众的潜在危害，各国都颁布相关法规控制饮用水中 DBPs 的含量。

THMs 多产生于氯化消毒过程，美国环境保护局（US EPA）规定 THMs 总质量浓度不超过 100 μg/L，涉及三氯甲烷、溴二氯甲烷、二溴氯甲烷和三溴甲烷四种物质。卤代乙酸化合物（HAAs）是另外一类常见的 DBPs，通常形成于加氯消毒过程。世界卫生组织（WHO）规定 HAAs 质量浓度不超过 60 μg/L，涉及氯乙酸、溴乙酸、二氯乙酸、二溴乙酸和三氯乙酸五种物质。二氧化氯在纯水中相对稳定，但能与饮用水中的无机盐和有机物反应生成亚氯酸盐，我国《生活饮用水卫生标准》（GB 5749—2006）要求亚氯酸盐质量浓度低于 0.7 mg/L。溴酸盐具有强致癌性，细胞和动物实验表明其极易诱导染色体变异，引起肾癌和甲状腺癌等癌变。关于臭氧消毒含溴饮用水产生的溴酸盐，各国普遍规定其质量浓度低于10 μg/L。 （董峰　缪爱军）

yinzaomen

隐藻门（Cryptophyta） 一类单细胞浮游藻类，为真核生物。

形态学和生物学特征 多数具有两根不等长鞭毛，游动速度较快。细胞形状不对称，有背腹之分，长椭圆形或近卵形，前端较宽，钝圆或斜向平截。多数细胞纵扁，腹侧平直或略凹入，背侧略隆起。腹侧前端表面常具有一条向后延伸的凹入，称为纵沟；或一条向细胞内延伸的管状凹陷，称为口沟。纵沟或口沟两侧的细胞表面排列有2至数列短棒状的刺丝胞。两根鞭毛着生于腹侧前端。具有1个或2个大形叶状色素体，其含有的光合色素包括叶绿素a、叶绿素c、藻红素、藻蓝素等。具蛋白核或无。储藏物质为淀粉和油滴。具有一个细胞核，位于细胞后部。多数种类具有1个或2个核型体。核型体被认为是内共生生物退化的细胞核，存在于质体腔内，表面有双层膜，含有DNA。淡水种类具有伸缩泡，位于细胞前端。不具有纤维素细胞壁，细胞表面被内外两层周质体包裹。周质体是隐藻门特有的细胞表面结构，包括分别位于细胞膜两侧的外侧周质体和内侧周质体。内侧周质体有两种形式：一种由形状各异（椭圆形、圆形、长方形、正方形，六边形、七边形和不规则形等）的蛋白质板片相互拼接而成，这些板片通过跨膜蛋白固定在细胞膜上；另一种由一整块蛋白质板片构成，并不由跨膜蛋白固定在细胞膜上。外侧周质体由小块板片或黏液构成。

生殖方式 以有丝分裂为主。有性生活史曾在少数种类中发现。有些种类可通过形成孢囊或黏液包裹的四集藻型来抵御不利的环境条件。

分类 此门仅1纲——隐藻纲，分5科。我国记载仅1科，即隐鞭藻科（Cryptomonadaceae）。隐鞭藻为单细胞，细胞前端斜截形，具有两根鞭毛。多数种类含有色素体，具纵沟和口沟，刺丝胞位于口沟处或细胞周边。常见的有蓝隐藻属（*Chroomonas*）和隐藻属（*Cryptomonas*）。

分布及生活习性 隐藻门种类分布广泛，各种水体均有过报道，尤其在温度较低的水体，经常成为优势类群；全年可见，种群消长迅速，常于静止水体中形成水华。隐藻喜生于有机物和氮丰富的水体，是我国传统高产肥水鱼池中极为常见的鞭毛藻类，是鱼苗良好的开口饵料。有隐藻水华的鱼池，白鲢生长好、快、产量高。隐藻是水肥、水活、水好的标志。

（夏爽　刘国祥）

youbian yuzhong

诱变育种 （mutation breeding） 用物理、化学因素人工诱导生物的遗传特性发生变异，再从变异群体中按照需要选育出新的优良品种的一种育种方法。它是继选择育种和杂交育种之后发展起来的一项现代育种技术，适用于进行个别性状的改良。

沿革 诱变育种始于1927年，当时美国遗传学家Muller和Stadler先后报道了射线能导致生物发生突变。Muller不仅是人工诱变的创始人，也是第一位成功的诱变育种家，1946年Muller因辐射遗传学研究方面的重大贡献而获得诺贝尔生理学或医学奖。20世纪30年代，瑞典的Gustafsson、Nybom和Hagbery等利用辐射得到了大麦突变体。1942年，德国的Freisieben和Lein首次利用诱变方法在大麦抗白粉病育种中取得突破。1950年，诱变突变研究在美国、苏联、荷兰和日本等国兴起。20世纪60—70年代，经诱变而得到的新品种已数不胜数。进入80年代后，诱变育种工作进入了鼎盛时期。

特点 可提高突变频率，扩大变异谱；诱变处理可产生点突变，改变品种的个别不良性状；育种程序简单、速度快；对变异的方向和性质难以进行有效的预测和控制，诱变产生的突变多为劣变，有利变异很少。另外，诱发并鉴定出数量性状的微突变较困难。因此，提高诱变效率、迅速鉴定和筛选突变体以及探索定向诱变的途径，是当前研究的重要课题。

诱变方法 根据采用的诱变因素不同，目前在诱变育种中常用的诱变方法主要有两种：物理诱变（辐射诱变）和化学诱变，近年来空间诱变也得到一定应用。

物理诱变 又称辐射诱变，是用各种射线辐射处理生物材料，包括紫外线、X射线、γ射线、中子、微波、激光和离子束等物理因素，使生物发生染色体突变或基因突变。当通过辐射将能量传递到生物体内时，生物体内各种分子便产生电离和激发，接着产生许多化学性质十分活跃的自由原子或自由基团。它们继续相互反应，并与其周围物质特别是大分子核酸和蛋白质反应，引起分子结构的改变。由此又影响到细胞内的一些生化过程，如 DNA 合成的中止、各种酶活性的改变等，使各部分结构进一步深刻变化，其中尤其重要的是染色体损伤。染色体断裂和重接产生的染色体结构和数目的变异即染色体突变，而 DNA 分子结构中碱基的变化则造成基因突变。那些带有染色体突变或基因突变的细胞，经过细胞世代将变异了的遗传物质传至性细胞或无性繁殖器官，即可产生生物体的遗传变异。

化学诱变 运用能导致遗传物质改变的化学药物——诱变剂处理生物材料，诱发基因突变而获得新的生物变异类型。化学诱变剂主要有烷化剂，常用的有甲基磺酸乙酯（EMS）、乙烯亚胺（EI）、亚硝基乙基脲烷（NEU）、亚硝基甲基脲烷（NMU）、硫酸二乙酯（DES）等；天然碱基类似物，常用的有 5-溴尿嘧啶（BU）、5-溴去氧尿核苷（BudR）等；氯化锂、亚硝基化合物、叠氮化物、碱基类似物、抗生素、羟胺和吖啶等嵌入染料。

空间诱变 利用空间宇宙射线、微重力、高真空、重粒子、交变磁场等因素，并利用宇宙系列生物卫星、科学返回卫星、空间站及航天飞机等空间飞行器搭载农作物种子，使农作物的遗传性发生强烈的诱变，获得地面不可能获得的突变种质材料和资源。太空环境具有高真空、微重力和多种高能粒子辐射等特点，能直接影响生物的生存、生长、发育、衰老甚至癌变，引起菌种的 DNA 分子的变异和重组、植物细胞染色体畸变频率增加以及同工酶变异和基因突变，而且在微重力条件下辐射的诱变作用将会加强。它的突出特点是：有益突变多、变异幅度大、稳定快，从而得到生物效价更高的高产菌种；是培育高产、优质、早熟、抗病农作物新品种、新种质资源的新途径；能明显加快育种进程、缩短育种周期，提高育种效益。

诱变材料 诱变处理的材料宜选用综合性状优良而只有个别缺点的品种、品系或杂种。由于材料的遗传背景和对诱变因素的反应不同，出现有益突变的难易各异，因此进行诱变处理的材料要适当多样化。由于不同科、属、种及不同品种植物的辐射敏感性不同，其对诱变因素反应的强弱和快慢也各异。例如，十字花科白菜的辐射敏感性小于禾本科的水稻、大麦，而水稻、大麦的敏感性又小于豆科的大豆。另外，辐射敏感性的大小还同植物的倍数性、发育阶段、生理状态和不同的器官组织等有关。例如，二倍体植物大于多倍体植物，大粒种子大于小粒种子，幼龄植株大于老龄植株，萌动种子大于休眠种子，性细胞大于体细胞等。

诱变剂量 根据诱变因素的特点和作物对诱变因素敏感性的大小，在正确选用处理材料的基础上，选择适宜的诱变剂量是诱变育种取得成效的关键。适宜的诱变剂量是指能够最有效地诱发作物产生有益突变的剂量，一般用半数致死剂量（LD_{50}）表示。不同诱变因素采用不同的剂量单位。X 射线、γ 射线吸收剂量以戈瑞（Gy）为单位，照射剂量以伦琴（$1\ R = 2.58 \times 10^{-4}\ C/kg$）为单位，中子用注量表示。同时要注意单位时间的照射剂量（剂量率、注量率）以及处理的时间和条件。所产生的变异绝大多数不能遗传，所以，辐射后的早代一般不急于选择。

对微生物的诱变育种 首先进行菌株对诱变剂的敏感性、变异幅度、产量等的综合考虑，一般选取多株野生型菌株，选择合适的诱变剂和剂量进行诱变育种，检测突变性状，然后通过多次传代，获得遗传稳定的变异细胞。某一菌株长期使用诱变剂之后，除产生诱变剂“疲劳效应”外，还会引起菌种生长周期延长、孢子量减少、代谢减慢等，这对发酵工艺的控制不利，在实际生产中多采用几种诱变剂复合处理、交叉使用的方法进行菌株诱变。

应用 诱变育种的成果主要体现在作物育种和微生物育种两方面。

作物育种 目标致力于早熟、抗病、高产、优质。一般用具有某种优良品质的品种作基础，通过诱变，从中选出保持（甚至超过）该优良品质并出现新的优良品质的突变体。可遗传的好性状一经获得便可育成品种或种质资源。

微生物育种 目标在于获得高产菌株或者获得高效污水处理菌种。许多生化药物如核苷酸、酶制剂、氨基酸、抗生素等，常常用微生物发酵法来进行工业化生产。诱变育种可以逐渐提高药物产量，从而进一步降低成本。微生物育种技术也被运用到污水处理中。例如，采用物理、化学相结合的方法对从污水处理菌群中分离出来的芽孢杆菌属的菌种进行诱变，通过选育具有特殊性状的微生物可以得到高抗盐的突变株，来进行难降解物质的降解。

（施丽梅）

yuxingzao

鱼腥藻 （*Anabaena*）

一种具有异形胞分化，而无真分枝丝状体的丝状蓝藻，属于蓝藻门（Cyanophyta）蓝藻纲（Cyanophyceae）念珠藻目（Nostocales）念珠藻科（Nostocaceae）鱼腥藻亚科（Anabaenoideae）。鱼腥藻属创建于1822年，以类颤鱼腥藻（*Anabaena oscillarioides* Bory）为模式种。

藻体为单一丝状体，或不定型胶质块，或柔软膜状。藻丝体呈黄绿色或浅绿色，有的具有气囊，有的具有胶鞘。藻丝等宽或末端尖细，不分枝，直或者有不规则的螺旋形弯曲。营养细胞为球形、扁球形或桶形，细胞横壁收缢。异形胞常为间位。孢子一个或几个成串，紧靠异形胞或位于异形胞之间。鱼腥藻可以分为固着性鱼腥藻和浮游性鱼腥藻两种类型，其主要区别为是否具有气囊。

鱼腥藻种类繁多且分布广泛，占整个蓝藻种类的5%左右，在湖泊、海洋、河流、荒漠、高山等各种生境均有分布。目前公认的鱼腥藻种类已经超过100种。因其种类繁多，早在1886年，就将这个属的漂浮种类划分为该属的一个单独的组（*Anabaena* Bory Sect. *Dolichospermun*）。2009年，根据现代分子学分析结果，将漂浮性鱼腥藻作为独立的遗传实体从鱼腥藻属独立出来，形成一个新属，为长孢藻属（*Dolichospermum*）。虽然并没有对漂浮性鱼腥藻的所有种类进行验证，但是长孢藻属作为新属已经逐渐地在蓝藻分类学界被采纳。

作为固氮蓝藻的代表，鱼腥藻在地球氮循环中起着重要作用，并被用作生物固氮肥料和蛋白饲料添加剂等。但鱼腥藻属中很多种类都能形成蓝藻水华，且该属是国内外报道形成水华的蓝藻种类最多的一个属。此外，鱼腥藻中的一些种类能产生鱼腥藻毒素和异味物质，会对环境和公共安全造成隐患。

（史小丽）

yuanhe shengwu

原核生物 （prokaryote）

无成型细胞核的单细胞生物。虽然一些微生物在其生活史中有多细胞群体阶段（如蓝藻），但这些原核生物被认为是单细胞组成的群体，而不是严格的多细胞生物。除核糖体外，原核生物没有其他任何完整膜结构的细胞器，细胞内所有的水溶性物质（蛋白质、DNA、代谢物）都位于细胞膜的同一区域，而不是分散在不同的细胞组织中。除少数能达到数百微米外，大部分的原核生物个体都很小，直径只有几微米。原核生物主要包括细菌和古菌两大类，古菌通常只生长在极端环境中。细菌和古菌是通过二分裂或者出芽的无性生殖方式进行生殖的，这个过程中也存在遗传物质交换和重组，但主要是基因的水平转移，而不发生复制。

原核生物最早出现在大约35亿年前，也就是地壳形成10亿年后。一般而言，在进化史中原核生物的出现被认为比真核生物要早，但有的学者认为现存的原核生物可能是由复杂的真核生物特化而来的，也有的学者认为原核生物与真核生物是同时出现的，在进化树中一开始就是独立的两个分支。

原核生物在长期的进化过程中形成了丰富的多样性，它们的新陈代谢比真核生物要多变，这导致许多不同类型原核生物的出现。原核生物的生态分布极其广泛，生理性能也极其复杂。有的种类能在饱和的盐溶液中生活，有的则能在蒸馏水中生存；有的能在0℃下繁殖，有的以70℃为最适温度。有的是完全的化能无机异养菌，以二氧化碳为唯一碳源；有的只能在活细胞内生存。在进行光合作用的原核生物中，有的放氧，有的不放氧；有的原核生物能在 pH 为 10 以上的环境中生存，有的只能在 pH 为 1 左右的环境中生活。有的原核生物只能在氧气供应充足的环境中生存，而有的却容易受到氧的毒害。有的原核生物可利用无机氮，有的却需要有机氮才能生长；还有的能利用分子态氮作为唯一的氮源等。（阳振）

yuanjiazao

原甲藻（*Prorocentrum*） 属于原甲藻目（Prorocentrales）原甲藻科（Prorocentraceae）的藻类，是甲藻门的一个海产属。原甲藻是海洋近海水域比较常见的甲藻类群，也是发生频率较高的有害赤潮生物种类之一。细胞卵形或略呈心形，左右侧扁。鞭毛 2 根，自细胞前端两半壳之间伸出。在鞭毛孔旁两半壳之间或在一个壳上有一齿状突起。壳面上除纵裂线两侧外，布满孔状纹。鞭毛基部有 1 个细胞核或1 ~ 2 个液泡。色素体两个，片状侧生或者粒状。

原甲藻在世界范围广泛分布，是太平洋沿岸形成赤潮的主要物种。少数原甲藻种类不仅可引发赤潮，而且会产生各种毒素，如腹泻性贝毒素和西加鱼毒素等。在我国海域最为常见的是东海原甲藻（*P. donghaiense*）、海洋原甲藻（*P. micans*）、微小原甲藻（*P. minimum*）和利玛原甲藻（*P. lima*）。东海原甲藻是近年来在我国东海赤潮高发区连续出现的主要赤潮生物，其发生的规模往往达数千平方千米。海洋原甲藻也是我国近岸水域常见赤潮种，细胞密度可达 $10^7 \sim 10^8$ 个/L。微小原甲藻是在我国海域广泛分布的近岸种，可以产生腹泻性贝毒。利玛原甲藻在我国台湾海域、南海常有发现，该种也可产生腹泻性贝毒，对海洋生物和人体具有潜在危害性。（夏爽　刘国祥）

yuansheng dongwu

原生动物（protozoa） 一类最原始、最简单、最低等的单细胞动物。原生动物的细胞具备一般细胞的基本结构，即细胞质、细胞膜、细胞核；然而从生理上看很复杂，其具有维持生命和延续后代所必需的一切功能，如行动、营养、呼吸、排泄、生殖等，这些功能是由内特化的各种细胞器来承担的。因此，原生动物的细胞是一个复杂的高度集中的生命单位，是一个完整的有机体。

随着超微结构和分子生物学的发展，研究发现通常认为的原生动物彼此之间并不一定有亲缘关系。从生物学的观点来看，它们并非属于一个自然的类群。因此，无法从系统发育和分类上给出原生动物正确的定义，而只能根据单细胞、有核膜组分细胞核、大多数要在显微镜下才能观察到、异营养型、小的有机体等特征把它们归纳在一起，在某种程度上说，原生动物范畴主要是依据最初人们对该类生物的认识而人为主观地进行划分的。

形态学和生物学特征 包括以下内容。

形状 从形态学观点来看，对原生动物的形态很难定义。一方面，浮游的种类如太阳虫目（Heliozoa）形体呈球形，而那些主动游泳以取得食物的种类如草履虫，则身体趋于延长。另一方面，下毛目的类群呈扁平状以取食底部碎屑，而黏着类型的纤毛虫则进化成圆锥形和卵形。有些种类身体是不对称的，如变形虫，其形态总是在不断变化。而有些种类身体是对称的，如寄生鞭毛虫贾第虫属（*Giardia*）以及六鞭毛虫属（*Hexamita*）的种类。还有些种类是辐射对称的，如放射虫（Radiolarian）。

大小 最小的种类体长仅有 2 ~ 3 μm，例如，寄生于人及脊椎动物网状内皮系统细胞内的利什曼原虫（*Leishmania*）。在淡水中常能见到的旋口虫（*Spirostomum*）可达 3 mm 长，肉眼能见。新生代时期的一种有孔虫化石——货币虫（*Nummulites*），有 19 cm 长。

颜色 自然界中，绝大部分原生动物身体为无色、半透明。但是也有一部分原生动物的身体是有颜色的，如天蓝喇叭虫、绿草履虫。

营养 原生动物的营养方式多种多样，几乎包括生物界的所有营养方式，即全植型营养、全动型营养、腐生型营养和混合型营养。

呼吸 绝大多数原生动物进行有氧呼吸，它们没有专门的呼吸胞器或呼吸色素，但是能通过细胞膜与外界进行气体交换，呼出二氧化碳，吸入氧气。

渗透压调节 原生动物渗透压的调节主要是靠伸缩泡，伸缩泡的工作过程主要分为两个阶段：伸缩阶段和收缩阶段。淡水原生动物的细胞质渗透压高于周围的介质，水分会不断透过原生动物的表膜扩散到细胞质中；它们必须不断地排出多余的水分，以免细胞被胀破。因此除了腰鞭毛虫（*Dinonagellates*）之外，几乎所有的淡水原生动物都具有一个或多个伸缩泡。海洋原生动物几乎生活在等渗环境中，因此海洋中的肉足虫和鞭毛虫一般没有伸缩泡，不过多数海洋纤毛虫是有伸缩泡的，这可能是海洋纤毛虫多由淡水种类进化而来的缘故。寄生的原生动物由于生活在渗透压较高的环境中，因此也没有伸缩泡。

排泄与分泌 原生动物在新陈代谢过程中会产生含氮废物，其排出途径主要有两种：一是像二氧化碳一样从体表扩散出去，二是溶于水中的含氮废物被伸缩泡排出。很多原生动物具有向外分泌各种物质的功能。有很多原生动物能够向外分泌黏液，以助于运动和取食，还有一些原生动物通过分泌作用形成壳、柄、骨骼、鞘等构造。有些原生动物的壳或鞘完全是由它们的分泌物组成的，如肉足虫中的表壳虫属（*Arcella*）。

运动 主要是通过运动胞器来进行运动，因此原生动物的运动方式与运动胞器有密切关系。原生动物的运动形式主要有伪足运动、鞭毛运动、纤毛运动。

生殖 原生动物生命活动中有不同形式的生殖过程，概括起来可分为无性生殖和有性生殖。无性生殖的方式有二分裂、复分裂、出芽；有性生殖的方式有配子配合、配母细胞配合、接合生殖、自体受精。

分类 1980 年国际原生动物学家协会进化分类学委员会发布的原生动物分类系统方案被正式采用。根据这一系统将原生动物定为亚界，隶属于原生生物界，它包括7个门，即肉鞭虫门（Sarcomastigophora）、盘蜷虫门（Labyrinthomorpha）、顶复门（Apicomplexa）、微孢子门（Microspora）、囊孢子门（Ascetospora）、黏体动物门（Myxozoa）和纤毛门（Ciliophora）。

分布及生活习性 原生动物在地球上分布极广。从海洋、江、河、湖、池、山泉、溪流、沼泽、临时积水、冰上、雪上、盐池到土壤、苔藓、树叶上的水珠，只要是有水的地方，甚至其他动物的黏液、血液中都有原生动物。在空气中即使没有水滴，也有原生动物的孢囊。全世界已知的原生动物有 6 万多种，其中一半以上是从化石中发现的。在淡水中自由生活的原生动物为 5 000 ~ 6 000 种。

原生动物与人类社会的关系 包括以下三方面。

原生动物与人和家畜的关系 世界卫生组织（WHO）提出的 6 种人类重要的热带病中，由寄生原生动物引起的占 3 种，即疟疾、锥虫病和利什曼病。此外，还有贾第虫病、弓形虫病、梨浆虫病、肺孢子虫病、隐孢子虫病、肉孢子虫病等都是由原生动物所引起的。目前经调查人兽共患寄生虫病有 93 种。

原生动物与石油资源的关系 在古生物法石油勘探中主要依靠微体化石，而微体化石中原生动物的化石又占了主要部分。因此，在海洋和内陆的石油资源勘探中微体古生物起了很重要的作用。海洋微体古生物主要包括有孔虫、放射虫、介形虫、翼足虫和硅鞭毛虫等原生动物。

原生动物与环境保护的关系 原生动物由于个体小、世代时间短、对环境变化反应灵敏，因此可以利用原生动物群落结构和功能参数的变化，对河流、湖泊、水库、海洋水质进行监测。在污水处理方面，原生动物是很好的指示生物，着生的缘毛类纤毛虫数量多时，指示污水处理效果良好，即出水五日生化需氧量（BOD_5）和浑浊度较低。 （王洪铸）

Z

zao-jun gongsheng tixi

藻菌共生体系 （algae-bacteria symbiotic system） 利用藻类和细菌两类生物之间的生理功能协同作用来净化污水的淡水生态系统。

藻类是自养型生物和水体的初级生产者，其通过叶绿素的光合作用，利用水中 CO_2 和 NH_4^+、PO_4^{3-} 等营养物质，合成自身细胞物质并释放出 O_2，产生有机物质。许多藻类对水中的重金属和有机物还有吸收富集作用。因此，藻类可用于去除污水中的氮、磷营养物及重金属离子等污染物。好氧细菌则利用水中 O_2 对有机污染物进行分解、转化，产生 CO_2 和水，对含氮有机物进行氨化，继而进行硝化，生成氨氮、亚硝酸盐和硝酸盐；将含磷有机物最后降解为正磷酸盐，进而促进藻类的生长繁殖。将藻类对污水中氮磷营养物和有机物的摄取去除功效与细菌强大的污染物降解能力有效地结合起来，从而形成藻类和细菌复杂的共生体系，如此循环往复，实现污水的生物净化作用。藻菌共生体系处理污水的效率取决于太阳能辐射量、温度、污染程度（负荷与毒性）和停留时间等多种因素。

藻菌共固定化技术利用菌和藻的协同作用，对污染物的去除可以达到很好的效果。固定化改变了细胞的游离存在形式，固定化后生物体具有一定的颗粒尺寸、强度、多孔性、亲水性和化学惰性等。藻菌共生的固定化分为外固定化和内固定化两种形式。外固定化是通过载体表面与藻菌细胞表面之间存在的物理吸附和化学键作用，使得藻类和细菌附着在载体表面生长而形成藻菌共生生物膜，该生物膜通过吸收转化污水中的氮磷营养物和有机物净化污水。内固定化就是把藻类细胞和细菌细胞按一定比例与固定化材料混合固化形成多孔隙凝胶，藻菌细胞即在这些凝胶孔隙中生长繁殖、代谢转化氮磷营养物质和有机物从而净化水质。

沿革 污水处理中的藻菌共生体系，作为环境生物学的一个新的概念，是 20 世纪 50 年代以来从氧化塘法的研究中逐渐形成的。H. E. 路德维希、H. B. 戈塔斯和 W. J. 奥斯瓦尔特等首先研究了氧化塘中的藻菌共生和藻类光合放氧问题，随后许多学者对藻菌共生体系进行了基础理论和实际应用的研究。70 年代以后，逐步深入该体系的生物种类及其生理生化特征、处理污水的作用机理、运转规律、方程式推导和数学模拟等方面。

基于藻菌共生体系的原理，出现了高效藻类塘和藻菌共固定化技术等在污水处理中的应用。高效藻类塘是美国加州大学伯克利分校的奥斯瓦尔特和戈塔斯等于 20 世纪 50 年代末对传统稳定塘进行改进而发展起来的一种污水处理技术，其中的藻菌共生体系有比一般稳定塘更加丰富的生物相，依靠的是藻类自然生长和半人工控制相结合的方法，其去除氮、磷的效率较普通稳定塘高，且投资省、维护管理简单，非常适合于经济相对落后、缺乏环保专业人员的农村地区生活污水的处理。1962 年 R. E. 麦金尼设想建立一种用于处理污水的絮凝藻菌共生体系，实际上就是在特定的构筑物中在人工控制条件下培育成的藻菌共生体系，用以处理污水。1965 年 V. N. 瓦伯赫首先创立“活性藻类”法，后来 E. C. 麦克里夫等对“活性藻类”运转的基本参数和处理效果进行了实验研究，结果表明活性藻类对营养元素（氮、磷）、有机废物的去除，对生化需氧量（BOD）和化学需氧量（COD）的降低性能都比较理想，从而认为受控的藻菌共生体系是一种有效的污水处理方法。

应用 采用氧化塘天然藻菌共生体系治理污染已经取得成效，利用受控的藻菌共生体系处理高浓度氨态氮废水、印染废水和炼油废水，以及受多种农药、化工废水严重污染的湖水等，效果显著。藻菌共生体系的原理现已成为氧化塘法处理污水的理论基础，以及设计和管理氧化塘的依据。藻菌共生体系不仅能明显去除 N、P、有机物，降低 BOD 和 COD 等，而且在控制和净化大肠杆菌、诱变活性物质和病毒方面也同样具有显著效果。

利用藻菌共生体系处理污水，还可以达到综合利用的目的，即可以通过回收有经济价值的藻类和渔获物，将污水中的废弃物质变成有用资源。例如，中国传统上利用生活污水养鱼就是利用天然藻菌共生体系处理污水并回收渔产品的方法。但是在处理有毒废水时，应慎重对待回收产品的残毒积累问题。（施丽梅）

zhenhe shengwu

真核生物（eukaryote） 细胞内具有完整细胞核的单细胞生物或多细胞生物，包括所有的动物、植物、真菌，以及其他具有由膜包裹着的复杂亚细胞结构的生物。真核生物与原核生物的根本区别是前者的细胞内含有成型的细胞核，因此以“真核”来命名这一类细胞。许多真核细胞中还含有其他细胞器，如线粒体、叶绿体、高尔基体等。

由于真核细胞具有细胞核，因此，真核细胞的细胞分裂过程与没有细胞核的原核生物大不相同。在进化上真核生物是单源性的，属于三域系统中的真核生物域。由于真核生物与古菌在一些生化性质和基因相关性上具有一定相似性，因此，有时也将这两者共同归于 Neomura 演化支。科学家认为，根据基因证据，真核生物是细菌与古菌的基因融合体，是某种古菌与细菌共生、异种结合的产物。

最原始真核生物的直接祖先很可能是一种异常巨大的原核生物，体内具有由质膜内褶而成的近似内质网的内膜系统和原始的微纤维系统，能够做变形运动和吞噬。随着染色质被内膜系统的一部分包围，形成了最原始的细胞核。内膜系统的其他部分则分别发展为高尔基体、溶酶体等细胞器。按照“内共生说”，线粒体起源于胞内共生的能进行氧化磷酸化的细菌，而叶绿体则起源于胞内共生的能进行光合作用的蓝细菌。

美国学者 R. W. 惠特克于 1969 年把生物分为五界，其中原生生物界、真菌界、植物界和动物界为真核生物。原生生物界包括原生动物、单细胞藻类和单细胞真菌。真菌界营腐生或寄生生活，多数种类细胞有几丁质构成的细胞壁，菌体多由菌丝组成。植物界有叶绿体，能进行光合作用，细胞有纤维素构成的细胞壁。动物界营摄食或捕食生活，多数种类能运动，细胞无壁，有复杂的胚胎发育过程。（阳振）

zhenhe weishengwu

真核微生物（eukaryotic microorganism） 具有真正细胞核（核质和细胞质之间存在明显核膜），能进行有丝分裂，细胞质中存在线粒体或同时存在叶绿体等细胞器的微小生物，包括菌物界的真菌、黏菌，植物界中的微型藻类和动物界中的原生动物。

真核细胞和原核细胞相比，其个体形态更大，结构更为复杂，细胞器的功能更为专一。它们已发展出许多由膜包围着的细胞器，如内质网、高尔基体、溶酶体、微体、线粒体和叶绿体等，更重要的是，它们已进化出有核膜包围着的完整的细胞核，其中存在着构造极其精巧的染色体，它的双链 DNA 长链已与组蛋白等蛋白质密切结合，以更完整地执行生物的遗传功能。

真核微生物中的真菌和藻类都有细胞壁，对细胞起保护作用，但它的化学成分同原核微生物细胞壁差别很大。真菌细胞壁一般由纤维素或几丁质等多糖组成。许多藻类细胞壁主要成分是纤维素，有的则含其他多糖或大量硅和钙；硅藻细胞壁主要含二氧化硅，珊瑚藻的细胞壁中有碳酸钙。黏菌和原生动物通常没有细胞壁，细胞可以改变形状。真核细胞含有细胞质膜，主要是双层磷脂结构，蛋白质镶嵌其间。真核微生物有定形的细胞核，核由两层厚度为7 ~ 8 nm的膜包裹。核膜上有许多小孔，是细胞核与细胞质间进行物质交流的选择性通道。真核细胞含80S核糖体，由60S和40S两个亚单位组成，大小两个亚单位在核仁中合成后，输送到细胞质中进行蛋白质合成。真核细胞染色体由含DNA和蛋白质成分的染色质组成，它只在细胞分裂时在显微镜下可见。真核细胞的许多重要功能是由一些细胞器进行的。线粒体和叶绿体是两种重要的细胞器，前者进行能量代谢，后者进行光合作用。一些真核微生物具有鞭毛和纤毛，它们是细胞运动和感受的细胞器，纤毛还有运输物质通过细胞表面的作用，鞭毛或纤毛的运动需要消耗ATP。

真核微生物在自然界中广泛存在，与人类关系密切。例如，*酵母菌*可用于酒类的生产、面包的制作、乙醇和甘油发酵、石油及油品的脱蜡，饲用、药用和食用*单细胞蛋白*的生产，从菌体中可提取生化药物和试剂，制成的酵母膏还可用作培养基等的原料。此外，在*基因工程*中酵母菌还作为最好的模式真核微生物被用作表达外源蛋白功能的优良“工程菌”。*霉菌*分布广泛，可以把其他生物难以分解利用的数量巨大的复杂有机物如纤维素和木质素等彻底分解转化，成为绿色植物可以重新利用的养料，促进了整个地球上生物圈的繁荣发展。不少真核微生物可以食用或药用，少数会引起人或动物的疾病。（*史小丽*）

推荐书目

周德庆．微生物学教程．2版．北京：高等教育出版社，2002.

吴柏春，熊元林．微生物学．武汉：华中师范大学出版社，2006.

zhenjun

真菌　（fungus）　*真核生物*中的一大类群，包含*酵母菌*、*霉菌*之类的微生物及菇类。真菌的细胞壁多数含几丁质；营养方式为异氧吸收型；以产生大量无性和（或）有性孢子的方式进行繁殖；陆生性较强。

形态学和生物学特征　真菌是重要的真核微生物，无叶绿素、不能进行光合作用，是典型的*异养生物*，必须与别种生物借由寄生、腐生或者共生方式来吸取生活需要的养分。真菌常为丝状和多细胞的有机体，主要依靠营养菌丝（酵母菌除外）来吸收营养物质。真菌的菌丝有四种：气生菌丝、营养菌丝、匍匐菌丝、直立菌丝。大部分的真菌并不显眼，会以保护色生活在土壤内、腐殖质上以及和植物、动物或其他真菌共生。部分菇类及霉菌可能会在结成孢子时变得较显眼。

分类　真菌的分类是不断在变动的，特别是在以DNA比对为基础的最近的研究之中。2007年科学家通过真菌界分类法将真菌界分成以下七个门，其中的子囊菌门及担子菌门归于双核亚界之中。

微孢子门　为寄生虫，主要寄生在昆虫的消化道上皮细胞以及鱼类的皮肤和肌肉中，也见于环节动物和某些其他无脊椎动物体内。感染的特点是病变组织肿大。

壶菌门　分布在世界各地。壶菌会产生游动孢子，可以在液体中以单一鞭毛自主地移动，这使早期的分类学家误以为它们是单细胞生物。由核糖体内的rRNA序列分析表明壶菌是真菌的早期分枝谱系。壶菌门行合子减数分裂。

芽枝霉门　之前被认为是壶菌门的一个分支。然而，最近的分子资料及超微构造上的特征将芽枝霉门归为接合菌门、球囊菌门及双核亚界的旁系群。芽枝霉门是腐生生物，通过分解有机物质来获取养分。芽枝霉门行孢子减数分裂。

新丽鞭毛菌门 之前归于壶菌门内。此门内的真菌为厌氧生物，生存于大型草食性哺乳动物的消化系统内，也可能生存于其他的地上及水中环境里。新丽鞭毛菌门缺乏线粒体，但含有氢化酶体。作为壶菌门的近亲，新丽鞭毛菌门也会产生游动孢子，其孢子有单一后鞭毛或多鞭毛等类型。

球囊菌门 会形成丛生菌根，侵入植物的根部细胞，与植物共生，以增加养分的供给，使双方都获得好处。所有已知的球囊菌门的物种皆行无性生殖。球囊菌门和植物之间的共生关系久远，可追溯至4亿年前。

子囊菌门 真菌界中最大的分类类群。此类真菌会产生减数分裂的孢子，称为囊孢子，被包在称为子囊的特化囊状构造中。子囊菌门包含牛肚菌、一些菇类及松露、单细胞的酵母[如酵母菌属（*Saccharomyces*）、克鲁维酵母属（*Kluyveromyces*）、毕赤酵母属（*Pichia*）及假丝酵母属（*Candida*）]，以及其他营腐生、寄生及共生的丝状真菌。丝状的子囊菌门生物中较显著及重要的属包括曲霉属（*Aspergillus*）、青霉菌（*Penicillium*）、镰孢菌属（*Fusarium*）和麦角菌属（*Claviceps*）。许多子囊菌门的物种只被观察到行无性生殖，但通过在基因产物上的分析则时常能确认出其有性世代。因为减数分裂所产生的孢子会留在囊状的子囊内，子囊菌门物种曾被作为生物材料用来研究生物的遗传学规律（如粉色面包霉菌）。

担子菌门 会在称为担子的柄上产生称为担孢子的孢子。最常见的菇类属于此类群，柄锈菌（*Puccinia*）及黑穗菌（*Ustilago*）等主要的谷物病原体也属于此类群。其他重要的担子菌门生物还包括玉米病原体[玉米黑穗菌（*Ustilago maydis*）]、与人类偏利共生的属[马拉色菌属（*Pityrosporum*）]及会机会性感染人类的病原体[新型隐球菌（*Crytococcus Neoformans*）]。

作用和危害 真菌是自然界的主要分解者，在有机物的分解中扮演着极重要的角色，对养分的循环及交换有着基础性作用。但真菌也会使人类及其他动物致病。许多真菌会产生有生物活性的物质，称为霉菌毒素，如生物碱和聚酮，对包括人类在内的动物有毒。真菌病（如稻热病）或食物腐败引起的作物损失会对人类的食物供给和区域经济产生很大的影响。

应用 真菌很久以前便被当作直接的食物来源、面包的膨松剂及用于发酵各种食品，如葡萄酒、啤酒及酱油等。1940年以后，真菌也被用来制造抗生素，而现在，许多的酶是由真菌生产的，并应用在工业生产上。真菌还被当作生物农药，用来控制杂草、植物疾病及害虫。

（史小丽）

zhenxijun

真细菌 （eubacteria） 除古菌以外的所有细菌。真细菌多数为单细胞，呈球状、卵圆形、杆状或螺旋状，有的含细菌色素，具有坚韧的细胞壁，外形较固定。有非运动型或极生鞭毛和周生鞭毛运动型。真细菌包括链球菌、芽孢杆菌、大肠杆菌、乳杆菌等。

真细菌域的微生物属于原核生物，具有拟核。拟核是原核生物细胞内DNA分子所在区域，由一个环状DNA分子卷曲折叠而成；DNA不与蛋白质结合，无染色体或染色质，没有核膜包围。原核细胞直径为1～10 μm。多数原核生物细胞膜外有一层细胞壁保护着，主要成分为肽聚糖。细胞质中仅有核糖体以及各种内含物，如糖原颗粒、脂肪颗粒。某些原核生物中有中膜体，它是由质膜内陷褶皱折叠而成的，其中有小泡和细管样结构，含有琥珀酸脱氢酶和细胞色素类物质，与能量代谢有关。分裂方式多为无丝分裂。

卡尔·沃斯在1977年提出三域系统的生物分类，将原核生物分成了两大类，起初称为真细菌和古菌。卡尔·沃斯依据16S rRNA序列上的差别，认为这两组生物和真核生物是从一个具有原始遗传机制的共同祖先分别进化而来，因此将三者各划为一类，作为比界高的分类系统，称作“域”或者“总界”。1990 年，卡尔·沃斯为了避免把古菌也看作是细菌的一类，又把三域改称为细菌、古菌和真核生物。然而，RNA 树有可能将进化太快的类群放错位置（如微孢子虫）。也有人认为生物的根应该在真细菌之内，因为很多真细菌的类群在古菌之前分支出来，很晚古菌和真核生物才彼此分开。（武俊）

zhiyuanti

支原体

支原体 （mycoplasma） 一类无细胞壁的原核生物，也是整个生物界中尚能找到的能独立营养的最小型生物。支原体广泛分布于自然界，有 80 余种。与人类有关的支原体有肺炎支原体（*M. pneumonie*，MP）、人型支原体（*M. humenis*，MH）、解脲支原体（*Ureaplasma urealyticum*，UU）和生殖器支原体（*M. genitalium*，MG）等。

形态结构 支原体细胞大小为 0.2 ~ 0.3 μm，无细胞壁，不能维持固定的形态而呈现多形性，因此能够通过细菌滤器，常给细胞培养工作带来污染的麻烦。支原体革兰氏染色呈阴性。细胞膜中胆固醇含量较多，约占 36%，对保持细胞膜的完整性具有一定作用。凡能作用于胆固醇的物质（如两性霉素 B、皂素等）均可引起支原体膜的破坏而使支原体死亡。支原体基因组为一环状双链 DNA，分子量小（仅有大肠杆菌的 1/5），合成与代谢很有限。肺炎支原体的一端有一种特殊的末端结构，能使支原体黏附于呼吸道黏膜上皮细胞表面，与致病性有关。

生殖方式 一般以二等分裂方式进行繁殖。

生化反应与分型 一般能分解葡萄糖的支原体不能利用精氨酸，能利用精氨酸的则不能分解葡萄糖，据此可将支原体分为可利用葡萄糖和可利用精氨酸这两种生理类型。解脲支原体不属于这两种生理类型，其不能利用葡萄糖或精氨酸，但可利用尿素作能源。各种支原体都有特异的表面抗原结构，很少有交叉反应，具有特异性。应用生长抑制试验（growth inhibition test，GIT）、代谢抑制试验（metabolic inhibition test，MIT）等可鉴定支原体抗原，并进行分型。

抵抗力 支原体对热的抵抗力与细菌相似。对环境渗透压敏感，渗透压的突变可致细胞破裂。对重金属盐、苯酚、来苏尔和一些表面活性剂较细菌敏感，但对醋酸铊、结晶紫和亚锑酸盐的抵抗力比细菌大。对影响细胞壁合成的抗生素如青霉素不敏感，但对于红霉素、四环素、链霉素及氯霉素等作用于核蛋白体的抗生素敏感。

致病性与免疫性 支原体不侵入机体组织与血液，而是在呼吸道或泌尿生殖道上皮细胞黏附并定居后，通过不同机制引起细胞损伤，例如，获取细胞膜上的脂质与胆固醇造成膜的损伤，释放神经（外）毒素、磷酸酶及过氧化氢等。

巨噬细胞、免疫球蛋白 G（IgG）及免疫球蛋白 M（IgM）对支原体均有一定的杀伤作用。呼吸道黏膜产生的分泌型免疫球蛋白 A（SIgA）抗体已证明有阻止支原体吸附的作用。在儿童中，致敏淋巴细胞可增强机体对肺炎支原体的抵抗力。

污染的来源 支原体污染的来源包括工作环境的污染、操作者本身的污染（一些支原体在人体中是正常菌群）、培养基的污染、被支原体污染的细胞造成的交叉污染、实验器材带来的污染和用来制备细胞的原始组织或器官的污染。组织细胞培养工作中，主要从控制环境污染、严格实验操作、细胞培养基和器材要保证无菌、在细胞培养基中加入适量的抗生素等几个方面来预防支原体的污染。一旦支原体污染细胞后，特别是重要的细胞株，有必要清除支原体，常用方法有抗生素处理、抗血清处理、抗生素加抗血清和补体联合处理。

感染与致病机理 致病支原体中，肺炎支原体可引起支原体肺炎，人型支原体、解脲支原体和生殖器支原体主要造成泌尿生殖道感染。支原体肺炎又称原发性非典型肺炎，全年均可发病，以冬季多见，可有小流行。支原体肺炎虽然病程较长，肺部病变较重，炎症吸收较慢，但绝大多数预后都是良好的，合并症亦少。人型支原体能引起渗出性咽炎及尿道炎，也与卵巢脓肿、产褥热等有关。解脲支原体通常寄居在人的泌尿生殖道黏膜，能引起非细菌性尿道炎，也能引起盆腔等部位的感染；可通过胎盘感染胎儿，可致流产、早产、死胎；在分娩时感染新生儿，可引起其呼吸道感染或中枢神经系统的症状；还可引起妇女不孕。生殖器支原体感染是性接触传播疾病。成人主要通过性接触传播，新生儿则由母亲生殖道分娩时感染。成人男性的感染部位在尿道黏膜，女性感染部位在宫颈。新生儿感染后主要引起结膜炎和肺炎。（武俊）

zhijiaolei

枝角类 （Cladocera） 一类属于节肢动物门（Arthropoda）甲壳纲（Crustacea）鳃足亚纲（Babchiopoda）枝角目（Cladocera）的小型甲壳动物。

形态学和生物学特征 外部主要形态特征为身体短小（体长 0.2 ~ 1 mm，视具体种类而定，如大型溞可达到 4.2 mm 左右），长圆形，分为头部和躯部，侧扁，体节不明显。除头部裸露外，身体其余部分包被于透明的介形壳瓣内。头部有 2 对明显的触角，第 1 对触角较小，第 2 对触角特别发达，可分为内枝和外枝，能在水中划动，为运动器官。胸肢 4 ~ 6 对，摆动时可产生水流，上有长刚毛，可将食物过滤后送入口中。

分布 世界性分布的种类。广泛分布于淡水、海水和内陆半咸水中。目前，我国已发现的淡水枝角类有 61 种，海水枝角类有 5 种，内陆咸水类有 23 种。

实用价值和应用 枝角类的适应性广，繁殖力强，生长迅速，且营养价值高，干重粗蛋白含量达 55% 左右，是鲢、鳙、鲤、鲫等常规养殖鱼类鱼苗培育阶段和特种水产养殖幼体阶段的适口、易得的好饵料。（王洪铸）

zhilei wuzhi weishengwu jiangjie

脂类物质微生物降解 （microbial degradation of lipid） 微生物利用脂类物质作为碳源和能源，经过代谢将脂类物质转化为糖类代谢的中间产物，然后按糖类的代谢方式进一步转化的过程。动植物体内的脂类物质主要有脂肪、类脂质和蜡质。能够分解脂类物质的主要是好氧微生物，细菌主要有假单胞菌（*Pseudomonas*）、分枝杆菌（*Mycobacterium*）、无色杆菌（*Achromobacter ichthyodermis*）和芽孢杆菌（*Bacillus*）等，荧光假单胞菌（*P. fluorescens*）、铜绿假单胞菌（*P. aeruginosa*）对类脂质有很强的降解能力。真菌中的青霉、曲霉、枝孢霉（*Cladosporium*）、粉孢霉（*Oidium*）和放线菌中的一些种也具有降解类脂质的能力。

脂肪的降解 脂肪是自然界中广泛存在的最为重要的脂类物质，它是甘油和高级脂肪酸所形成的酯，可在动物脂肪组织、植物种子和果实中大量存在，为生物体生长代谢提供碳源和能源。在微生物脂酶的作用下脂类可水解为甘油和高级脂肪酸。

甘油的转化 甘油首先由甘油激酶催化转化成 3-磷酸甘油，然后在磷酸甘油脱氢酶作用下转化成磷酸二羟丙酮（见图 1）。磷酸二羟丙酮经异构化可生成 3-磷酸甘油醛，再经糖酵解途径转化为丙酮酸，可进入三羧酸循环继续氧化或经糖异生途径生成葡萄糖。甘油代谢与糖代谢联系密切，可相互关联。

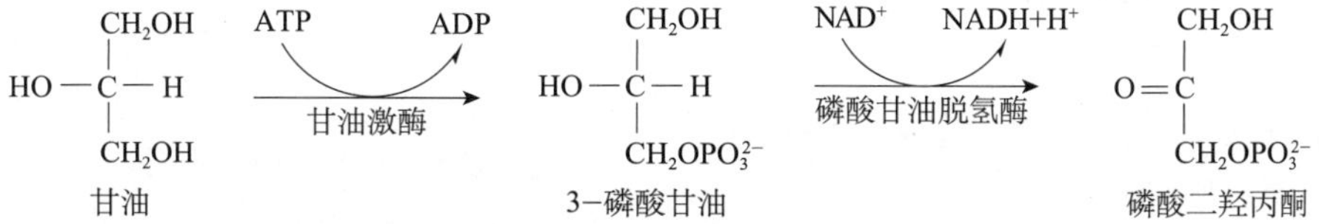

图 1　甘油催化转化为磷酸二羟丙酮的过程

脂肪酸的氧化　脂肪酸通常通过β-氧化途径氧化，即从脂肪酸羧基端的β位碳原子开始，打开碳碳键，每次分解出一个二碳片段，其主要氧化步骤如图 2 所示。

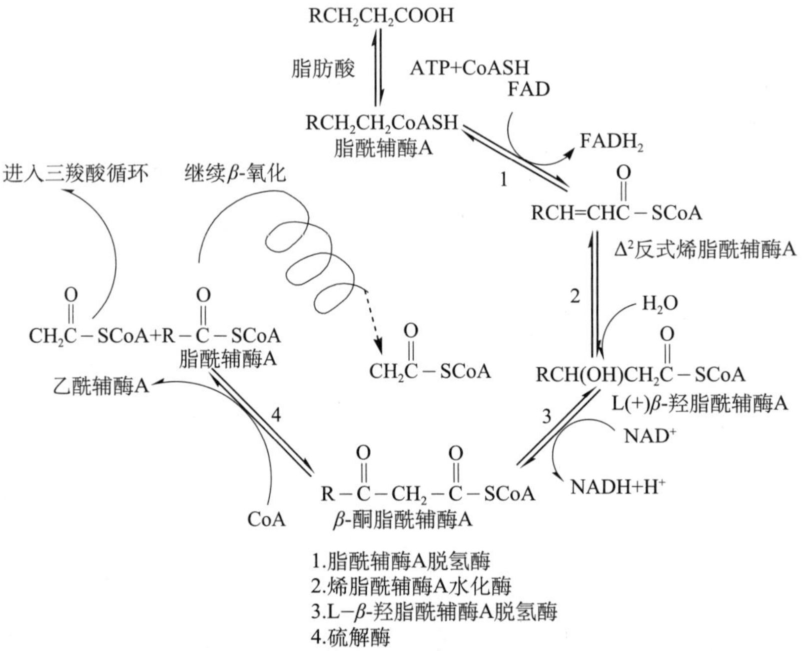

脂肪酸的β-氧化

脂肪酸先是被脂酰硫激酶激活，形成脂酰辅酶 A，然后在α、β碳原子上经过脱氢、水化、脱氢、硫解这四个步骤，使得α，β碳位之间的碳键断裂，生成乙酰辅酶 A 和比原先少两个碳原子的脂酰辅酶 A，其可重复进行β-氧化，每个循环生成 1 分子的乙酰辅酶 A，直到最后完全转化为乙酰辅酶 A。对于奇数碳原子的脂肪酸，终产物除了乙酰辅酶 A 外，还有丙酸。乙酰辅酶 A 最终进入三羧酸循环完全氧化为二氧化碳和水或经乙醛酸循环合成糖。脂肪酸完全氧化可以产生大量的能量。以硬脂酸为例，硬脂酸含 18 个碳原子，需要经过 8 次β-氧化作用才能全部降解为乙酰辅酶 A。1 分子硬脂酸完全氧化共可得到 147 分子 ATP。

类脂质和蜡质的降解　降解途径可简述如下：

$$\text{类脂质} + H_2O \xrightarrow{\text{磷脂酶类}} \text{甘油（或其他醇类）} + \text{高级脂肪酸} + \text{磷酸} + \text{有机碱类}$$

$$\text{蜡质} + H_2O \xrightarrow{\text{脂酶类}} \text{高级醇} + \text{高级脂肪酸}$$

其主要产物高级脂肪酸可按上述β-氧化途径氧化分解。　（蒋丽娟）

zhiwu dusu

植物毒素（phytotoxin）

由植物体产生的能对包括人类在内的生物产生不利影响的化学成分。

根据植物毒素的化学性质和化学结构可将其分为以下几类：无机化合物类（主要包括硝酸盐和亚硝酸盐等）、多酚类化合物（棉酚、丹宁、萱草根素等）、生物碱类（龙葵碱、秋水仙碱等）、毒苷类（氰苷、强心苷、皂苷和芥子油苷等）、毒性蛋白及肽类（血细胞凝集素、维生素破坏酶等）、有毒氨基酸（氰基丙酸、草酰二氨基丙酸和草酰二氨基丁酸等）、挥发油类（白苏酮、毒芹碱等）和激素（雌酮、雌二醇等）。例如，从中药天花粉提取的天花粉蛋白和从半夏中提取的半夏蛋白，有引产作用，属致敏性蛋白质，也可以说是毒蛋白。蓖麻毒素是从蓖麻种子中提取的一种剧毒的蛋

白质，是植物凝集素，分子量为 62 000，由两条肽链组成。蓖麻毒素的毒性在于抑制细胞内的蛋白质合成。（钟寰）

zhiwu jinghua

植物净化 (plant purification)　植物通过代谢作用使进入环境中的污染物质无害化的作用。包括陆生植物对大气污染的净化以及水生植物对水体污染的净化作用等。

作用　植物净化大气主要通过叶片实现，主要作用有：①吸收 CO_2，放出 O_2；②对降尘和飘尘有滞留过滤作用；③在抗性范围内能通过吸收而减少空气中的 SO_2、HF、Cl_2、O_3 等有害气体含量；④在抗性范围内能减少光化学烟雾污染；⑤滤菌或杀菌作用；⑥对飘尘和颗粒物中的重金属有吸收和净化作用；⑦减少噪声污染和放射性污染。某些水生植物对水体中的污染物有较好的吸收净化作用，被用来处理污水。例如，芦苇（*Phragmites conmunis*）和大米草（*Spartina anglica*）对水中悬浮物、氯化物、有机氮、硫酸盐均有一定的净化能力；水葱（*Scirpus validus*）能净化水中酚类；凤眼莲（*Eichhornia crassipes*）、浮萍（*Lemna minor*）、金鱼藻（*Ceratophyllum demersum*）、黑藻（*Hydrilla verticillata*）等有吸收水中重金属的作用。

植物对化学性大气污染的净化　主要过程是持留和去除。持留过程涉及植物截获、吸附和滞留等，去除过程包括植物吸收、降解、转化、同化和超同化等。

植物的持留作用　植物对污染物的持留主要发生在地上部分的表面。持留是一种物理过程，其与植物表面的结构如叶片形态、粗糙程度、叶片着生角度和表面分泌物等有关。植物可以有效地阻滞空气中的浮尘、雾滴等悬浮物及其吸附的污染物。研究表明，植物是从大气中清除多环芳烃（PAHs）等亲脂性有机污染物的最主要途径，其吸附过程是清除 PAHs 等污染物的第一步。

植物的吸收作用　植物可以通过气孔和角质层吸收大气中的多种化学物质，包括 SO_2、Cl_2、HF、重金属等，并经由植物维管系统进行运输和分布。由于光照条件可以显著地影响植物生理活动，尤其是控制叶片气孔的开闭，因而对植物吸收污染物有较大的影响。植物通过湿润的植物表面吸收可溶性污染物（如 SO_2、Cl_2 和 HF 等）；而对于挥发或半挥发性有机污染物的吸收与污染物本身的理化性质（分子量、溶解性、蒸气压和辛醇-水分配系数等）有关。对于植物如何从空气中吸收重金属的机理性认识还很有限，大多来自植物从土壤和水中吸收重金属的研究结果。

植物的降解作用　是植物通过代谢过程来降解污染物或通过植物自身的物质如酶类来分解植物体内外来污染物的过程。目前，对有机污染物在植物体内的降解机理的了解还不充分。有观点认为植物含有一系列代谢异生素的专性同工酶及相应的基因。其代谢的主要途径与在动物中的相似，但往往更复杂，有一个显著的不同点是植物将代谢的产物以被束缚的状态保存。参与植物代谢异生素的酶主要包括细胞色素 P-450、过氧化物酶、加氧酶、谷胱甘肽 S-转移酶、羧酸酯酶、O-糖苷转移酶、N-糖苷转移酶、O-丙二酸单酰转移酶和 N-丙二酸单酰转移酶等。而能直接降解有机污染物的酶类主要为脱卤酶、硝基还原酶、过氧化物酶、漆酶和腈水解酶等。

植物的转化作用　是利用植物的生理过程将污染物由一种形态转化为另一种形态的过程。如何防止植物增毒和如何强化植物解毒是利用植物转化修复大气污染物的关键。通常，植物不能将有机污染物彻底降解为 CO_2 和 H_2O，而是经过一定的转化后隔离在植物细胞的液泡中或与不溶性细胞结构如木质素相结合，也有人认为一旦有机污染物进入植物体首先进行的就是木质化的过程。因此，植物转化是植物保护自身不受污染物影响的重要生理反应过程。植物转化需要有植物体内多种酶类的参与，其中包括乙酰化酶、巯基转移酶、甲基化酶、葡萄糖醛酸转移酶和磷酸化酶等。

植物的同化和超同化作用 植物同化是指植物通过对含有植物营养元素的污染物的吸收，并同化到自身物质组成中，促进植物体自身生长的现象。其中最为典型同时也最为重要的是植物通过光合作用对大气中 CO_2 的吸收和同化，从而减少大气中温室气体的含量。植物还可以有效地吸收空气中的 SO_x 和 NO_x，并可将其转化为硫酸盐和硝酸盐，再加以同化利用。具有超吸收和代谢大气污染物能力的则被称为超同化植物。超同化植物可将含有植物所需营养元素的大气污染物如 SO_x 和 NO_x 等，作为营养物质源高效吸收与同化，同时促进自身的生长，这种现象也可称为超同化作用。

植物对水的净化作用 植物可以降低水中有害物质的含量。例如，水流过 30～40 m 宽的林带，其中氨含量可降低到原来的 1/2～2/3。森林可以减少水中细菌的数量。例如，水流通过 50 m 宽的生长 30 年的杨、桦混交林后，所含细菌数量能减少 90% 以上。此外，各种水生和沼生植物还能净化污水。例如，在试验水池中种植芦苇后，水中悬浮物减少 30%，氯化物减少 90%，有机氯减少 60%，磷酸盐减少 20%，氨减少 66%，总硬度减少 33%。

（崔益斌）

zhiwu shajun zuoyong

植物杀菌作用 （plant sterilizing effect）绿色植物具有的抑制或杀死细菌、真菌或者其他微生物的功能，有些绿色植物同时对细菌、真菌具有抑制或杀死功能。利用这一功能栽植适当的绿色植物，可使大气中细菌数量下降。一方面是因为绿色植物使绿化地区空气中灰尘减少，细菌失去滋生的场所，从而使细菌数量下降；另一方面是因为植物的分泌物本身具有杀菌作用。已经发现许多植物能分泌出具有杀死细菌、真菌和其他微生物能力的挥发物质，例如，地榆的水浸液能在 1 min 内杀死伤寒、副伤寒 A 和 B 的病原菌和痢疾杆菌的各菌系；1 hm^2 圆柏林 1 昼夜能分泌 30 mg 杀菌素，可以杀死白喉、伤寒、痢疾等病菌。

古时人们就已认识到植物的杀菌作用，常用树叶包裹食物，用植物汁液或浸提液作为消毒剂。随着人类社会的发展，人们开始对植物的杀菌作用进行科学研究。1928—1929 年，苏联科学家 B. П. 托金研究了洋葱、大蒜、芥菜、辣根菜等植物的新鲜碎糊所散发出的挥发性物质，发现这些物质具有杀死葡萄球菌、链球菌及其他细菌的作用。托金将高等植物分泌的对单细胞生物、细菌、真菌有抑制、致死作用的物质称为“植物杀菌素”。植物杀菌素在高等植物组织中普遍存在，一般树木含量为 0.5%，松科、桃金娘科（桉树类）、樟科、芸香科、唇形科植物中含量最多，有的可超过 1%，例如，柠檬桉分泌的杀菌素可杀死肺炎球菌、痢疾杆菌、结核杆菌和流感病毒。

植物杀菌素的产量与树种组成、产长时期及植物的生长季节有关。西伯利亚落叶松、欧洲云杉、香脂杨、夏栎及疣皮桦产生的对白葡萄球菌和金黄色葡萄球菌生长有抑制作用的植物杀菌素的含量可在整个生长期内保持稳定。木本植物杀菌素的活性具有非常明显的季节性变化，阔叶树在 6 月至 7 月中旬，针叶树在 7 月中旬至 8 月，植物杀菌素的作用最明显。进入秋季以后，所有树种，特别是阔叶树的杀菌作用均明显减弱。

植物种类不同，对环境微生物的作用效果也不同。松科、柏科、槭树科、木兰科、忍冬科、桃金娘科等很多植物对结核杆菌有抑制作用。核桃、油松、白皮松、云杉、法国梧桐对葡萄球菌有抑制作用，其中核桃的杀菌作用最大，毛白杨、紫薇、白蜡、旱柳、花椒、侧柏、桧柏则对葡萄球菌的杀菌作用表现很弱。上述树种均对最难治愈、毒性最强的绿脓杆菌有杀菌作用，其中云杉对绿脓杆菌的杀菌作用最大；珍珠梅对金黄色葡萄球菌和绿脓杆菌的杀菌作用很强，杀菌效果达 100%；碧桃对黑曲霉、黄曲霉均有 100% 的杀菌力。

植物杀菌作用机理有以下假说。一是托金的“植物自然免疫理论”假说，认为植物分泌具有杀菌作用的物质，其目的是保护植物本身不受外界微生物的危害，尤其是对植物有致病力的微生物的危害。植物在长期的进化过程中都会产生一些对自身起保护作用的物质——植物杀菌素，能够杀死细菌、真菌和某些微生物。二是植物创伤保护假说，认为植物在受到创伤时会分泌出大量其所固有的有杀菌作用的挥发性物质。有人对此进行研究，用来解释草地、树林修剪后，植物杀菌物质分泌量增多等现象。三是植物杀菌素形成与植物生长发育相关假说，认为在植物生长旺盛时植物杀菌素杀菌作用最强，随着植物生长代谢减弱或个体死亡，分泌杀菌素的能力也相应减弱或终止。

（崔益斌）

zhiwu xiufu

植物修复（phytoremediation） 以植物忍耐和超量积累某种或某些污染物的理论为基础，利用植物及其共存微生物体系清除环境中污染物的一项环境污染治理技术。广义的植物修复技术包括利用植物修复重金属污染土壤、利用植物净化水体和空气、利用植物清除放射性核素和利用植物及其根系微生物共存体系净化环境中的有机污染物等。狭义的植物修复技术主要是指利用植物清洁污染土壤中的重金属、放射性核素和有机污染物。

植物具有庞大的叶冠和根系，在水体或土壤中，与环境之间进行着复杂的物质交换和能量流动，在维持生态环境的平衡中具有重要的作用。植物修复充分利用植物自身的机制，从净化能力、抗逆性、管理难易、综合利用价值和景观美化等多方面考虑，是一个更经济、更适合于现场操作的去除环境污染物的技术。

土壤污染的植物修复 包括重金属污染土壤的植物修复和有机污染物污染土壤的植物修复。

重金属污染土壤的植物修复 原理是利用植物根系的选择性吸收、转运能力和植物体自身的生物富集、存储和转化能力，将土壤中重金属固定在根部或转变成较低毒性的代谢产物，主要包括植物萃取、植物稳定和植物挥发。

植物萃取 原理是利用超积累植物的根系吸收污染土壤中的有毒重金属并运移至植物地上的枝叶部位，通过收割地上部物质达到去除重金属的目的。植物萃取要求所用植物具有生物量大、生长快和抗病虫害能力强的特点，并对多种重金属有较强的富集能力。根据是否需要外加剂提高土壤中重金属的生物有效性，植物萃取分为持续植物萃取和诱导植物萃取。重金属土壤修复后，超积累植物可集中收割，并通过植物冶炼技术回收贵重的重金属，取得直接的经济效益。

植物稳定 原理是利用耐性植物根系的机械稳定作用和吸收沉淀作用，以降低土壤中重金属的移动性和生物利用率，通过分解、螯合、沉淀、氧化还原等多种过程，有效地在根部固定和累积土壤重金属元素。研究表明，一些植物可降低铅的生物可利用性，缓解铅对环境中生物的毒害作用。植物稳定技术可以保护污染土壤不受侵蚀，通过减少土壤渗漏来防止重金属淋移，并通过金属在根部的积累和沉淀或根表吸持来加强土壤中污染物的固定。

植物稳定并没有将环境中的重金属离子去除，只是暂时将其固定，使其对环境中生物不产生毒害作用，没有彻底解决环境中重金属污染问题。如果环境条件发生变化，金属的生物可利用性可能又会发生改变。因此植物稳定不是一个理想的去除环境中重金属的方法。

植物挥发 原理是利用植物根系分泌的特殊物质或根际微生物将土壤中的特定挥发性元素，如硒、汞、砷等，转化成毒性较小的气状物质，经土壤或植物叶面蒸发释放至大气中。植物挥发修复不需要处理或收获植物，进入大气的重金属物质可以被快速有效地自然降解（如光降解作用），但重金属物质还可能通过降水返还地面，并被厌氧菌还原，仍对环境有一定影响。另外，植物挥发修复技术还受到根系范围等因素的影响，处理能力不是很强，目前应用较少。

有机污染物污染土壤的植物修复 植物主要通过以下三种机理去除环境中的有机污染物。

植物对有机污染物的直接吸收作用 植物从土壤中直接吸收有机物，然后将其分解，并通过木质化作用使其成为植物体的组成成分，也可通过挥发、代谢或矿化作用使其转化成二氧化碳和水，或转化成为无毒性作用的中间代谢产物（如木质素），储存在植物细胞中，达到去除环境中有机污染物的作用。环境中大多数化合物、含氧溶剂和短链的脂肪族化合物都可以通过这一途径去除。例如，植物可直接吸收环境中微量的除草剂阿特拉津。植物对化合物的吸收受三个因素的影响：化合物的化学特性、环境条件和植物种类。

植物释放分泌物和酶去除环境有机污染物 植物可释放一些物质到土壤中，以利于降解有毒化学物质，并可刺激根区微生物的活性。植物释放的物质包括酶及一些有机酸，它们与脱落的根冠细胞一起为根区微生物提供重要的营养物质，促进根区微生物的生长和繁殖。在植物根区，微生物的种类和生物量明显比空白土壤中多，这些增加的微生物通过共代谢等促进环境中有机物质的降解。

植物释放到根区土壤中的酶系统可直接降解有关的化合物，例如，硝酸盐还原酶和漆酶可降解军火废物如TNT，使之转化成为无毒的成分。因此，通过对根区酶的分析进行筛选是最快速、最有效的寻找能用于降解某类化合物的植物种类的方法。

强化根区有机污染物的矿化作用 植物根区的菌根真菌与植物根系形成共生体——菌根，具有独特的酶系统和代谢途径，可以降解不能被细菌单独转化的有机物。植物根区分泌物在根区形成了有机碳，根细胞的死亡也增加了土壤有机碳，这些有机碳的增加可阻止有机化合物向地下水转移，也可以增强微生物对污染物的矿化作用。例如，微生物对除草剂阿特拉津的矿化作用与土壤有机碳成分直接相关。植物还可通过为微生物提供生存场所和转移氧气，使根区的好氧转化作用能够正常进行，从而促进根区微生物的矿化作用。

富营养化水体的植物修复 主要是通过水生植物对水体中氮、磷等营养物质的吸收来进行代谢活动，从而使氮、磷等营养物质得到去除，是一种耗能低、效果好的新技术，具有生态环保特性。水生植物包括挺水植物、浮水植物、浮叶植物以及沉水植物等类型，不同的水生植物对富营养水体修复具有不同的效果。目前在水体富营养化修复技术中广泛应用的有芦苇、水葱、香蒲、菖蒲、凤眼莲、眼子菜、菹草等。

优点 主要包括：①成本较低，与常规的填埋法、物理化学法等相比具有明显的优势。有经验表明种植管理的费用比物理化学法处理的费用低几个数量级。②植物修复属于原位处理技术，具有保护表土、减少侵蚀和水土流失的作用，同时蒸腾作用可以防止污染物向下迁移，还可以给根系供给氧气，有助于有机污染物的降解。③对植物进行集中处理可以减少二次污染。④植物修复的过程也是土壤有机质含量和土壤肥力增加的过程，植物修复后的土壤可以种植多种农作物。⑤植物修复过程操作简单、效果持久。例如，植物稳定技术可以使地表长期稳定，有利于生态环境的改善和野生生物的繁衍。⑥植物修复技术能处理的重金属种类相对较多，是一种“广谱”的处理技术。

局限性 主要表现在：①植物生长缓慢，场地治理的时间较长。②吸收污染物的植物器官需要进一步处理。③植物的发育、生长受地理、气候条件等因素控制，无法找到适应各种生境生长的植物。例如，大多数水生植物在冬季气温较低时生长情况不佳，造成植物修复效果不理想。④绝大部分超积累植物并不能积累多种金属，对于受两种以上元素污染的土壤来说，往往需要多种超积累植物进行联合修复。⑤成功修复污染土壤需要很多环境因子的配合，包括水分供给、土壤肥力、品种选育与搭配等因素的最佳配合。⑥采用外来植物物种修复水体时，还可能会出现生态入侵等问题。

（杨柳燕）

zhiwu zhichen zuoyong

植物滞尘作用 （dust catching ability of plant） 植物对排放到大气中的颗粒物等污染物的吸收和净化作用，是防治空气污染的一种有效补充手段。对植物滞尘效应的研究是植物生态效益研究的重要内容。

常见的具有滞尘作用的植物有榆树（金叶榆）、朴树、木槿、梧桐、泡桐、女贞、广玉兰、臭椿、龙柏、桧柏、楸树、刺楸、刺槐、楝树、构树、桑、夹竹桃、丝棉木、紫薇、乌桕、沙枣、槐树、核桃、珊瑚树、海桐、小叶女贞、棕榈、君迁子、石榴、无花果、绣球荚蒾、桃木、重阳木、榉树、蜡梅、栾树、喜树、木芙蓉和盐肤木等。

植物叶片表面的特性和本身的湿润性决定了植物具有较强的滞尘能力。在重力和风的作用下，粉尘可沉降在植物表面，通过其枝叶对粉尘的截留和吸附作用实现滞尘效应。当含尘气流经过树冠时，一部分颗粒较大的灰尘被树叶阻挡而降落，另一部分则滞留在枝叶表面。植被枝叶对粉尘的截留和吸附是暂时的，随着下一次降雨的到来，粉尘被雨水冲洗掉，在这个间隔时期内，有的粉尘可由于风力或其他外力的作用而重新返回空气中。

不同植物的滞尘能力和滞尘积累也有差异。通过电镜观察发现，叶表皮具沟状组织、密集纤毛的树种滞尘能力强，叶表皮具瘤状或疣状突起的树种滞尘能力差。云杉、冷杉等针叶树种由于其叶表面不光滑，同时叶片相对开展，具有较好的堆积灰尘的性态，因此，滞尘能力较强；松科类的针叶树由于其叶片表面较光滑，叶片呈近圆柱状，难以使灰尘停留。

通常靠植物叶表面特殊的分泌物粘黏降尘的效果最为稳定。例如，对大叶黄杨叶片上表皮的滞尘颗粒物进行电镜扫描得到的图像显示叶片滞尘颗粒物形态特征受清洗作用影响较大，由于降尘通过植物叶表面特殊的分泌物粘在植物表面，因此，简单清洗并不能去除大多数叶片的滞尘颗粒物，PM_{10}颗粒物可以滞留在大叶黄杨叶片上，但深度清洗仍不能彻底清除叶片表面颗粒物，更细小的粒子被固定在叶片表皮上。

植被的滞尘作用因季节不同而有变化，例如，冬季叶量少，甚至落叶，滞尘能力较弱，而夏季滞尘作用最强。植物吸滞粉尘的能力与叶量多少呈正相关。有些植物单位叶面积滞尘量虽不高，但它的树冠高大、枝叶茂密，总叶面积大，所以植株个体滞尘能力就十分显著。植物吸滞粉尘的能力还受气象因子的影响，因粉尘随风而动，下风向粉尘量大，上风向粉尘量低；早晨有露水，叶片黏尘量大，中午温度高、干燥，叶片黏尘量低。

不同植物滞尘能力的差异很大，总体规律表现为乔木植物 > 灌木植物 > 草本植物；但就单位叶面积来说，滞尘能力为草本植物 > 灌木植物 > 乔木植物 > 藤本植物。滞尘能力主要受植物高度的影响，例如，灌草低矮，只能有效截留地面的扬尘。研究表明，同种类植物在不同环境中叶片滞尘量也明显不同，例如，在城市不同环境中的植物滞尘能力表现为工业区 > 商业交通区 > 居住区 > 清洁区。随着季节和滞尘时间的变化，每种植物都存在一个滞尘限度，如果无雨水或人为干扰，最终将达到一个动态平衡。从城市绿地植物群落的垂直结构看，乔-灌-草型的绿地具有相对较高的滞尘作用，是目前较为理想的绿地类型；另外，在城市绿地面积明显不足的情况下，以藤本植物为主的垂直绿化将成为城市绿化发展的新方向，能有效提高城市的滞尘量。 （杨柳燕　陈乾坤）

zhishi shengwu

指示生物 （biological indicator） 对环境中某些物质包括污染物的作用或者环境条件的改变能较敏感或快速地产生明显反应的生物。植物、动物、微生物都可以作为指示生物。对某一环境特征具有某种指示特性的生物叫作这一环境特征的指示生物。指示生物在形态、行为、生理、遗传和生态等方面作出的反应均可以作为生物监测的观察指标。

指示生物的选择要符合如下条件：①敏感

性。不同的生物甚至同科不同种对同一干扰因素的反应都会不同，选择的指示生物对某种异常因素在其他大多数生物尚未作出反应的情况下已经表现出某种可见的特征，有着环境早期退化的预警作用。②代表性。从数量和分布上考虑应该是常见种或优势种。③个体之间差异少、重现高以确保监测结果的可靠。

沿革 指示生物在我国古代就已经应用，如隋大业六年（公元610年）巢元方等撰的《诸病源候论》就记载了用鸡或鸭试古井有无毒气的方法。随着人们对自然认识的深入，更多的可以指示环境质量的生物及其反应症状得到人们的认识，如盐碱地指示生物盐蒿、柽柳，钙质土指示生物蒺藜等。到近代随着工业污染的加剧，对一些污染物不同敏感度的生物受到研究者的重视，并取得很多进展，建立了污染物监测的指示生物法。

1909年德国学者B. 科尔克维茨和M. 马松对一些受有机物污染的河流的生物分布情况进行了调查，发现在河流的不同污染带，存在着表示这一污染带特性的生物。他们在此基础上提出了指示生物的概念。例如，水中存在着襀翅目、蜉蝣目稚虫或毛翅目幼虫，水质一般比较清洁；而颤蚓类大量存在或食蚜蝇幼虫出现时，水体一般是受到严重的有机物污染。

种类 指示生物可分为水污染指示生物、大气污染指示生物等。目前主要用植物作为大气污染指示生物，因为植物能长期生长于某一固定点，能对大气短期污染做出急性反应，对长期污染作出积累反应，而微生物和动物则主要用于水体和土壤污染的监测。主要包括以下几种：

鱼类 就生活史而言，在一般水生生物中鱼类是最长的，所以鱼类作为持续性指标是最恰当的。以鱼类作为指示生物已被广泛用于水体重金属、持久性有机污染物等的检测。

底栖动物 通常是指生活在水体底部肉眼可见的动物，它们运动不敏捷，移动性没有鱼类那样大，所以容易定量采集。底栖动物对水体污染的耐受性和适应性因种类或分类不同而发生变化，因此可以基于底栖动物的优势种类判断水体受污染程度。

着生藻类 比底栖动物个体小、生命周期短，对污染的响应更为敏感，通常能反映出水质的快速变化，因此可以利用其进行水质短期变化的监测。通常情况下，绿藻比硅藻对水质变化更为敏感。

细菌（湖沼中） 作为指示生物的特殊细菌较多，如大肠杆菌群可以作为粪便污染的指示细菌；菌胶团和球衣细菌（*Sphaerotilus*）可以作为流水区、净水区的指示细菌；光合细菌可以作为含有硫化氢且有光线透入的水体的指示细菌；氧化硫细菌（无色硫细菌）可以作为含有硫化氢、硫、硫代硫酸盐的水体的指示细菌等。

硅藻 是湖泊浮游植物的主要种类之一，其优势种的组成可以很好地指示水体的营养状态。如贫营养型水体多数是舟形藻属（*Navicula*）和羽纹藻属（*Pinnularia*）的种类占优势。中营养型水体多数是舟形藻属占优势。富营养型水体中通常是舟形藻属为第一优势种，第二位是菱形藻属（*Nitzschia*）。在腐殖营养型水体中短缝藻属（*Eunotia*）和羽纹藻属的种类最多。酸性水体中的硅藻种类和个数比较少，主要是菱形藻属、羽纹藻属、异极藻属（*Gomphonema*）的种类和变种；pH为3以下的强酸性水体中，硅藻种类相当少，羽纹藻属的种类数并没有减少，相反其个体数还有增加。

浮游藻类（硅藻除外） 作为水体的主要初级生产者，其对水体中营养盐浓度、组成等的变化极为敏感，常被作为水体富营养化的指示生物，如蓝藻门的微囊藻、鱼腥藻、束丝藻等是富营养化水体中的优势藻类，可作为富营养化的指示生物；金藻门和黄藻门的物种通常生活在清洁水体中，因此常被用作清洁水体的指示生物。

原生动物 由于原生动物在形态上是最引人注目的生物，所以被用作污水和废水处理中活性污泥形成过程或净化能力的指示生物。多污性水体原生动物包括池沼多核变形虫（*Pelo-*

myxa palustris）、绿眼虫（*Euglena viridis*）、多线四鞭藻（*Carteria multifilis*）等。α-中污性水体原生动物包括草履唇滴虫（*Chilomonas paramecium*）、啮蚀隐藻（*Cryptomons erosa*）、尾漂眼虫（*Astasia klebsii*）、盘藻虫（*Gonium*）等。β-中污性水体原生动物包括大变形虫（*Amoeba proteus*）、辐射变形虫（*Amoeba radiosa*）、绿草履虫（*Paramecium bursaria*）、双环栉毛虫（*Didinium nasufum*）、大弹跳虫（*Halteria grandinella*）等。寡污性水体原生动物包括罗氏单鞭金藻（*Chromulina rosanoffii*）、泥炭刺胞虫（*Acanthocystis turfacea*）、具尾鱼鳞藻（*Mollomonas caudata*）、长颈虫（*Dileptus* sp.）等。

甲壳类 甲壳类对重金属、硫化氢、二氧化碳、氨等毒物一般表现敏感，对有机污染的抵抗力弱，可以作为有机污染的指示生物。

其他 许多水生微型动物、摇蚊幼虫、水生寡毛类对水体受到的有机物污染也具有指示作用。

在陆生动植物中也有许多指示生物。一些鸟类对大气污染，特别是一氧化碳污染反应敏感。例如，很早以前就有人用金丝雀监测煤矿坑道中的一氧化碳。许多植物对大气污染的反应也很敏感。例如，地衣、苔藓植物、紫花苜蓿等对二氧化硫敏感，唐菖蒲等对氟化氢敏感，烟草对臭氧敏感。很多生长期较长，容易栽培和管理，并对大气污染反应敏感而症状明显的植物，都可作为指示生物。（张民）

zhili

质粒 （plasmid） 独立于染色体外能自主复制的 DNA 分子，一般为环状超螺旋分子，但在酵母菌和一些细菌中也有线性质粒。质粒的大小不定，小的不到 1 kb，大的不超过 500 kb。由于质粒的形式多种多样，一些质粒的性质在另一些质粒中并不存在，一般来说符合以下 3 条标准的染色体外的 DNA 都可以称之为质粒：①质粒是染色体外能自主复制的遗传因子；②不具备胞外期的感染性（但可人为转化细胞）；③对宿主来说不是必需的。

在一个细菌细胞中，质粒最多可以占到细菌总 DNA 分子数的 0.1% ~5%。当两种或两种以上不同类型的质粒不能够在同一个宿主细胞中共存时，则各属于一个单一的不相容组，而来源于不同的不相容组的质粒则可以在同一细胞中共存。在大肠杆菌（*E. coli*）中，至少有 30 个不同的不相容组；而在一个大肠杆菌细胞中，最多有 7 种不同类型的质粒存在。

每个质粒都有一段 DNA 复制起始位点的序列，它帮助质粒 DNA 在宿主细胞中复制。质粒在宿主细胞中的数目与控制质粒复制的机制有关。有些质粒在每个宿主细胞中可以有 10 ~100 个拷贝，称为高拷贝质粒，这种质粒是以松弛方式复制的；另一些质粒在每个宿主细胞中只有 1 ~4 个拷贝，称为低拷贝质粒，这种质粒是以严紧方式复制的。有些质粒的复制起始位点较特异，只能在一种特定的宿主细胞中复制，称为窄宿主范围质粒；还有一些质粒的复制起始点位不太特异，可以在许多种宿主细胞中复制，称为广宿主范围质粒。

质粒在许多细菌中广泛存在，单从理论上和遗传学的研究上来说，质粒提升了宿主细胞的遗传强度。例如，假单胞菌降解环境污染物的基因很多就在质粒上，因此质粒可以进行垂直和水平转移，传播质粒上所携带的基因。质粒的转移能够改变细菌性状，但不损伤或丢失染色体上必需的代谢基因。

许多研究表明，细菌对环境中的特异性限制因子的应答能力一般是由质粒控制的，质粒在为宿主细胞提供遗传多样性及其对广泛生态位的适应中起着非常重要的作用。质粒可以以不同的方式在细菌的种群中传递，转移的频率大到 10^{-2}，而染色体的转移频率却只有 10^{-6} ~ 10^{-8}，这意味着含质粒的供体细菌在受体染色体的重排方面具有很大潜力。质粒所携带的基因一般不为细菌正常的生理活动所必需，但当细菌处于某些特殊的环境中时，这些基因某些特殊的功能可以协助细菌对底物的利用、对环境的适应，从而促进细菌的生长和增殖。细菌 F 质粒携带有帮助其自身从一个细胞转入另一个细胞的信息；有些质粒表达对抗生素的抗性，即R质粒；还有一些质粒携带着参与或控制一些不同寻常的代谢途径的基因，即降解性质粒。通常可以用接合转移、转化、转导方法导入某种质粒观察新性状的产生，或通过消除质粒来观察宿主细胞是否丧失某些性状来鉴定质粒的功能。例如，具有抗生素抗性或重金属抗性，能产生细菌素、肠菌素、溶血素和一些K表面抗原等表型效应的细菌都可能含有质粒。

（蒋丽娟）

zhisi jiliang /nongdu

致死剂量/浓度 （lethal dose/concentration，LD/LC） 以生物体死亡为观察指标而确定的外源性化学物的剂量或浓度，即一次染毒后引起受试动物死亡的剂量或浓度，以mg/kg体重或mg/m^2体表面积或mg/L水或mg/m^3空气表示。这是反映外源性化学物毒性上限的指标。根据造成受试生物群体中不同死亡率所需的剂量或浓度的不同，致死剂量/浓度又可分为以下不同概念：绝对致死剂量/浓度、半数致死剂量/浓度、最小致死剂量/浓度、最大耐受剂量/浓度等。在临床上，通常从中毒死亡病例的调查中估算可能引起死亡的致死剂量/浓度。这类致死剂量/浓度多为估算得到，不是由严格的实验和统计学处理得出的确切剂量/浓度。

（刘红玲）

zhisi zuoyong

致死作用 （lethal effect） 受到外源性化学物影响的机体在短时间内死亡的一种急性毒性作用，是外源性化学物对生物体最强烈的损伤效应。判定一个中毒生物个体是否死亡，通常标准并不相同。动物死亡的一般标准为心跳、呼吸停止和脑死亡，微生物死亡则为其代谢活动等生命活动消失，不繁殖，产生完芽孢等。

致死作用通常用来判断外源性化学物的毒性。不同物质对不同机体产生致死作用的途径和机理均不相同。例如，有机磷杀虫剂急性中毒后，可引起一系列症状和体征，直至死亡。这些症状和体征包括：瞳孔缩小，腺体分泌增多，呼吸困难，肌纤维震颤，呼吸肌麻痹，意识障碍，昏迷抽搐，中枢呼吸衰竭，中毒性心肌损害等。动物经口摄入过量镉，会死于呼吸中枢麻痹，经呼吸道吸入氧化镉烟雾及粉尘，可使肺损伤致死。人经口摄入汞中毒时，会因尿毒症而死；服用100 mg/L硫酸铜可使人死于中枢神经抑制和肝、肾衰竭。幼鼠每天摄入300 mg Cu^{2+}/kg体重，两周后死亡。O157：H7大肠杆菌可以产生Vero细胞毒素Ⅰ和Ⅱ，这两种毒素可以破坏哺乳动物小肠细胞和肾脏细胞。Vero细胞毒素Ⅰ抑制细胞合成蛋白质，Vero细胞毒素Ⅱ可以与蛋白质Bcl-2结合，使其失活，从而导致细胞死亡，因此这一品系的大肠杆菌对人和生物具有致死作用。外源性化学物致死作用的强弱通常用致死剂量或致死浓度表示。外源性化学物也可以引发机体发生基因突变而导致死亡，有时引发机体内致死基因发挥作用导致机体死亡。

致死剂量 参见致死剂量/浓度。

致死浓度 参见致死剂量/浓度。

致死突变 是导致受试生物成年前死亡的突变。显性致死突变导致杂合型及纯合型个体死亡，隐性致死突变仅导致纯合型个体死亡。

致死基因 是造成细胞或个体死亡的突变基因。可分为显性致死基因和隐性致死基因两种，显性致死基因是指导致杂合体死亡的致死基因，隐性致死基因是指只导致隐性纯合体死亡的致死基因。致死作用可发生在配子期、胚胎期或成体阶段等不同时期。有时改变环境条件，可以延缓、减轻或消除致死作用。例如，人的半乳糖血症由一个显性致死基因所造成，患有这种症状的婴儿，喂以不含乳糖的乳品时，能正常生长；若喂以普通乳汁，则会导致死亡。

（尹颖）

zhongjinshu weishengwu zhuanhua

重金属微生物转化 （heavy metal biotransformation） 通过微生物代谢导致重金属的分子结构发生某种改变或生成新化合物的过程。

汞、砷等重金属进入环境后，对大多数生物有一定的抑制作用。但是，自然界中存在着一些特殊微生物，它们对重金属有较强的抗性，并可以使重金属发生转化。它们可以利用高价金属作为电子受体或利用低价金属作为电子给体，氧化或还原重金属，改变其赋存形态，从而影响其毒性。重金属微生物转化主要包括甲基化作用和氧化还原作用。

甲基化作用 环境中的汞主要以金属汞、有机汞化合物和无机汞化合物三种形态存在。不同形态的汞毒性不同，其中无机汞化合物毒性最小，而烷基汞是迄今所知毒性最强的汞化物。无论在好氧还是厌氧条件下，都可能存在使汞甲基化的微生物。甲基化过程中，甲基钴胺素可以作为甲基传递体，使汞和甲基结合生成毒性比无机汞高 50～100 倍的甲基汞。20 世纪 50 年代发生在日本的水俣病就是当地渔民长期食用含甲基汞的鱼类引发的。

砷是一种介于金属与非金属之间的类金属。研究表明，低浓度的砷可以促进某些高等生物的生长和发育，但是过量砷会产生毒性。单质砷不溶于水和强酸，几乎是无毒的。但砷的有机、无机化合物有毒。As^{3+} 毒性大于 As^{5+}；无机砷毒性大于有机砷。生物可以将无机砷转化为有机砷（主要是甲基砷化物）；哺乳动物甲基化砷的终产物是二甲基胂，微生物甲基化砷的产物主要是三甲基胂。

在自然环境中，微生物对无机汞及无机砷的甲基化及挥发对汞和砷的生物地球化学循环有重要影响。利用微生物砷挥发来降低土壤砷浓度，被认为是一种具有应用前景的土壤修复技术。

氧化还原作用 自然界中存在可以将有机汞或无机汞化合物还原为单质汞的微生物。利用该类抗汞菌，环境中汞化合物可以被还原为单质汞，并通过收集单质汞去除汞污染。

假单胞菌、黄单胞菌等多种菌种更可以将亚砷酸盐氧化为砷酸盐，降低其毒性。但是某些细菌如微球菌可以把砷酸盐还原成更毒的亚砷酸盐。 （刘洁 季荣）

推荐书目

王家玲．环境微生物学．2 版．北京：高等教育出版社，2004.

孔繁翔．环境生物学．北京：高等教育出版社，2000.

zhuanxing xuyangjun

专性需氧菌

专性需氧菌 （obligate aerobe） 必须在有较高浓度分子氧的条件下才能生长的微生物。专性需氧菌有完整的呼吸链，以分子氧作为最终的氢受体，具有超氧化物歧化酶（SOD）和过氧化氢酶。

绝大多数真菌和多数细菌、放线菌都是专性需氧菌，如醋杆菌属（*Acetobacter*）、固氮菌属（*Azotobacter*）、铜绿假单胞菌（*Pseudomonas aeruginosa*，俗称“绿脓杆菌”）和白喉棒杆菌（*Corynebacterium diphtheriae*）等。培养这类微生物可以通过振荡或通气等方式使之有足够氧气供应它们生长。 （史小丽）

zhuanluzu duxing

转录组毒性

转录组毒性 （transcriptome toxicity） 污染物直接或间接影响生命体转录组表达和功能的毒性效应。转录组广义上指某一生理条件下，细胞内所有转录产物的集合，包括信使 RNA（mRNA）、核糖体 RNA、转运 RNA 及非编码 RNA（ncRAN）；狭义上指所有 mRNA 的集合。因此，转录组毒性研究对象是污染物作用后，生物 RNA 水平的变化。

转录组学研究方法 目前用于转录组数据获得和分析的方法主要有基于序列分析的基因表达系列分析（SAGE）、基于杂交技术的芯片技术（包括 cDNA 芯片和寡聚核苷酸芯片）和高通量测序技术。

SAGE 首先构建 cDNA 文库，cDNA 为具有与某 RNA 链呈互补的碱基序列的单链 DNA。以 mRNA 为模板，经反转录酶在体外反转录成 cDNA，与适当的载体（常用噬菌体或质粒载体）连接后转化受体菌，则每个细菌含有一段cDNA，并能繁殖扩增，这样包含着细胞全部mRNA信息的cDNA克隆集合称为该组织细胞的cDNA文库。构建好的cDNA文库，通过SAGE方法测序。SAGE测序方法于1995年建立，最初SAGE标签仅14 bp，很难唯一注释到相应转录本，大量实验得到的SAGE标签无法定位到基因。2002年改进的LongSAGE方法将SAGE标签长度增加到21 bp，使直接基因组注释成为可能。但是21 bp的短标签注释仍然存在很多问题，目前，实验得到的标签约有一半无法注释。发现更有效的标签酶、提高标签长度，是解决这些问题的途径之一。

基于杂交技术的芯片技术 转录组学分析中常采用基因表达谱芯片，它是采用cDNA或寡核苷酸片段作探针，固化在芯片上，将待测样品（处理组）与对照样品的mRNA以两种不同的荧光分子进行标记，然后与芯片进行杂交，通过分析两种样品与探针杂交的荧光强度的比值，来检测基因表达水平的变化，具有高通量的特点。但是，基于杂交技术的DNA芯片技术只适用于检测已知序列，无法捕获新的mRNA。细胞中mRNA的表达丰度不尽相同，通常细胞中约有不到100种的高丰度mRNA，其总量占总mRNA一半左右，另一半mRNA由种类繁多的低丰度mRNA组成。因此，由于杂交技术灵敏度有限，对于低丰度的mRNA，微阵列技术难以检测，也无法捕获到目的基因mRNA表达水平的微小变化。

高通量测序技术 又称“第二代”测序技术，能一次并行对几十万到几百万条DNA分子进行序列测定。转录组的高通量测序是对用多聚胸腺嘧啶（oligo-dT）进行亲和纯化的RNA聚合酶Ⅱ转录生成的mRNA和ncRNA进行测序，全面快速地获取某一物种的特定器官或组织在某一状态下的几乎所有转录本，反映其表达水平。相对于传统的芯片杂交平台，转录组测序无须预先针对已知序列设计探针，即可对任意物种的整体转录活动进行检测，提供更精确的数字化信号、更高的检测通量以及更广泛的检测范围，使得对一个物种的转录组和基因组进行细致全貌的分析成为可能，是目前深入研究转录组复杂性的强大工具。需要进行区分的是，转录组测序的研究对象为特定细胞在某一功能状态下所能转录出来的所有RNA的总和，主要包括mRNA和ncRNA，基因组测序的研究对象为单倍体细胞中包括编码序列和非编码序列在内的全部DNA分子，两者所采用的高通量测序技术则是相通的。

转录组毒性研究内容 主要研究基因表达与环境污染物毒性的关系，探讨环境因子产生的生物学效应以及细胞调控网络与基因和接触剂量的关系，建立环境因子与基因表达的相关数据库。它的主要研究内容包括：

毒性作用机制和预测毒理研究 目前已知人类存在四种“毒性基因”：应答基因、损伤修复特异基因、代谢水平变化反应性基因和细胞物理特性变化反应基因。毒性基因的表达具有持续适应性或双向性，具有饱和诱导的动力学特性。而由毒物所导致的生物个体表型变化通常是基因表达网络、多个细胞生物效应的综合结果，并非单一基因功能改变的结果。可以设计相互关联的网络基因阵列帮助阐明毒性作用机制，如设计包含细胞信号转导系统相关基因、凋亡基因、氧化应激基因、外源物质代谢酶基因、细胞周期关键激酶基因、DNA修复酶基因等的探针阵列，通过基因表达的网络分析阐明毒性作用终点和毒性作用机制，但这些都必须借助于系统生物学的研究方法。系统生物学的发展使得研究者可以利用遗传规划方法实现从观测数据到代谢通路的构建，利用功能基因组数据进行生物系统建模，利用基于差异的调控识别（DBRF）方法从大规模稳态基因表达数据推测基因网络。

个体对环境因素反应的易感性研究 个体对环境相关疾病有不同的易感性，正是因为基因组在结构或表达上的差异，人类在疾病易感性方面会表现出个体差别。基因型一致的个体，基因表达差异可以受到甲基化等表观调控、体细胞基因突变、X染色体的随机失活等多种因素影响。通过分析在某种特殊环境因子作用下非易感个体和易感个体的基因表达谱差异，可以对毒物代谢、DNA修复、细胞周期调控、信号转导等多条途径中相关基因的表达变化进行全面了解，预测个体可能受到的环境因子不利影响，以达到预防的目的。

毒物危险度评价研究 毒理学主要研究目标在于改善人类危险性评价和药物、化学品的安全性评价。以往这些研究依赖于体外分析和动物模型，然而这些数据在外推到人来预测化学物对人类健康的效应时存在显著的不确定性。转录组毒性研究则有望改进人类危险性评价方法，因为它可以测量人类与其他种属动物在接触化学品后的基因表达的改变，通过精确的数据分析鉴别两者相同的基因反应模式，作为特定化学品特定给予途径的特征反应谱，在此基础上扩展更多的化学品，实现以快速的可预期的方式评价化学品的毒性，使基因表达图谱可以用作接触的生物标志物。化学品作用于生物体后产生的特殊的mRNA表达信号及蛋白质谱信息将成为人类接触评价中的有力工具，并使动物模型代替人体进行危险性评价成为可能。一些研究者通过直接比较接触组和对照组的基因表达谱来进行化学物的毒性作用分类和分级，确定了健康危害的阈浓度，这些研究结果可用于环境毒物的早期毒性监测及危险度评价。

（吴兵）

ziyang shengwu

自养生物

自养生物 （autotroph） 一种能利用光能（光合作用）或无机化学反应（化学合成），将周围环境的简单物质合成复杂有机物（如多糖、脂肪和蛋白质）的生物体。它们是食物链中的生产者，如陆地上的高等植物和水中浮游植物。自养生物可以将 CO_2 还原同化成有机物，以化学能的形式储存下来，并减少大气中的 CO_2 含量。自养生物可分为光能自养生物和化学能自养生物。

光能自养生物 一种通过捕获光子获取能量的生物体，它们将太阳光转化成能量以完成细胞各种代谢过程。光能自养生物通常被认为是一种固有的光合作用体，它们利用电子传递链或质子泵建立一个电化学梯度以合成ATP，通常是生态系统中异养生物的食物来源。陆地环境中的植物是主要的种类，而水生环境中则包括大型藻类、原生动物、浮游植物、细菌等。

化学能自养生物 一种通过电子供体的氧化而获得能量的生物体，它们的分子可以是有机形态的，也可以是无机形态的。化学能自养生物利用 H_2S、S、Fe^{2+}、NH_4^+ 等无机物作为能源。它们大部分是生活在深海环境中的细菌和古菌，它们也是这些生态系统中的主要生产者。科学家认为化学能自养生物是地球上最早出现的生物体，随后它们进化成为细菌、植物和动物，化能自养菌通常分为产甲烷菌、硫酸盐氧化菌、硝化菌、厌氧氨氧化菌和铁氧化细菌等。

（阳振）

zuida naishou jiliang/nongdu

最大耐受剂量/浓度

最大耐受剂量/浓度 （maximum tolerance dose/concentration，MTD/MTC） 在外源性化学物质急性毒性实验中，能使受试对象发生严重中毒，但不引起其出现死亡即全部存活无一死亡的化学物质的最高剂量/浓度，可以用 LD_0/LC_0 表示。最大耐受剂量/浓度以mg/kg体重，mg/m^2 体表面积或mg/L空气表示。与 LD_{100}/LC_{100}（见绝对致死剂量/浓度）的情况相似，LD_0/LC_0 也受个体差异的影响，存在很大的波动性。LD_0 和 LD_{100} 常作为急性毒性试验中选择剂量范围的依据。

MTD/MTC也指药物在除急性毒性动物试验外的试验（短期重复试验、亚慢性毒性试验、慢性毒性试验）中不引起实验动物死亡的最大剂量/浓度，如90天的喂饲试验中，引起动物体重增长率与对照组比有轻度抑制而无其他明显损害的剂量。

由于实验动物对外源性化学物的感受性存在个体差异，随着实验动物数量的增多，可能其中会有个别特别敏感的动物，在较低剂量时即死亡，则 MTD 可能下降，故难以在试验中得到可重复的结果，因此不宜将其用作化学物毒性比较的指标，即一般不用 MTD 来比较两种外源性化学物质的毒性。这一概念的提出主要是出于获取安全性信息的考虑，有时对实验动物的异常反应和病理过程的观察、分析，较以死亡为观察指标更有毒理学意义。

MTD/MTC 强调的是不引起受试动物死亡的最高剂量/浓度，即如果超过该剂量/浓度，就会出现受试动物死亡情况。因此，理论上讲，MTD/MTC 对于一种毒物来说是一个相对固定的值，该数值本身对于阐明某个毒物的急性毒性情况是一个重要的参考信息。在具体的 MTD/MTC 测定过程中，同样需要密切观察和分析受试动物在 MTD/MTC 下出现的异常反应和病理过程，并综合起来分析和评价化学物的急性毒性情况。

早在 1976 年，美国国家癌症研究所（National Cancer Institute，NCI）就开始推荐以预测的 MTD 为哺乳动物致癌实验的最高剂量。MTD 是由 90 天毒性实验确定的，此剂量应使动物体重减轻不超过对照动物的 10%，并且不引起死亡及不导致缩短寿命的中毒症状或病理损害。

MTD/MTC 的测定主要考察实验动物在单次给药或 24 h 内多次给药后的急性毒性情况（不引起动物死亡的最大剂量或浓度）。该方法适用于大多数中药制剂以及部分毒性极小的化学药物难以测出半数致死剂量（LD_{50}）的情况。在合理的最大给药浓度及给药剂量的前提下，以允许的最大剂量给予实验动物，观察动物的反应，估计其能达到人用量的倍数，从而对其安全性做出估价，为临床用药提供参考。

（李梅）

zuida wuzuoyong jiliang/nongdu

最大无作用剂量/浓度 （maximal no-effect dose/concentration，MNED/MNEC） 又称未观察到作用剂量/浓度（no observed effect dose/concentration，NOED/NOEC）或阈下剂量/浓度（subthreshold dose/concentration），指外源性化学物在一定时间内，按一定方式或途径与机体接触后，采用一定的检测方法或设置观察指标，未观察到任何对机体损害作用的最高剂量或浓度。最大无作用剂量/浓度低于有害作用的阈剂量/浓度。

理论上讲，最大无作用剂量/浓度与最低可见作用剂量/浓度应该相差极微，但实际中由于受到观察指标和检测方法灵敏度的限制，两者之间存在一定的剂量差距。最大无作用剂量/浓度是根据亚急性或亚慢性或慢性毒性试验的结果确定的，是评定外源性化学物对机体损害作用的主要依据，是制定每日容许摄入量（ADI）和最高容许浓度（MAC）的基础。ADI 是指人类一生中每日随同食物、饮水和空气摄入的某一外源性化学物不引起任何损害作用的剂量。MAC 是指环境中某种外源性化学物对人体不造成任何损害作用的浓度。由于人类生活与生产活动的情况不同，同一外源性化学物在生活环境和生产环境中的 MAC 也不相同。慢性最大无作用剂量是制定环境中外源性化学物容许限量的重要依据。与最大无作用剂量/浓度相似的术语有无作用水平（剂量/浓度）、无反应水平、无可见作用水平及无可见有害作用水平。

（刘红玲）

zuidi kejian zuoyong jiliang/nongdu

最低可见作用剂量/浓度 （lowest observable effect dose/concentration，LOED/LOEC） 又称阈剂量、最低检出作用水平，是在亚急性、亚慢性或慢性试验中观察到或检出的某种有统计学意义的效应的最低剂量/浓度。

最低可见作用剂量/浓度是在无作用剂量/浓度基础上衍化来的，外源性有毒物质或有害因素作用于机体后，会引起异常生理、生化反应或潜在病理学反应，以现代检查方法可测出该效应的最低剂量/浓度，即最低可见作用剂量/浓度。例如，水螅是一种对水环境中的微量重金属反应很敏感的动物，可作为淡水水体污染程度的指示生物。Cu^{2+}、Zn^{2+} 和 Cr^{6+} 抑制水螅摄食的最低可见作用浓度分别为 0.014 mg/L、0.51 mg/L、6×10^{-5} mg/L。当 Cu^{2+}、Zn^{2+} 和 Cr^{6+} 浓度分别高于其最低可见作用浓度时，水螅的摄食受到抑制。

与最低可见作用剂量/浓度相对应的是最低可见有害剂量/浓度。它是指在亚急性、亚慢性或慢性毒性试验的各剂量组中，可观察到有害作用的最低剂量/浓度。因为接触化学物质所致作用不是全部对健康有害的，所以最低可见有害作用剂量/浓度有别于最低可见作用剂量/浓度，前者强调的是出现非生理性、非适应性或毒性作用的最低剂量/浓度水平。（于洋）

推荐书目

《环境科学大辞典》编辑委员会．环境科学大辞典．北京：中国环境科学出版社，1991.

zuixiao zhisi jiliang/nongdu

最小致死剂量/浓度（minimum lethal dose/concentration，MLD/MLC） 在外源性化学物急性毒性试验中，仅引起受试对象中的个别个体出现死亡的剂量或浓度。最小致死剂量以 mg/kg 体重表示，最小致死浓度常以 mg/L 空气、mg/m^3 水表示。从理论上讲，在毒理学实验中低于最小致死剂量/浓度不会引起实验动物的死亡。由于实验动物对外源性化学物的感受性具有个体差异性，故随着实验动物使用数量的增加，最小致死剂量/浓度有可能下降，因此难以在实验中得到可重复的结果。一般不以最小致死剂量/浓度来比较两种外源性化学物的毒性。（李梅）

条目分类索引

【生态毒理学】

【生物类群】

【环境毒理学】

【生物净化与修复】

条目汉字笔画索引

说　明

一、本索引供读者按条目标题的汉字笔画查检条目。

二、条目标题按第一字笔画数由少到多的顺序排列，同画数的按笔顺横（一）、竖（丨）、撇（丿）、点（丶）、折（乛，包括亅乚く等）的顺序排列，笔画数和笔顺都相同的按下一个字的笔画数和笔顺排列。第一字相同的，依次按后面各字的笔画数和笔顺排列。

三、以英文字母开头的条目标题，依次排在汉字名目标题的后面。

三画

四画

五画

六画

七画

八画

九画

十画

十一画

十二画

十三画

十四画

十五画

十六画

十七画

十八画

十九画

其他

条目外文索引

说　明

本索引按照条目外文标题的逐词排列法顺序排列。

A

B

C

本书主要编辑、出版人员

社　　长： 武德凯

首席编审： 刘志荣

总 经 理： 罗永席

总 编 辑： 朱丹琪

副总编辑： 沈　建

主任编辑： 李卫民

责任编辑： 李卫民　张　娣　谷妍妍

装帧设计： 彭　杉　宋　瑞

责任校对： 任　丽

责任印制： 王　焱